찰스 다윈 서간집 진화

Evolution: Selected Letters of Charles Darwin 1860-1870
by Frederick Burkhardt
Copyright ⓒ Cambridge University Press 2008
Korean Translation Copyright ⓒ 2011 by Sallim Publishing Co., Ltd.
All rights reserved.

This Korean edition was published by Sallim Publishing Co., Ltd.
Arrangement with Cambridge University Press Korea.

이 책은 Cambridge University Press Korea를 통한 저작권자와의 독점계약으로
㈜살림출판사에서 출간되었습니다.
저작권법에 의해 한국 내에서 보호를 받는 저작물이므로 무단 전재와 복제를 금합니다.

EVOLUTION

찰스 다윈 서간집

진화

진화론이 던진 거대한 충격 1860~1870

찰스 다윈 지음 | **데이비드 아텐보로 경** 서문 | **최재천** 감수 | **김학영** 옮김

살림

추천의 글

은자(隱者) 다윈?

수염을 길게 늘어뜨린 노신사가 컴퓨터 모니터에 코를 박고 앉아 있다. 무슨 자료가 그리도 많이 필요한지 벌써 몇 시간째 인터넷을 뒤지느라 여념이 없다. 분주한 웹 서핑(web surfing) 중에도 새로운 메일이 도착했다는 신호소리가 나면 부리나케 이메일을 열어 본다. 또 한편으로는 책상 한 쪽에 올려놓은 스마트폰으로 페이스북과 트위터 등 온갖 소셜 네트워크 서비스(SNS: Social Network Service)에 문자를 남기느라 그의 손가락은 젊은 사람 못지않게 자판 위에서 춤을 춘다.

나는 지금 우리나라에서 가장 많은 트위터 팔로워를 갖고 있다는 소설가 이외수 선생의 얘기를 하고 있는 게 아니다. 나는 지난 4월 19일로 돌아가신 지 129년이나 되는 19세기 영국의 생물학자 찰스 다윈에 대해 얘기하고 있다. 물론 다윈이 살던 그 옛날에는 컴퓨터도 스마트폰도 없었다. 하지만 다윈은 그의 이론을 정립하기 위해 비글호를 타고 함께 항해했던 동료들과 친척들은 물론, 대학이나 연구소의 학자들로부터 정원사, 사육사, 여행가에 이르기까지 실로 다양한 사람들과 편지를 주고받았다. 우리가 오랫동안 병약하고 수줍은 은자로 알고 있었던 다윈은 사실 수만 통의 편지를 쓰며 끊임없이 세상과 교류하고 살았던 '소통의 달인'이었다.

'기원'과 '진화'라는 이름으로 묶인 이 두 권의 서간집은 영국 케임브리지 대학교의 다윈 서간 프로젝트(Darwin Correspondence Project)의 초대 편집장이었던 부르크하르트(Frederick Burkhardt) 교수가 현재 세계 각국의 도서관이나 박물관에 남아 있는 다윈의 편지 1만 4천여 통 중에서 역사적으로 의미 있는 것들을 선별하여 엮은 책이다. 안타깝게도 부르크하르트가 이 서간집이 출간되기 바로 전 해인 2007년에 사망하는 바람에 그의 동료들인 에반스(Samantha Evans)와 펀(Alison Pearn)이 마무리하여 내놓았다. 『기원』은 다윈이 열세 살 소년이었던 1822년부터 『종의 기원』이 출간된 1859년까지 그가 쓰고 받은 편지들을 담고 있고, 그 이후부터 그의 또 다른 역작 『인간의 유래』가 출간되기 직전까지 약 10년간의 편지들은 『진화』에 담겨 있다.

2009년 '다윈의 해'를 맞았을 때 나는 어느 일간지의 요청으로 우리 시대의 대표적인 다윈학자들을 만나 대담을 진행했다. 비록 신문 지면에는 다섯 명만 소개되었지만 나는 그 일환으로 하버드 대학교 과학사학과 재닛 브라운(Janet Browne) 교수를 만날 수 있었다. 두 권으로 이뤄진 그의 『찰스 다윈 평전』이 2010년 각각 '종의 수수께끼를 찾아 위대한 항해를 시작하다'와 '나는 멸종하지 않을 것이다'라는 부제를 달고 우리말로 번역되어 나왔다. 이 두 권의 책에 따르면, 다윈은 자신의 이론에 대한 세상의 평가가 두려워 발표를 꺼리던 우유부단한 인물이 아니라 자신의 이론을 다듬고 또 그것을 세상에 널리 퍼뜨리기 위해 용의주도하게 친지들의 결집을 도모했던 노련한 책략가였다. 그런 다윈의 면모가 이 두 권의 서간집에 적나라하게 드러나 있다.

퓰리처상 수상 과학저술가 쾀멘(David Quammen)의 책 『신중한 다윈 씨』는 비글호 항해를 마치고 돌아온 지 얼마 되지 않아 자연선택 이론의 얼개를 거의 손에 쥐었지만 조물주의 존재를 정면으로 부정하는 자신의 이론이 당시 빅토리아 영국 사회에 미칠 엄청난 파장을 걱정하여 출간을 미루며 고민하던 소심한 다윈의 모습을 그린다. 이런 우리들의 오해는 그가 1844년 1월 11일 절친한 친구인 식물학자 후커(Joseph Hooker)에게 보낸 편지에서 비롯된다. 이 편지에서 다윈은 후커에게 생물의 종이 변하지 않는다는 생각이 틀렸다는 결론에 도달했다고 밝히며 그 기분을 괄호를 치고 "마치 살인을 고백하는 것 같다"고 썼는데, 이것이 바로 다윈을 정신질환자 수준으로 몰아세우는 데 가장 큰 빌미를 제공한다. 1938년 어느 날 다윈은 그의 노트에 자신이 꾼 꿈에 대하여 "어떤 사람이 교수형을 당했다가 되살아났다"고 썼는데, 이 짤막한 문장이 훗날 프로이트 학파의 심리학자 그루버(Howard Gruber)에 의해 '거세 악몽'의 징후로 진단되기도 했다.

이 같은 오해를 풀기 위해 현재 다윈 서간 프로젝트의 편집장을 맡고 있는 밴 와이(John van Wyhe) 교수는 2007년 '간격에 유의하라(Mind the gap)'는 제목의 논문을 발표했다. 그에 따르면 『종의 기원』에 이르는 다윈의 자연선택 이론 연구는 그의 다른 연구들의 기간과 비교할 때 결코 긴 것이 아니었다. 1835년부터 1859년까지 불과 27년밖에 걸리지 않은 이 연구는 식물의 수정에 관한 그의 연구가 37년, 난초에 관한 연구가 32년, 그리고 범생설에 관한 유전학 연구가 역시 27년씩 걸린 것에 비하면 결코 긴 게 아니었다. 대학이나 연구소에서 쫓겨나지 않기 위해 시시껄렁한 논문들을 양산해야 하는 요즘 우리들과 달리 정규 직업을 가질 필요도 없었던 다윈은 그저 완벽을 기했을 뿐 두려움 때문에 발표를 기피한 것은 아니라는 것이다.

다윈의 『종의 기원』이 그나마 1859년에 출간될 수 있었던 데에는 1858년 월리스(Alfred Wallace)가 보내온 편지와 그 안에 들어 있던 짤막한 논문이 결정적인 역할을 했다는 사실을 우리는 잘 알고 있다. 이 위급 상황이 라이엘(Charles Lyell)과 후커에 의해 다윈과 월리스가 공동 논문을 발표하는 것으로 연출되는 과정에서 다윈이 얼마나 노심초사했는지는 1858년 그가 라이엘, 후커, 그리고 그레이(Asa Gray)에게 보낸 일련의 편지들에 절절히 묻어난다. 그리고 월리스의 점잖은 대응으로 일이 무사히 끝난 다음 다윈이 월리스에게 보낸 1959년 1월 25일 편지 역시 압권이다. 이 책에 담겨 있는 편지들을 세심하게 읽는 독자라면 결국 "다윈의 인생은 편지로 굴러갔다"고 요약한 브라운 교수의 평가에 고개를 끄덕이게 될 것이다.

『기원』과 『진화』는 다윈이 어떤 과정을 거쳐 그의 두 대표 이론인 자연선택과 성선택을 정립하게 되었는지에 대한 과학사적 자료를 제공한다. 하지만 그에 못지않게 중요한 것은 문필가로서 다윈의 면모를 살펴볼 수 있다는 점이다. 지극히 예의 바르지만 도저히 거절할 수 없도록 치밀하고 집요하게 파고드는 그의 설득력 있는 글쓰기 능력에 탄복할 수밖에 없을 것이다. 이 책을 읽는 독자들이 다윈의 매력에 푹 빠져들리라 확신한다.

최재천 (이화여대 에코과학부 교수, 『21세기 다윈혁명』 저자)

서문

편지가 전하는 삶의 드라마

— 데이빗 아텐보로 경(Sir David Attenborough)
메리트 훈장 및 명예 훈장 수훈, 왕립협회 회원

찰스 다윈이 『종의 기원』을 출판한 직후에 쓴 편지들은 비글호 항해 시 작성한 일지나 귀국 후 책을 출판할 때까지 썼던 편지들에 비해 덜 알려졌다. 하지만 이 책에 수록된 편지들은 다양하고 흥미로운 질문을 풀 수 있는 중요한 단서를 제공한다는 점에서 선별의 가치를 두었다. 다윈은 자신의 혁명적 저서가 야기한 대혼란에 어떻게 반응했을까? 대중에게 공개하기를 그토록 자제한 그의 종교적 관점은 무엇이었을까? 런던뿐만 아니라 다른 지역의 과학계 동료들과는 완전히 동떨어진 켄트 주의 시골 마을에 은둔하면서 다윈은 과연 어떤 삶을 영위했을까?

무엇보다 궁금한 것은 진화에 관한 다윈의 주장을 주요 의제로 삼았던 런던의 과학 토론회에 정작 다윈이 참석하지 않은 이유이다. 이 책의 편지들이 그 이유를 분명하게 설명해 준다. 사실 그는 만성적으로 질병을 앓고 있었다. 그의 병이 정신 상태에서 비롯된 것일 수도 있고 아닐 수도 있지만, 실제로 병이 중했다는 사실엔 의심의 여지가 없다. 여러 편지에서 그는 날마다 아프다는 말을 한다. 여행 중에 구토를 일으킬 수도 있으며 공개석상에서 연설을 한다는 생각만으로도 기진맥진 했을 것이다.

몸은 비록 세상과 단절되어 있었지만 우편제도 덕분에 다양한 사람들과 서신을 주고받을 수 있었다. 당시에는 편지 한 통에 1페니인 우편제도가 잘 확립되어 있었으며, 분명히 다운(Downe) 마을 집배원은 다운 하우스(Down House)를 하루에도 몇 차례나 찾았을 것이다. 편지들은 멀리 큐(Kew)와 와이트 섬(Isle of Wight), 에든버러(Edinburgh)와 에버딘(Aberdeen), 메지버그(Magdeburg)와 제네바(Geneva), 매사추세츠(Massachusetts)와 일리노이(Illinois), 그리고 심지어 서아프리카와 인도네시아에서도 날아들었다. 다윈은 하버드 대학의 식물학자였던 아사 그레이(Asa Gray)에게 미국 우표를 보내달라는 부탁을 하고 어떤 우표를 원하는지 구체적으로 밝힌 재미있는 편지를 쓰기도 했다. 어릴 적 딱정벌레 수집에 열을 올렸던 다윈의 뒤를 이어 그의 아들이 우표수집에 푹 빠졌기 때문이다. 빅토리아 시대 과학계의 주축을 이루던 과학자들답지 않게 다윈과 그의 서신 교환자들은 서로의 초상화를 주고받기도 했다.

다윈은 하루에 열통에 달하는 편지를 쓰기도 했다. 이 편지들은 질문을 퍼붓는 내용이 주를 이뤘다. 눈이 붉은 토끼는 귀가 안 들립니까? 꼬리감기 원숭이는 놀라면 입을 벌립니까? 슬라브 남자들의 수염색은 머리색과 다릅니까? 다윈이 이런 사소한 것들을 알고자 했다고 놀랄 일은 아니다. 이런 것들이 모이고 정리되고 농축되면 바로 자연과학의 기초가 되는 법이니까. 정작 놀라운 점은 다윈의 궁금증이 매우 다양한 분야에 두루 미쳤다는 사실이다. 다윈은 글렌 로이(Glen Roy)의 신비로운 '나란한 길들'을 만들어 낸 빙하의 기원을 깊이 생각하고, 줄기에 있는 어린 가지의 잎사귀가 나오는 각도를 수학적으로 설명하려 애썼으며, 석기시대 손도끼에 대해서도 배우기를 마다하지 않았다.

한편, 엄청난 의견을 쏟아냈을 법한 일에는 오히려 침묵을 지키기도 했다.『종의 기원』이 출판된 이듬해 시조새(Archaeopteryx) 화석이 바이에른(Bayern)에서 처음으로 발견되었다. 런던 자연사 박물관은 파충류와 새의 특징을 모두 갖춘 이 화석을 사들였다. 다윈의 지지자이자 조류학자인 휴 팔코너(Hugh Falconer)는 흥분하여 다윈에게 편지를 쓴다. 이것이야말로 동물계의 거대한 집단들 사이에 존재하는 연결고리로서,『종의 기원』을 읽은 독자들이 그의 이론을 지지하기 위해 찾기 원했던 증거이기 때문이다. 그러나 다윈은 이에 대해 거의 아무런 언급을 하지 않는다. 이 화석의 초기 조사를 맡았던 박물관장 리처드 오언(Richard Owen)은 진화론자들을 극렬히 싫어했으며 다윈에게 깊은 개인적 적대감마저 품고 있었다. 아마도 어떠한 교리에 대한 신념에도 깊이 매몰되지 않았던 다윈의 온화한 성품 탓이기도 했을 것이다.

알프레드 러셀 월리스(Alfred Russel Wallace)와 주고받은 편지는 특히 흥미롭다. 린네 학회(Linnean Society)에서 자연선택 이론을 처음 발표할 때 두 사람은 공동으로 이름을 올렸다. 다윈이 25년간 증거를 모으고 문제를 고민했던 반면, 월리스가 연구에 쏟은 시간은 수개월에 불과했다. 두 사람이 아량을 베풀어 서로를 공동 저자로 받아들인 일은 과학적 발견의 역사에서 가장 가슴 뭉클한 사건이다. 하지만 혹시 서로가 마음속으로는 이를 갈고 있었던 것은 아닐까? 과연 두 사람은 공개적으로 드러난 바와 같이 진심으로 서로를 받아들였을까? 여기에 실린 두 사람의 편지들은 그들이 진심이었음을 명백히 보여 준다.

두 사람의 배경은 매우 달랐다. 월리스는 여행 경비를 충당하기 위해 힘들여 모은 곤충 표본을 팔아야만 했으나, 다윈은 부유한 지주였다. 하지만 월리스는 망설이지 않고 다윈의 우선권을 인정했다. 그는 다윈에게 이렇게 적는다. "저는 늘 '자연선택' 이론이 분명히 선생의 이론이라고 주장합니다." 그러면서도 다윈이 '자연선택'이란 용어를 채택하자 이를 비판했다. 다윈은 편지를 주고받던 다른 사람 하나가, 자연선택 이론을 인간에게 적용시키는 문제에 있어서 월리스가 잘못을 저지르고 있다고 지적할 때, 공개적으로 아무런 대꾸도 하지 않았다.

편지를 주고받은 사람들 가운데 다윈은 식물학자인 조지프 후커(Joseph Hooker)와 가장 친밀하고 가깝게 지낸 듯하다. 웨지우드 도자기를 열렬히 수집하는 후커를 보고 '도자기 미치광이'라고 놀리기도 한다. 후커는 다윈에게 옥스퍼드의 '영국 과학발전 협회(British Association for the Advancement of Science)' 모임에서 윌버포스(Wilberforce) 주교가 참패를 당했던 짜릿한 이야기를 거침없이 써 내려가기도 하고, 다윈 역시 자신의 책들이 잘 팔린다는 자랑을 후커에게는 아무런 거리낌 없이 늘어놓는다. 둘은 흔적기관의 잔존에 대한 아가일의 공작(Duke of Argyll)의 의견이 어리석다고 조롱하고, 후커는 아가일의 공작과 함께 식사를 할 때는 과학이나 종교 얘기를 할 수가 없었으며, 특히나 공작의 부인과 아이들 앞에서는 절대 그럴 수 없었노라고 설명한다.

다윈의 종교적 신념이나 의구심에 대해서는 직접 언급된 바가 없으나 유추 가능한 대목은 몇 곳 있다. 다윈은 아사 그레이에게 이렇게 적고 있다. "정말 자애롭고 전지전능한 신이 맵시벌을 만들 때 살아 있는 애벌레의 몸 안에 기생하면서 그걸 먹이삼아 자라도록 계획적으로 만들었다고는 도저히 납득이 안 된다오."

1870년에 주고받은 편지들로 이 책은 마무리되지만 이후에도 다윈은 12년 동안 관찰과 연구를 멈추지 않았다. 『종의 기원』이 다윈의 마지막 작품이며 필생의 이론을 모은 책이라고 흔히 생각하지만 그렇지 않다. 『종의 기원』은 비글호 항해와 산호초에 대한 연구에 이어서 일반인을 위해 쓴 두 번째 과학책일 뿐이다. 이후에도 다윈은 여덟 권의 중요 서적을 집필한다. 이 책의 편지들은 그 여덟 권의 책에 대한 실마리를 제공한다. 다윈은 해외의 지인들에게 편지를 보내 서로 다른 인종의 얼굴 표정에 대해 질문한다. 자신의 온실에서는 덩굴식물들의 기어오르는 방법이나 난초의 수분 방법들을 분석하고, 끈끈이주걱이 선모(腺毛)를 이용하여 곤충을 잡는 장면을 관찰하려고 렌즈를 들이댄다. 다윈은 비둘기나 가금류 사육사와도 편지를 주고받는다. 이들 각각의 주제에 대해서도 런던의 존 머레이가 예정대로 두꺼운 푸른색 양장본으로 출판했다면 대단히 상세하고 권위 있는 책이 되었을 것이다.

하지만 다윈은 자연선택에 의한 진화 이론에서 핵심이 하나 빠졌다는 사실을 알고 있었다. 한 개체가 가지고 있는 특징은 어떤 메커니즘을 통해서 다음 세대로 넘어가는 걸까? 다윈은 몇몇 지인들에게 보내는 편지에서 자신이 '판게네시스(pangenesis, 범생론)'(다윈의 유전 가설—옮긴이)라고 부른 이론을 간략히 설명한다. 이 이론에 따르면 개별 유기체들은 다윈이 '제뮬(gemmules)'(다윈의 가설적인 생명 단위—옮긴이)이라고 이름 붙인 소아체(小芽體)를 혈류 속에 만들어내고, 이 제뮬이 몇몇 동물에게서 사지를 만들어낸다는 것이다. 다윈의 사촌 프랜시스 골턴(Francis Galton)은 이 이론을 확인하고자 흰 얼룩이 있는 토끼에서 피를 뽑아 배태한 은백색 암염소에게 주사하고 털색이 옮겨지는지를 살펴보았다. 하지만 설득력 있는 증거는 나오지 않았으며, 다윈은 이 문제를 고민하고 또 고민했지만 결국 해결책을 찾지 못했다. 다윈이 이 편지들을 쓰던 시기에 중부 유럽의 한 수도사가 수도원 채소밭에서 여러 세대의 완두콩을 기르며 유전을 연구하고 있었다. 이 관찰이 유전의 메커니즘을 고민하던 다윈에게 도움이 되었을까 방해가 되었을까? 20세기 생물학자들이 이 두 사람의 발견들을 양립할 수 있는 것으로 만들기까지는 실로 반세기가 걸렸다. 멘델이 우편제도를 잘 활용하지 못했다는 것이 매우 안타까울 따름이다. 다윈처럼 잘 활용했다면…….

차례

추천의 글 : 은자(隱者) 다윈? · 4
서문 : 편지가 전하는 삶의 드라마 · 8
들어가며 · 16

1860년 · 25
1861년 · 55
1862년 · 93
1863년 · 139
1864년 · 179
1865년 · 223
1866년 · 251
1867년 · 299
1868년 · 339
1869년 · 381
1870년 · 419

주 · 447
인명 찾기 · 461
전기 출처 목록 · 490

참고 문헌 · 495
찾아보기 · 498

들어가며

1859년 『종의 기원On the origin of species』을 출판한 직후부터 1871년 『인간의 유래Descent of man』를 출판하기 직전까지 10년간 찰스 다윈은 자신의 삶에서 가장 치열하게 글을 썼다. 이 10여 년 동안은 『종의 기원』에서 드러난 이론들의 의미에 대해서 전 세계적으로 과학계뿐만 아니라 일반인들 사이에서도 탐구와 토론이 이어졌다. 다윈은 유기체의 복잡한 메커니즘을 더욱 세밀히 연구하여 비판에 맞서면서, 그러한 메커니즘이 자연선택에 따른 적응일 수밖에 없는 이유를 도출해 냈다. 특히 유전의 메커니즘과 짝짓기 경쟁에 작용하는 진화의 역할에 주목하면서, 『종의 기원』에서 답하지 못했던 질문들에 대한 해답을 추구했다.

이 시기 초반에 다윈은 종에 관하여 『종의 기원』조차도 발췌에 불과할만한 '방대한 책'을 집필하려는 생각을 했다. 원래는 하나의 장(章)으로 다루려고 비둘기 육종에 관한 글을 쓰기 시작했지만, 자신이 연구하던 여러 동물들이 얼마나 다양한 형태로 가축화되었는지를 상세히 보여주려면 별도의 책으로 출판해야 한다는 사실을 명확히 깨닫는다. 실로 그의 연구가 깊어질수록 출판물은 마치 러시아 인형처럼 나오고 또 나왔다. 『가축화(재배화) 과정에서 일어나는 동물과 식물의 변이 Variation under domestication』에 실을 인간 기원에 관한 마지막 장을 계획하였으나, 두 권짜리 책으로 출판했다. 『인간의 유래, 그리고 성선택 Descent of man and selection in relation to sex』, 그리고 인간 감정과 동물 감정의 관계에 관한 글은 『인간의 유래』에 다 담지 못하여, 결국 1872년 『인간과 동물의 감정표현 Expression of the emotions in man and animals』으로 출판했다.

다윈은 1859년을 잘 마무리했다. 『종의 기원』 초판이 발행 당일에 매진되었다는 소식이 날아들었고, 과학계가 보여 준 첫 반응은 대체로 고무적이어서 기쁘고 감사했다. 그러나 향후 십 년의 분위기를 결정한 것은 보다 비판적인 반응들이었다. 이후 수년간 다윈은 사적인 편지와 신판 및 추가 출판을 통해서 자신의 이론에 쏟은 구체적이고 과학적인 논점들과 자신의 이론이 불러온 철학적 의구심에 대해 신속하고도 세부적으로 대응했다. 개정된 『종의 기원』 2판을 1860년 1월에 이미 출판했고, 충분히 개정을 거친 3판도 같은 해 말에 출판했다. 1870년에는 이미 5판을 출판한 상태였으며, 1872년에 출판한 마지막 판인 6판에 대한 자료도 이미 모으고 있었다.

다윈의 이론들을 지지하는 사람들의 중요한 출판물도 이어졌다. 헨리 월터 베이츠(Henry Walter Bates)가 의태(擬態)에 관해 쓴 글은 자연선택이라는 메커니즘에 따라 곤충의 복잡한 무늬가 생긴다고 설명했고, 다윈은 이를 흡족하게 여겼다. 1863년에는 토머스 헨리 헉슬리(Thomas Henry Huxley)가 『자연에서 인간이 차지하는 지위에 관한 증거(Evidence as to man's place in nature)』를 출판했으며, 같은 해 찰스 라이엘(Charles Lyell)도 『고대 인간(Antiquity of man)』을 출판했지만, 라이엘의 글은 매우 조심스러운 입장이어서 다윈은 실망했다.

다윈은 자신의 글을 둘러싼 논쟁들에 민감했다. 수많은 명예 회원과 명예 학위가 입증하듯, 1860년대 내내 다윈의 주장은 힘을 얻었지만, 이러한 인정은 노력 없이 거저 얻은 것은 아니었다. 런던 왕립협회가 매년 수여하는 코플리 메달(Copley Medal)을 놓고 토머스 헉슬리나 휴 팔코너 같은 다윈 지지자들과, 다윈의 업적을 상당 부분 인정하면서도 협회가 마치 『종의 기원』이 담고 있는 이론을 전면적으로 인정하는 것으로 보일까 봐 전전긍긍하는 과학자들 사이에서는 전투가 벌어졌다. 다윈은 1862년과 1863년에 수상자로 임명되지 못하고 1864년에야 비로서 아주 근소한 차이로 구설에 오르며 메달을 받게 되었다.

『종의 기원』에 대한 비판은 해외에서도 이어졌으며 특히 프랑스에서는 식물학자인 노댕(Charles Naudin)과 같은 많은 자연 학자들이 비록 다윈의 연구를 지속적으로 지원하면서도 다윈의 주장을 수긍하지는 않았다. 독일에서는 헨스트 헤켈(Ernst Haeckel) 같은 소장파 학자들 사이에서 다윈의 이론이 퍼져 나갔지만, 그 외의 학자들은 반대의견이었고, 이로 인해 다윈의 괴로움도 컸다. 『종의 기원』 5판의 개정들은 주로 독일의 식물학자인 칼 폰 네겔리(Carl von Nägeli)가 제기한 비판에 대한 직접적인 답변들이었다.

『종의 기원』의 주장을 겨냥해서 불거질 것이라고 다윈이 이미 예상하고 있었던 비판은 바로 유전이 어떤 식으로 이루어지는지를 설명하지 못했다는 사실이었다. 다윈은 이 비판을 '범생설'로 반박했다. 그는 범생설을 공개하지 않은 상태로 1865년에 사적으로만 사용하다가 1868년 『변이(Variation)』에서 처음으로 공개했다. 다윈은 '제뮬'이 체액상태로 부모에서 자식에게로 넘어가 기관의 여타 부분들을 형성하는 능력을 발휘하지만 세대를 거듭하면서도 잠복상태로 존재할 수 있다고 주장했다. 입증하기 어려운 이론이라는 사실을 고통스럽게 인식하면서 다윈은 실망했지만, 뒤섞인 제뮬의 기능에 놀라지는 않았다.

다윈은 계속해서 유전에 관한 모든 의문에 깊은 관심을 보였으며, 자기의 사촌 프랜시스 골턴을 부추겨 토끼의 피를 시험 삼아 수혈하게 하고, 심지어 인간에게서 근친혼이 보여 주는 효과를 알아보기 위해서 전국적인 인구조사에 사촌혼(四寸婚)에 관한 질문을 넣을 것을 제안하기도 했다.

다윈은 자신의 이론 가운데 자웅선택에 관한 이론을 더욱 성공적으로 발전시켰다. 자연선택에 대한 비판 중에는 자연 상태에서 아름다움이 생존에 유리하다는 증거를 찾아볼 수 없는 이유를 어떻게 설명하겠느냐는 것이었다. 이 시기에 주고받은 서신에서는 다윈이 성적 배우자를 유인하는데 색, 소리, 냄새 등이 중요하다는 증거를 확보하고자 관심을 쏟고 있음이 드러난다. 그는 월리스와 주고받은 편지에서 자웅선택 메커니즘과 자연선택이 중요하다는 점을 강조하지만, 월리스는 자웅선택에 큰 의미를 두지 않으려 했다.

종교적 이유로 인한 반발과 인간의 기원에 관한 질문을 담은 편지들이 이 시기에 쏟아져 들어왔지만, 다윈은 십여 년 후 『인간의 유래』를 출판할 때까지 공개적인 대응을 피했다. 새로운 과학적 발견과 비판적 방법이 전통적이고 종교적인 신념에 던진 충격으로 대중이 긴장하여 수런거릴 때, 다윈은 인간의 발달에서 자연선택과 자웅선택이 중요한 역할을 수행했을지도 모른다는 의견을 아사 그레이, 알프레드 러셀 월리스를 포함한 몇몇 학자들과 은밀하게 주고받는다. 대중의 긴장은 1860년 『논문과 평론Essays and reviews』이 출판되면서 최고조에 달했다. 전통적이고 종교적인 해석에 관한 학계의 최근 견해를 언급한 이 논문집은 기독교단의 강력한 공격을 받았다. 이 긴장감은 1863년에 있었던 나탈의 자유주의자였던 존 윌리엄 콜렌소(John William Colenso) 주교의 이단행위에 대한 재판으로까지 이어졌다. 다윈은 콜렌소 주교의 변호에 필요한 자금을 보탰다. 콜렌소는 상식에 기초해서 비판적 방식으로 성경을 공부해야 한다고 주장했다. 그는 모세 오경의 저자가 모세가 아니라고 주장하여 엄청난 반발을 야기했다.

공개적 대립은 조심스럽게 피하고 있었지만 이 무렵 다윈은 자기의 주장을 뒷받침할 글들을 펴뜨렸다. 1860년에 그는 하버드 대학의 식물학자이자 독실한 장로교 신자였던 아사 그레이가 『종의 기원』을 읽고 나서 자연선택 이론이 자연의 의도와 배치되는 것은 아니라고 주장한 평론을 영국에서 재출판되도록 조치했다. 또한 다윈은 자신의 글들이 신속히 번역되도록 했고 여러 지지자들을 규합했다. 지지자들로는 뉴질랜드의 줄리우스 폰 하스트(Julius von Hasst), 벤저민 덴 월쉬(Benjamin Dann Walsh)가 있었으며, 그 가운데 특히 브라질에 살고 있던 자연학자이자 교사였던 독일인 프리츠 뮐러(Fritz Müller)는 갑각류의 발달사에 관한 연구서인 『다윈을 위하여Für Darwin』를 저술하여 다윈의 이론이 정당하다는 것을 보여 주었다. 이 책은 1869년에 영어로 번역되었고, 비용은 다윈이 부담하였다.

다윈의 연구가 점차 중요해지자 다양한 의견을 담은 편지들이 날아들었다. 편집진은 다윈이 쓴 편지뿐만 아니라 그가 받은 편지도 이 책에 실었다. 『종의 기원』이 출판되고 나서 다윈과 편지를 주고받는 이들이 많아졌다. 명성이 높아져서이기도 했지만, 다윈은 자신의 주장을 지지할 자연에 관한 방대한 세계적 관찰 결과들을 모으기 위해 의도적으로 편지를 쓰기도 했다. 다윈은 인간의 감정을 연구하기 위한 질문지를 작성하여 편지를 받은 사람이 또 다른 사람에게 편지를 전하는 방식으로 대영제국의 변방은 물론 그보다 먼 곳까지 보냈다. 비둘기를 사육하던 테젯마이어(William Bernhard Tegetmeier) 같은 이는 여러 가지 표본과 그림을 다윈에게 보냈으며, 그가 보낸 엄청난 양의 정보는 『변이』 속에 녹아들었다. 심지어 다윈은 지지자들에게 편지를 보내 자신을 위한 비슷비슷한 실험들을 통합적으로 관리하기도 했다. 에든버러 왕립 식물원에서 일하다가 나중에는 캘커타에서 원예가를 지냈던 존 스콧(John Scott)은 다윈의 지시에 따라 식물 변종들 간의 불임에 관한 실험을 맡았다. 브라질에 있던 프리츠 뮐러와 독일에 있던 그의 동생 헤르만은, 다윈이 다운에서 하던 것과 똑같은 식물학 실험을 실시했다. 다윈은 비공식적인 이 연구 단체를 격려하고 후원했다. 다윈은 스콧이나 조지 헨슬로를 비롯한 많은 학자들이 스스로 책을 출판하도록 도왔으며, 자신의 영향력을 발휘하여 스콧과 윌리엄 스위트랜드 댈러스(William Sweetland Dallas)를 『변이』의 색인 작성자로 올려 경력에 보탬이 되도록 했다.

관찰과 실험을 통해 다윈은 식물학 주제들에 점차 집중했다. 다윈은 이종교배에 관한 연구를 수행하면서 동물보다는 식물에서 더 신속한 관찰결과를 얻을 수 있다는 사실을 깨달았으며, 비록 식물학의 전문가라고 주장하지는 않았지만 선구적 논문들을 발표했다.

1860년에 다윈은 이미 식충식물의 메커니즘을 연구하고 있었으며, 이 식물들의 발달을 자연선택을 빌려 설명하고 있었다. 다윈은 편지에서 '프리뮬라(Primula)'에 관한 연구를 통해 하나의 종에 속하는 개체들 간에 교잡의 중요성을 인식하기 시작했다는 사실을 밝히고 있다. 1862년 다윈은 난초의 수분 메커니즘에 관해 출판했고, 1860년대 내내 여러 편의 연작 논문에서 꽃 형태가 다른 식물에 관한 결론들을 끌어냈다. 1862년에는 「프리뮬라의 이형질 조건Dimorphic condition in Primula」을, 1864년에는 「리스럼 살리카리아의 세 가지 형태Three forms of Lythrum salicaria」을 각각 출판했다. 1863년 자신의 정원에 지은 온실 덕분에 다윈은 다양한 식물들을 관찰하고 실험할 수 있었다. 큐에 있는 왕립 식물원 원장이었던 친구 조지프 후커는 다양한 실험용 식물들을 다윈에게 제공했고 다윈은 좋아하는 난초와 식충식물들을 관찰하며 행복한 시간을 보냈다. 이 온실에서 다윈은 아사 그레이의 제안에 따라 덩굴이 어떤 식으로 감아 올라가는지 연구했다. 불과 2년 만에 다윈은 여러 과(科)의 덩굴식물이 어떻게 움직이는지를 설명한 책을 1865년 『덩굴식물Climbing plants』이란 제목으로 출판했다.

몸이 좋지 않아 다른 일을 할 수 없었던 다윈은 소일삼아 식물학적 연구들을 시작했다. 1863년 중반에 다윈은 건강이 더욱 나빠졌다. 다윈은 의사들의 연이은 충고를 받아들여 각종 요양과 치료를 받았고, 1866년에야 어느 정도 회복했다. 다윈은 자신을 치료했던 의사들에게도 수많은 과학적 자료를 부탁했고, 마지막으로 전력을 다하여 인간의 발달을 공부하여, 『인간의 유래』와 『감정의 표현』을 출판하게 되었다. 이 책에 수록한 편지들이 왕래되던 십 년은 미국 남북전쟁의 발발과 종전을 포함한 굵직한 정치적 사건들이 있었다. 1861년 초에 북부 연합 병사들이 영국 우편선에 승선한 남부 연합의 특사들을 납치하는 일이 벌어졌으며, 다윈은 행여나 영국이 북부 연합에 선전포고라도 하지 않을까 고민했다. 다윈은 아사 그레이에게 쓴 편지에 전황을 언급했으며, 노예제를 적극 반대하던 사람으로서 1865년 북부 연합의 승전을 아사 그레이와 함께 대단히 기뻐했다.

가족사로 돌아가서 다윈은 살아남은 일곱 자녀들이 어른이 되는 것을 지켜보았다. 1860년에 막내인 호레이스(Horace)는 아홉 살이었고, 스물한 살이었던 장남 윌리엄(William)은 직장을 구하고 있었다. 1870년에 윌리엄은 사우샘프턴(Southampton)의 한 은행에 상근 직원이 되었고, 동생인 조지(George)는 이보다 먼저 케임브리지 대학을 졸업하면서 마지막 수학 시험을 차석으로 통과하여 다윈 부부를 기쁘게 했으며, 셋째 아들 프랜시스(Francis)는 학생이었으나 걱정스럽게도 빚을 졌다. 다윈이 과학에 몰두할 수 있었던 데는 가족의 힘이 컸다. 자녀들은 집 안에서나 밖에서 다윈의 연구에 도움을 주었다. 윌리엄은 남부 해안의 식물들을 관찰하여 그 결과를 보내왔고, 조지는 계산 문제를 도왔으며, 다윈이 이 시기에 주고받은 편지 마지막 부분에 등장하는 딸 헨리에타(Henrietta)는, 다윈이 『인간의 유래』의 원고를 교정하도록 부탁한 몇 안 되는 사람 가운데 하나이며, 크게 부각되지는 않았지만 이어지는 다윈의 연구에 중요한 영향을 미쳤다.

1860년

레너드 제닝스가 보낸 편지 1860년 1월 4일[1]

[이 편지는 『종의 기원On the Origin of Species by Means of Natural Selection』이 출간된 직후 다윈에게 이 책에 대한 비평을 담아 보낸 편지이다. 레너드 제닝스는 다윈의 오랜 친구이며 곤충 수집에 열을 올리던 케임브리지 대학교 시절 다윈의 경쟁자이기도 했다. 또한 다윈이 수집한 어류(『비글호 항해의 동물학Zoology of the Voyage of Beagle』 5부 '어류', 찰스 다윈 편집 참고) 확인 작업을 하기도 했다.]

다윈에게

자네가 쓴 흥미진진한 책을 아주 면밀히 읽어 보았네. 얻을 게 참 많더군. 그리고 오늘날 자연사 분야에서 가장 뛰어난 공을 세운 책이 될 거라는 생각이 드네…….

하지만 솔직히 말해 자네 책에서 제시한 것처럼 단일 종이나 같은 무리에서 나온 후손이 여러 종으로 분화된 경우를 찾아보지 못했네. 지금까지 자네가 개진한 이론들을 부분적으로는 받아들일 수 있지만, 전체적인 결론을 받아들이기는 어렵네. 물론 자네의 주장이 상당히 설득력 있다는 점은 인정하네. 그리고 향후 같은 맥락으로 진행될 연구가 궁극적으로 완성되지 못할 거라고는 감히 말하지 않겠네.

오늘날 살아 있는 생물의 대표적인 전형들과 굉장히 유사한 화석 동물들이 실제로는 현재 살아 있는 마지막 종들의 선조라는 견해에는 전적으로 동의할 수 있네. 나 역시 몇 년 동안 그러한 견해를 가지고 있었네. 비록 초창기 지질학자들이나 자연학자들은 그와는 정반대되는 이론을 받아들였지만 말일세.

모든 과들이 어느 정도 먼 과거에는 공통된 기원을 가졌을 거라는 견해도 믿을 수 있다네. 같은 논리로 보면(비록 자연사적인 견해에 늘 부합되지는 않겠지만), 더 고등한 무리의 경우 그러한 견해가 맞을 수 있다는 생각도 한다네. 하지만 너무 광범위하게 일반화하기에는 모든 문제점들이 해결되었다고 생각하기 어렵군.

자네가 염두에 두고 있는 가능성처럼 '지구상에 존재하는 모든 생물이 근원적인 하나의 형태에서 유래했다면' 가장 고등한 생물들 사이에 (화석이나 살아 있는 생물에서도) 공통된 연결 고리나 '분명한 단계'를 발견할 수 있어야 한다고 생각하네. 물론 하등 생물 사이에서도 말일세. 하지만 그러지 못하기 때문에 분류하거나 정의하기가 어렵지 않은가.[2]

이를테면 간혹 해결할 수 없는 문제점이 있기는 하지만 한 무리의 새들은 모두 조금은 밀접하게 연관되어 있는 것처럼 보일 수도 있네. 사라져 버렸거나 알려지지 않은 생물들을 일일이 확인하고 그 간극을 메울 수 있다면 모든 척추동물도 연관되어 있다고 볼 수 있겠지. 하지만 완전히 별개인 유기체, 예를 들어 환형동물과 척추동물의 중간 단계는 거의 찾아볼 수 없을뿐더러 연체동물과 이들 척추동물이나 환형동물의 중간 단계를 찾아보기 힘들지 않은가. 하물며 식물과 동물 사이의 틈은 어떻게 하겠는가. 비록 각각의 발생 단계, 즉 최소한으로 생명 활동을 하는 단계에서는 뚜렷한 특징을 구분할 수 없겠지만 말이야. 하지만 이들이 원래 동일한 원시적인 배세포로부터 퍼져 나온 것이라면 왜 그 이후에는 동일한 부분이 드러나지 않고 그저 시작 단계에서만 보이는 것일까?

내 생각에 자네의 이론이 완성될 수 없는 또 하나의 큰 어려움은 인간의 존재에 관한 것이네. 마지막 페이지에 적힌 "인류의 기원과 그 역사에 서광이 비칠 것이다."라는 문장을 읽기 전까지 자네가 인간의 존재에 관한 문제를 완전히 외면했다는 생각이 들더군.[3] 마지막 문장은 곧 인간은 하나의 변형된 존재이며 오랑우탄이 장족의 발전을 한 것이라는 뜻이 아닌가! 이러한 주장을 독자들이 무리 없이 받아들일지 의심스럽네. 나는 결코 과학과 『성서』를 혼동하는 사람이 아니네. 하지만 남자와 여자가 존재하게 된 배경을 서술하고 있는 「창세기」 2장 7절과 21절, 22절에 대해 어떤 생각을 하고 어떤 의미를 두어야 할지 모르겠네.

인간이 다른 동물들과는 별개로 창조된 것이 아니라면 이전에 존재했던 어떠한 유(類)에서 뻗어 나와 지금의 모습으로 세상에 존재하게 되었다는 말인데 그것이 무슨 유이든 존재했다는 가정을 해야 할 것 아닌가. 그리고 인간이 가진 논리력이나 윤리적인 지성이 아무리 점진적인 변화를 거치고 그 능력을 획득하는 데 시간이 얼마나 걸렸든 간에 원래 이성이 없던 조상이 자연선택적으로 획득한 것이라는 이론 역시 쉽게 수긍할 수 없다네. 이것은 인간과 동물을 확실하게 구분 짓는 신성 이미지와는 아주 동떨어진 것으로 보이네.

레너드 제닝스에게 보낸 편지 1860년 1월 7일

켄트 주 다운, 브롬리
1860년 1월 7일

제닝스에게

자네 편지를 받고 무척 고마운 마음이 들었네. 이성적이고 지적인 사람이 내 책을 읽고 어떤 인상을 받았는지 깨닫게 되어 무척 유익하고 또 즐거웠다네. 자네가 해준 말들도 고맙고 기대했던 것보다 훨씬 더 나와 같은 의견을 가지고 있는 것 같아 고맙게 생각한다네. 무람없다고 생각할지 모르지만 난 자네가 그 주제를 염두에 두고 있다면 분명 진전이 있을 것이라고 확신하네. 아직까지 내가 상동관계, 발생학, 흔적 기관을 가지고 하위 그룹을 분류하는 것에 대해 의문을 제기한 사람은 없다네. 이렇게 분류하는 것이 모두 옳다면 모든 종류의 유기체가 결국 하나의 직계 혈통으로 귀결되어야 마땅하지. 가장 곤혹스러운 문제 중 하나가 바로 지질학적인 기록이 부족한 것이네(개종한 라이엘 선생도 기록이 미흡하다는 점은 수긍하시더군). 초창기 지질시대의 기록은 거의 전무하다고 할 수 있는데, 이것은 동일한 유기체의 계(系)를 분류할 때 각각의 계 사이에 중간 형태를 찾을 수 없는 이유를 설명하는 데 충분한 근거가 된다고 생각하네.

모든 생명체가 하나의 원시적인 형태에서 유래했을 가능성에 관한 내 신념은 분명 성급한 결론이네. 하지만 난 여전히 가능성이 있다고 생각하며 철회할 마음이 없다네.

이런 생각을 지지하는 건 헉슬리뿐인데, 그는 내가 생각한 가능성을 뒷받침해 줄 만한 뭔가가 분명 있을 거라고 말하더군.

인간의 기원에 대한 나의 신념을 강요할 생각은 추호도 없네. 하지만 그렇다고 해서 내 의견을 드러내지 않고 꽁꽁 숨기는 것은 정직하지 못한 일이라고 생각하네. 물론 누구나 인간이 경이롭게 분리된 존재라는 믿음을 가질 수 있다고 생각하네. 내 자신이 그 필요성이나 가능성을 믿지 않는다고 해도 말일세.

자네의 친절한 편지 진심으로 고맙게 생각하네. 자네가 어느 정도 나와 같은 생각을 가지고 있다는 사실에서 내가 전적으로 틀리지 않았다는 확신을 가졌다네. 연구가 중반에 접어들었을 때 아주 오랫동안 손을 놓고 있었지만 탐구하는 기질을 가진 사람은 결코 중도에 그만두는 법이 없지. 사람들은 전부를 인정하거나 아니면 모조리 부정해야만 할 걸세. 여기서 전부라는 것은 각각의 계(系)에 속하는 모든 생물을 말하는 것이네.

진실한 벗 제닝스에게.

찰스 다윈.

[영국 왕립협회 연설에서 헉슬리는 다윈의 연구를 전반적으로 인정한다고 말했다. 하지만 만족할 만한 이론이라고는 할 수 없고 부족한 점이 있다고 말하기도 했다. 그 이유는 번식력이 없는 변종(즉 생리적으로 다른 종들)이 하나의 공통된 뿌리에서 갈라져 나왔다는 증거가 아직 발견되지 못했기 때문이라고 했다.]

토머스 헨리 헉슬리에게 보낸 편지 1860년 1월 11일

켄트 주 다운, 브롬리
1860년 1월 11일

헉슬리에게

단순히 옹호하기만 하면 오히려 더욱 힘들어진다는 말에 충분히 공감하네. 수고스럽겠지만 『종의 기원』 267쪽부터 272쪽까지 다시 한 번 찬찬히 읽어보게. 그 부분에 덧붙이고 싶은 게 있네. 종이 번식력을 가지지 못하는 정확한 원인을 밝혀내기 전까지는 변종들이 새끼를 낳는 이유에 대한 내 설명이 별 설득력이 없을 것이네. 동일한 두 종에서 굉장히 미세하고 독특한 원인에 의해 수정 능력이 동일하지 못하다는 사실을 잠시라도 생각해 보게. 자기들이 가지고 있는 꽃가루보다 외부에서 유입된 꽃가루로 더 많이 수분된다는 사실이 얼마나 신기한 일인지도 생각해 보게. 그리고 아주 미세한 변화가 밀접한 동종에는 아무런 영향을 미치지 않으면서 어떤 하나의 종을 완전히 불임 상태로 만들 수 있다네. 이 점에 대해서는 더 두꺼운 책'으로 써볼 것이네(교배에 관해 따로 다룰 작정이야). 생명의 조건들 사이의 본질적인 관계나 순수한 종의 번식력이 손상되는 원인에 대해 우리가 아는 게 있기나 한가.

꽃의 색이 다양한 것 말고는 다른 점이 거의 없는 베르바스쿰 속(Verbascum)의 변종을 생각해 보게. 개르트너가 꽃 색깔이 다른 것은 변종 간 상호 교배 때문이라고 하며 제시한 증거를 아직은 거스를 수 없네. 하지만 그 모든 증거들이 지나치게 모호해서 종의 변이 이론에 대한 공격을 막아내지는 못하지만 자네가 말한 것처럼 단순한 주장을 뒷받침하는 훌륭한 근거는 된다고 보네.

우리가 모르는 게 얼마나 많은지 생각하면 놀라울 따름이네. 내 책에도 취약한 부분이 더 있겠지만 아직까지는 눈에 띄지 않네. 그래도 많이 있을 걸세.

진실한 친구 헉슬리에게.

찰스 다윈.

아사 그레이가 보낸 편지 1860년 1월 23일

매사추세츠, 케임브리지
1860년 1월 23일

친애하는 다윈 선생께

이곳에서는 많은 신문에서 다루고 있지는 않지만 그래도 반응은 제법 우호적입니다. 다음 주에 뉴헤이븐에서 제가 쓴 논평을 복사해서 보내 드릴 테니, 후커 박사에게도 보내 주시기 바랍니다.[5]

선생이 부탁하신 대로 '선생이 쓰신 책 내용 중 가장 취약한 부분과 가장 훌륭한 부분'을 말씀드리겠습니다. 결코 쉬운 일이 아니더군요. 물론 한두 마디 말로 단언하기도 어렵습니다. 제가 생각하기에 가장 훌륭한 부분은 전반적인 부분, 그러니까 책의 기획과 주제를 다루는 방법입니다. 방대한 사실들과 예리한 추론들을 능수능란하게 다루셨더군요. 이런 책 한 권을 쓰기까지 걸린 20년이라는 세월은 결코 긴 시간이 아니라고 생각합니다.

문체도 분명하고 훌륭합니다만 이따금 수정해야 할 부분도 조금 있더군요(97쪽의 스스로의 자가 수정 능력 등).

그리고 솔직함이야말로 선생의 주장에 가치를 더한다고 봅니다. 새로운 이론을 내놓으면서 적어도 현재로서는 극복할 수 없는 어려움이 있다고 솔직하게 고백하는 사람이 있다니 참으로 기분이 좋습니다. 어려움 같은 건 전혀 없었다고 말하는 사람들이 몇몇 있거든요.

선생이 말하고자 하는 주장을 이해했을 때 그 초석을 선생이 다지셨다는 생각이 들었습니다. 어느 한 사람이라도 선생의 주장을 최소한 있을 법한 가설이라고 인정한다면 선생이 내린 결론에 이르지 않을 것이라고 보장할 수는 없다고 생각합니다. 선생의 책을 읽고 느낀 감동을 몇 줄의 논평으로 다 전하지 못하는 것은 당연한 일입니다. 이러한 상황에서 저 스스로 전향자라고 떠벌리는 것보다 전반적인 결론에 대한 제 입장을 일단 유보하고, 이곳에서 공정하고 우호적으로 고찰해 줄 것을 부탁하는 것이 선생의 이론을 위해 바람직한 태도일 겁니다. 그리고 개종에 대해서는 나중에라도 솔직하게 말하기 어려울 겁니다.

선생의 책에서 가장 취약한 부분은 자연선택을 통해 눈이 형성되는 것 등 기관의 형성에 관해 설명한 것입니다. 일부는 라마르크의 주장과 굉장히 흡사한 것 같습니다.

혼종교배에 관한 장에서는 취약한 부분을 발견하지 못했습니다. 오히려 감탄스러울 만큼 매우 설득력 있다고 생각합니다. 하지만 설명이 필요한 부분에서 생략한 곳이 있더군요. 분기가 이종교배(crossing) 능력을 어느 정도 향상시킨다는 부분 말입니다. 그리고 거기에서 조금 더 나아가 분기로 인해 불임 가능성이 커지거나 줄어들 수도 있다는 설명이 없었습니다.

선생은 분명 옳은 방향으로 나가고 계십니다. 하지만 그 분야에서 하셔야 할 일이 더 있습니다.

거리낌 없이 말씀드리지만 책 한 권을 통해 그렇게 많은 것을 배워 보기는 처음입니다. 아직도 드릴 말씀이 천여 가지는 되는 것 같습니다.

존경을 표하며.

아사 그레이.

찰스 라이엘에게 보낸 편지 1860년 4월 10일

켄트 주 다운, 브롬리

1860년 4월 10일

라이엘 선생님께

선생님의 네 번째 노트에 대해 고맙게 생각합니다. 선생님이 토키(Torquay)에 있다니 반가운 마음이 드는군요. 좀 더 일찍 선생님에게 편지를 썼더라면 좋았을 텐데, 마침 후커와 헉슬리가 이곳에 와서 제 시간을 몽땅 빼앗아 버렸답니다. 남들이 보기에는 사소한 일도 저는 온힘을 기울여야 할 수 있습니다. 제 책에 관한 논평들이 봇물처럼 쏟아지고 있어요. 제 자신에게 욕지기가 날 정도입니다. 〈메드-치룽 Med.-Chirurg〉에 실린 카펜터의 아주 긴 논평을 읽어봤습니다. 논리가 그럴 듯하고 한쪽으로 치우치지는 않았지만 그렇다고 썩 훌륭하다는 생각은 들지 않았습니다.

카펜터는 아주 공손한 투로 선생님에 대해 말하더군요. 헉슬리가 멋진 논평으로 대성공을 거두기는 했지만 주제를 부각시켰는지는 모르겠어요. 어느 정도 불임성(不稔性)이 있는 식물의 변종에 무게를 충분히 싣지 않은 것 같다고 헉슬리에게 분명히 말했습니다.

논평과는 별도로 아사 그레이가 와이먼 교수의 글(책으로 쓰겠지만)을 보내 주었습니다. 버지니아의 에버글레이즈(Everglades)에는 한 축사에 검은 돼지만 있는 경우가 있다더군요. 원인을 물어보니 (그와 아주 유사한 경우는 보지 못했지만) 어떤 견과류를 먹었을 때 검은색 돼지들은 뼈에 붉은색이 돌면서 약간 병을 앓는 정도로 그치는데 흰 돼지들은 발굽이 뭉개지고 끝내는 죽는다고 합니다. "어린 흰 돼지들을 죽이기 위해 선택을 거들었다."는 거지요. 글도 거의 배우지 못한 사람이 그런 말을 했다는 겁니다.

선생님이 자연선택의 영향력을 인정할 수 없다는 말을 듣고 큰 충격을 받았습니다. 저는 생각하면 할수록 크고 작은 변화를 일으키는 자연선택의 힘을 확신하게 되거든요.

방금 〈에든버러 리뷰〉에서 제 책에 관한 글을 읽었는데 오언이 쓴 것 같습니다. 아주 신랄하고 명쾌한 글입니다. 너무 치명적이지 않을까 걱정스러울 정도였습니다. 헉슬리의 강연에 대해서도 혹평을 하고 후커에 대해서도 아주 모진 소리를 했더군요.[6] 저희 셋을 한꺼번에 싸잡아 몰아세운 거지요. 대놓고 저를 그 무리에 집어넣지는 않았지만 밤새 불안했답니다. 하지만 오늘 완전히 털어버렸습니다. 저를 향한 그 많은 쓴소리에 고마운 마음이라도 들려면 부단히 노력해야 할 듯합니다. 사실 저도 알지 못하는 제가 있나 봅니다. 오언은 괘씸하게도 많은 부분을 잘못 전하고 있더군요. 인용 따옴표가 붙은 단어를 바꿔 단락 몇 개를 잘못 인용했어요. '배면'이라는 단어가 없는 부분을 들먹이면서 '비둘기의 배면 척추골'과 일치하지 않다고 했지 뭡니까. 한 기관을 만각류의 아가미라고 부른 부분도 비웃더군요. 제가 만각류에 관한 책을 출판하기 전 오언 자신이 출판한 '무척추동물'에 관한 책에서 그것들의 기관을 분명히 아가미라고 불러놓고 말이지요. 오언이 저를 끔찍하게 싫어하는 것 같아 괴롭군요.

제 책과 관련해서 신기한 얘기를 하나 들려드리겠습니다. 지난 토요일 〈가드너스 크로니클(Gardner's Chronicle)〉에 패트릭 매튜가 1831년에 출판된 자신의 책 『선박용 목재와 수목 재배에 대해 On Naval Timber and Arboriculture』에서 상당 부분 발췌해 실은 글이 있었답니다. 거기서 패트릭은 자연선택 이론에 대해 짧지만 아주 분명하게 예견했지요. 그래서 그 책을 사서 읽어 봤습니다. 몇몇 부분은 모호하지만 책은 분명히 완성은 되었으나 덜 발달된 기대였다고 생각합니다. 하지만 그 친구도 좀 더 설득력 있는 가설을 제시했어야 했는데 그렇지 못했더군요! 에라스무스 형[7]은 늘 언젠가는 이것들이 분명히 실례로 드러날 거라고 말한답니다. 어쨌든 『선박용 목재와 수목 재배에 대하여』에서 구체적인 사실이 발견되지 않은 것에 대해 누군가는 비난받아야 하겠지요.

잘 지내십시오, 라이엘 선생님.

당신의 친구 찰스 다윈.

[『종의 기원』이 출간된 후 스코틀랜드의 농장 경영자인 패트릭 매튜는 자신이 이미 1831년에 출판된 책에서 자연선택에 관한 다윈의 개념을 예견했다고 주장했다.(『선박용 목재와 수목 재배에 대해 On Naval Timber and Arboriculture; With Critical Notes on Authors Who Have Recently Treated the Subject Of Planting』(런던, 에든버러, 1831)). 다윈은 『종의 기원』세 번째 판 서문 '역사적 개요'에서 매튜의 견해를 논의했다.]

〈가드너스 크로니클〉 기고문 1860년 4월 13일

4월 7일자 〈가드너스 크로니클〉에 실린 패트릭 매튜 씨의 논문을 굉장히 흥미롭게 읽어 보았습니다. 제가 자연선택이라는 용어를 사용해 종의 기원에 대해 제시했던 설명을 매튜 씨가 몇 년 전에 예견했다는 사실은 기꺼이 인정합니다. 『선박용 목재와 수목 재배에 대해』라는 책의 부록에서 아주 간략하게 제시되기는 했지만, 매튜 씨의 견해를 읽어봤다면 저뿐 아니라 어떤 자연학자도 놀라지 않을 겁니다. 매튜 씨의 책에 대해 전혀 아는 바가 없으며, 다만 이제까지 그분의 책을 읽지 못한 것에 대해 사과의 말씀을 드릴 뿐입니다. 제 책의 또 다른 판을 출판하자는 요청을 받는다면, 앞선 연구의 영향을 받았다는 점을 명시할 것입니다.

켄트 주 다운, 브롬리에서.

찰스 다윈.

찰스 라이엘에게 보낸 편지 1860년 4월 15일

켄트 주 다운, 브롬리

1860년 4월 15일

라이엘 선생님께

오언의 논평은 신경 쓸 필요 없다는 선생님의 말을 듣고 아주 기분이 좋아졌습니다. 후커와 헉슬리는 일종의 의무감으로 인용한 문구를 수정하라고 지시했겠지만 그의 말도 일리는 있다고 생각하더군요. 하지만 그러지 않으려고 해도 그 생각 자체가 아주 진저리나게 만든답니다.

그리고 자연선택에 관한 준(準)신학적인 우리의 논쟁에 대해 몇 마디 더 해야겠습니다. 런던에서 만나면 선생님의 의견을 꼭 듣고 싶습니다.

파우터(집비둘기의 일종—옮긴이)의 소낭 크기에서 계승된 변이에 대해 생각해 봐주세요. 그 비둘기의 변이가 인간의 변덕스러운 마음을 충족해주기 위해 '브라마(힌두교의 창조신)'가 창조력과 양육 능력을 발휘한 것이라고 생각하십니까? 창조신 운운하며 전지전능한 신만이 명령을 내리고 세상만사를 다 알고 있다는 믿음을 당연히 인정해야 하는 것인지는 모르겠습니다. 하지만 저는 인정할 수 없어요. 우주 만물을 만든 자가 인간의 어리석은 기호를 충족하고자 비둘기의 소낭 따위에 신경 쓴다는 것 자체가 어불성설이지 않을까요. 하지만 선생님께서 근거 없는 신의 개입 따위에 대해 저와 같은 입장을 가지고 있다면, 피조물에게 유익한 기이하고 감탄할 만한 천성이 자연적으로 선택되었다고 믿든 자연 상태의 생물들에게 그 어떤 개입이 있었다고 믿든 따지지 않을 것입니다.

야생의 물속에서 노는 파우터를 상상해 보십시오. 소낭을 부풀려 물에 뜬 채로 먹잇감을 찾아 떠다니는 모습도 말입니다. 유체 정역학적인 압력의 법칙에 적응하는 것도 말이지요. 이 얼마나 경이로운 일입니까.

자연선택으로 가장 완벽한 구조를 만들어 낸다는 이론에서 저는 이제까지 어떠한 문제점도 발견하지 못했습니다. 점진적인 변이로 그러한 구조가 만들어질 수 있다면 말입니다. 그리고 적어도 아직까지는 알려지지 않은 어떤 점진적인 변이로 이행되는 구조에 이름을 붙이는 일이 얼마나 어려운지도 경험해 보아서 알고 있습니다.

저의 벗에게, 찰스 다윈.

아사 그레이에게도 말했듯이 제가 내린 결론은 '숙명과 자유의지' 또는 '악의 기원'처럼 인간의 지성으로는 그러한 문제를 해결할 수 없다는 점입니다.

[1858년 6월, 출판을 목적으로 자연선택 이론에 대한 글을 쓰는 동안 다윈은 월리스로부터 독자적으로 창안한 자연선택 이론을 설명한 원고가 담긴 편지 한 통을 받았다. 라이엘과 후커는 다윈이 1857년에 아사 그레이에게 쓴 독창적인 그의 이론에 대한 간략한 설명과 함께 공동으로 출판하기 위한 안배를 했다.]

알프레드 러셀 월리스에게 보낸 편지 1860년 5월 18일

켄트 주 다운, 브롬리
1860년 5월 18일

월리스 선생께

오늘 아침 선생께서 엠보이너(Amboyna) 섬에서 2월 16일 날짜로 보낸 편지를 받았습니다. 약간의 논평과 함께 내 책에 대해 극진한 칭찬을 해주셨더군요.[8] 선생의 편지 덕분에 무한한 기쁨을 느꼈습니다. 가장 강력한 부분과 취약한 부분에 대한 선생의 의견에 십분 공감합니다. 선생께서 언급하신 대로 지질학적인 기록이 충분하지 않아 그 부분이 가장 취약한 것 같군요. 하지만 다른 자연과학 분야 연구자들보다 지질학자 중에 개종한 사람이 훨씬 더 많다는 사실에 매우 만족합니다.

내 생각에 자연학자들보다 더 많은 지질학자들이 마음을 바꾸는 것 같군요. 아무래도 그들이 더 논리적이기 때문이지요. 주제에 관한 의견을 말씀드리기에 앞서, 내 책에 대한 선생의 관대한 태도에 경의를 표하고 싶습니다. 선생과 같은 입장이라면 대부분의 사람들이 일종의 질투나 시기심을 가지는 게 인지상정일 텐데 그러한 감정에 얽매이지 않은 선생은 참으로 고귀한 인품을 가진 듯싶습니다.

그런데도 선생께서는 스스로에 대해 지나치리만큼 겸손한 것 같군요. 차라리 선생께서 나처럼 시간이 많아 책을 쓸 수 있었다면 내 것보다 더 훌륭한 책이 완성되었을 것이라 생각합니다.

요즘 들어 비난이 더 거셀뿐더러 쉴 새 없이 쏟아진답니다. 하지만 그런 비난에는 이미 이골이 났고 오히려 비난이 쏟아질수록 전의가 확고해지더군요. 아가시는 개인적으로 내게 정중한 투로 편지를 써서 보내지만 비난하지 않은 건 아니었습니다. 하지만 아사 그레이 씨는 나를 지지하며 영웅처럼 싸우고 있답니다.

라이엘 선생님은 입장을 굳건하게 고수하고 계시고 올가을에 『인간의 지질학적 역사 Geological History of Man』에 관한 책을 출판하실 겁니다. 지금도 공공연한 사실이기는 합니다만 그 책에서 당신의 전향을 분명히 밝히실 거예요. 후커가 쓴 훌륭한 논문을 받아보셨을 겁니다.[9] 지금까지도 괜한 고집을 부리면서 후커의 논문을 읽지도 않을 식물학자 이름을 셋은 댈 수 있답니다.

지금은 분책으로 출판할 좀 더 큰 책을 쓰고 있습니다.[10] 하지만 몹쓸 체력과 쏟아져 들어오는 편지들 때문에 일이 진척될 기미가 보이지 않는군요. 이런 소소한 이야기들이 선생께 폐가 되지 않기를 바랍니다.

다시 한 번 선생의 편지에 진심으로 감사하는 마음 전합니다. 과학 연구뿐만 아니라 선생께서 하시는 모든 일에서 성공을 거두시기를 깊이 소망합니다.

    찰스 다윈.

아사 그레이에게 보낸 편지 1860년 5월 22일

켄트 주 다운, 브롬리
1860년 5월 22일

그레이 선생에게

    편지 내용과 몇 가지 논평들을 보고 내 책에서 결정적으로 빠진 부분이 무엇인지 알게 되었습니다. 어째서 어떤 생물은 모든 형태가 진화하지 않고 아직도 단순한 유기체로 남아 있으며, 그 구체적인 이유를 설명하지 않은 것 말입니다.

    신학적인 관점에서 그 문제를 볼 때는 늘 고통이 따른답니다. 당혹스럽다고 할까요. 무신론자 입장에서 쓸 생각은 처음부터 없었습니다. 그러나 우리 주변에 있는 설계와 자애의 증거들이 다른 사람들만큼 명백하게 보이질 않는군요. 세상에는 비참한 일들이 너무 많습니다. 그렇게 자애롭고 전지전능한 신이 맵시벌을 창조할 때 살아 있는 애벌레의 몸 안에 기생하면서 그걸 산 채로 먹으며 자라게 했다고는 납득할 수 없답니다. 고양이가 쥐를 가지고 노는 것도 마찬가지입니다. 이러한 것을 믿지 않기 때문에 눈이라는 기관이 계획적으로 만들어졌다고 믿을 이유가 없는 것입니다.

반면 이 아름다운 우주, 특히 인간의 본성을 비롯한 모든 것이 야생의 힘으로 만들어졌다고 단정하기에는 만족스럽지 않은 점이 많습니다. 그것이 좋은 쪽이든 나쁜 쪽이든 지극히 세밀한 부분까지 모든 사물이 예정된 법칙에 따라 얻어진 결과물이라고 생각하고 싶습니다. 우연이라는 것과는 상관없이 말입니다. 하지만 이 개념이 만족스럽다는 뜻은 결코 아닙니다. 전체적인 주제가 인간의 지성으로는 납득하기 어려울 만큼 심오하다는 것을 절감합니다. 차라리 개가 뉴턴의 생각을 읽는 게 나을지도 모른다는 생각이 드는군요. 자기 능력만큼 바라고 믿도록 내버려 둬야겠지요.

내 견해를 무신론자의 입장으로만 볼 필요는 없다는 선생의 말에 충분히 공감합니다. 착한 사람이든 악한 사람이든 번개를 맞으면 죽지요. 여기에는 아주 복잡한 자연법칙이 있습니다. (바보로 판명이 날지도 모르는) 한 아이가 태어나는 데는 그보다 더 복잡한 법칙이 작용한 것입니다. 사람이나 다른 동물들은 어떤 법칙을 따르기에 어느 지역에서나 태어나는지 그 이유를 찾지 못하겠군요. 이 모든 법칙들을 모든 앞일과 결과를 미리 내다보는 전지전능한 신이 만들었는지도 모르지요. 이 편지에서도 충분히 말씀드렸지만 생각하면 생각할수록 혼란스럽습니다.

선생의 친절과 관심에 깊은 감사의 말을 전합니다.

찰스 다윈.

[후커는 옥스퍼드에서 열린 영국 과학발전협회에 참석했다. 아래 편지는 옥스퍼드의 주교 새뮤얼 윌버포스와 벌인 유명한 '논쟁'에 대한 보고이다.]

조지프 돌턴 후커가 보낸 편지 1860년 7월 2일

옥스퍼드 식물원

1860년 7월 2일

다윈에게

밤새 옥스퍼드에서 배회하다가 이제야 들어왔다네. 그런데 내 오랜 친구인 자네에게 단 몇 줄이라도 쓰지 않고서는 잠을 이룰 수가 없어 이렇게 펜을 들었어. 지난 목요일 오후 이곳에 오자마자 아주 긴 공상에 빠져 있었지. 자네도 없고 아내도 없어서 그런지 난 수렁에 빠진 것처럼 기운을 잃었네. 한때 자주 걸었던 거리를 마치 물고기가 물 밖으로 나와 기어 다니듯 걸어 다녔다네. 섹션(section, 요즘으로 치면 학회의 session의 의미) 근처에는 얼씬도 하지 않을 거라고 다짐했네만 대학 건물들을 보니 즐겁더군. 그 나른한 정원에서 수없이 졸다 깨면서 나태함을 즐겼지.

헉슬리와 오언은 내가 도착하기도 전에 이미 섹션 D"에서 자네가 참석하지 않은 걸 두고 크게 싸운 것 같더군. 굳이 밝히지는 않겠지만 H가 이긴 것 같더군. 그날 자네와 자네의 책은 어김없이 화제에 올랐다네. 정말이지 놀랄 일도 많았고 흥미로운 화제 역시 큰 인기를 끌었지. 환상에서 깨어나 인생이 지루해진 겁쟁이처럼 내가 그 자연선택인가 뭔가 하는 문제의 중재자가 되었다네.

토요일에는 에러버스(Erebus) 함에서 함께했던 오랜 친구 데이먼 선장과 섹션까지 걸었다네. 평소처럼 섹션 안으로는 한 발짝도 들여놓지 않을 거라고 맹세했지만, 별 할 일도 없고 지루하던 터라 슬쩍 들어가 보았지. 드레이퍼라고 하는 미련퉁이 미국 사람이 쓴 「다윈의 가설로 본 문명」이라는 논문과 제목 몇 개가 눈에 띄었는데, 거기까지는 별 느낌도 없었다네. 그저 다 공허한 것들이고 자기 만족을 위한 것들이지 않은가. 잘 듣게, 이게 진짜 큰 걸세. 있기도 했지만 소피 샘(Soapy Sam, 새뮤얼 윌버포스 주교)이 해명한다기에 들어 보려고 끝까지 기다렸다네. 새뮤얼(Sam Oxon)의 연설을 들으려고 사람들이 여기저기서 몰려드는 바람에 장소를 도서관으로 옮겼다네. 어림잡아 700명에서 1,000명쯤은 되는 것 같더군. 비할 데 없이 추하고 멍청하고 교활한 새뮤얼 주교가 일어서서 1시간 30분가량 청산유수처럼 읊어 댔다네. 내가 보기에는 오언의 사주를 받은 게 아닌가 싶더군. 한 마디는 고사하고 논평 내용이 뭔지도 모르는 것 같았네. 자네를 심하게 조롱하더니 헉슬리에게 잔인하게 혹평을 쏟아내더군. 헉슬리가 훌륭한 답변으로 형세를 바꿔 놓았지만 엄청나게 운집한 사람들에게 헉슬리의 목소리가 다 전달되지 못했고, 그래서인지 군중을 제압하지도 못했다네. 새뮤얼의 허점을 찌를 만한 것도 없었고, 문제점을 끄집어내 청중을 쥐락펴락하지도 못했지. 그래도 싸움은 점점 더 달아올랐지. 브루스터 부인은 급기야 까무러치고 말았다네. 다른 사람들의 발언이 이어지면서 분위기가 고조되었지. 피가 끓어오르는 것 같더군. 내 자신이 비겁하게 느껴지더군. 그래서 이제는 내가 나서야 할 때라고 생각했지. 내 성격대로 아말렉(이스라엘의 숙적―옮긴이)의 족장 새뮤얼의 엉덩이와 가랑이를 보기 좋게 걷어차야겠다고 스스로에게 다짐했다네. 도전할 준비를 마친 투사처럼 의장(헨슬로 교수님)에게 발언 신청을 했다네.

　헨슬로 교수님은 발언권을 가진 사람들 말고는 누구도 의견을 피력하지 못하게 했다네. 청중들이 네 명의 발언권을 묵살했다네. 의장이 호명한 사람만 단상 앞에 나갈 수 있었지. 내 오른쪽 팔꿈치 옆에 새뮤얼이 서자 배에 절로 힘이 들어가더군. 박수갈채를 받으며 그를 박살내 버렸다네. 그의 추잡한 입에서 몇 마디 나오기가 무섭게 쏘아붙였지. 그리고 몇 가지를 설명해 주었네. 첫째, 새뮤얼은 자네의 책을 읽어봤을 리가 없다. 둘째 새뮤얼은 식물학의 기초도 모른다. 그리고 주제와 관련해 내 경험과 전향을 이야기하고, 예전 가설과 오늘날 가설의 상대적인 입장에 대해 간단한 의견으로 마무리했다네. 덧붙여서 청중들에게 약간의 주의도 줬네. 새뮤얼의 입을 봉한 거지. 한마디도 못 하더군. 그러고 나서 모임은 곧바로 해산되었지.

네 시간의 전투로 자네는 그 분야의 대가가 된 거야. 전투 초반에 편협한 모습을 보이던 헉슬리가 정말 훌륭했다고 말해 줬다네. 이제까지 한 번도 나를 칭찬한 적이 없었거든. 예전에는 도대체 내가 어떤 사람인지 몰랐다고 하더군. 남녀 불문하고 옥스퍼드에 몰려왔던 유럽의 내로라하는 사람들이 [주교를 미워하기 때문인지……(편지 원본의 글자가 정확하지 않음)사랑……] 나를 축하해 주기도 하고 고맙다고 말하기도 했네. 수많은 여성들이 나한테 추파를 던지더군. 아, 이런 복이 다시는…….[12]

T. H. 헉슬리에게 보낸 편지 1860년 7월 3일
리치먼드, 서드브룩 파크(Sudbrook Park | Richmond)
(토요일에 다운으로 돌아가네)

1860년 7월 3일

헉슬리에게

지난 일요일 밤에 후커가 옥스퍼드에서 보낸 편지를 받았다네. '종' 때문에 격론이 오갔던 옥스퍼드에서의 혈전에 대해 얘기하더군. 자네가 오언에 맞서 아주 위엄 있게 싸웠다고 들었네(하지만 자세한 이야기는 못 들었네). 옥스퍼드 주교의 질문에 아주 훌륭하게 대답했다지? 종종 그런 생각이 든다네. 친구들(다른 누구보다 자네는 더하겠지)이 나를 싫어할 만하다는 생각 말일세. 지극히 하찮은 일로 자네들을 휘저어 놓고 그로 인해 얼마나 곤혹스러울지 생각하면 말이야. 나라면 나 같은 친구를 굉장히 미워했을 거네(이제는 좋은 문장을 어떻게 써야 할지도 모르겠군).

하지만 내가 휘젓지 않았다면 다른 누군가라도 분명히 했을 거야. 자네의 결단에 경의를 표하네. 주교의 반박에 답변해야 하는 자리에서 아마 난 숨이 넘어갔을 걸세. 오언이 그렇게 상스럽게 굴었다고 들었네. 후커 얘기로는 주교가 나를 철저히 비웃고 자네에게는 아주 무례하게 굴었다던데. 자네가 얼마나 지쳤을지 알 만하니 자세한 얘기를 해달라고 부탁하기도 어렵군. 그래도 그 전투에 대해서는 조금이라도 더 알고 싶다네.[13]

옥스퍼드에서 무슨 일이 일어났는지 상상도 할 수 없지만, 여력이 안 돼서 그곳에 갈 엄두도 내지 못한 것이 지금에 와서는 오히려 다행이었다는 생각이 드네. 분명 머지않아 세상 사람들은 그 주제에 대해 진이 빠질 대로 다 빠질 거네. 그러면 우리에게도 평화가 찾아오겠지. 하지만 다른 한편으로 생각하면 이 논쟁이 그 주제를 더욱 부각시킬 것 같네. 말로는 뭔들 못하겠냐만 자네나 세 친구들이 아니었다면 내가 완전히 한 방 먹었을 거야.

후커가 말한 대로라면 그 친구도 주교에게 틀림없이 훌륭한 답변을 했을 거라고 생각하네. 자네와 후커 두 사람 모두 존경스럽고 고맙게 여기고 있네.

자네의 친구.

찰스 다윈.

존 메도우즈 로드웰에게 보낸 편지 1860년 10월 15일

이스트본, 마린 광장(Marine Parade, Eastbourn) 15번지

1860년 10월 15일

로드웰 선생에게

흥미로운 내용의 편지를 보내 주셔서 감사하게 생각합니다. 종의 기원에 대해 제가 내린 결론을 아무도 인정하지 않는다고 해도 더 이상 놀랍지 않습니다. 현상들을 설명하고 분류하는 것밖에는 달리 그 주장을 해명할 방법이 없기 때문입니다. 지금까지 제가 찾은 것은 보편적인 법칙이기 때문에 옳은 길을 걷고 있다고 확신합니다. 저와 입장을 같이 하는 자연학자들이 그 주제에 관해 더 깊이 연구할수록 진전이 있을 거라고 생각합니다. 좀 더 방대한 책을 쓰고 있는데 건강이 좋지 않고 다른 일도

있어서 진도가 잘 나가지 않습니다. 선생의 논평은 아주 인상적이었습니다. '생존경쟁'이라는 말이 제게는 참으로 신선하게 다가오더군요. 종들마다 이름의 어원을 찾아가면 뚜렷한 유사점이 눈에 띨 거라는 생각은 줄곧 해왔지만 그 분야에 대해 워낙 무지해서 시도조차 하지 못했습니다. 사 개월인가 육 개월 전에 〈콘힐 매거진 Cornhill Magazine〉에 실린 루이스의 동물학 논문 가운데 하나에서 그런 시도를 어느 정도 볼 수 있더군요.[14] 선생은 그 주제에 관해 책으로 써서 출판할 생각이 없으신지요?

선생이 하시는 언어에 대한 연구에 큰 관심을 가지고 있었습니다. 어디선가 그와 비슷한 것을 읽은 적이 있습니다. 선생을 곤란하게 하고 싶은 생각은 없지만 그 연구에 대한 책을 출판하신 적이 있는지 알고 싶습니다. 선생이 말씀하신 돼지가 몇 마리나 병에 걸렸고 얼마나 빨리 회복되었는지 등 구체적인 정보를 알려 주시면 좋겠습니다.

와이먼 교수가 플로리다에서 그와 유사한 돼지에 관한 내용을 보내 주었습니다. 돼지들이 모두 검은색이어서 무척 놀랐다더군요. 돼지들이 어떤 뿌리를 먹었는데 흰색 돼지들은 그걸 먹고 병들어 죽었다고 합니다. 그런데 검정색 돼지들은 멀쩡했다는군요. 농부들이 "어린 흰 돼지들을 죽이기 위해 선택을 거들었다."고 했답니다.

그냥 흰 고양이가 아니라 청각 장애가 있는 푸른 눈의 흰 고양이는 그 푸른 눈 쪽의 귀가 청각 장애라는군요. 푸른 눈을 가지고 있으면서도 청각 장애를 가지지 않은 고양이를 보시거든 알려 주시면 고맙겠습니다. 그런 고양이가 있다면 제가 들어 본 바로는 유일한 예외가 될 것 같습니다.

다시 한 번 선생의 편지에 대한 저의 마음을 받아주시기 바랍니다. 경의를 표하며 건승하시기를 빕니다.

켄트 주 다운, 브롬리에서.

찰스 다윈.

열흘쯤 뒤에 다운의 집으로 돌아올 겁니다.

[기디언 린세쿰은 미국의 의사이면서 독학으로 공부한 자연학자이다. 린세쿰은 다윈의 『종의 기원』을 읽고 자신이 개미를 관찰한 내용이 다윈의 이론을 지지할 수 있는 증거가 될 것이라고 생각하고 다음 편지를 보냈다. 다윈은 이 편지를 런던의 린네 학회에 제출했고, 조지 버스크가 편집을 맡아 편지의 요약본을 출판했다.]

기디언 린세쿰이 보낸 편지 1860년 12월 29일

텍사스, 롱포인트(Long Point).

1860년 12월 29일

찰스 다윈 선생,

영국 켄트 주 다운, 브롬리

다윈 선생에게

농학 연구에서 들어본 적이 있는 포미카(Formica) 종은 몸집이 크고 갈색 빛이 도는 붉은 개미입니다. 도시의 포장된 길바닥에 사는 이 개미는 번식력도 좋고 매우 건강합니다. 계절의 변화에도 재빨리 안정적으로 적응하는 것은 물론이고요. 이들은 아주 빠르고 능수능란하게 환경에 적응하는 능력을 타고난 것 같습니다. 그리고 여러 가지 위험한 상황에서도 지칠 줄 모르는 생명력으로 견뎌 나갑니다.

포미카 종 개미는 개미집을 정할 때 땅이 건조하면 구멍을 파고 그 구멍 주위로 7.6센티미터나 어떤 때는 15.2센티미터 정도의 낮고 완만한 둔덕을 쌓아 올리는데, 그곳에서 입구까지는 100에서 120센티미터 정도 떨어져 있습니다. 하지만 지대가 낮은 곳이나 약간 습한 땅인 경우에는 침수할 우려가 있기 때문에 흙이 완전히 말라 있는 곳이라도 둔덕을 더 가파르게 쌓는데, 높이가 4.5미터에서 6미터, 때로는 그보다 더 높더군요. 입구는 그 둔덕 꼭대기 부근에 만들어 놓습니다. 고지에 있는 개미집도 마찬가지인데, 개미집 주변에 있는 모든 방해물을 제거하고 개미집 입구부터 100에서 120센티미터 정도까지 표면을 다듬어 평평하게 만듭니다. 겉으로 보기에는 잘 포장해 놓은 것 같지요. 실제로도 그렇고요.

둔덕 위에는 낟알이 열리는 풀 외에 다른 풀은 거의 자라지 않습니다. 둔덕 중앙부에서 60 내지 90센티미터 떨어진 지점에서 주위를 둥글게 에워싸고 이 낟알이 열리는 풀이 자랍니다. 개미들은 둔덕 주변에 잡초들이나 다른 풀들은 자라지 못하게 잘라 내면서 이 풀들만 꾸준히 기릅니다. 이 풀들을 기준으로 반경 30에서 60센티미터 정도 떨어진 지점에는 도넛 형태의 울을 만듭니다. 이 풀들은 잘 자라서 작고 단단한 흰색의 씨앗이 영그는데 현미경으로 보면 쌀알과 아주 비슷합니다. 이 씨앗들이 여물면 일개미들은 조심스럽게 수확해서 낟알 껍질까지 곡물 창고로 운반합니다. 그리고 그곳에서 껍질을 벗겨내 차곡차곡 쌓아놓고, 껍질은 둔덕 바깥 경계 너머로 가져가서 버립니다.

장마가 계속되면 곡물 창고가 젖을 위험이 많은데, 곡물 씨앗이 다 그렇겠지만 이것들도 싹이 트거나 썩어버리지요. 개미들은 비가 그치고 해가 나자마자 축축하게 젖고 손상된 씨앗들을 창고 밖으로 가지고 나와 햇볕에 말립니다. 그리고 싹이 난 것은 그대로 두고 잘 마른 씨앗들을 다시 창고로 날라 잘 쌓아두지요…….

경의를 표하며.

기디언 린세쿰.

1861년

Charles Darwin

후커에게 보낸 편지 1861년 2월 4일

켄트 주 다운, 브롬리
1861년 2월 4일

후커에게

유쾌한 이야기가 많아서도 좋았지만 과학에 대한 자네 마음이 누그러졌다는 소식을 들으니 무척 반갑더군. 자네의 냉담한 마음이 좀더 오래 갈 줄 알았거든. 하지만 너무 급격하게 수그러들지는 말게. 자네처럼 끈기 있게 일하는 사람도 없을 거네. 게으름도 조금씩 피워 가며 하라는 말일세. 이렇게 말하니 꼭 설교하는 것 같군. 정작 내 자신이 게으름을 피우고 싶으면서도 그러지 못하기 때문이네. 일할 때 가장 마음이 편안하거든. 내 사전에 휴일이라는 단어는 없네. 그래서 서글프기도 하고 말이야.

우리 가여운 에티[1] 일로 위로해 주다니 무척 고맙네. 한 이 주일 전에 삼 일을 심하게 앓았다네. 내가 늘 싫어했던 감홍을 먹였다네. 지금은 정상적인 모습을 되찾은 것 같다네. 하루에 한두 시간 정도 일어나 앉아 있기도 한다네. 불쌍한 조지[2]는 썩은 아래 앞니 몇 개를 뽑았다네. 그것들이 한꺼번에 갑자기 썩어 버려 우드하우스 씨가 다 뽑았다네. 내가 염려하는 것은 이런 일로 성격을 버리지나 않을까 하는 것이네. 한때 부정맥을 앓은 적도 있고 말이야. 이제는 우리 모두가 한 치 앞도 볼 수 없다는 사실을 받아들이고 있다네. 미래에 대한 아무런 걱정이 없는 젊은이의 삶은 얼마나 다른가? 비록 근거는 없더라도 모든 게 아름답겠지.

『종의 기원』 세 번째 판을 마치느라 다른 일은 하나도 하지 못했다네. 그리고 '가축화(재배화) 과정에서 일어나는 동물과 식물의 변이Variation under Domestication'라는 주제로 책을 쓰는데 좀처럼 진척이 없군. 제목마다 골머리를 앓고 있다네.

끈끈이주걱[3]에 대해 더 연구하고 싶네. 단단한 물질로 이루어진 낟알의 7만 8,000분의 1 정도의 무게를 가지고도 그런 뚜렷한 움직임을 보인다는 게 도무지 납득이 안 되네. 그것이 대체로 화학적 속성이라는 것도 이해가 안 되고. 그래서 무척 당혹스럽네.

우리 집 앞에 있던 키 큰 은색 전나무를 기억하겠지. 너무 지저분해서 그 나무를 뿌리째 뽑아 버렸다네. 나무를 들어낸 구덩이가 직경 1미터가량 됐는데 잔뿌리들이 더 넓게 퍼져 있었다네. 나이테는 110줄이었네. 흙을 모아서 작은 둔덕을 만든 다음 심은 것처럼 보이는데, 정확하게 그 둔덕 중심부의 흙을 조금 떠냈다네. 적어도 60내지 80년 동안은 씨앗이 들어올 틈이 없었겠지. 그 흙에서 무엇이 싹트는지 확인하고 자네를 놀래 줄 요량으로 모아 뒀다네. 내가 좀 더 유리할 것 같군. 싹이 나오면 내 연구에 좋은 본보기가 될 테고, 아무것도 나오지 않으면(그럴 공산이 더 크지만) 흙 속에는 원래 씨앗이 없다고 말하면 그만이지 않겠나.

일주일 전 아사 그레이에게 장문의 편지를 썼는데 부치지는 않았네. 계획에 관한 건데, 말하자면 신학에 관한 내용이라서 자네는 별 관심이 없을 듯하네. 그레이는 두 사람이 거의 이성을 잃을 정도로 내 주장을 반대한다더군. 보언은 일탈이 유전된다는 것을 부정하고, 루이 아가시는 그리스 라틴어와 산스크리트어는 서로 관련이 없으며 인종처럼 토착성이 있다고 우긴다더군! 논쟁거리도 안 되는 것이 우리에게 오히려 더 좋지 않나.

월리[4] 소식을 들어서 기분이 좋다네. 한 무리의 어린아이가 물러가고 난 후 주위가 잠잠해지는 순간이 참으로 행복하지.

늘 나의 좋은 친구에게.

찰스 다윈.

레너드 호너에게 보낸 편지 1861년 2월 14일

켄트 주 다운, 브롬리

1861년 2월 14일

호너 씨에게

편지에 바로 답장했어야 했는데, 늦어서 죄송합니다. 선생께서 친절하고 신중한 글로 그 문제에 관해 토론해 보자고 제안하신 것은 우리가 만날 때까지 충분히 생각해 보겠습니다.

인간은 변이를 만들어 내는 것이 아니라 단지 일어난 변이를 축적할 뿐입니다. 신이 의도적으로 부모 흑비둘기가 소낭의 크기를 바꿀 수 있게 했기 때문에 인간이 그러한 변이를 선택해서 파우터를 만들었다고는 생각하지 않습니다. 제 생각에는 우리가 모르는 사이 자연 속에서 변이라고 부를 수밖에 없는 변화가 우발적이고 자발적으로 일어납니다. 그리고 치열한 생존경쟁에서 대를 이어 나가는 각각의 동물들에게 유리한 변이가 자연적으로 선택되고 보존된다고 봅니다. 제 의견을 정확히 말씀드린 건지 모르겠습니다.

잘 지내시기 바라며.

찰스 다윈.

아사 그레이에게 보낸 편지 1861년 2월 17일

켄트 주 다운, 브롬리

1861년 2월 17일

그레이 선생께

2월 5일에 쓰신 편지를 오늘 아침에야 받았습니다. 트뤼브너(Trüner) 출판사에 250부 있다는 소식을 듣고 기뻤습니다.5 광고를 조금 해달라고 했고, 제게도 보급용을 몇 부 보내달라고 했답니다. 홍보용 책자가 영국에서 유포되기는 힘들 거라는 머레이나 라이엘 선생님의 생각은 저나 선생을 위해서라도 틀린 것이기를 바랄 뿐입니다.

미국에서는 모든 관심이 정치적인 문제에만 쏠린 것 같아 염려스럽군요. 『종의 기원』의 신판이 너무 느리게 진행된 덕분에 선생이 쓰신 홍보용 책자에 상세하게 제목을 달아 단평을 넣을 수 있었답니다. 처음부터 바라던 것이기도 하고요.

끈끈이주걱에 대해 물어보셨더군요. 실험해 보고 싶으시다면, (렌즈로 봐야 보이는) 모든 털이 동일한 길이로 펴져 있는 잎사귀의 맨 끄트머리에 있는 한 가닥 가느다란 가시 위에 아주 미세한 물질을 올려놓아 보세요. 그러고 나서 10분 후에 살펴보세요. 아니면 머리카락 한 올을 올려놓고 한 시간쯤 뒤에 살펴봐도 좋습니다. 올여름에 나 역시 많은 실험을 해볼 생각입니다. 그러고 나서 공개하려고 하는데 어찌될지는 모르겠군요. 무엇보다 건강이 더 악화될까 걱정입니다. 말 그대로 30분만 책을 읽어도 지치거든요. 착한 내 아내는 (자기 몸만 괜찮다면) 온 가족이 2주일 동안 물 치료를 받으러 가야 한다고 우긴답니다. 몸 상태로 봐서는 그래야겠지만, 실험을 망치게 될까 봐 불안합니다. 일전에 선생이 덩굴손(Tendril)을 관찰하고 쓰신 아주 흥미로운 기록을 읽어 봤습니다. 그것에 대해 자세히 들어 보고 싶군요.

계획에 대해서, 내가 "선생의 견해에 반하는 의견을 내놓지 않은 것 같다."고 말씀하셨더군요. 괜한 소리가 아니라 나는 반대 의견이나 근거도 없을뿐더러 분명한 견해도 가지고 있지 않습니다. 전에도 말씀드렸듯이 진창 속에서 아무런 희망 없이 버둥거리기만 할 뿐이랍니다.

유사한 언어는 같은 계통에서 나온 것 같다는 주장을 부정하는 아가시의 견해와 유전을 부정하는 보언의 견해에 설명한 글을 흡족한 마음으로 읽었습니다. 보언이 심지가 굳은 사람이라는 게 믿어지지 않군요. 경주마나 소, 돼지들을 키우는 축산업자들이 혈통을 지켜야 한다니, 그리고 나쁜 혈통에서 나온 좋은 종자보다 우수한 혈통에서 나온 낮은 품종을 더 선호한다고 생각하다니 얼마나 어리석고 우스꽝스러운 발상인지요. 사실 이들은 모두 내 편인 것 같습니다(우리 편이라고 해야겠군요).

잘 지내시기 바랍니다.

찰스 다윈.

헨리 월터 베이츠가 보낸 편지 1861년 3월 18일

킹 세인트 스터(King St. Leicester)

1861년 3월 18일

다윈 선생에게

드디어 곤충학회(Ent. Society)를 통해 저의 논문이 출판되었습니다. 약속한 대로 선생께 한 부를 보내 드리겠습니다.[6]

파필리오(Papilio, 나비) 종에 관한 논평에서 흥미로운 점이 세 가지 있습니다.

1. 아마존 유역 동물상의 유래. 그 종과 그들의 분포를 면밀하게 실험하면서 미처 예상하지 못한 결론에 이르게 되었음을 인정합니다. 즉 기아나(Guiana) 지역은 오랜 시간을 거치면서 고대 특유의 파우나를 형성하게 되었고, 거기서부터 아마존 유역의 동물상이 형성되었다는 것입니다

다. 또한 고유한 종들이 풍부합니다. 빙하기에 그곳에서 엄청나게 많은 생물이 멸종되지 않았을지도 모른다는 결론에 이른 것도 당연하다고 생각합니다.[7]

2. 멀리 떨어져 있는 지역에서 조건의 차이가 있을 때 종의 가변성에 일어나는 광범위한 차이.

3. 정착한 후에 일어난 지역 변종의 영구성. 훌륭한 자연학자들이 가장 좋아하는 주장은 변종들은 원래 정상적인 형태로 돌아가는 성질을 가지며 근친교배를 통해 번식력이 좋은 후손을 만들어 낸다는 주장입니다. 이 주장은 가축화 과정에서 발생하는 변종을 관찰한 결과 얻은 사실인데, 그러한 변종들은 아주 급속도로 만들어지기 때문에 자연에서 일어나는 모든 유기체들의 완만한 변형과 이 변형이 마침내 재생산 요소에 영향을 미친다는 사실과 비교하기는 어렵습니다. 파필리오 속에서는 작은 점진적인 차이를 보이는 지역적인 변이들이 나타나며, 확실하게 밝혀진 한 예에서는 이런 변종들 중 둘이 서로 인접해 있으면서도 하나로 섞이는 경향을 전혀 보이지 않는다는 겁니다. 야생 상태에서 당나귀와 말 사이에 누진적인 지역 변종을 찾으려고 하는 것이 바로 이와 유사한 경우가 아닐까 합니다. 자연사에서 말과 당나귀의 유사성을 입증할 만한 증거를 찾아보고 싶습니다. 야생 당나귀의 변종에 관한 블라이스의 논문이 최근 출판되었는데 이 논문에 관심을 기울여 봐야 할 것 같습니다.[8] 그 주제에 관해 흡족할 만한 지식이 너무 부족해 놀라울 정도입니다. 그리고 이렇게 알아보기 쉬운 동물의 종과 그 변종에 관한 우리의 지식이 얼마나 불안정하고 모호한지도 말입니다.

편지가 산만해졌군요. 양해해 주시기를 바라며, 머잖아 제 논문에 대한 선생의 견해를 듣고 싶습니다.

H. W. 베이츠.

윌리엄 버나드 테게트마이어에게 보낸 편지 1861년 3월 22일

켄트 주 다운, 브롬리

1861년 3월 22일

테게트마이어 선생에게

선생의 편지를 받고 곧바로 답장을 드렸어야 했는데 너무 바빠 미루게 되었습니다. 파우터 육종에 성공했다니 정말 멋진 일을 해내셨습니다. 선생의 정확한 눈과 판단력에 경탄합니다. 저는 가금류들과 씨름하고 있습니다.9 조금 전에 시작했는데 두개골을 보내주신다면 무척 고맙겠습니다. 다음 주 목요일쯤 편한 방법을 이용해 낙스헤드(Nags Head)로 보내주시기 바랍니다.

이종교배한 가금류에 대해 물어보셨는데, 선생께 한 가지 제안할 것이 있습니다. 불쾌하게 여기시지 않기를 바랍니다. 제가 신중하게 생각해 보지도 않고 아무 제안이나 하는 사람은 아니라는 것을 알고 계실 줄 압니다. 가금류를 다루는 것에 관해서인데, 다양한 각도에서 그린 새끼 그림 몇 장을 보내야 할 것 같습니다. 확신이 서지 않아 그러니 제 원고의 필사본을 읽어봐 주실 수 있겠는지요. 한두 시간이면 충분할 겁니다. 원고 필사본 위에 연필로 주해를 달아주시면 됩니다. 그리고 법정 변호사의 수수료에 해당하는 2기니를 보내 드릴 테니 받아 주시길 바랍니다. 제게는 아주 큰 도움이 될 것입니다. 뛰어난 감정가이자 사육사이신 선생이 감수했다는 사실을 언급해도 된다면 더 큰 도움이 되겠지요. 선생께서 의문을 가지셨던 점과 동의하신 부분이 어떤 것인지도 언급하고 싶습니다. 물론 선생께서 확실히 잘못되었다고 지적하시는 부분은 삭제할 것입니다.

선생이 보시기에 제 원고에 이렇다 할 새로운 견해가 없을지도 모릅니다만 출판하기 전에 우연히라도 저의 자료나 결론을 사용하시게 된다면 저의 저작이라는 사실을 밝혀 주시길 바랍니다. 저 또한 선생의 견해를 훔쳐서 이용한 것이 있다면 고소를 당해도 마땅할 것입니다. 다른 종류의 책 몇 권을 참고하고 몇 분의 권위자들과 주고받은 편지에서 알게 된 사실 말고는 그리 새로운 내용도 없을 것입니다.

선생의 생각을 자세히 알려 주시기 바랍니다. 하지만 소정의 사례금을 받지 않으신다면 이런 어려운 부탁을 드릴 수도 없고 드리지도 않을 겁니다.[10] 제가 지나치고 넘어간 부분이 많기 때문에 조사를 덧붙여야 하는 부분이 있을 것입니다. 따라서 선생의 시간을 어느 정도 빼앗게 될 겁니다. 그러니 사례금을 마땅히 받아주셔야 합니다. 저의 부탁을 들어주시기 바랍니다.

그리고 선생께 한 가지 더 부탁드리겠습니다. 가능하시다면 늙은 흰색 앙고라토끼의 표본을 보내 주십사 하는 겁니다. 골격이 필요하니 죽은 것이 좋습니다. 다만 머리에는 상처를 내지 말았으면 합니다. 그리고 〈코티지 가드너Cottage Gardener〉(3월 19일자 375쪽)에서 봤는데 하프랍스

(Half-lops, 한쪽 귀가 늘어진 토끼—옮긴이)(혼종)의 경우 쫑긋한 귀가 늘어진 다른 쪽 귀보다 짧다고 하더군요. 이 토끼의 사체도 보고 싶습니다. 베이커도 그런 토끼는 구할 수 없다더군요. 베일리도 찾고 있는데 표본 두 개가 필요합니다. 혹시 토끼 사육사를 만나시거든 저에게 도움을 주실 수 있겠는지요? 한쪽 귀가 더 많이 늘어진 토끼는 저한테도 있습니다. 제게 필요한 것은 늘어진 귀보다 곧추선 귀가 더 짧은 토끼입니다.

존경하는 선생께.

찰스 다윈.

H. W. 베이츠에게 보낸 편지 1861년 3월 26일

켄트 주 다운, 브롬리

1861년 3월 26일

베이츠 선생에게

선생의 논문을 단어 하나하나까지 아주 흥미롭게 읽었습니다. 변이에 관한 자료가 무척 풍부한 것 같더군요. 특히 변종과 아종의 분포에 대해서는 제가 읽은 어떤 책보다 뛰어나다고 생각합니다. 연구에 도움이 되고 인용할 수 있을 것 같아 다시 한 번 읽어보려고 합니다.

변이가 상당히 많다는 사실에 무척 놀랐습니다. 같은 지역에서 별개의 종에 유사한 변이가 일어난다는 사실은 더욱 놀랍고요. 암컷의 가변성이 엄청나다는 것은 정말 새로운 사실입니다. 선생이 제시하신 기아나의 경우 식물에 관한 한 라플라타(La Plata)의 근세 평원의 경우와 어느 정도 유사한 점이 있는 것처럼 보입니다. 이 평원의 식물은 북쪽에서 유입된 것으로 보이지만 종의 변형은 거의 일어나지 않았습니다.

그리고 빙하기에 대한 설명도 매우 인상적이었습니다. 선생에게는 내가 아주 명쾌하고 설득력 있는 주장을 가지고 있는 것처럼 보일 수 있겠지만, 그 주장이라는 게 바람만 조금 불어도 흔들릴 만한 것인 데다 정리가 안 된답니다. 최근에야 몇 가지 자료 덕분에 적도 지방에 빙하기가 영향을 미쳤다는 사실을 좀 더 확신하게 되었습니다. 하지만 선생의 주장에 대해 답변할 만큼은 못 되고, 완전히 진퇴양난에 빠져 있는 꼴입니다. 그런데 며칠 전 아주 우연히 후커 박사와 식물에 관해 이러한 주제로 토론한 적이 있습니다. 후커는 그러한 사실을 어느 정도는 믿고 있지만 적도 지방에서 눈에 띄는 멸종은 없었다고 강력히 주장하더군요. 며칠 전에 편지로 후커에게 남아메리카의 열대지방도 구세계에 필적할 만한 시기를 겪은 것으로 보인다고 썼답니다.

몇 가지 이상한 점이 있는데, 온대식물의 경우 동물들보다 훨씬 더 멀리 이주했다는 사실입니다. 다른 지역보다 열대 지역에서 종들이 더 급격하게 형성된다고 볼 수도 있을 것 같습니다. 선생은 내 의견에 반박했지만, 솔직히 말해 열대지방에 빙하기가 어느 정도 영향을 미쳤다는 내 신념을 아직까지는 접을 수가 없군요.

선생이 재량껏 두세 가지 질문에 답해 주시기 바랍니다. A라는 종이 어느 한 지역에서 뚜렷이 구분되는 C로 변형되었지만 중간 지대에 서식하는 하나나 둘 이상의 점진적인 변형이 일어나는 B형태와 연관이 있다면, 이 B형은 전반적으로 A나 C의 개체수와 비슷한지 아니면 서식 범위가 같은지 알고 싶습니다. 이 질문에 답변하지 못할 수도 있지만 선생이 제시하신 경우 중에 하나는 그것과 관련이 있을지도 모르겠군요.

나비의 경우, 자웅의 색깔에서 차이를 보이는데, 우리 눈에 어느 쪽의 색이 더 아름답게 보이겠습니까? 열대지방에 서식하는 야행성 나방의 색이 더 현란하다는 사실을 알고 계신가요? 조류의 경우와 마찬가지로 암컷 나비가 짝짓기를 할 수컷 나비를 선택하는 광경을 관찰해 보신 적이 있습니까? 수컷 몇 마리가 한 마리의 암컷을 쫓아다니는 것을 본 적은 있습니까? 잠자리의 경우는 그렇다고 알려져 있는데, 나비도 화려한 색에 더 끌릴까요? 나비의 구애에 대해 신뢰할 만한 자료들을 보내 주셔서 인용할 수 있다면 고맙겠습니다. 물론 관찰하기 어려운 일이라는 것도 잘 알고 있답니다.

다른 자연학자들이 내 견해를 거의 전적으로 받아들이고 있다는 말을 종종 듣는데, 선생도 그 사실에 기뻐할 거라고 믿습니다. 어떤 이들은 자신들의 신념을 주장하면서 악평할 만도 한데 이상하게도 아주 조심스러운 것 같습니다.

잘 지내시기 바랍니다.

찰스 다윈.

(『종의 기원』 신판을 받아 보셨는지요?)

H. W. 베이츠가 보낸 편지 1861년 3월 28일

킹 세인트 레스터
1861년 3월 28일

다윈 선생에게

오늘 선생의 편지를 받았습니다.

제게 하셨던 질문에 관해서인데, 중간 지대 형태인 B는 그의 극단의 형태인 A와 C의 분포지 사이에 광범위하고 엄청나게 확산되어 있습니다. 그 주제와 관련한 자료가 많이 있지만 아직은 체계를 잡지 못한 상태입니다. 뒤섞여 있어서 매우 어렵습니다. 뚜렷한 자연적인 장애물이 아닌 넓은 공간만을 사이에 두고 중간 형태 없이 두 개 지역의 형태가 나타나는 경우를 많이 알고 있습니다. (유사성이 큰) 많은 형태들이 서로 뒤섞이지 않고 상호 국경을 만들어 공존하는 경우가 많습니다. 중심 지역에 매우 다양한 형태들이 존재하는 한편 동, 서, 남, 북에서는 지역 변종으로 정의될 수 있는 몇 가지와 종으로 인정된 것들이 분포하고 있습니다. 선생의 질문에 부합하는 한 가지 경우에 대해서만 말씀드리겠습니다. 이것은 제가 옳다고 확신하는 것입니다.

기아나 베네수엘라 구릉지 가운데 성글게 우거진 초목 숲을 지탱하고 있는 건조 지대에 화려한 헬리코니아(Heliconia, 나비의 속명), H. 멜포민(H. Melpomene)들이 서식하며 매우 풍부하게 존재하며, 또한 사질의 구릉성 지역이 많은 아마존의 저지대 중심부에서도 이들이 서식하고 있고, 북쪽과 남쪽 해안지대에서도 엄청나게 발견됩니다. 반면 동쪽으로 파라과이를 향해 있고 서쪽으로 페루와 볼리비아에 이르는 축축한 충적층 평원에서는 단 한 마리도 발견되지 않았습니다. 이 지역에서는 정확히 같은 면적을 차지하면서 델렉시오페(H. Thelxiope)가 서식하는데 완전히 다른 별개의 종이라는 것을 의심하지 않을 만큼 독특한 색깔을 가진 개체입니다. 개체별로 떼 지어 있으며 대체로 독특한 성질을 가지고 있습니다. 이 개체들이 멜포민과 인접하여 만나는 곳에서는 중간 변종이 생기는데 대다수는 희귀하고 분포 범위가 매우 한정되어 있는 종으로 알려져 왔습니다. 인시류(鱗翅類, 나비류와 나방류를 합친 것) 학자들은 이 종들로 인해 혼란스러워하는데 이들은 잡종으로 알려져 왔기 때문입니다. 하지만 저는 이들이 잡종이 아니라고 확신합니다. 멜포민과 델렉시오페가 붙어 다니는 것을 본 적도 없으며 또한 데메라라(Demerara)나 카옌(Cayenne)에 이들의 잡종인 것처럼 보이는 개체들이 있는데, 그곳에서는 델렉시오페가 발견되지 않습니다.

제가 아는 바로 델렉시오페는 멜포민의 지역 변종인 게 확실합니다. 한 종으로서의 외형은 모두 갖추고 있으면서 지역적인 영향을 받아 멜포민에서 떨어져 나온 변종인 것입니다. 그 중간 형태는 점진적인 변이의 단계입니다. 멜포민과 이들 변종이 붙어 다니는 것을 발견했는데 어쩌면 이들 변종들은 때때로 델렉시오페와도 붙어 다닐지도 모르지요. 하지만 제 생각에는 영향을 미칠 정도는 아닙니다.

그 무리들에서 보기를 들었는데 매우 흥미로운 점이 있습니다. 남아메리카만을 놓고 봤을 때 이들 종이 엄청나게 많으며, 외관상으로는 새롭게 만들어진 종 같습니다. 책을 쓰려고 이들에 관해 연구하고 있는데 자연이 새로운 종을 만들어 내는 제조 공장을 엿본 듯한 기분이 듭니다.

성선택에 관해서도 질문하셨더군요. 파필리오 나비들이 숲에서 더 밝은 색깔에 끌리는 것을 본 적이 있습니다. 눈에 띄지도 않고 꽃도 없는 식물인데 진홍색 꽃받침에 끌려 날아들더군요. 그리고 수컷 몇 마리가 떼를 지어 암컷 한 마리를 따라다니는 것도 여러 번 목격했습니다. 이것과 관련해 선생께 몇 가지 사실을 말씀드리려고 합니다. 파필리오 속 날개의 청동색 부분이 수컷의 경우 일반적으로 윤기가 많이 나고, 벨벳 감촉을 띤 검고 선명한 초록색, 진홍색 그리고 유백광을 발하는 적색을 띠고 있습니다. 암컷은 수컷과는 상당히 다르게 매우 수수한 편입니다. 이들이 짝짓기를 하는 모습을 목격하기 전에는 이들이 별개의 종으로 보일 정도입니다.

이런 상이성을 보이는 종들도 이제는 별개로 보지 않습니다. 한 가지 파필리오 속의 팬토너스(P. Panthonus)의 암수는 색깔이 거의 같은데 수컷은 약간 더 밝은색입니다. 이 종에서 좀더 폭넓게 분기의 흔적을 찾을 수도 있는데, 종에서 종으로 추적해보면 세소스트리스(P. Sesostris)나 칠드러네이(P. Childrenae)까지 이르고 이들에서 보이는 상이점은 정점에 이른 것 같습니다. 에피칼리아(Epicalia) 속 등에서도 같은 현상을 볼 수 있습니다. 하지만 암컷은 지역마다 매우 다양합니다. 자웅선택에 대한 선생의 이론은 전적으로 수긍합니다만 지역적인 조건이 색깔에 영향을 준다는 생각도 변함이 없습니다. 하지만 태양 빛 때문에 선명한 색깔이 나타난다는 생각은 전혀 들지 않습니다. 아름다운 색깔을 가진 수컷들은 그들의 짝짓기 상대가 그늘에 있는 동안에도 거의 항상 양지 바른 곳에 머물지만 말입니다[카타그라마(Catagramma) 속이 그렇습니다].

제 생각에 먹이의 양, 온화하고 습한 공기, 그리고 공기의 흐름이 완만한 데서 그 원인을 찾을 수 있을 것 같습니다. 왜냐하면 대서양 풍이 부는 곳에서는 환한 색을 가진 나비들이 좀처럼 발견되지 않기 때문입니다. 하지만 안데스 계곡이나 대륙 중심부에서는 발견할 수 있지요. 이러한 공기나 조건이 유충에 영향을 미치고 결국 성충이 되는 데도 작용한다고 봅니다.

나비 암컷들이 짝짓기할 수컷을 고르는 광경을 확실히 관찰했다고 말할 수는 없습니다. 수수한 색깔을 가진 암컷들이 숲 속 그늘에만 머무는 반면 아주 선명한 색을 가진 카타그라마 속 수컷들은 온종일 태양 빛 아래에서 노닙니다. 수컷이 눈에 잘 띄어서 그런지 상대적으로 암컷보다 훨씬 많습니다. 이렇게 두드러진 사실에 대해서 이제는 확신이 섭니다. 수백 마리의 수컷이 암컷 한 마리를 따라다닐 수밖에 없는 까닭 말입니다. 사이브델리스(Cybdelis) 속 수컷들은 선명한 색 덕분에 눈에 잘 띄고 암컷보다 그 수가 현저하게 많습니다. 또 다른 아름다운 나비인 메기스타니스(Megistanis) 속도 암컷은 거의 발견되지 않은 반면 수컷의 수는 엄청나게 많습니다. 하지만 칼리시아(Callithea) 속의 경우 수컷의 색이 나비 중에서도 으뜸으로 아름답지만 암수가 거의 비슷하게 발견됩니다. 하지만 이들 암컷 역시 수컷에 결코 뒤지지 않을 만큼 아름답습니다. 수컷들은 낮 동안 햇빛 아래서 놀다가 오후 네다섯 시가 되면 사라집니다. 이들이 숲 속으로(나무 꼭대기로) 날아가는 걸 관찰했는데, 분명 그곳에 자기들의 짝이 있는 것 같습니다.

열대지방에는 화려한 색을 띤 야행성 인시류가 없는 것이 확실합니다. 화사한 색의 나방은 많은데 이들은 주행성입니다.

아마도 위에 제시한 자료들이 성비의 불균형 문제를 어느 정도 설명해 줄 것입니다. 선생이 제시한 이론의 관점은 아닐지 몰라도 유기체들의 미묘한 적응을 설명하는 데는 손색이 없을 것 같습니다. 곤충학으로 설명할 수 있는 원칙 한 가지는 바로 유사성입니다. 이와 관련해 많은 자료를 가지고 있습니다. 유사한 것들 중 일부는 저를 큰 혼란에 빠뜨리기도 하지만 끊임없이 궁금증을 자아내고 짜릿한 흥분을 주기도 합니다. 마치 제가 자연에 혼재해 있는 지적인 동기를 엿볼 기회를 얻은 것처럼 느껴진답니다. 모든 만물을 지배하는 법칙에 대해 멈출 수 없는 강력한 호기심을 얻은 것 같습니다.

존경과 신뢰를 보내며.

H. W. 베이츠.

[케임브리지 대학교의 식물학 교수이며, 대학 시절 다윈의 스승이자 동료였던 존 스티븐스 헨슬로는 다윈의 비글호 항해에 대한 안전을 책임졌던 사람이다. 1861년 봄, 병을 심하게 앓다가 5월 16일 사망했다. 후커는 헨슬로의 사위였다.]

J. D. 후커에게 보낸 편지 1861년 4월 23일

다운
1861년 4월 23일

후커에게

헨슬로 교수님의 상태가 악화되었다니 정말 가슴 아프네. (중략) 자네 생각에 헨슬로 교수님께서 나를 만나고 싶어 하시는 것 같다면 곧 달려갈 수 있다는 말을 전하려고 이 편지를 쓴다네.

그런 생각을 하면서도 곧바로 가지 못하는 것은 여행 중에 경련이 일어나면 거의 드러눕다시피 도착할 것 같아서네. 그러다 나중에는 심각한 구토를 일으킬 거야. 하지만 그보다는 내가 경련을 견딜 수나 있을지 모르겠네. 허약한 내 몸이 이렇게 야속하게 느껴진 적이 없다네. 목요일 린네 학회에서 몇 분 동안 연설을 했었는데 꽤 괜찮았다네. 그런데 스물네 시간 동안 구토를 하고 말았네. 그곳에 가면 여인숙에라도 머물러야 할 텐데, 구토 소리도 무척 커서 그 집에(심지어 자네 집에도) 묵기 어려울 걸세.

교수님께서 진심으로 나를 보고 싶어 하시는데도 즉시 달려가지 못한다면 내 자신을 용서하지 못하겠지.

내 오랜 친구에게.

찰스 다윈.

추신. 어떻게 해야 할지 자네가 판단해 주게. 사실 그대로를 말한 거라네. 하지만 기억해 주게. 내게 은혜를 베푼 동료이자 스승님의 가장 사소한 바람조차 들어 드리지 못한다면 나 자신을 용서하지 않겠네.

J. D. 후커에게 보낸 편지 1861년 4월 23일

켄트 주 다운, 브롬리

1861년 4월 23일

후커에게

오늘 아침에 자네 편지를 받았네(짧게나마 답장을 썼다네). 사랑하고 존경하는 헨슬로 교수에 대한 슬픈 소식이 담겨 있기는 했지만 어쨌든 반가웠다네. 교수님의 정신 상태를 들으니 어찌나 뜻밖이고 슬픈지 모르겠네. 어떻게 교수님의 온화한 심성이 빛을 잃을 수 있는가 말일세. 진심으로 교수님은 늘 좋은 본보기로 기억에 남을 걸세. 차라리 고요하고 영원한 잠이 교수님의 고통을 멈춰 줬으면 좋겠네. 상심이 클 텐데도 자네가 다른 일에 주의를 기울여 읽고 생각할 수 있다니 기쁘네.

허튼 대위의 논평에 대한 자네 의견에 나도 전적으로 동감하네(그런데 그가 누구인지는 모르겠군). 아주 독창적인 견해라서 놀랍더군. 종의 변화는 입증할 수 없으며 그런 학설은 현상을 설명하고 분류하는 것에 따라 흘러가거나 가라앉아 버릴 거라고 믿는 몇 안 되는 사람 중 하나인 것 같더군. 분명 올바른 방식인데 그걸 판단하는 사람이 그렇게 적다니 정말 신기한 일일세. (중략)

린네 클럽(Linnean Club)에서 벨과 식사를 했다네. 식사는 훌륭했지만 솔직히 얼간이 일당이 모인 자리였네. 나는 최고의 얼간이 옆에 앉았지. 마이어스 말일세. 하지만 외식도 색다른 경험이어서 나름대로 즐거웠다네. 벨은 마음씨가 아주 좋더군. 롤스턴의 논문도 좋았고 말이야. (중략) 자네의 심오한 표현을 어렴풋이나마 알겠더군. 그가 '인간과 원숭이, 신에 대해' 두려움과 공포를 느끼며 썼다고 한 것 말일세. 하지만 난 그 표현을 바꿀 수 있을 것 같았네. 신, 인간, 오언 그리고 원숭이라고 말이야.

헉슬리의 편지는 아주 통렬했네. 모든 사람의 생각이 너무 통렬하다는 것도 알고 있네. 하지만 사실 헉슬리보다 더 나쁜 오언만큼은 나도 점점 악이 받치네. 헉슬리에게 말했지. 내가 좀 더 유순해지려면 헉슬리의 보호가 필요하다고 말이야." 감정을 다스리겠다는 말이네. 하지만 나에게 대항해 안간힘을 쓰며 심술궂은 편지를 썼을 때도 애정 어린 악수를 나눈 일을 결코 잊을 수 없을 걸세. 하지만 자네는 헉슬리에게 나보다 더 악의를 품을 만하다는 생각이 늘 든다네.

벨은 내게 오언이 한 말을 전해 주더군. 편집자가 〈에든버러 리뷰〉에 실릴 그의 논문을 삭제해 버렸다고 말이야. 벨은 그 말이 오히려 편집자의 화를 돋운 것 같다더군. 반대로 생각할 수도 있겠지. 오, 이런! 이건 천사같은 마음을 가지려는 태도가 아니군.

라이엘 선생님과 멋진 대화를 아주 길게 나눴다네(그게 왜 멋진 대화였는지 이상하지. 라이엘 선생님은 소파에 앉아 무릎에 팔꿈치를 괴고 몇 번이나 엉덩이를 들썩거렸거든). 프랑스에서 선생님께서 하신 연구에 대해 이야기를 나눴네. 선생님은 선사시대 유물들이 들어 있는 지층시대(age of the celt-bearing beds)에 관해 중요한 책을 쓰신 것 같더군. 그런데 뭔가 점점 더 복잡해지는 것 같았네. 어쨌든 모든 것들이 인간의 고대사를 더 위대하게 만들어 가고 있지. (중략)

답장을 쓸 때 헨슬로 교수님 소식을 꼭 들려주기 바라네.

진심으로 위로의 말을 전하네.

내 오랜 친구에게.

찰스 다윈.

토머스 데이비드슨에게 보낸 편지 1861년 4월 30일

켄트 주 다운, 브롬리
1861년 4월 30일

데이비드슨 선생에게

선생의 친절한 편지 고맙습니다. (중략)

선생이 내 이론을 선뜻 인정하지 못한다고 해도 저는 조금도 놀라지 않습니다. 사실 에둘러 왔던 오랜 시간에 비춰 남을 판단해 보면, 무조건 인정하는 사람들의 판단을 높이 평가할 수는 없더군요. 나 역시 신념을 쌓을 때마다 몇 년씩 걸렸지요. 선생의 말씀처럼 어려움은 많고도 참 크답니다. 하지만 생각하면 할수록 그 어려움은 우리가 사실을 과소평가하고 무지하기 때문에 생겨난 것 같습니다. 예전부터 줄곧 해오던 생각인데, 그 어려움이 지질학적 기록이 미흡한 데서 비롯되었다는 것이지요. 젊은 사람들이 생각하는 것보다 더욱 그쪽으로 무게가 실린답니다.

램지, 쥬크스, 기키 그리고 오랜 친구 라이엘 선생님과 같은 훌륭한 사람들이 내가 지질학적인 기록이 미흡하다고 말하는 것이 결코 과장된 것이 아니라고 생각하다니 놀랍고도 기쁩니다. 내 생각이 진실로 밝혀지면 현재의 지질학적인 관점은 상당히 크게 바뀔 것입니다.

내가 당면한 가장 큰 문제점은 단순히 우발적인(말하자면) 가변성에 대한 선택 없이 생존 조건을 지속적으로 변화시키는 직접적인 영향을 측정할 수 없다는 것입니다. 혼란스럽지만 직접적인 영향은 크지 않을 거라는 신념으로 차츰 내 마음이 돌아서고 있습니다. 적어도 이 직접적인 영향은 모든 생명체들이 무수하고도 멋진 적응을 만들어 내는 데 극히 일부분 작용할 수는 있겠지요.

사람들의 믿음에 관해 가장 놀란 점은 누구나(카펜터와 같은 사람이) 모든 새들이 하나의 부모에서 갈라져 나왔다고 확대해석하려 든다는 사실입니다. 그리고 거기서 더 나아가지는 않고 거의 모든 개체들을 같은 범주에 넣어버린다는 겁니다. 믿음의 크기가 그러하니 (모든 주제에 관한 나의 견해에 있어 가장 중요한) 형태학이나 발생학에서 나온 모든 사실들은 단순히 신의 모조품으로 전락해 버리는 거지요. 이 점을 통해 나는 올바른 원칙에 기반을 두고 판단하는 사람이 극히 적다는 것을 깨달았습니다. 많은 사람들이 어떤 한 종이 다른 종으로 변하는 것을 내가 입증하지 못했다고 불평합니다. 그리고 분명히 끼리끼리 분류가 되고 그래서 많은 현상들을 설명할 수 있는 객관적인 사실들을 묵살하지요. 에테르(ether 전기, 자기, 빛 등을 전하는 매질(媒質)로 생각했던 가상적 물질―옮긴이)에서 일어나는 파동을 입증하지도 못하는 빛의 이론(Theory of Light)이나 에테르의 존재에 대해서는 극렬하게 반대하지 않으면서 파동이론이 여전히 많은 것을 설명하기 때문에 보편적인 이론으로 받아들이고 있지요. (중략)

요즘은 가축화(재배화) 과정에서 일어나는 동물과 식물의 변이에 관한 책을 쓰고 있습니다. 여간 더디고 힘든 작업이 아니랍니다. 하지만 이 책

이 변이의 법칙에 적으나마 서광을 비출 것이라고 생각합니다.(중략)

   진심으로 고맙고 평안을 빕니다.

   찰스 다윈.

후커에게 보낸 편지 1861년 5월 18일

켄트 주 다운, 브롬리

1861년 5월 18일

후커에게

   가여운 헨슬로 교수님께서 평안히 잠드셨다니 기쁘네. 좋은 사람은 이 땅에 머물러서는 안 된다고 믿고 있네. 교구의 상실감이 얼마나 크겠는가. 자네가 얼마나 교수님을 그리워할지 충분히 알고 있네. 자네 결혼에 앞서 교수님께서 하신 말씀을 기억하고 있다네. 교수님이 직접 사위를 고를 수 있다면 자네를 택했을 거라고 말이야. 학부생이었던 나를 늘 집으로 초대해 오랫동안 함께 산책하기도 하고 정말 친절하셨지. 그 당시 그분의 친절함에 고마움을 느끼며 행복해했던 기억을 떠올리면 마음이 즐거워진다네. 배빙턴은 케임브리지 대학교에서 교수가 될 것 같네. 희비가 엇갈리지 않나!

   자네 부인에게도 위로의 말 전해 주게. 엠마도 교수님의 명복을 빈다네.

건강히 잘 지내게 친구.

찰스 다윈.

존 프레드릭 윌리엄 허셜 경에게 보낸 편지

1861년 5월 23일

영국 남동부 켄트 주 다운, 브롬리

1861년 5월 23일

존 허셜 경께

경께서 쓰신 물리지리학 논문을 받고 무척 기쁩니다.[12] 경으로부터 이런 선물을 받게 되어 무척 영광입니다. 더불어 자필로 서명해 주신 이 책을 소중히 여길 것입니다.

종에 관한 저의 책에 대한 주해도 만족스럽습니다. 분명 제 견해와는 조금 다르지만 말입니다.[13] 경께서 제기하신 의도적인 '계획'을 읽고 무척 당혹스러웠습니다. 그리고 그 주제에 관해 저와 많은 서신을 주고받았던 아사 그레이와도 충분히 토론한 적이 있습니다. 그 점에 대해 저 역시 혼란에 빠져 있습니다. 의도적인 계획을 믿지 않고는 온 우주의 살아 있는 생명체와 인간을 볼 수 없다는 말씀이신데, 각각의 유기체들을 보면 이러한 증거를 찾을 수 없습니다. 저는 아직 인간이 변이를 선택해 공작 비둘기를 만들어 낼 수 있도록 신이 흑비둘기의 꼬리에 있는 깃털을 상당히 특별한 방식으로 만들었다는 사실을 인정할 각오가 되어 있지 않습니다. 내가 인정하지 못하기 때문에 (물론 많은 사람들은 인정하겠지만) 자연 상태에 있는 동물들의 구조적인 변이에서 계획이라는 것을 찾아볼 수 없습니다. 동물들에게 유용하면 보존되고 쓸모없거나 유해하면 사라져 버리는 변이들 말입니다. 경을 곤란하게 해드려서 죄송합니다.

저의 궁극적인 결론을 너무나 쉽게 단언하는 것을 보고 저를 굉장히 자만심이 강한 사람이라고 생각하실지 모르겠군요. (저도 모르는 실책들이 있을 테고, 삭제되어야 할 부분도 많을 겁니다) 제가 이렇게 확신하는 이유는 부분적으로 또는 전제적으로 저의 견해를 인정하는 수많은 젊은이들과 각 분야에서 왕성하게 활동하고 있는 훌륭하고 노련한 연구자들이 있기 때문입니다. 이들 역시 산재해 있는 많은 사실들을 이해하고 분류할 수 있기 때문이지요. 형태, 지리적 분포, 식물계통분류학, 간단한 지질학 그리고 고생물학 등 여러 분야에서 거의 독보적이고 중요한 연구가 이루어지고 있습니다.

제가 너무 거들먹거렸다면 용서하십시오. 다른 어떤 사람보다 경께서 제 견해를 부분적으로나마 인정해 주셨다는 사실에 무척 큰 가치를 두기 때문입니다.

관심과 신뢰에 감사하는 마음 전합니다.

찰스 다윈.

엠마 다윈이 보낸 편지 1861년 6월

　지난 몇 주 동안 당신이 수많은 난관을 겪었다고 생각하면 무슨 말로 위로해야 할지 모르겠어요. 그리고 몸이 극도로 쇠약해졌으면서도 제게 쾌활하고 애정 어린 모습을 보여 줘서 고마워요.

　너무 많은 생각이 떠올라 무슨 말을 하고 어떤 의견에 주목해야 할지 모르겠어요. 하지만 분명한 것은 당신의 고통은 제 고통이라는 거예요. 그만큼 당신을 사랑해요. 그나마 위로가 되는 것은 모든 것이 신의 손에 달려 있다는 사실과 고통이나 허약함은 우리의 정신을 더 강하게 해줄 거라는 믿음이 있다는 사실이에요. 그리고 미래는 더 나아질 거라는 희망을 가지는 것이지요.

　인내심과 다른 사람들에 대한 깊은 연민, 자제력 그리고 지극히 작은 도움에도 고마워하는 당신을 보면 날마다 당신에게 행복이 깃들기를 신께 간절히 기도드리지 않을 수 없답니다. 하지만 제 능력으로는 감당하기 어려운 이 말씀을 자주 떠올려요. "주께서 심지가 견고한 자를 평강에 평강으로 지키시리니 이는 그가 주를 의뢰합니다."[4] 기도한 대로 되는 것은 믿음이지 논리가 아닙니다. 무람없는 편지를 당신께 씁니다.

　저는 마음 깊이 당신이 존경할 만한 인품을 가졌다고 믿습니다. 바라건대 당신이 인품과 믿음을 더 높이 함양해 세상 모든 만물들에게 가치를 부여할 수 있는 한 사람이 되었으면 합니다. 당신을 생각하면 다시 기쁘고 편안한 마음이 들 때까지 이 바람을 간직할 거예요. 그런데 요즘은 이 바람을 자꾸 잊는 것 같군요. 그래서 마음의 부담을 덜고자 이렇게 편

지를 씁니다.[15]

[1839년에 다윈은 유명한 지질학적 수수께끼였던 스코틀랜드 인버네스셔(Inverness-shire) 남부 로카버(Lochaber) 지방의 글렌로이(Glen Roy) 강 유역에 난 '길'과 수평 단구에 관한 논문을 발표했다. 이 논문에서 단구와 길이 해양에 기원을 두고 있다고 주장했다. 다윈은 1861년 초에 제이미슨에게 "글렌로이를 조사해 보라."고 북돋웠으며 결국 다윈은 그 단구들이 빙하의 흔적이라는 주장을 마지못해 받아들였다. 『자서전』 84쪽에서 다윈은 제이미슨의 논문을 '완벽한 실패작'이라고 평하면서, "논문에 대해 부끄러움을 느껴야 한다."고 했으며 부분적으로 실패의 원인은 과학적인 방법론에 있다고 언급했다.

"남아메리카에서 육지의 융기를 관찰하면서 깊은 감동을 받았고 평행 단층들은 해수의 작용에 기인한다고 생각한다. 하지만 아가시가 제시한 빙하 호수 이론을 보면서 나의 견해를 접어야 했다. 우리의 지식수준으로는 달리 설명할 사람이 없기 때문이다. 나는 해수 작용을 지지하는 주장을 했다. 과학에 관한 한 예외적인 원칙을 결코 인정하려 하지 않았던 내게 나의 실수는 오히려 좋은 교훈이 되었다."]

토머스 프랜시스 제이미슨이 보낸 편지 1861년 9월 3일

다윈 선생에게

2주일 정도 로카버 지방을 돌아보고 나서 며칠 전에 돌아왔습니다. 조사한 결과 몇 가지 알려 드릴 것이 있어 서둘러 선생에게 편지를 씁니다. 우선 제가 무엇을 보고 감동을 받았는지에 대해 말씀드려야 할 것 같군요.

평행으로 난 길들은 호수 가장자리를 따라 나 있었으며, 전반적인 지역에 고르게 얼음이 작용한 흔적이 발견된 것으로 보아, 빙하 호수의 영향으로 이러한 흔적들이 나타난 것이라고 발표한 아가시가 문제의 실질적인 결론에 도달한 것 같다는 생각이 들었습니다. 로크 트레이그(Loch Treig) 호수가 시작되는 곳을 면밀히 조사해 본 결과 골짜기 양쪽으로 엄청난 빙하작용의 증거들이 분명하게 있었습니다. 그리고 수백 미터 위에는 둥글게 깎인 바위나 할퀸 자국들, 주름 접힌 모양과 횃대처럼 튀어나온 흔적들이 매우 많았습니다. 이러한 현상들은 지금은 호수로 메워진 계곡 아래로 엄청난 크기의 빙하가 흘러갔고, 이 골짜기를 거쳐 글렌스펀(Glen Spean)으로 들어갔다는 사실을 분명히 보여 줍니다. (중략)

밀른 씨는 글렌스펀의 바위에서는 가로로 긁힌 자국을 찾을 수 없다고 하더군요. 하지만 운 좋게도 저는 로크 트레이그 입구 반대편인 글렌스펀 북쪽에서 아가시가 정확하게 설명한 것처럼 가로로 긁힌 바위들을 발견했습니다. 글렌스펀 북쪽에 어마어마하게 많은 자국들이 광범위하게 퍼져 있는 것을 보고 정말 놀랐습니다. 사실 로크 트레이그 입구의 주변 지역은 빙하작용을 보여 주는 완벽한 보고입니다. (중략)

갭(Gap)에서 글렌로이까지 조사하면서, 제가 놀란 점은 조수의 영향을 받았다고 보기 어려울 만큼 호수 가장자리가 매우 깔끔하고 분명하게 드러난다는 것입니다. 지난 여름에 본 아길레셔(Argyleshire) 서부 해안과 같은 고전적인 해안선 모양과는 판이하게 달랐습니다. (중략)

이런 면에서 더 중요한 증거는 제가 보기에 글렌로이 강 초입부로 흘러드는 지류 어귀에 삼각주들이 훌륭하게 보존되어 있다는 것입니다. 이러한 삼각주들은 잔잔한 호수나 괴어 있는 물웅덩이에 퇴적된 것으로 보이는데 삼각주 외곽이 아주 매끄럽습니다. 조수 간만의 차에 있는 바다와 맞닿은 호수에서 어떻게 그런 현상이 나타나는지 저로서는 설명할 길이 없습니다. (중략)

로크 트레이그 입구 반대편에 있는 글렌스핀 북쪽에 섬장암질의 화강암에 새겨진 빙하의 흔적들은 제가 이제껏 봐온 빙하작용에 관한 표본 중 단연 최고입니다. 이와 더불어 빙퇴석의 퇴적과 무수히 널려 있는 흠 없는 둥근 돌들을 흥분을 감추지 못하고 바라 봤습니다. 아가시가 이 모든 것으로 주의를 끈 이후에 과연 누가 원인을 밝혀낼 수 있을 것이며 이곳에 빙하가 있었다는 사실을 부정할 사람이 있겠나 싶습니다. 영국에서 거대한 빙하가 흘러간 흔적을 이곳보다 더 완벽하게 보여 줄만한 곳은 없을 겁니다. (중략)

매우 급하게 쓰기는 했지만 선생께서 원하는 질문에 충분한 답변이 되었을 줄 압니다.

극악무도한 날씨 때문에 더 오래 탐사할 수 없었음을 말씀드립니다. 날씨만 아니었어도 완전히 마무리할 수 있었을 텐데 말입니다. 방수복과 우산을 들고 아주 끈덕지게 조사해서 얻은 결과입니다. 그나마도 없었으면 아무것도 얻지 못했을 겁니다.

안녕히 계십시오.

토머스 프랜시스 제이미슨.

엘론 에버딘

1861년 9월 3일

T. F. 제이미슨에게 보낸 편지 1861년 9월 6일

켄트 주 다운, 브롬리

1861년 9월 6일

제이미슨 선생에게

아주 흥미롭고 긴 편지를 보내 주셔서 진심으로 감사합니다. 선생의 주장이 확실해 보이는군요. 나도 공상 따위는 접어야겠습니다. 내 논문은 그야말로 길고 엄청난 실수 덩어리군요.

선생께서 관찰하신 내용이 출판되기를 바라며 또 그럴 것이라는 생각이 드는군요. 매우 흥미로운 책이 될 것입니다. 오래전 얼음에 덮여 있던 호수가 오늘날 해안에 남긴 멋진 기록이지 않습니까. 말 그대로 웅장한 현상입니다. 몇 해 동안 나도 진위를 가리고 싶었습니다. 비록 나 자신에게는 부끄럽지만 이젠 속이 후련하군요. 어떤 경우든 한 가지만 있는 게 아니라 분명 두 번째 사실도 드러나게 마련인데 학문을 하면서 책을 쓰는 사람이 한 가지 주장만 한다는 것이 얼마나 경솔한 짓입니까.

선생의 편지를 라이엘 선생님에게도 보여 주고 싶군요. 선생님도 무척 읽고 싶어 할 것 같습니다.

진심으로 고맙습니다.

찰스 다윈.

이 문제를 해결할 사람은 선생밖에 없다는 말씀을 드렸지요?

아사 그레이에게 보낸 편지 1861년 9월 16일

켄트 주 다운, 브롬리

1861년 9월 16일

그레이 선생에게

공사가 다망하셔서 과학에 대해 생각할 겨를이 없으신 것 같군요. 어쩌면 책을 쓰실 계획이 없으신 건지도 모르겠군요. 혹시라도 마음이 내키신다면 프리뮬라(Primula, 앵초) 속에서 보이는 것과 같은 이형질 현상에 대해 약간의 정보를 주시면 고맙겠습니다. 인용하는 것을 허락해 주시기 바랍니다. 궁금한 것이 무엇인지 정확히 알려 드려야 할 것 같군요. 프리뮬라 속의 두 가지 형태를 그림으로 보여 드리겠습니다.

두드러진 특징이나 중요한 것만 분명하게 그렸습니다. A의 꽃가루는 B의 암술머리에 적합하고 반대로 B의 꽃가루는 A에 적합합니다. 각각의 꽃은 마치 네발짐승의 암컷과 수컷처럼 두 개의 몸체로 나뉘어져 있지만, 두 개의 프리뮬라 속은 모두 암수한그루입니다. 린네 학회에 논문을 제

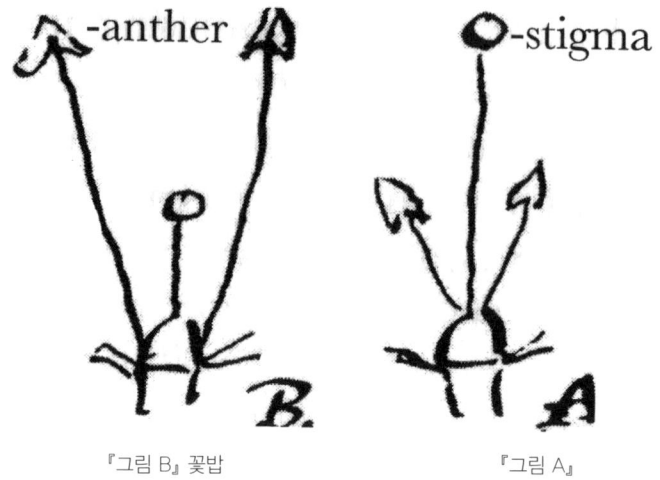

『그림 B』 꽃밥 　　　　　　 『그림 A』

출해야 하기 때문에 더 자세한 설명은 못 합니다. 이와 유사한 다른 경우가 있는지 무척 궁금합니다. 한 식물에서 이런 두 가지 형태가 나올 수 있을까요? 사향초는 경우가 다른 것 같은데, 한 가지 형태는 분명히 암그루이고 수술의 발육이 덜 되었기 때문입니다. 하지만 이들의 암그루는 씨앗을 가장 많이 만들어 내더군요. 리넘(Linum, 아마속)의 어떤 종은 오른쪽과 같은 모양입니다.

실험을 하기에는 너무 늦었지만, A의 꽃가루는 같은 A의 암술머리에 수분될 경우 절대 씨앗을 맺지 못합니다. 하지만 B에 수분되면 열매를 맺지요. 그에 반해 B의 꽃가루는 같은 B의 암술머리와 A의 암술머리에 수분이 되면 씨앗을 맺는답니다.

내게는 매우 흥미로운 주제이니 가능하면 도움을 주시기 바랍니다. 잡종화에 새로운 지평이 열릴 수도 있는데 지금으로서는 앞이 보이지 않는군요.[1] 프리뮬라 속의 씨앗들을 심었더니 일부에서 싹이 텄습니다. 그런

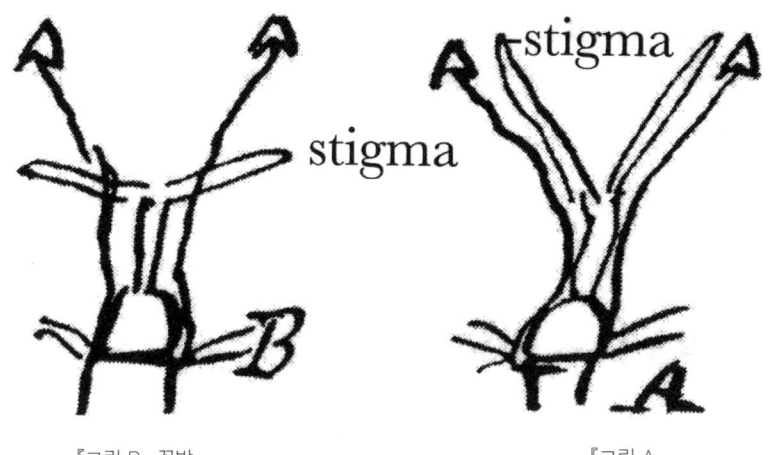

『그림 B』 꽃밥　　　　　　　　　『그림 A』

데 이들은 같은 형태의 식물에서 얻은 꽃가루에 의해 이체동형 수분을 한 것입니다.

　난초에 관한 긴 논문은 거의 완성이 되었습니다. 그 일이 끝나면 본래 내 분야인 수탉, 암탉, 가금과 토끼에 관한 연구로 돌아갈 겁니다. 참으로 글쓰기보다는 관찰이 더 재미있는 일이지요.

　끈끈이주걱에 관한 연구의 일환으로 파리지옥을 관찰하는데 요즘은 그 재미에 푹 빠져 있답니다. 파리를 잡는 모습이 정말 신기하더군요. 끈끈이주걱과 비교하면 그 적응력은 참으로 대단합니다. 취미 삼아 하는 연구에 대해서는 이쯤에서 그만 이야기해야겠습니다.

　건강히 잘 지내시기 바랍니다.

　찰스 다윈.

찰스 라이엘에게 보낸 편지 1861년 10월 23일

다운

1861년 10월 23일

라이엘 선생님에게

오늘 아침 우편으로 선생님의 노트를 돌려줬어야 했는데, 해부 실험을 하느라 무척 바빴습니다. 사람들이 호수가 있었던 계곡의 꼭대기에서 물이 흘러나왔다는 선생님의 견해를 받아들일 것 같습니다. 글렌로이 강의 '중간에 만들어진 모래톱'은 주의 깊게 검토해 보니 다른 모래톱과 마찬가지로 평평했답니다. 하지만 제이미슨 씨는 그렇게 생각하지 않는다고 했던 것 같습니다. 그 계곡에 가본 사람들은 모두 그렇게 알고 있더군요. 이 모래톱과 대응하는 방출구가 없다고 말입니다. 하지만 밀른 씨는 방출구가 있을지도 모른다고 하던데, 상부에 있는 두 개의 모래톱 사이에 측면 방출구가 있는지 계곡 전체를 샅샅이 조사해 봐야 할 것입니다. 그러려면 평생을 그 계곡에서 보내야 할지도 모르지요. 제이미슨 씨가 그곳에 다시 가보면 좋겠지만 그건 영국 지질학자들에게 명예롭지 못한 일이지요. 논쟁만 한다고 그 문제가 해결되지는 않을 텐데 말입니다.

제가 골치 아프게 생각하는 것은 계곡 바닥 쪽 가장 낮은 수평 모래톱 하단부의 경사진 부분이 두껍게 층이 져 있다는 것입니다. 틀림없이 강물이 호수로 유입될 때나 바다로 나갈 때 무수히 많은 종류의 암설들을 골고루 실어 날랐을 거라는 생각이 듭니다. 글렌스펀의 물이 흘러 나가는 곳에 최종적으로 빙퇴석이 있었다면 천천히 깎여 내려간 것을 모두 설명할 수 있을지도 모르지요. 얼음이 그렇게 만들었다고는 생각할 수 없군요. 하지만 바다라면 수평의 모래톱을 형성했을지도 모른다는 일말의 희망은 가져볼 수도 있겠지요.

 잘 지내십시오.

 찰스 다윈.

1862년

T. H. 헉슬리에게 보낸 편지 1862년 1월 14일

켄트 주 다운, 브롬리

1862년 1월 14일

[1862년 토머스 헨리 헉슬리는 에든버러 철학협회(Philosophical Institution of Edinbrugh)에서 "인간과 하등동물과의 관계Relation of man to the lower animals" 라는 제목으로 1월 4일과 1월 7일 두 번에 걸쳐 강연을 했다.]

헉슬리에게

북쪽에 올라가서 한 일이 성공적이었다니 진심으로 기쁘네. 그리고 편지와 그 종잇조각(헉슬리의 강연에 관한 신문기사—옮긴이)도 고맙네. 저런, 자네가 그 고집불통 벽창호를 공격했더군. 아무래도 야유를 좀 받았을 것 같군. 강연 내용을 출판한다니 정말 잘됐네. 자네는 대담함과 신중함 사이에서 중용을 적절히 잘 지키고 있는 것 같네. 아무튼 모든 일이 잘 끝나서 다행이네.

자네 부인도 잘 지내고 있겠지. 우리 가족은 지독한 유행성 감기로 셋이 동시에, 어떤 때는 넷이나 여섯이 자리에 누워 있기도 했다네. 거의 삼 주일 가까이 아무 일도 하지 못하고 경련도 더 심했다네. (중략)

혼종에 대해 한마디만 해야겠네.' 그 주장에 엄청난 허점이 있다는 자네 말도 옳다고 생각하네. 하지만 자네도 조금 지나치게 어림잡아 판단하는 것 같네. 자네는 부분적으로 불임성을 가진 베르바스쿰(Verbascum, 우단담배풀속) 속과 니코티아나(Nicotiana, 담배) 속에서 나타난 변종에 대한 훌륭한 증거를 언급하지 않았네. 위대한 이종교배자라고 하는 도널드 비튼의 글을 읽는다는 게 우습지만(오늘 읽었거든), 식물학자라는 사람들이 이종교배로 생긴 변종들은 빈번하게 불임성이 있는 자손을 만든다고 주장하면서도 이 글이 탁월하다고 하는 게 어찌나 말도 안 되는지 모르네. 나중에라도 린네 학회 저널에 실린 프리뮬라 속에 관한 논문을 절반이라도 읽어 보기 바라네. 논문을 쓰면서 불임성이 획득되거나 선택된 형질로서 광범위하게 밝혀질 것이라는 생각이 들었다네. 『종의 기원』에서 주장한 그 견해를 지지하기 위해서는 자료들을 더 많이 모으면 좋겠네. (중략)

건강하게 잘 지내게. 이제 나는 수전증까지 보이는 가련한 사람일세. 편안한 밤 보내고 행운이 자네와 함께하길 바라네.

찰스 다윈.

브라운 세카르 씨는 나와 거의 같은 생각을 가지고 있네. 『종의 기원』 프랑스어 판에 대해 논평을 쓰겠다는군.

헉슬리가 보낸 편지 1862년 1월 20일

저민가(Jermyn St.)
1862년 1월 20일

다윈 선생님께

동봉한 기사는 극렬하고 상스럽게 인신공격을 일삼는 매우 어리석은 사람들이 연달아 낸 기사입니다. 이 기사를 읽으면 저의 노력이 헛되지 않았다는 것을 알 것입니다. 그리고 선생님이나 제 견해는 아무래도 스코틀랜드에서 이제껏 당한 것보다 더 큰 반향을 일으킬 것 같습니다.[2] (중략)

이왕이면 좀 더 많이 광고하기 위해서라도 그 스코틀랜드 양반에 짧은 답변을 보내야겠습니다.[3]

특히 제가 세간에서 받는 평판보다 선생님의 학설에 훨씬 더 우호적이었습니다. 이미 최종적으로 정립된 학설인 양 설명했지요. 하지만 제가 선생님의 학설을 지지하는 사람으로서 진짜 문제들을 희석하거나 정도에서 벗어나려는 것으로 잘못 비춰지지 않았으면 합니다. 혼종에 관한 문제점을 축소하려는 듯 설명하게 될까 봐 자세한 부분은 다루지 않았어요. 강연 내용이 출판되면 더 자세히 알게 될 것입니다.

선생님이 편지에 적은 주장들은 반대편에 서 있는 다른 사람들에게 저도 여러 번 반복해서 주장한 내용들이지요.

제 학생들에게도 이렇게 말했답니다. 단순한 사육사가 아니라 노련한 생리학자가 20년 가까이 비둘기를 연구하고 있는데, 어쩌면 하나의 공통의 무리에서 내밀하게 불임성을 가지는 생리학적 종을 제시할 것 같아 즐겁게 지켜보고 있다고 말입니다(이 부분에서 내가 실수를 했다면 아마도 선생님보다 더 깊이 있는 설명을 못한 거겠지요). 그리고 이러한 실험들이 끝나면, 선생님의 견해는 더 완벽한 실질적인 기반을 갖게 되어 그 어떤 생리학적 이론들보다 탄탄한 기반 위에 당당히 서게 될 거라고 말했답니다. (중략)

성격상 저는 다른 이론을 받아들이는 데 굼뜬 사람이라서 하나에 일단 발을 들여놓으면 거기에만 완전히 매달리게 되지요. 지난 이 년 동안 선생님의 학설에 빠져 있었습니다. 그런데 선생님이 프리뮬라 속에 관한 논문을 출판한 후로는 굼뜬 저도 속도가 나는군요.

내년 이맘때쯤에는 제가 선생님을 앞질러 가지 않을까 생각합니다. 그리고 선생님이 저를 자신보다 더 다윈주의자(Darwinian)로 만들기 위해 얼마나 몰아세울지 두고 볼 것입니다. 하지만 저를 이렇게 만든 건 선생님 당신이시니 결과도 선생님이 책임져 주세요. 경고하건대 타당한 근거만 있다면 저는 결코 멈추지 않을 것입니다.

아사 그레이에게 보낸 편지 1862년 1월 22일

켄트 주 다운, 브롬리

1862년 1월 22일

그레이 선생에게

선생의 편지 덕분에 아주 즐거웠습니다. 선생에게 모든 것이 어떻게 비춰졌을지 궁금했답니다. 편지를 아주 생생하게 쓰셨더군요. 새로운 이형성(Dimorphism) 현상에 대해 알려 주셔서 우선 고맙습니다. 거의 나날이 새로운 현상들이 불쑥불쑥 튀어나오지만 반의반도 연구할 시간이 없는 게 안타깝습니다.

일전에 프리뮬라에 관한 논문을 받아 보셨을 겁니다. 증거가 많다는 것도 아실 테고요. 유행성 감기를 앓는 바람에(집안 사람 중에 15명이나 앓았어요) 거의 삼 주일이나 시간을 허비했답니다. 그래서 난초에 관한 책도 어쩔 수 없이 늦춰졌습니다. 선생이 이 소책자에 대해 생각한 것 이상으로 기대할까 봐 걱정입니다. 난 그저 재미삼아 건드려 볼 만한 화제 정도로 여기고 있거든요. (중략) 선생께서 그 점에 대해 어떻게 생각할지 무척 궁금합니다. 고민할 가치가 있는지도 모르겠고요. 물론 밝혀지는 사실들은 내게도 가치 있는 것들입니다.

(중략) 선생의 편지를 부트와 후커에게도 보냈습니다. 후커는 오늘 아침에 아주 길고 멋진 답장을 보내 왔더군요. 그 친구는 정말 맹렬하게 연구하는 친구입니다. 자연선택에 관한 내 책에 대해 그 친구가 아주 재미있는 농담을 한마디 하더군요. 그가 말하기를 자연선택이 자기를 귀족으로 만들었다는 겁니다. 번식이라는 것에 빗대 귀족들 간의 고결한 번식을 통해 자기를 가장 중요한 존재로 만들었다는군요.

공감하는 바가 없으니 할 말도 없지만 정치 얘기를 좀 하겠습니다. 아쉽게도 선생의 부인도 별다른 소식을 전혀 전해 주지 않았습니다. 선생 나라의 지도자가 최근 했던 연설이나 정치적인 행보에 대해 알고 싶습니다(거의 신문을 읽지 않아서 말입니다). 특히 보스턴 만찬(Boston Dinner) 행사에 대해 듣고 속이 뒤집어지는 것 같았습니다.

무장하지 않은 배에 올라탄 일로 윌크스가 영웅이 된 것이나 판사들이 그를 오히려 부추긴 일도 그렇고, 주지사라는 사람이 영국 배를 향해 경고사격을 한 일로 의기양양해 하는 것에 대해 말입니다.[4] 당장이라도 그 일에 대해 남김없이 털어 놓는 것이 좋지 않을까 합니다. 미국이 둘이나 셋으로 갈라지는 것도 세계 평화를 위해 꼭 나쁘지만은 않다는 생각도 들기 시작했습니다.

한편으로는 노예 소유주들이 거들먹거릴 것을 생각하면 참을 수 없습니다. 남과 북이 국경을 가르는 문제나 군인들을 배치하고 요새를 세우는 일도 정말 염려스럽고요. 그리고 관세제도에 역행하면서까지 세관을 두는 것도 그렇습니다. 선생이 보시기에는 내가 내 입장에서만 말하는 것 같을 겁니다. 선생의 부인도 경솔하고 비겁한 사람에게 친절한 편지를 전한 것을 불쾌하게 여기실 것 같군요.

하지만 내 의견이 다른 것은 어쩔 수 없습니다. (중략) 못된 사람이지요. 선생이 나를 생각하는 것처럼 나 역시 선생께 늘 애정을 느낀답니다. 이 편지에서는 무례를 범했지만 말입니다. 나는 늘 선생을 영국인으로 생각한답니다.

진심으로 안부 전합니다.

찰스 다윈.

J. D. 후커에게 받은 편지 1862년 1월 31일-2월 8일

다윈에게

며칠 전 자네에게 자연선택의 필요불가결한 결과에 의해 상류 계층의 발전이 이루어졌다는 내용으로 끔찍하게 긴 편지를 썼다네. 하지만 그 편지를 태워 버렸다네. 태운 것을 고마워해야 하네! 언제고 만나거든 얘기 나누세.

베이츠에게서 중요한 편지를 받았다는데, 그는 어떤 목적으로든 자네의 학설을 '염두에 두고 있는' 유일한 사람이라네. (중략) 그가 안고 있는 문제점들을 해결해 주니 자연선택으로 마음을 돌린 것 같더군. 베이츠가 연구하는 나비의 의태보다 더 흥미로운 게 있을까 싶네. 식물을 가지고 나도 그런 연구를 해보고 싶은데 제법 상당한 단계까지 실험할 수 있을 것 같네.

자네가 오언에 대해 그렇게 화를 내니, 내가 어떻게 자네 마음을 누그러뜨릴지 모르겠네. 자네가 너무 고립된 생활을 해서 그런 게 아닌가 생각하네. 나도 썩 이성적인 사람은 못되지만 그래도 한마디 하자면 그럴 필요까지 있을까 싶네. 유일한 해결책은 오언을 피하는 길이지. 이제는 그가 나를 더 싫어할 거네. 며칠 전 밤에 린네 학회에서 가장 비열하고 어리석은 방법으로 그를 곤경에 빠뜨렸거든. 몇 마디 대답하면서 그를 학회 전체의 웃음거리로 만들었지. 맙소사! 얼마나 나를 노려보던지, 일부러 못 본 체했네. 물론 앞으로도 그럴 걸세. 안 그런다고 한들 더 나빠질 것도 없지. 신경도 안 쓴다네. (중략)

헉슬리는 에든버러 신문사들과 아주 비열한 말다툼에 말려들었는데, 신문사들이 야단법석을 떠는 걸 보고 쓰레기 같다고 해서 나도 놀랐다네. 그나마 장점이라면 에든버러 사람들은 신문 편독이 심하다는 거라네. 에든버러에 살지 않는 사람들이야 두말할 것도 없다네. 누가 그 신문을 읽겠나! 세상 사람들이 다 읽는 〈타임〉의 논전과는 다르지 않나.

진실한 벗.

후커가.

찰스 킹슬리가 보낸 편지 1862년 1월 3일

윈치필드, 에버슬리 사제관(Winchfield, Eversley Rectory)

1862년 1월 3일

친전

다윈 선생에게

저는 방금 애쉬버튼 경 댁에서 돌아왔습니다. 아가일(Argyle) 공작과 옥스퍼드의 주교와 함께 있었는데, 당연히 선생과 선생의 책에 대해 많은 이야기를 나누었습니다. 선생도 주교님의 성향은 물론 그분이 무엇을 알고 있는지 아실 겁니다. 아가일 공작은 무척 다른 성향을 가지고 있습니다. 차분하고 관대하며 모든 것을 들을 준비가 되어 있는 사람입니다. 선생의 책에 대해 새로운 질문들이 수없이 쏟아져 모두 혼란에 빠져 있지만 말입니다.

한 쌍의 푸른 흑비둘기(Blue Rocks)가 있는 공원에서 사격을 하는 동안 선생과 선생의 이론이 생각났고, 제에게 그것에 대해 결말을 지어달라더군요. B. R.에 대해 아는 사람이 몇 명 있더군요. 아가일 공작은 그 표본이 헤브리디스(Hebrides) 제도에서 본 B. R.과는 다르다고 했습니다. 젊은 배링[5]은 지브롤터(Gibraltar)나 노퍽(Norfolk)에 있는 자신의 양토장에서 본 B. R.과도 차이가 있다고 합니다(제가 본 표본이 B. R.이라고는 전혀 믿기지 않고 발육이 덜 된 유럽산 야생비둘기라는 생각이 들었습니다. 토끼 굴 속에서 새끼를 낳더군요). 제 눈으로 보기 전까지는 B. R.이라고 확신할 수 없습니다만 발육이 너무 안 되어 있으며 날개의 덮깃에 검은 줄무늬가 있었습니다. (중략)

객관적으로 말하면 대담한 결론이기는 하지만, 제가 본 표본들은 선생의 이론대로라면 염주비둘기, 유럽산 야생비둘기, B. R. 모두 한때 하나의 종이었다는 겁니다. 선생의 견해가 얼마나 꾸준히 퍼지고 있는지 확인할 수 있었지요. 대여섯 명 중에 한 사람만 이치에 맞지 않는다고 생각하더군요. 선생께서 그 표본을 보고 싶으시다면 당장이라도 보내 드리겠습니다.

또 다른 문제로 선생을 조금 귀찮게 해드려야 할 것 같습니다. 사수류(四手柳)와 인간 사이의 엄청난 격차에 관한 것입니다. 사람과 원숭이 사이라고 할 수 있는 중간 단계의 종에 대한 기록이 없다는 것이지요. 그런데 매우 절실하게 와 닿는 사실이 있습니다. 우리는 그러한 중간 단계의 존재를 부정하지만 대부분의 나라에 전해오는 전설 속에는 그러한 존재에 관한 이야기들이 가득하다는 것입니다. 파우나(Fauna, 염소의 귀·뿔·뒷다리를 가진 목축의 신), 사티로스(Satyros, 술의 신 바커스를 따르는 숲의

신), 이누스(Inuus, 다산의 신), 엘프(Elf, 작은 요정), 드워프(Dwarf, 신화 속의 소인) 등을 신화 속에 등장하는 인물이나 정복당한 하급 종족으로 여기고, 명백한 사실들을 무시한 채 그들을 인간보다 야만적이며 거침없이 성행위를 하는 부류를 상징한다고 봅니다.

제가 알기로는 모든 백인종의 신화에 이러한 창조물들이 등장하는데, 저는 이 사실이 매우 중요하다고 생각합니다(저는 모든 신화가 진실의 원초적인 꼬투리를 가지고 있다고 믿고 있습니다).

옛날 라틴족의 이누스는 확실하지 않지만 이름이 '들어가다, 시작하다(inire)'에서 비롯된 것으로 야만적인 성을 의미합니다.

라틴족(아니면 로마인지 확실히 모르겠지만)의 파우나는 원숭이의 얼굴을 가지고 있으며 털이 많은 뒷다리와 몸통을 가지고 있지요. 뒷발은 염소의 발과 같은데 염소는 성욕을 상징하는 동물입니다. 그리스의 사티로스는 원숭이의 얼굴과 짧은 꼬리를 제외하고는 인간의 모습 그대로입니다.

엘프와 요정 그리고 드워프는 좀 헷갈리지만 하급의 종족으로 표현되고 원래 아름다움의 상징인데, 엘프는 검은 피부를 그리고 요정은 흰 피부, 드워프는 교활한 마술사나 광산의 일꾼을 상징한다고 봅니다. 이들은 모두 정복당한 원주민으로 볼 수도 있습니다.

인도의 원숭이 신 호우누만(Hounuman)은 원숭이 군대를 거느리고 브라만 계급의 침략자들과 협력했다는데 지금 생각해 보면 옛 주인에 대항해 새로운 정복자들과 힘을 합친 흑인 노예를 상징하는 것 같습니다. 제가 보기에 이 점이 이들이 반인간(semi-human)과 동종이라는 증거인 것 같습니다. 이들의 수가 적어지면서 희귀한 종족이 되자 신적인 존재로 변해 갔고 미신적인 숭배의 대상이 된 것이지요. 제가 언급한 모든 것이 일어난 때가 역사와도 조화를 이룹니다. 미신적인 숭배도 그렇게 해야 설명할 수 있지요. 두려움이나 잔인한 것 또는 신비로운 피조물에 대한 두려움은 여전히 숲 속에 존재하고 말입니다.

그들이 위대한 백인종이 등장하기 전에 자연선택에 의해 모두 죽어 없어졌다면 선생과 저는 쉽게 이해할 수 있겠지요. (중략)

선생이 저를 몽상에 젖어 있는 사람으로 여기지 않기를 바랍니다. 모든 인종의 먼 조상들은 자신들이 존재했었다는 것을 보여 주는데, 우리가 원숭이와 인간의 중간 단계라고 할 수 있는 피조물의 존재를 부정할 수는 없다고 봅니다.

아무튼 저를 믿어 주시기 바랍니다. 언제나 의견이라는 것은 동의를 얻기도 하고 남과 다르기도 하니까요.

선생을 공경하는 찰스 킹슬리.

찰스 킹슬리에게 보낸 편지 1862년 2월 6일

영국 남동부 켄트 주 다운, 브롬리

1862년 2월 6일

킹슬리 씨에게

선생의 편지에 진심으로 감사드립니다. 아가일 공작 소식도 반가웠습니다. 글래스고 왕립협회 의장이 되신 이래로 저는 그분을 열렬히 존경하고 있습니다. 공작이 된다는 것은 참으로 멋진 일이지요. 다른 것도 아닌 공작이니 말입니다. 그분은 지질학 연구를 통해 최초로 새로운 층군을 발견하셨고 식물학 연구에 있어서도 영국 최초로 새로운 지의류를 찾아내셨지요.

선생이 비둘기에 관해 표현하신 것을 보면(친절한 제안은 감사하게 생각합니다만 표본을 굳이 보내지 않으셔도 됩니다) 그 새들은 분명 오랫동안 염주비둘기나 흑비둘기와 혼동되었던 유럽산 야생비둘기나 분홍가슴비둘기일 겁니다. 그것들이 중간 단계로 보이는 외형과 습성 몇 가지가 있습니다. 바로 나무 밑이나 토끼 굴속에서 새끼를 낳는 것입니다. 그것들이 중간 단계라고 한다면 선생이 말씀하신 대로 이들이 하나의 조상에서 나온 후손이라는 것을 완전히 입증할 수 있지요.

선생이 언급하신 인간의 계보에 대한 의문은 매우 엄숙하면서도 외경심을 불러일으킵니다. 물론 일부는 이미 알려져 있는 것에서 또 일부는 수많은 야만인들을 관찰해서 얻은 적이 있으므로 그리 놀랄 만한 일도 아니고 어려운 일도 아닙니다. 제가 티에라델푸에고 섬에서 거의 발가벗은 채로 온몸에 채색을 하고 소름 끼칠 정도로 몸을 흔들어 대던 야만인들을 처음 봤을 때, 내 조상들은 분명 저들과 닮았을 것이라는 생각이 들었지요. 그 당시에 굉장히 혐오스러움을 느꼈습니다. 지금은 비록 그보다 더 먼 조상이 털북숭이 짐승이라는 신념을 가지고 있지만 말입니다.

원숭이들은 본래 착한 본성을 가지고 있지요. 적어도 가끔은 말입니다. 지면이 허락한다면 보여 드릴 수도 있겠지만 아쉽군요. 이 점에 관해 오랫동안 관심을 쏟았고, 인간의 표정에 관해 재미있는 글을 쓰기 위해 모아 둔 자료도 있습니다. 그리고 하등동물과 인간의 정신이 어떤 관련이

있는지에 관한 자료도 조금 있지요. (중략)

옛 신화에 관한 이야기는 아주 흥미롭더군요. 하지만 거의 무지한 상태로 주장한 저보다 선생은 아주 고전적이고 오래된 지식을 바탕으로 그런 신념을 가지게 되신 것 같습니다. 인도의 작은 털북숭이 인간에 대한 설명은 아주 기묘합니다. 최고의 인종에 대한 선생의 말씀은 옳습니다. 충분히 고등화되면 열등한 인종을 몰아내고 대체한다는 말씀 말입니다. 500년이 지나면 앵글로색슨 족이 급속히 번창해 모든 나라를 멸망시키고 결과적으로 단일한 것으로 보이는 인종의 지위가 올라간다는 것이지요. 아메리카 대륙 사람뿐만 아니라 인간은 분명 구세계에 속한 종입니다. 인간과 미지의 사수류의 중간 형태를 찾는다면 제 생각에는 열대지방에서 발견되지 않을까 생각합니다. 켈트 족이 살았던 시대의 프랑스 지층에서는 인간의 뼛조각이 발견되지 않았습니다. 선생이 말씀하신 대로 실제로는 유사 이전 시대에 살았던 초기 단계 인간의 역사를 기대하는 것은 이치에 맞지 않습니다.

저의 악필로 기분이 상하지 않으셨기를 바랍니다. 그리고 선생의 편지에 다시 한 번 감사하다는 말씀 드립니다. 저도 여전히 많은 관심을 쏟고 있습니다.

안녕히 계십시오.

찰스 다윈.

[하인리히 게오르그 브론은 『종의 기원』이 1859년 11월에 출판되자마자 독일어로 번역했고, 번역판 서문에 자신의 견해를 밝혔다. 다음 편지는 독일어 원본을 번역한 것이다.]

하인리히 게오르그 브론이 보낸 편지
1862년 3월 11일 이전의 편지

존경하는 다윈 선생에게

선생의 책에 관한 논평을 수십 편이나 읽어 보았습니다. 독일어 판, 네덜란드어 판, 영국판, 그리고 미국의 저널까지 두루 읽었습니다. 일부는 우호적이지만 적대적인 논평도 많더군요. 하지만 그 논평들 때문에 제 생각이 바뀌지는 않았습니다.

1) 저는 선생의 이론 속에 창조의 수수께끼에 대한 궁극적인 해답을 찾을 수 있는 유일하고 지당한 길이 있다고 생각합니다.

2) 하지만 선생의 이론은 무생물에서 유기체가 만들어지는 것이나 유기체의 생명력, 그리고 선행적으로 아무런 작용 없이 그들의 조직이 유기적인 형태로 만들어지는 것에 관한 현재 우리의 지식수준에는 모순됩니다.

3) 우리가 가진 지식으로는 이러한 점을 부정할 수밖에 없습니다. 하지만 향후 선생의 이론을 긍정적으로 받아들일 수 있는 지식이 발견되지 않으리라고 단언할 수는 없습니다. 지금 선생의 이론이 받아들여지지 않는다고 할지라도 어느 누구도 그 이론을 영원히 부정할 수는 없을 겁니다.

선생의 이론에 대한 수많은 의견들 가운데, 제 견해와 같은 것은 없었지만 제 의견이 옳다고 생각합니다. 하지만 선생의 책에 관해서는 우호적인 의견을 가지고 있습니다. (중략)

저의 존경하는 마음을 받아주시길 바랍니다.

저는 선생의 영원한 추종자입니다.

브론.

[1862년 5월 15일에 다윈의 책 『영국 및 외국 난초에서 곤충에 의해 수분이 되는 다양한 방법과 교잡교배의 효과에 관하여(난초) On the various contrivances by which British and foreign orchids are fertilised by insects, and the good effects of intercrossing (Orchids)』가 출판되었다.]

아사 그레이에게 보낸 편지 1862년 6월 10-6월 20일

켄트 주 다운, 브롬리

그레이 선생에게

인정과 애정이 넘치셔서인지 난초에 관한 저의 책을 과대평가하신 것 같습니다. 하지만 5월 16일과 26일에 선생이 보낸 편지는 말문이 막힐 만큼 만족스러웠습니다. 내게는 흥미로운 주제였지만 그 가치는 접어두고라도 최근 그 책을 반전문가용으로 출판한 것이 오히려 나를 바보로 만들었다는 생각이 들더군요. 이제는 대담하게 세상을 무시해야겠습니다. 벤담 씨나 올리버 씨 같은 사람들은 그 책에 대해 호의적이라고 들었습니다. 하지만 그 밖에 다른 의견은 듣지도 못했고 들어도 별 가치도 없겠지요. (중략)

내 눈에는 다시 사랑스러운 존재가 되었지만 난초에 관해 최근 분에 넘치도록 비난받았습니다. (중략)

한 가지 사소한 부탁을 드려야 할 것 같군요. 수집광인 아이가 하나 있는데, 어설픈 우표 수집가입니다. 웰, 파고 사(Well, Fargo & Co) 포니 익스프레스(Pony Express) 2회와 4회 우표를 가지고 싶어 안달이 났답니다. 그 다음으로는 블러드(Blood) 1센트짜리, 페니 인벨로프(Penny Envelope) 1센트짜리와 3센트 그리고 10센트짜리랍니다. 선생이 내 아들에게 이 우표를 선물로 주신다면 우리 같은 늙은이가 새롭고 신기한 속을 선물 받는 것만큼이나 기뻐할 겁니다.[6]

이 편지를 쓰기 전부터 아들 녀석은 성홍열을 앓고 있답니다. 그런데 다행히 오늘 아침에는 조금 누그러진 것 같더군요.

시프리페디움(Cypripedium, 난초과의 개불알꽃)에 대해 길게 설명해 놓은 노트를 받았습니다. 그것들이 내게 얼마나 절절한 것인지 선생도 잘 알 것입니다. 그 노트나 〈실리맨 저널Silliman's Journal〉[7]에 실린 제 책에 대한 논평은 출판하지 않으실 건가요? 아니면 다른 방법이라도 있는 건지요?

선생이 보내 준 노트는 기대했던 것보다 훨씬 흥미롭습니다. 출판한 뒤 꽃 박람회에서 시프리페디움 허스티시멈(C. hirsutissimum)을 봤는데 직접 만져 볼 수는 없었지만 내가 보기에 수분되지 않은 꽃밥들은 완전히 그 통로가 꽃밥으로 덮여 있더군요. 하도 이상해서 자세히 보니 전혀 다른 방법으로 수분이 이루어지는 것 같았습니다. 꽃으로 벌레가 기어들어 갈 거라고는 생각도 못 했고, 약간 오목하고 끈끈한 암술머리에 더더군다나 다른 종류의 꽃가루는 보지 못했습니다. 이 얼마나 멋진 일입니까!

선생도 같은 의견을 내놓으셨는데 저도 최근 그런 생각이 강하게 들었습니다. 같은 목적을 위한 여러 가지 수단이 있을 수 있다는 겁니다. 그 책 마지막 장에서 이 점에 대해 논의하고 부분적으로 설명해 보려고 했답니다. 물론 내 책에도 오류가 무척 많을 것입니다. 온갖 노력을 기울여도 완벽하기란 얼마나 어려운 일인지 모릅니다. 선생의 노트에 적힌 내용은 정말 흥미롭더군요. 이제는 지극히 평온한 마음으로 내게 쏟아지는 비평을 견딜 수 있을 것입니다. 이러한 은혜를 베풀어 주셔서 진심으로 감사합니다.

　귀국에서 날마다 일어나는 엄청난 사건들 틈바구니 속에서도 과학에 마음을 기울이시다니 정말 놀랍습니다. 미국인들만큼이나 지대한 관심을 가지고 매일 〈타임〉을 본답니다. 언제쯤이나 평화가 찾아올는지, 그 넓은 땅이 대부분 황폐해지고 여러 가지로 말 못할 비탄을 겪을 것을 생각하면 참으로 두렵습니다. 영국인들은 귀국에 번영이 다시 찾아오기까지 굉장히 오랜 시간이 걸릴 것이라고 말하더군요. 그런 영국인들의 생각이 틀리기를 바라고, 또 맞아서도 안 된다고 생각합니다.

　잘 지내시기 바랍니다.

　친구.

　이삼 일 전에 프랑스어로 번역한 『종의 기원』을 받았는데 르와예*라는 여자가 번역한 겁니다. 아마 그분은 유럽에서 가장 똑똑한 몇 안 되는 여성일 겁니다. 아주 열렬한 이신론(理神論)자이며 기독교를 배척하는 사람이더군요. 자연선택과 생존경쟁이 인간의 본성인 도덕성이나 정치적 활동을 설명할 것이라고 단언했습니다. 그녀는 아주 훌륭하고 대단한 작품을 만들어낼 것입니다. 이러한 주제로 책을 출판할 것이라고 말했다는군

요. 아주 별난 작품이 나올 것 같습니다. (중략)

[다음 편지는 프랑스 원본을 복사한 것이다.]

알퐁스 드 캉돌이 보낸 편지 1862년 6월 13일

제네바
1862년 6월 13일

다윈 선생에게

선생의 논문 「프리뮬라 속의 이형 조건에 관하여On the dimorphic condition of Primula」를 보내주셔서 감사합니다. 선생의 다른 책들과 마찬가지로 무척 흥미롭고 재고해 볼 만한 근거가 많았습니다. 제 아들에게 세계문고(Bibliotheque universelle)(과학문서보관소)에 실을 초록을 준비하라고 했고, 다음 판을 편집하고 있습니다.

중요한 사실, 그러니까 유사성이 거의 없는 두 가지 형태의 이종교배로 얻은 우세한 수분 능력은 생리학적으로 알려진 단 하나의 사실과 연관이 있다고 봅니다. 동계번식이 원활하지 않는 한 이종교배를 통한 수분 능력의 향상과 번식력이 뛰어난 후손과는 서로 관련이 없다는 것입니다. 이론적인 관점에서 보면 이것은 매우 신기한 현상이지요. 반대 의견도 얼마든지 있을 수 있지만 분명한 사실입니다.

선생이 연구하시는 프리뮬라 이종교배를 통해 얻은 씨앗을 심어 보셨는지는 주의 깊게 보지 않아 모르겠습니다. 하지만 사람들은 이종교배를 통해 얻은 씨앗에서 같은 비율로 두 가지 형태가 재현되는지 궁금해 할 겁니다. 또 그런 씨앗이 한 가지 형태를 만들어 내는지도 말입니다. 같은 식물에서 피는 꽃의 형태는 해를 거듭해도 그대로 유지된다는 선생의 말씀은 지당합니다. 하지만 세대에서 세대를 거치면 어떨까요? 선생이 종의 기원에 관한 책에서 자세한 증거들을 제시하겠다고 말씀하셨는데 그 훌륭한 책을 우리가 곧 받아 볼 수 있을까요?[9] 그 책이 나오기만을 고대하고 있습니다.

선생의 책을 어떤 때는 완전히 다 읽기도 하고 때로는 부분적으로 읽기도 하면서 서너 번쯤 읽었습니다. 결론부터 말하면 저도 아사 그레이 씨의 견해와 같습니다. 선생의 이론이 맘에 듭니다. 제게 큰 기쁨을 주었습니다. 다른 방법으로는 도달하기 어려운 매우 모호한 질문을 인식하게 해준 유일한 이론입니다. 하지만 그 이론을 위한 증거, 특히 자연선택에 관해서는 그 증거가 더욱 필요하다고 생각합니다.

비교적 두드러진 변형이 일어난 형태들이 세기를 지나면서 무한한 유전이 일어난다는 전반적인 가설은 다른 것보다 차라리 바람직해 보이지만 자연선택이 그 수단이라는 데는 확신이 서지 않습니다. 세대와 세대를 거치면서 같은 형태를 오랫동안 유지하는 요인도 많고 퇴화를 일으키는 요인도 무수할 겁니다. 인간이 지켜주지 않는 한 새로운 형태가 보존되기 힘들겠지요. 후자의 경우 증거가 없다는 것은 압니다. 어쩌면 일부는 있을지 모르지만 아무도 입증하지 못했을 겁니다. 제가 알고 있는 한은 말입니다.

저의 열렬한 존경과 애정을 받아 주시기 바라며.

알퐁스 드 캉돌.

알퐁스 드 캉돌에게 보낸 편지 1862년 6월 17일

영국 남동부 켄트 주 다운, 브롬리

1862년 6월 17일

캉돌 선생에게

  선생의 친절함과 재미있는 편지에 무한한 감사의 마음 드립니다. 프리뮬라에 대해 관심을 가져주신 점 기쁘게 생각합니다. 선생의 질문이나 표현을 보면 이미 선생께서는 문제의 본질을 꿰뚫고 계신 것 같습니다. 저는 몇 가지 식물을 가지고 다양한 유사 실험을 해보고 있습니다. 이형교배나 동형교배로부터 얻은 씨앗을 심어서 자란 묘목을 관찰한(지금까지는 삭과들을 모아 두고 아직 실험은 하지 못했습니다) 결과가 흥미롭습니다. 출판하게 되면 선생에게도 기꺼이 한 부를 보내 드리겠습니다. (중략)

  저의 더 큰 책에 대해 여쭤 보셨는데, 작업 중이기는 하나 저나 가족들의 건강으로 인해 많이 지연되고 있습니다. 그리고 난초들의 수분에 대해 작은 책을 내려고 생각하고 있습니다. 거의 열 달 가까이 시간을 잡아먹고 있네요. 벤담 씨나 아사 그레이 씨도 그 책에 대해 좋게 평가하고 있는데 이 편지를 보낼 때 그들의 의견도 필사해서 보내 드리지요.

한 가지 중요한 과제는 식물의 구조가 얼마나 완벽한가 하는 문제입니다. 그리고 인접 번식에 대해서도 고려해야겠지요. 이 부분에 대해서는 선생도 관심이 많으시다는 것을 알고 있습니다. 자연선택에 대해 인정할 의향이 없으시다는 말씀에 저는 조금도 놀라지 않았습니다. 지지자들도 직접적인 증거를 인정하기 어렵지요. 다만 사실들을 몇 가지 커다란 범주로 나누어 부분적으로 설명한 후에 서로 연관성이 있다고 생각하는 소수의 사람들이나 그 이론을 인정할 것입니다. 현미경을 만드는 사람들이 빛의 파장이론을 인정하는 것과 같은 식이지요. 에테르의 존재나 그 파장은 그 누구도 입증할 수 없지만 말입니다.

(중략) 선생이 지질학적인 분포에 관한 연구로 돌아오실 의향이 있다는 말씀도 무척 반갑더군요. 선생의 훌륭한 책을 저보다 더 주의 깊게 읽은 사람은 없을 겁니다.[10] 그 책도 그렇지만 책을 쓴 선생에게도 더없는 존경심을 가지고 있습니다.

존경과 감사한 마음을 보내며.

찰스 다윈.

아사 그레이에게 보낸 편지 1862년 7월 23~7월 24일

켄트 주 다운, 브롬리

그레이 선생에게

며칠 전 커다란 꾸러미 두 개를 받았습니다만 아직까지 선생의 편지만 겨우 읽었답니다. 가족 모두가 심하게 앓는 바람에 도무지 집중할 수 없었지요. 아들 녀석 하나가 희귀하게도 성홍열을 두 번씩이나 앓고 인후염도 도진 데다 신장에도 이상이 생겼다는군요. 그걸로는 충분하지 않았는지 장티푸스 증세를 동반한 단독(丹毒)까지 걸려서 아주 심각한 상황까지 갔지요. 그 녀석 인생이 얼마나 가엾던지……. 하지만 오늘 저녁에는 식사도 조금 했답니다. 위험한 고비는 넘긴 것 같다는 생각이 들었지요. 매일 밤낮으로 45분 정도 포트와인(포르투갈 산 적포도주)을 먹인답니다.

오늘 저녁에는 자기 우표가 잘 있냐고 물어 우리가 깜짝 놀랐답니다. 선생이 보내 준 우표 얘기를 했더니 내일 아침에 보겠다는군요. "지금 당장 보고 싶어요."라며 어렵사리 눈을 떠 흘끗 보고는 아주 만족스러운 표정으로 "좋아요."라고 하더군요. 아이들이야말로 가장 큰 기쁨입니다. 늘 애물단지이기도 하고 말입니다. 과학을 연구하는 사람에게 가족이 없다면, 부인마저도 없다면 그래서 이 넓은 세상에서 돌봐야 할 사람이 아무도 없다면 아마도 (물론 또 다른 골칫거리가 있겠지만) 트로이 사람처럼 연구에만 매진할 수 있겠지요. (중략)

프랑스에서는 프리뮬라에 관한 제 논문을 일컬어 순전히 상상에 지나지 않는다고 했다던데, 관찰이라고는 해보지 않은 사람들 말이라고 생각합니다. (중략)

목수들이 못을 정수리에 똑바로 내리꽂듯이 선생은 난초에 관한 책에 쏟은 내 관심을 제대로 인정해 주는 유일하고도 가장 뛰어난 사람입니다. 다른 이들은 오히려 '적을 엄호'한 것이라고 한답니다."

말이 나왔으니 말인데, 나의 숙적(유일하게 나를 괴롭히는 사람이지요) 오언이 새에 관해 강연하면서 모든 조류가 하나의 선조에서 유래되었다는 사실을 인정한다고 들었습니다. 그리고 날개 없는 대양의 새들은 점진적으로 날개를 덜 사용하면서 퇴화해 없어졌다는 데까지 생각이 나아간 모양입니다. 그는 나에 대해서는 조금도 언급하지 않고 그저 차디찬 냉소만 던질 뿐이죠. (중략)

신문도 대충 훑어볼 뿐이고 피비린내 나는 세밀한 기사들은 읽고 싶은 마음이 없습니다. 선한 신이 끝을 내면 좋으련만 그 점에서 우리가 너무 비관하는지 모르지만 분명 선생의 편에 희망이 있을 거라고 생각합니다. 포토맥(Potomac)의 군대가 항복할 거라는 유언비어는 결코 믿지 않습니다. 어떠한 대가를 치러서라도 평화는 반드시 찾아와야 한다고 저나 저의 부인은 믿고 있답니다.

잘 지내시기 바랍니다, 친구. 이만 난필을 마치겠습니다.

찰스 다윈.

한 가지 잊은 게 있습니다. 난초에 관한 책 마지막 장에 나오는 내용인데, 하나의 목적을 위해 무수히 다양한 수단이 생기는 원인이나 그 방법에 대한 부분입니다. 계획에 근거한 것인지, 질문이 끝도 없군요.

편안한 밤 보내십시오.

건강을 빌며,

찰스 다윈.

존 러벅에게 보낸 편지 1862년 9월 5일

번머스, 클리프 코티지(Bournemouth, Cliff Cottage)

1862년 9월 5일

러벅에게

내 어리석은 문제에 대해 친절하게 답장해줘서 고맙네. 그러고 보니 잠수하는 곤충에 관해 쓴 지난번 편지에도 고마운 마음을 충분히 전하지 못한 것 같군.[12] 새로운 사실을 알게 되었다는 말도 잊고 말일세. 아주 흥미롭더군. 물론 자네도 그 내용을 출판하겠지. 그 곤충들이 공기 중을 훌륭하게 날아다닐 수 있는지도 설명해 주게. 엠마도 그 곤충이 물속에서 숨을 쉬지 않고 네 시간 정도 버티는지 묻더군. 내가 바로 답을 말해 줬다네. "러벅 부인이 네 시간을 앉아서 지켜봤다는군."이라고 말이야. 대답은 그렇게 했지만 맞는지 모르겠네.

언제나 건강하길 바라네.

찰스 다윈.

아이들을 가르치는 방법을 좀 들어보게. 어제는 호레이스가 내게 "사람들이 살무사들을 다 죽이면 사람들을 덜 괴롭히겠죠?"라고 묻더군. 그래서 이렇게 답해 줬네. "물론 그렇겠지, 살무사들이 엄청 줄어들 테니 말이다." 녀석이 성이 잔뜩 나서 대꾸했다네. "제 말은 그게 아니에요. 겁이 난 살무사들이 모두 살려고 도망가 버리니까 다시는 사람들을 물지 않을 거라는 거예요." 겁쟁이들의 자연선택 아닌가!

찰스 라이엘에게 보낸 편지 1862년 10월 14일

영국 남동부 켄트 주 다운, 브롬리
1862년 10월 14일

라이엘 선생님께

제이미슨의 편지에 답장을 보냈습니다. 다른 말은 전혀 하지 않고, 제 모든 문제를 해결해 줬다고만 했습니다. 그래서 글렌로이 강과 거기 있는 모든 흔적들에 대해 늘 포기하고 있었기 때문에 지금은 아주 지긋지긋하다고 말입니다.

분명히 멋진 경우이기는 하지요. 그리고 고대 빙하기의 멋진 기념비가 될 만하고 말입니다. (중략) 그 끔찍한 모래톱들 위를 얼마나 많은 사람들이 헤집고 다녔을지! (중략)

잘 지내십시오.

찰스 다윈.

추신. 어쩌면 선생님께서 제이미슨에게 제 편지를 보여 줄 수도 있다는 생각이 듭니다. 제 주장을 완전히 드러내고 있으니 오히려 지금 이 편지가 더 신경 쓰이는군요. 글렌로이 강에 관해 내가 한 말은 모두 헛소리입니다.

아사 그레이에게 보낸 편지 1862년 10월 16일

켄트 주 다운, 브롬리

1862년 10월 16일

그레이 선생에게

이제야 가족 모두가 집으로 돌아왔습니다. 지루하고 끝나지 않을 것 같은 '가축화(재배화) 과정에서 일어나는 동물과 식물의 변이'에 관한 책을 다시 쓰기 시작했답니다. 하지만 식물들과 빈둥거리며 노는 게 훨씬 더 즐겁군요.

본머스에 있는 동안 뭔가 다른 일을 해봤습니다. 오랜 친구 같은 끈끈이주걱에 대해 연구를 좀 했지요. 모든 종류의 유동성 물질들을 가지고 실험했는데 부식성도 없고 내가 보기에는 일반적인 유기 혼합물에는 반응하지 않고 동물의 신경계에만 작용을 했습니다. 단언컨대 이러한 식물들, 적어도 끈끈이주걱은 신경 물질과 아주 유사한 것을 가지고 있다는 결론을 내렸습니다. 모든 움직임을 마비시키는 스트리크닌(strychnine, 중추신경에 작용하는 흥분제)의 일종인 아세트산염의 영향으로 보입니다. 모르핀의 일종인 아세트산염이 의식을 둔하게 해 동작이 멈춘다는군요. 언젠가는 이 주제에 관해 연구해 봐야겠습니다.

또 하나 흥미를 끄는 것이 있는데, 베르바스쿰 속의 두 종 사이에 상당수의 자연적인 잡종이 있다는 것을 발견했습니다. 베르바스쿰 댑서스(V. thapsus)와 리크니티스(V. lychnitis)는 서로 밀접한 연관성이 있다는 겁니다. 그 둘은 모두 수분 능력이 없답니다. 전율을 느꼈다는 말과 함께 그

자료를 후커에게 전해 주었습니다. (중략)

〈데일리 뉴스Daily News〉에 실린 기사들을 보내 줘서 무척 고맙게 생각합니다. 가족 예배 시간에 아주 큰 소리로 낭독을 했답니다. 우리는 북부가 남부와 전쟁을 치르기로 한 것은 옳은 결정이라는 결론을 내렸습니다. 하지만 재결합은 남부의 대다수가 동의하지 않을 겁니다. 켄터키와 테네시에서 승리를 거둔 후에는 종전을 하고 분리에 합의해야 한다고 생각합니다. 남부를 모두 병합할 수 있다고 믿는 북부 쪽을 도무지 이해할 수 없습니다. 대서양 너머인 유럽의 전반적인 견해는 병합이 불가능하다는 것입니다.

미국 대통령의 선언이 효력을 발휘하려면 내 생각에는 많은 부분을 수정해야 할 것 같습니다. 유럽을 향해 전쟁을 선언하고 캐나다를 점령하는 위험을 감수해야 할지도 모르지요(진심으로 바라지만 독립한 자주 국가이지 않습니까). 노예제도는 점점 절망의 나락으로 빠지는 것처럼 보이는군요. 〈타임〉에 그 주제에 관해 기사를 쓴 사람이 얼마나 가증스럽던지요. 그 기사를 쓴 사람은 노예제도에 대해 일말의 양심도 없는 것 같더군요. 귀국의 이번 전쟁은 분명히 끝이 나겠지만 전 세계에 끔찍한 악영향을 미칠 것입니다. 그 영향은 분명 몇 년은 지속되겠지요. 이미 군주주의나 귀족주의를 옹호하려는 정서가 만연하고 있는 것 같군요. 영국에서는 사람이 사람을 지배하는 것을 옹호한다고 말하는 사람이 단 한 명도 없을 겁니다.

편안한 밤 보내시기 바랍니다. 저로 인해 노여워하지 말기를, 그리고 그레이 부인께도 마음을 가라앉히시기를 바랍니다.

안녕을 빌며.

찰스 다윈.

[1869년에 쓴 「난초의 수분(Fertilization of orchids)」에서 다윈은 아크로페라(Acropera) 속에 대해 언급했다. "나는 이 속에 대해 엄청난 실수를 범했다. 이들의 암수가 구분되어 있다고 추측한 것이다. 에든버러 왕립식물원에 있는 존 스콧은 이들이 암수한몸이라는 사실을 내게 확인시켜 주었다. 잘 여문 씨앗이 들어 있는 삭과를 내게 보내 주었다. 이 씨앗들은 같은 식물에서 나온 꽃가루로 수분되어 얻어진 것이다."]

존 스콧에게 보낸 편지 1862년 11월 12일

영국 남동부 켄트 주 다운, 브롬리

1862년 11월 12일

스콧에게

친절하게도 내게 흥미로운 편지를 보내 주다니 정말 고맙네. 무척 놀라운 자료를 보내 줬더군. 내가 아크로페라에 대해 오류를 범했다면 카타세툼(Catasetum)에 대해서도 실수를 저질렀을 수 있다고 생각하자 놀라지 않을 수 없더군. 이제야 아크로페라 루테오라(A. luteora)에서 태좌의 상태가 떠올랐다네. 이들이 배주를 만들 수 있다는 게 무척 놀랍네. 자네가 내 책을 보면 로데게시(A. loddegesii)의 씨방을 보지 못했다고 언급한 것을 알 걸세. 맨 꼭대기란 말이(꽃과 가장 인접한 부분) 씨방의 끝

부분이란 뜻인가? 큐에서 이 종을 수집해 씨방을 관찰해 봐야겠네.

열매에 관해서도 굉장히 궁금하네만, 지금쯤 열매가 익어서 제법 수확이 되고 잘 여문 씨앗을 생산하는지 알고 싶네. 자네는 다른 반다 족(Vandeae)들의 여문 삭과를 봤을 테니 그들이 어떤 열매를 맺는지도 추측할 수 있을 것 같네. 수많은 반다 족의 수분되지 않은 어린 씨방에는 엄청나게 많은 배주가 있다네. 자연에서는 모든 것이 더디게 진행된다는 지당한 사실이 오히려 절망스럽다네. 암꽃들이 이따금 꽃가루를 조금 만들어 내는 것과 같은 방식으로 어쩌면 수꽃 꽃가루도 조금밖에 안 나오고 씨앗도 그저 몇 개밖에 못 만들어 낸다는 사실 말일세.

자네가 들려준 모든 사실들이 다 놀랍고 흥미롭다네. 다시 한 번 편지에 감사한 마음 전하네.

아크로페라의 구조에 대해 설명한 부분이 자네가 본 것과 정확히 일치한다니 관찰한 보람을 느끼네.

곤충들이 어떻게 화분괴를 제거하고 암술머리로 옮기는지 이해하기 어렵지 않았나? 암술머리 구멍의 입구가 점착성 물질로 채워져서 화분괴가 안전하게 보호된다는 것과 그 부분에서 화분관이 돌출된다는 자네 의견은 매우 독창적이고 새로운 생각이네. 하지만 내가 보기에 난초과에서는 꼭 그런 것 같지는 않네. 내가 아는 한에서 말일세. 열심히 관찰하긴 했지만 내가 틀릴 수도 있네. 식물학은 아직 잘 모르는 분야니까.

화분관의 돌출에 대해 (자네가 아직 이 사실을 모른다면) 자네에게 반가운 소식이 될 수도 있겠네. 내가 올여름에 암수딴몸의 제비꽃과 괭이밥의 작은 꽃을 관찰했는데 개화가 전혀 되지 않은 상태에서 화분관은 꽃밥에 있는 동안 늘 화분립으로부터 비어져 나와 약간 떨어져 있는 암술머리를 향해 아름답게 방향을 정한다네.

꾸준히 흥미로운 연구를 해주기 바라네. 이제 그만 쉬어야 해서 줄이겠네.

고마운 마음 전하며,.

찰스 다윈.

[헨리 월터 베이츠는 포식자에게 불쾌함을 주는 의태성을 가진 종이 살아남는 방법을 설명하면서 자연선택 이론을 적용했다. 편지에서 논의된 논문은 「아마존 유역의 곤충 파우나의 분포Contribution to an insect fauna of the Amazon valley. Lepidoptera: Heliconidae」이며, 〈런던 린네 학회 회보〉 시리즈 5권(1862) 495~566쪽에 실렸다. 다윈은 이 논문에 대한 논평을 출판했다("베이츠의 의태 나비에 관한 논평(Review of Bates on mimetic butterflies").]

베이츠에게 보낸 편지 1862년 11월 20일

켄트 주 다운, 브롬리
1862년 11월 20일

베이츠 선생에게

방금 선생의 논문을 몇 차례 읽었습니다. 내 평생 읽어 본 논문 중 단연 으뜸이며 훌륭한 글입니다. 의태성에 관해 다룬 부분은 가히 경탄할 만하고 유사한 많은 사실들을 멋지게 연결했더군요. 표현도 매우 멋지고 어휘 선택도 적절한 것 같습니다. 다만 각각의 분리된 삽화 아래에 그 이름을 표시해 주었더라면 독자들이 훨씬 더 쉽게 알아볼 수 있었을 것 같습니다. 물론 전체적으로 아름답지는 않을 테니 적절히 잘하셨습니다. 이러한 논문을 쓰는 데는 당연히 상당한 시간이 걸렸겠지요. 나도 『종의 기원』에서 다룬 모든 주제들을 다 끝냈을 때 얼마나 기뻤는지 모릅니다. 그 책을 쓰느라 엄청 애먹었거든요. 선생은 불가사의한 문제에 대해서도 정확히 언급하고 해결하셨더군요.

일반 사람들에게 논문의 정수를 보여 주신 겁니다. 아쉬운 점이라면 완전하거나 불완전한 종의 분리와 변이에 관한 모든 자료나 추론은 사실상 그 가치에 비해 미흡한 것 같습니다. 나도 이전에는 그 과정에 대해 정확하게 생각해 본 적이 없어서 이제 와서야 새로운 형태의 탄생에 대해 통감한답니다. 하지만 선생이 유사한 변종들의 짝짓기에 관해 좀 더 상세히 다뤄줬다면 좋았을 것 같다는 생각이 듭니다. 자료에 관한 본문이 짧은 게 아쉽더군요.

반면 진기하고 다양한 관찰 결과들이 많은 점은 매우 좋았습니다. 선생이 제시한 성적인 가변성과 개체별 가변성과 관련된 부분은 내가 살아 있는 한 언젠가는 소중한 자료가 될 것입니다.

곤충에서 일반화되어 가고 있는 의태적인 유사성이 곤충들의 작은 몸체와 연관이 있다는 생각은 안 드십니까? 곤충들은 스스로를 방어할 수 없고 날아다닌다고는 하지만 새들로부터 안전할 수는 없지요. 그렇기 때문에 속임수나 위장을 통해 도망치는 것 아닐까요?

한 가지 꼬집어서 비판하자면 그 논문의 제목입니다. 의태적인 유사성에 대해 확실하게 주목을 끌었으면 좋았을 것 같습니다. 정신머리 없는 자연학자들의 찬사를 받기 아까울 만큼 선생의 논문은 너무 훌륭합니다. 하지만 그 작자들까지 나서서 칭찬하는 걸 보면 그 논문은 무한한 가치를 가지게 될 겁니다. 선생과 선생의 위대한 작품에 진심으로 축하를 보냅니다. 월리스 선생도 분명 그 논문에 진심으로 찬사를 보낼 것입니다. (중략)

선생을 친애하는 찰스 다윈.

J. D. 후커가 보낸 편지 1862년 11월 26일

큐 왕립식물원
1862년 11월 26일

다윈 박사에게

아사 그레이의 편지에 고맙다는 말과 함께 답장을 했네. (중략)

그의 편지는 영국의 막강함에 대한 선망에서 비롯한 부러움과 미국의 취약함에 대한 원성으로 가득하더군. 생각하면 할수록 미국은 주지사나 정치가를 뽑을 때라도 귀족정치를 표방하지 않으면 (좋은 의미로) 결코 문제를 해결할 수 없을 것 같다는 확신이 든다네. 자네의 학설에 대해 이보다 더 확실한 결과는 없을 거네. 자연의 법칙이 이끄는 대로 귀족정치로 나아가는 것, 그것이 바로 진보를 보장하는 유일한 안전장치 아니겠는가. 지금까지 미국에서 귀족정치를 방해하는 것이 무엇인가? 서부로부터 기인한 민주주의적인 요인들, 즉 어중이떠중이들을 추려 내지도 못하고 자연선택의 훌륭한 효력을 헛되게 만드는 요인들이 끊임없이 쇄도하고 있기 때문이 아닌가. 나쁜 의미에서 민주주의는 좋은 것을 더 낮은 수준으로 떨어뜨리는 힘이라고 생각한다네.

말이 나왔으니 말인데, 자네가 물리적인 조건이 작용하는 것을 믿지 못하겠거든 양떼를 모아 놓고 설교하는 목사들처럼 말해야 할 걸세. 다 내게로 오라 아니면 똑똑하고 분별 있는 사람에게 가보라고 말이야. (중략)

나는 종의 기원의 관점에서 이종교배의 불임성에 대해 여전히 강한 확신을 가지고 있다네. 동물에서 변이는 무한하다고 생각하네. 자네가 분명히 기억해야 할 것은 인간 개체들을 그렇게 많은 종으로 분기하게 만든 것은 이종교배도 아니고 자연선택도 아니네. 그것은 단순한 변이일세. 자연선택이 그 과정을 앞당기는 것은 확실하지. 말하자면 그 과정이 격렬하게 일어나게 하고 인종 간의 경계를 조절하고 각각의 수가 정해지는 것 등등 말일세. 하지만 번식능력을 가진 한 쌍의 개체가 주어지고 그 안에서 무한한 번식이 일어나면 단 한 종도 사라지지 않는다는 것이지. 짧게 말해서 자연선택은 조금도 그 역할을 하지 않는다는 것이네.

자연선택으로 절반이 멸종한다면 몇 세대 후에 자네는 일반적인 개체와는 전혀 다른 극단적인 개체를 보게 될 것이네. 자네가 일단 자연선택이 특성 등의 차이를 야기할 수 있다고 생각한다면, 자네의 학설은 땅으로 곤두박질칠 걸세. 변이를 만드는 데 물리적인 원인이 영향을 미치지 않는 것처럼 자네가 주장하는 자연선택도 설득력이 없다네. "어떤 것이든 자기와 똑같은 것을 만들어 내지 않는다."는 법칙은 모든 만물의 기본이고 개체들의 생명만큼이나 불가사의한 것이지. 이것이 바로 라이엘과 내가 우리들에게나 책에서 자네가 충분히 힘을 실어 전달하지 못했다고 생각하는 점이네.

자네 학설을 과학계가 받아들이지 못하는 이유의 절반도 이것 때문이지. 자네는 "어떤 것이 그와 같은 것을 만들어낸다."는 케케묵은 학설 따위를 공격했어야만 했네. 자네 책의 첫 장에서 다른 것은 관두고 이것에 대해 심도 있게 다뤘어야 했고 말이야. 이제 와 생각해 보면 어쨌든 자네 눈에는 그렇게 보였을지 모르지만, 무궁무진한 변이에 관한 사실들을 깊이 생각하지 않고 자연선택이론을 '데우스 엑스 마키나(Deus ex machina※초자연적인 힘을 빌려 문제를 해결한다는 의미)'로 만들어 버린 자네의 학설에 대한 반대에도 어느 정도 일리는 있다는 말이네.

자네의 여덟 아이들도 서로 전혀 닮지 않았지. 그 아이들은 단 하나의 특성도 정확하게 똑같은 것이 없지 않은가? 그들이 다른 조상으로부터 물려받은 차이점을 보여 준다고 자네는 대답하겠지만, 자, 시간을 뒤로 거슬러 올라가서 마침내 최초의 한 쌍까지 이르게 된다면 차이의 기원이 있을 텐데, 그렇다면 자네는 논리적으로 인정해야만 할 걸세. 자네의 종 최초의 남성과 여성 사이의 차이점, 즉 자네의 종 사이에 존재하는 가장 닮지 않은 개체 간의 극단적인 차이점을 합쳤다는 것을 인정해야 한다는 말일세! 그 합쳐 놓은 것은 차이를 이미 내포하고 있는 내재적 법칙으로부터 변한 것이네. 자네에게 이런 경박한 연설을 하다니 나도 참 뻔뻔스럽군. (중략)

자네의 친구.

J. D. 후커.

J. D. 후커에게 보낸 편지 1862년 11월 26일 이후

다운

1862년 11월 20일[13]

후커에게

지난번 자네 편지는 굉장히 흥미롭더군. 성직자 투로 '똑똑하고 분별 있는 사람'이라고 한 말을 듣고 적잖이 즐거웠네. 이종교배에 대해 내가 믿고 있는 것을 그레이 또한 믿고 있다는 것을 보여 주기 위해서라도 '구체적인' 경우를 제시해 주겠네.

비둘기 1,000마리를 1만 년 동안 새장에 가두어 기른다고 해보게. 우연사라는 게 있으니 그 수가 마냥 증가하지는 않을 걸세. 그렇다면 자연적인 교잡교배(intercrossing)를 통해 변종은 만들어지지 않겠지만 각각의 비둘기들이 자가 번식을 하는 암수한몸이라면 무수한 변종이 만들어질 수도 있지. 이것이 내가 생각하는 이종교배의 영향이네. 즉, 처음부터 변종이 존재했다는 생각은 지워야지. 두 개의 두드러진 변종이 만들어졌을 때 이들이 이종교배를 통해 세 번째 아니면 더 많은 중간 변종들을 만들어 낸다는 것을 부정하지는 않네. 변화의 성향이 강한 가축화된 변종들의 이종교배는 어쩌면 새로운 특성을 만들어 낼 수 있다는 것이네. 따라서 엄밀하게 중간자는 아니더라도 세 번째 또는 더 많은 종족을 만들 수 있다는 말이지.

하지만 야생형을 이종교배하면 새로운 특성이 만들어진다는 사실에 대항하는 증거는 무수히 많네. 그러면 오직 중간자들만 만들어지지. 여기까지는 동의하나? 그렇지 않다면 논쟁할 필요도 없네. 우리는 분명 서로에게 악담을 퍼부어야 할 걸세. 욕하는 데 있어서는 내가 자네보다 한 수 위지. 고로 내가 옳다네. 증명 끝(Q. E. D.).

비둘기 1,000마리가 우연사 때문이 아니라 이를테면 부리가 짧은 것의 수가 적어서 그 수가 증가하지 않는다면 모든 비둘기들이 긴 부리를 갖게 되지 않겠나? 동의하는가?

세 번째로, 비둘기 1,000마리는 열대 지역에 살게 하고 또 다른 1,000마리는 추운 지역에 살게 한 다음 다른 먹이를 주고 새장의 크기도 다르게 해서 우연사로 그 수를 계속 유지한다면 그로부터 1,000년 후에는 어쩌면 그 몸집이나 색깔 또는 아주 사소한 특성에서 두 집단 간의 차이가 생길 수 있는 가능성을 기대해 볼 수 있지 않겠나. 이것이 바로 내가 말하는 물리적인 조건의 직접적인 작용일세. 내가 말하고자 하는 것은 물리적인 조건이 두 경우의 내재된 생명력에 각각 다르게 작용한다는 것이네. 이 경우에는 바로 온도가 두 요소를 합치게 만드는 원인이지. 그렇지 않으면 합쳐지지 않았을 것들을 말이야. 자네가 이 문제에 대해 어떤 생각을 가지고 있는지 말해 주면 고맙겠네.

자네 편지 중에 읽고 놀라 자빠질 뻔 한 부분이 있었네. 우리가 알고 있는 모든 차이들이 어떤 선택도 없이 일어났을 거라는 부분이네. 자네

의견에 늘 동의해 왔지만, 그 문제만큼은 너무 돌아갔군. 자네는 정반대의 시각이나 전혀 새로운 시각에서 보고 있다네. 거기까지 나를 이끌어서 무척 놀랐다네. 앞으로는 동의한다고 말할 때 단서를 붙여야겠네.

현재 자네의 견해로 국한해 보면 오랫동안 각 개체들이 어떤 고정된 조건에 적응해 왔고 그 조건이라는 것이 장기적으로 변화 가능성이 있다는 것, 그리고 두 번째로 더 중요한 것은 각 개체들이 자가 번식이 가능한 자웅동체라서 아주 미세한 변이들도 교잡교배에 의해 소멸되지 않는다는 것이지.

자네가 예로 드는 방식은 각각의 예 자체보다 훨씬 충격적이더군. 그런 숫자들에만 집착하면 영원무궁을 잡고 늘어지는 꼴이 되네. 수천 개의 씨앗이 각자 식물로 자라는 경우를 생각해 보게. 게다가 또 그렇게 씨앗을 내고 번식하는 경우를 말이야. 우주 저편까지 닿아 있는 천체라도 머지않아 이들로 뒤덮여 버릴 걸세. 개, 소, 비둘기, 가금류 등은 아예 들어설 틈도 없을 걸세. 누구든 자네가 설명하려는 바가 기가 막히게 정확하고 엄격한 틀 속에서만 가능하다는 점을 인정하고 알아야 하겠지.

자네나 라이엘 선생님과 같은 사람들은 내가 자연선택을 너무 초자연적인 신으로 만들어 버렸다고 생각하면서 결정적으로 나를 몰아세우지만 내가 내 책 곳곳에서 그 부분을 어떻게 더 잘 설명했으면 좋겠나? 자네도 지적한 적이 있지만, 그 제목을 좀 더 멋지게 지을 수 있었을 텐데 말일세. 농사꾼이 자기들이 만든 선택에 대해 아무리 강력한 단어를 사용한다고 해도 아무도 이의를 제기하지 않을 걸세. 하지만 모든 사육사들은 자기들이 변이를 만들어 낸 것이 아니라 선택했다는 것도 알고 있다네.

내가 몇 년 동안 품어온 큰 난제는 적응을 이해하는 것이었네. 그래서 난 마땅히 자연선택을 그렇게까지 주장할 수밖에 없었다네. 맙소사! 이렇게 긴 글이 될 줄 몰랐군. 하지만 자네 편지는 말로 표현할 수 없을 만큼 흥미로웠네. 게다가 지금 쓰고 있는 책을 위해서라도 생각을 분명히 정립하는 게 매우 중요하다네. 물리적인 조건의 직접적인 작용이 의미하는 바를 조금 더 생각해 보게. 그것이 역할을 하느냐 그렇지 않느냐를 의미하는 게 아니네. 내 자료들이 이것을 입증하는 실마리가 될 걸세. 나는 '변이가 된 씨앗에서 예측할 수 있는 것과는 대조적인 발아 단계에서의 변이'가 일어나는 경우들을 수집하고 있다네. (일부 원예가들이 '스포츠'라고 부르는 것을 이렇게 표현했는데 맘에 드는가?) 이 경우들은 이종교배의 모든 영향을 배제한다네.

자네 생각이 내게는 가장 분명하고 가장 독창적이며 소중한 의견이라는 것을 기억해 주게.

친애하는 벗, 후커에게.

찰스 다윈.

W. B. 테게트마이어에게 보낸 편지 1862년 12월 27일

켄트 주 다운, 브롬리

1862년 12월 27일

테게트마이어 씨께

왕립협회가 훌륭한 조치를 내렸다는 소식을 들으니 진심으로 기쁩니다.[14] 하지만 성공할지는 모르겠군요. 협회의 계획은 현존하는 품종들이 우연이라도 불임성을 갖게 되었는지 알아보자는 것이지요. 하지만 앞으로 이 점에 대해서는…….

한 가지 실험을 제안하려고 합니다. 저의 실험 노트에 이 년 동안이나 "꼭 해보자!"고 써 놓고는 해마다 건강이 나빠지고 다른 일들이 많아져 시도하지도 못할 것 같다고 생각했던 것입니다. 덧붙이고 싶은 말이 있는데 5파운드 정도로 실험 비용을 충당할 수 있다면 기꺼이 제가 드리겠습니다. 그럴 리 없지만 혹시라도 결과가 나온다면 그 결과를 출판하는 데 보태시기 바랍니다. 스페인산 수탉(당신께서 주신 것)과 흰색 실크 암탉(Silk hen)을 교배시켰는데 알도 많이 낳았고 병아리로 자랐습니다만 이들 중 두 마리는 제법 불임성을 가진 것 같더군요.

질릴 만큼 실험을 하고 나서도 내 자신을 몹시 책망했답니다. 이 암탉들의 수정 능력을 보존하지도 못하고 세심하게 검사하지도 못했기 때문입니다. 선생께서 스페인산 수탉과 흰색 실크 암탉을 구하신다면, 그것들의 후손이 잘 자라는지 입증할 수 있지 않을까 싶습니다. 썩 믿기지는 않지만 불임성이 있다고 증명된다면, 어쨌거나 잡아먹을 수는 있겠지요.

이렇게 한번 해보십시오. 커다란 실크 새끼를 얻기 위해 실크 수탉과 선생이 갖고 있는 그 신기하기 짝이 없는 실크 코친(Cochin, 아시아산 육용 닭) 암탉을 교배하면 어찌될 것 같습니까? 밝은 실크 색 닭을 얻게 된다면 신기하기 짝이 없는 노릇일 겁니다. 제 생각에 실크 암탉을 다른 품종과 교배시켜서는 밝은 실크 색 닭을 절대 얻지 못합니다. 실크 수탉과 코친 실크 암탉을 이종교배해야만 실크 색 깃털을 얻을 수 있지요. 아마 밝은색이기도 할 겁니다.

최근에는 이형성에 관한 실험(출판하지 않았습니다)을 잠시 멈추고 잡종에서 비롯한 불임성을 주로 고찰했으며 『종의 기원』에서 제시한 의견을 일부 수정했습니다. 다음 몇 가지 점에 대해서 여쭤 보고 편지를 마무리하려고 합니다. 실험 중에 가진 의문이며 제가 보기에는 시도해 볼 만한 가치가 있다고 봅니다. 하지만 너무 고된 실험이라서 감히 엄두를 내지 못하고 있습니다.

가금류나 비둘기를 사육하는 모든 사람들에게 묻고 싶은 점인데 같은 품종의 수컷 A와 암컷 B를 교배시켰을 때 새끼를 낳지 못하는 경우를 본 적이 있느냐 하는 것입니다. 그렇다면 수컷 A를 그와 가장 근접한 혈통을 가진 암컷과 교배시키고, 암컷 B 역시 그와 가장 근접한 혈통과 교배시켜 보고 싶습니다. 그리고 A의 새끼들(a, b, c, d)과 B의 새끼들(f, g, h, i)을 교배시켜 나온 새끼들 가운데 불임인 녀석들을 모두 죽이다가 어느 한 마리 a와 i가 번식력이 없다는 점을 발견하면 a와 i를 잘 보존해서 그들의 부모인 A나 B와 교배시켜서 두 개의 가족을 얻을 수 있지요. 이들이 서로 섞이지 않게 하면서 각 가족 무리에서는 서로 교배를 하도록 두는 겁니다. 이 실험은 어쩌면 별 가망이 없을지도 모르지만 누군가 할 수만 있다면 혼종에서 비롯한 불임성 문제를 해결할 수 있을 겁니다.

선생께서 혹시라도 불임인 비둘기나 가금류 쌍들을 발견한다면 그러한 경우에 대해 자세히 알고 싶습니다. 이와 같은 성질이 사람에게서도 기록된 바가 있는데 성교 불능이 아닌 한 남자와 한 여자가 오랫동안 함께 살았는데 자식이 없었다고 합니다. 그런데 그 남자가 죽고 여자는 다시 결혼을 해서 자식을 많이 낳았다는군요. 어쩌면(확실하다는 의미는 아닙니다) 처음의 그 남자와 여자는 성적으로 서로 궁합이 안 맞았을 겁니다. 제 생각에 그들의 자녀들(둘 다 재혼했다면 각자 자녀를 두었을 겁니다)은 그들 부모처럼 궁합이 맞지 않거나 불임성일 가능성이 있습니다.

부디 저의 악필을 양해해 주시기 바랍니다. 하루 종일 몸이 좋지 않습니다. 이 편지를 다시 옮겨 쓸 기운도 없군요. 책을 쓰는 일도 더뎌서 아마 삼사 개월이 지나야 가금류에 관한 논문이 완성될 것 같습니다.

존경하는 테게트마이어 씨께.

찰스 다윈.

어느 누가 저의 악필을 이해하고 읽을 수 있을지 모르겠군요.

T. H. 헉슬리에게 보낸 편지 1862년 12월 28일

켄트 주 다운, 브롬리

1862년 12월 28일

헉슬리에게

그 소책자[15]에 대해 한 말은 전적으로 나 혼자만의 의견일세. 전반적으로 아주 훌륭하고 넓은 독자층을 확보하는 데도 손색이 없다네. 그 책에 자네의 시간을 쏟을 가치가 있는지 없는지는 자네 스스로 결정할 문제라네. 하지만 그 주제 자체만 보면 충분한 가치가 있지. 그 책을 이해하지 못할 얼간이는 없을 거라고 생각하네. 시간이 지나면 내 판단이 잘못된 것으로 판명날지도 모르지만 지금으로서는 자신 있게 말할 수 있네.

자네가 무슨 이유로 불임성에 대해 의문을 갖는지 모르겠네. 자료가 거기까지 미치지 못한 것은 확실하지만 말이야. 견해가 너무 달라서 논쟁할 필요가 없을 것 같네. 최근 만들어진 변종에서 자네가 예상하는 불임성의 수준을 얻는 것은 별 가망이 없어 보이네. 내 눈에는 자네가 다른 자연학자들과 마찬가지로 진행되는 모든 단계를 눈으로 확인하기 전까지는 하나의 종이 또 다른 종으로 변한다는 것을 절대 믿지 못하겠다고 단언하는 것처럼 보인다네.

테게트마이어 씨에게도 들은 적이 있고, 그가 제안한 대로 새들을 가지고 이종교배를 해서 나온 결과를 그에게 주었다네. 그리고 그 실험이 성공할 가망이 거의 없을지도 모른다고 말했다네. 즉 가능하다면 짝짓기를 해도 새끼를 낳지 못하는 새 두 마리를 얻기 위해서는 둘 다 성교 불능이어야 한다는 걸세. 오늘 아침에 새끼를 낳지 않은 헤어포드(Hereford) 종 암소에 관한 편지를 받았네. 이 암소는 성교 불능이 아닌 수소와 여러 번 시도해 봤지만 불임성인 것처럼 보였는데 다른 수소와는 그렇지 않았다는 거네. 장황한 이야기가 되겠지만, 양쪽 다 생식 능력이 있는데도 한쪽 혈통에 있는 한 마리와 다른 혈통에 있는 한 마리를 이종교배해 새끼를 낳지 못하는 두 개의 혈통을 만들어 보려는 실험이네. 그 실험 자체의 어려움이나 생식 능력이 있는 개체를 식별하는 것 모두 예측하기는 힘들지.

내가 보기에 테게트마이어의 계획은 두 가지 현존하는 새끼들이 미약하나마 불임성을 갖느냐를 보는 간단한 실험일 걸세. 이미 널리 이루어졌던 실험이지. 다시 실험하는 게 좋은지는 따지지는 않을 걸세.

피곤하군, 잘 자게.

자네의 진실한 친구.

다윈.

1863년

휴 팔코너가 보낸 편지 1863년 1월 3일

북서부 크레센트 파크(Crescent Park) 21번지

1863년 1월 3일

[1861년, 독일 바이에른 주 졸렌호펜[Solenhofen, 지금은 졸른호펜(Solnhofen)] 근처 쥐라기 시대의 지층인 석회암에서 화석이 하나 발견되었다. 파충류 또는 조류와 유사한 외형을 가지고 있었으며 긴 꼬리와 연결된 깃털을 가지고 있었다. 리처드 오언은 이 화석의 이름을 아르키옵테릭스(Archaeopteryx macrura, 시조새)라고 지었다. 이 화석은 '날개 달린 파충류'로서 상당한 관심을 끌었으며 대영박물관을 대표해 오언이 400파운드를 주고 구입해 1862년 10월 영국으로 가져왔다.]

다윈에게

새해 복 많이 받게. 그리고 자네와 가족들에게도 행복이 가득하길 바라네!

자네 형님한테 들었는데 발진 때문에 자네가 애를 먹는다더군. 그래서 시내로 나올 수도 없다는 말을 들었네. 안타깝군. 어찌되었건 자네가 더 이상 기회를 놓쳐서는 안 될 것 같아. 아르키옵테릭스가 다윈 학설의 중요한 자료가 되기 때문에 자네나 나를 위해서라도 길고 장황하게 늘어놔야겠네. 석회암 판들을 당당하게 위임받아 그 신기한 존재를 다윈 식으로 밝힌다면 아르키옵테릭스가 발견된 것보다 더 훌륭한 작품이 되지 않겠는가. 진심으로 말하지만 자네가 시내에 나와 그것을 보지도 못하고 나와 이야기도 나누지 못한다면 그건 범죄 행위나 마찬가지라네. 자네의 신념을 엉뚱한 놈이 차지하게 내버려 뒀다가는 왕립협회에 서둘러 보고하고 말 걸세.' 정말 놀라운 피조물이더군. 발견한 사람들이 묘사한 것보다 더 놀라웠네. 그들은 그 화석을 맹금류나 떼까마귀 혹은 닭목의 가금과 비교했더군. 둥근 날개를 가지고 있어서(가금류처럼) '비행 중인 새'로 본 것 같네. 실제로도 앞발에 적어도 두 개의 길고 자유로운 손가락을 가지고 있다네. 그리고 이 두 손가락에는 뒷발에 달린 것처럼 길고 단단한 갈고리 발톱이 있었다네. 또 뒷다리와 이어진 긴 꼬리가 있고. 그리고 내가 잔소리를 늘어놓으려고 유보해 둔 것이 있는데 좀 기이한 점이 있더군. 그러니 자네가 그 조류의 서출인 피조물을 가져야 한다는 말일세. 다윈 식으로 밝혀질 개념의 서막이 열리는 거지. 하지만 자네가 직접 와서 보기 전까지 더 이상 말하지 않겠네.

　라이엘 선생은 책을 마무리하느라 분주한 모양이더군.² 내 생각에는 수정도 상당히 많이 하고 완전히 개작하는 것 같네. 라이엘이나 그가 다루고 있는 인간이라는 주제가 한결같이 수렁에서 헤어나오지 못할 것 같아 나도 심란하다네.

친애하는 벗 다윈에게.

팔코너.

추신. 마지막에 한 말은 그냥 웃어 넘기게. 부탁이니 아무에게도 전하지 말게.

존 스콧이 보낸 편지 1863년 1월 6일

에든버러 식물원
1863년 1월 6일

다윈 선생님께

오늘 밤 기차 편으로 작은 상자를 하나 보냈습니다. 스코티카(P. Scotica) 세 포기와 파리노사(P. Farinosa) 세 포기입니다. 지금은 더 구할 수 없어 아쉽지만 곧 다가올 봄에는 가능한 한 더 보내 드리겠습니다. 스코티카 중 하나에서는 삭과를 관찰하시게 될 겁니다. 아마 춥고 습기가 많았던 지난 가을에 핀 꽃에서 나온 씨앗들이라서 별로 많지 않을 겁니다.

베고니아 프리지다(Begonia frigida)를 기억하고 있었다면, 지난번 맥냅 씨가 큐 왕립식물원으로 찾아오셨을 때 그 식물이 이곳 식물원에서도 자랄 수 있는지 여쭤 볼 수 있었을 텐데 말입니다. 하지만 지금은 제철이 아니라서 늦었지요. 아주 흥미로운 실험 거리가 되었을 텐데 아쉽습니다.

맥냅 씨에게 그 식물이 이곳에서 자랄 수 있는지 만이라도 여쭤 봤으면 좋았을 것을 제 주변머리가 부끄럽습니다.

그리고 저의 개인적인 상황에 대해 친절하게 관심을 가지고 여쭤 봐 주셔서 답변 드리겠습니다. 부모님이 안 계셔서 경제적인 상황이 좋지 않습니다. 그래서 열악한 환경에서 조금 누추하게 지내고 있지요. 부모님은 제가 아주 어릴 적에 돌아가셔서 저는 친척들 손에 맡겨졌지요. 보통의 교육을 받은 후에 정원사가 되었습니다. 제 생에서 다른 무엇보다 자연사에 대한 애정을 채우고자 하는 목표가 더 크기 때문입니다. 하지만 다른 곳에 제 열정을 뺏기기 전에 이런 과학 분야를 연구할 기회가 있었더라면 좋았을 것 같다는 생각이 듭니다. 하지만 지금까지는 매우 행복합니다. 절망하지도 않았고요.

밸포어 교수님과 맥냅 씨가 저를 배려해 주시는 마음을 생각하면 이러한 일에나마 소질이 있다는 것이 다행입니다. 지금 저는 이곳 식물원에서 증식 부서를 담당하고 있습니다. 그래서 목적에 맞게 온도의 범위를 충분히 갖추고 실험할 수 있는 기회가 아주 많습니다. 이 말씀도 드려야겠군요. 밸포어 교수님을 도와 몇 달 동안 마드라스(Madras)에 있는 원예식물원에 관리자로 갈 예정이었습니다. 결국 가지 못해 실망스러웠지만 결과적으로 그 후에 관리자로 다시 임명되었지요. 다음 기회에 세상의 또 다른 곳에 갈 수 있다고 단언하기는 어렵지만 시간이 지나면 알게 되겠지요. 제 역량껏 관찰할 수 있는 것에 대해 선생님께서 친절하게 제안해 주시거나 요령을 알려 주시거나 조언해 주실 거라고 생각합니다. 사사로운 이야기까지 드려서 죄송합니다. 마지막으로 선생님께서 지난번 편지에서 부탁하신 한두 가지에 대해 참고할 만한 내용을 못 드려서 죄송합니다. 기회가 닿으면 곧 해보겠습니다.

존경하는 다윈 선생님께.

존 스콧

헉슬리에게 보낸 편지 1863년 1월 10일

켄트 주 다운, 브롬리

1863년 1월 10일

헉슬리에게

자네가 쓴 책에 대한 평 때문에 자네가 좀 지루했겠구먼. 6장까지 읽기도 전에 자네 책이 아주 훌륭하다는 것과 널리 유포될 가치가 있다는 말을 할 수 있어서 기쁘네. 혹시라도 자네가 그 책에 시간을 투자할 가치가 있다고 생각하거든 수정도 했으면 하네(자네가 어느 부분을 개선할 수 있는지 알고 하는 말은 아니네). 내가 6장을 읽었다면 제아무리 겸손의 기억자도 모르는 나라도 함부로 말해서는 안 되고 할 수도 없었겠지. 나 역시 제대로 비난받고 있지만 여전히 상당한 긍지를 갖고 있다네. 양질 모든 면에서 미식가가 되었단 말일세.

자네 말고 어떤 사람이 자네처럼 완벽한 방식으로 책을 써서 내 심미안에 즐거움을 던져줄 수 있겠나. 난 이제 두말할 필요도 없이 다 늙어빠진 고집쟁이가 아닌가. 학설에 관해 자네가 제시하는 전제조건에 대해 나도 전적으로 동의하네. 하지만 좀 더 편안한 마음으로 진실하게 접근하면 좋을 것 같네. 그렇다고 내가 불임성에 대해 전적으로 동의하는 것은 아닐세. 무엇보다 같은 전제 아래에서 유능한 판관들과 내 의견이 같지 않다는 사실이 저주스럽네. 하지만 그런 일이 자주 있지는 않겠지.

앞서 자네에게 보낸 편지를 생각하면, 우리가 다른 의견을 갖게 된 원인을 부분적으로나마 찾은 것 같네(물론 지금은 의심스럽지만 말일세). 그것은 자네가 대부분의 동물에 대해 당연하게 여기는 점 때문이라고 생각하네. 혼종에서의 불임성은 첫 번째 이종교배를 했을 때 번식능력이 감소하는 것보다 훨씬 더 눈에 잘 띈다고 여기는 것 말일세. 사실 포유류에서는 확인하기가 어렵지. 단 살아 있는 동안의 출산을 비교하는 것은 예외지만 말이야. 지금까지 난 말이나 당나귀에서만 이것을 확인했네. 순종교배를 했을 때보다 이들은 평생 동안 새끼를 더 적게 낳기 때문이지.

식물의 경우 첫 번째 이종교배는 혼종의 불임성 실험만큼은 가능성이 있다고 보네. 그리고 식물에 관한 실험은, 끝까지 우길 것이네만, 베르바스쿰의 변종들의 이종교배나 옥수수의 변종이나 선택된 변종의 이종교배에 적용되는 실험이네. 자네는 욕을 바가지로 하며 입 닥치라고 하겠지. 하지만 난 잠자코 있지 않을 걸세. 확실히 말하지만 가축화된 동물들을 전반적으로 다룬 내 책이 마무리되면 반드시 실험해 볼 걸세. 두세 개의 종이 섞이면 서로 번식이 가능한 경우가 분명하게 있다는 결론을 얻게 될 걸세. 따라서 이렇게 결론을 내릴 거네. 가축화에는 뭔가가 틀림없이 있는데 어쩌면 안전성이 적긴 하지만 변종화를 감소시키는 정확한 원인 같은 것 말일세. 이것으로 인해 이종교배를 했을 때 종의 자연적인 불임성이 소멸되는 것이지. 그렇게 된다면 가축화된 동물 사이에 불임성이

생긴다는 것이 얼마나 가망 없는 일인지 알게 될 걸세. 이쯤에서 입 닥치겠네. (중략)

이 편지에 답장하느라 시간 낭비하지 말게.

영원한 친구, 다윈.

제임스 드와이트 데이나가 보낸 편지 1863년 2월 5일

뉴헤이븐
1863년 2월 5일

존경하는 다윈 씨에게

이 편지보다는 차라리 선생이 저의 지질학 책[3]을 가지고 계시길 바랍니다. (중략) 대학 일에 온 신경이 쏠려 있어 선생의 책[4]을 아직 읽지 못했다는 말씀도 드려야겠군요.

602쪽에 대한 제 주장의 근거를 말씀드려야겠네요. 602쪽에서 선생은 지질학이 종에서 종으로 발전하는 방식으로 생명체계가 진화한다는 견해를 지지할 만한 사실들을 제시하지 못한다고 하셨습니다. 이 견해를 주장하는 데는 세 가지 어려움이 있다고 봅니다.

1. 거의 대다수의 경우, 그러한 이론에서 요구하는 미세한 차이가 만들어 내는 과도기의 부재. 미국과 유럽의 생물들은 몇 가지 예외를 빼고는 서로 매우 독립적이며 각 대륙별로 변천을 관찰하는 것이 옳다고 봅니다.

이 문제에 대한 대답은 지질학이 비교적 새로운 학문이며 새로운 사실들이 날마다 쏟아져 나온다는 것입니다. 하지만 아직은 지질학이 필요한 사실들을 제공할 수 없다는 명제는 인정합니다.

2. 몇 가지 경우에 하등한 종 대신 고등한 종으로 유형의 시작을 보여 주는 자료. 어류를 보면 연골어류나 상어에서 시작되며(어류의 가장 고등한 목(目)), 어류의 명확한 구분선보다 위에 있는 경린류는 어류와 파충류 사이에 있는 것입니다. 육상식물의 출현에 있어서도 양치류와 구과식물도 있으며 그 중간 단계의 유형도 있지만 이끼류의 하등 단계는 없습니다. 겉으로 보기에는 해초류로부터 시작된 자연적인 징검다리인 것처럼 보이지요. 어류, 레피도덴드론(Lepidodendron, 인목류), 시길라리드(Sigillarid, 봉인목) 등은 중간 단계나 광범위한 유형의 예들이지요. 이들로부터 방대한 그룹이 시작되기도 하고 유형과의 진정한 관계를 설명하는 것으로도 보입니다. 그것들이 생명체계의 과도기적인 형태는 아니지만 유형의 시작 단계라고 볼 수 있습니다. 제가 선생의 이론을 지지한다면 광범위한 유형으로 표현됨으로써 때때로 체계 안으로 유입되는 어떤 근본적인 분기의 지점이 있다는 근거를 댈 수 있었을 겁니다.

3. 과도기를 보여 주는 지층에 관한 자료. 종의 멸절은 종종 속과 과, 종족, 때로는 목의 고등 그룹과 강, 심지어 아계의 맥락을 끊기도 합니다. 그런데도 그 맥락은 새로운 종으로 다시 이어집니다. 석탄기 이후의 과도기는 아메리카 대륙과 유럽 양쪽에서 명백하게 완전한 멸종이 일어났습니다. 모든 맥락이 끊어졌지만 생명은 원상태로 회복되었고 모든 강, 아계에 속한 오래된 속의 종이 부분적으로 다시 살아났으며 새로운 유형이 나타나기도 했습니다.

따라서 선생님께서는 제가 나름의 근거도 생각하지 않고 602쪽에 대해 단호하게 말하는 것이 아님을 아실 겁니다. 진화 이론이나 그 어떤 발달 이론과 관련해서 다른 출처에서 얻어지는 사실이 아닌 오직 지질학적인 사실들에 대해서만 말씀을 드린 것입니다. (중략)

진심으로 선생님의 건강과 행복을 기원합니다.

제임스 D. 데이나.

W. B. 테게트마이어가 보낸 편지 1863년 2월 18일

머스웰 힐(Muswell Hill) N.
1863년 2월 18일

다윈 선생에게

린네 학회에서 선생을 만나기를 학수고대했는데 나오지 않아 굉장히 유감스러웠습니다. 제가 하고 있는 작은 규모의 실험과 관련해 한두 가지 여쭤 보고 싶은 것이 있었습니다. 이를테면 바브(Barb, 비둘기의 일종)나 팬테일(Fantail, 공작비둘기)을 사용하지 말고 전서비둘기(Carrier pigeon)나 터빗(Turbit, 집비둘기의 일종)을 이용하라고 제안하신 것에 대해서 말입니다.

선생의 제안대로 실크 파울(Silk-fowl, 오골계) 몇 마리와(두 마리는 굉장히 검은색을 띤 암탉입니다) 스페인산 수탉을 구했습니다. 울을 쳐서 작은 방목지를 만들어 줬는데 몇 마리가 부화를 할 것입니다. 암탉 두 마리로 충분하다고 보십니까? 아니면 변경해야 할 점을 제안해 주시겠습니까? 이들 첫 번째 그룹과 그것들의 새끼를 이종교배하려면 두 번째 그룹을 만드는 것이 더 바람직하므로 그럴 필요가 있을 것 같습니다. 그리고 그렇게 하려면 장비를 만들어야 할 것 같습니다.

건강이 좋아지시기를 바랍니다.

존경하는 다윈 선생에게.

테게트마이어.

W. B. 테게트마이어에게 보낸 편지 1863년 2월 19일

켄트 주 다운, 브롬리

1863년 2월 19일

테게트마이어 씨에게

가금류를 얻으셨다니 기쁩니다. 병아리들을 얻으면 곧 늙은 새들을 죽여 버릴 수 있을 겁니다. 세 가지 여지가 있다고 봅니다. 두 개의 둥지에서 얻은 잡종인 수탉과 암탉을 교배하는 것이 좋을 것 같습니다. 완전한 남매가 교배되지 않도록 말입니다. 그들이 전적으로 혹은 부분적으로 불임성을 가질 거라는 기대는 하지 않지만 경험으로 보아 직접 실험하지 않고 쉽게 단언해서는 안 될 것입니다.[5]

터빗을 제안한 이유는 그것들이 다른 품종과 교배했을 경우 가끔 불임성을 띤다는 내용이 출판되었기 때문입니다. 전서비둘기는 단지 별개의 품종으로 말씀드린 것입니다. 팬테일이나 바브가 좋지 않다고 생각한 이유는 제가 그것들을 가지고 이종교배를 몇 차례 해봤는데 절반 정도가 완전한 번식력을 가지고 있었기 때문입니다. 남매간 교배에서도 그렇더군요. 제가 혹시 이종교배 목록에 관한 논문을 보내 드렸나요?(기억이 안 납니다) 보내 드렸다면 부디 돌려주기기 바랍니다. 책을 쓰는 데 속도가 나지 않는군요. 하지만 게을러서 그런 것은 결코 아닙니다.

저도 린네 학회에서 선생을 뵙고 싶었습니다. 하지만 그 무렵 건강이 매우 좋지 않았습니다. 가금류 사육사나 비둘기 사육사에게(특히 비둘기 사육사에게) 두 종류를(예를 들어 아몬드 종과 텀블러 종) 교배해 본 적이 있는지, 새끼를 낳을 수 없었는지, 그리고 나중에 이 두 종류를 다른 종들과 교배했을 때 새끼를 낳았는지 꼭 알아봐 주십시오.

경께서 하시는 일이 두루 평안하기를 바랍니다.

찰스 다윈.

J. D. 데이나에게 보낸 편지 1863년 2월 20일

영국 남동부 켄트 주 다운, 브롬리

1863년 2월 20일

데이나 씨에게

며칠 전 선생의 책을 받았습니다. 그리고 인간에 관한 소책자와 편지도 오늘 아침에 받았습니다.[6] 선생의 건강이 여전히 좋지 않다니 진심으로 안타깝습니다. 무슨 일을 하시든 절대 몸을 혹사하지 마시기 바랍니다. 비록 몇 페이지 넘겨보지는 못 했지만 선생의 책은 부단한 연구의 소산입니다.

종의 변화에 대해서는 선생의 반대 의견이 옳다는 것을 모두 인정합니다. 선생의 반대 의견들을 잘 살펴보았는데, 대륙별로 분리하는 문제에서는 서로 차이가 있는 것 같습니다. 지구상에 존재하는 생명이 어디에서 시작되었는지 알게 된다면 제 이론에 아주 치명적일 것이라는 사실을 인정합니다. 그리고 지질학적인 기록이 지나치게 미흡한 게 아니라면 그 역시 제 이론에는 치명적이겠지요. 더 나아가 캄브리아기 시대 이전에 생명체가 살지 않았을 거라는 선험적인 가능성도 인정합니다.

하지만 제 견해가 전반적으로 옳다는 확신은 해마다 더 굳건해집니다(사사로운 실수들은 있지만 말입니다). 제 이론이 많은 현상을 포함하고 있으며 상당한 범위까지 그 현상들을 설명한다고 확신합니다. 자연학자들이 점차적으로 종의 변이에 대해 상당한 신뢰를 가지게 될 거라는 말을 들으면 기분이 좋습니다. 제 책이 최근 어느 정도 주목을 받고 있다는 점을 감안하셔서 제 이론들을 비판하실 때는 책을 아직 읽지 않았다는 언급을 해 주시는 편이 훨씬 좋을 것 같습니다. 혹시라도 제가 선생이 차근차근 쌓아올린 강한 확신과 상당한 학식을 제대로 알지도 못하면서 선생이 마음을 바꾸는 게 좋을 거라고 생각하고 있다는 가정은 부디 하지 마시길 바랍니다.

제가 마지막까지 바라고 싶은 것은 선생이 그 책의 이곳저곳을 읽으면서 마음이 흔들릴 수도 있지 않을까 하는 겁니다. 사실 갑자기 마음을 바꾸는 것은 큰 의미가 없다고 생각합니다. 왜냐하면 제가 지금과 같은 신념을 가지기까지 오랜 시간이 걸렸다는 것을 누구보다 분명히 기억하고 있기 때문입니다.

팔코너 박사에 관해서는 어떤 말씀도 드려서는 안 될 것 같아 유감입니다. 최근 팔코너 박사는 제게 오언 교수가 책을 낼 때까지는 쓸데없는 간섭을 하지 않겠다고 말하더군요. 부탁입니다만 제 말을 옮기지 마시길 바랍니다. 오언은 상세한 부분까지 다룬 책을 내기 전에 모든 것을 주의 깊게 살피겠지만 처음에는 아주 경솔했다고 감히 말씀드립니다. 이빨이 있는 턱이 긴 꼬리와 손가락이 달린 날개를 가진 그 불가사의한 새의 것인지 확실하지는 않으나 오언은 그것을 간과했습니다. 선생도 추측하겠지만 조류로 보기에는 너무나 특이한 경우라서 흥미롭습니다.

라이엘 선생님이 쓴 책을 보시면 알겠지만 오언은 영국의 에오세기 원숭이 화석에 대해 아주 중대한 실수를 범했더군요(아마 자신은 모를 겁니다). 그뿐 아니라 코끼리나 코뿔소에 대해서도 같은 실수를 저질렀습니다. 도무지 그를 신뢰할 수 없습니다. 오언이 정말 대단한 일을 하기는 했지만 너무 야망이 앞섰고 그 책에 시간을 충분히 할애하지 않은 것 같아 염려스럽습니다. 헉슬리가 쓴 책은 아직 읽어보지 못했습니다.[7] 매우 놀랍다고 들었습니다만 선생은 상당한 비난을 하시겠지요.

하시는 일 모두 순조롭기를 바랍니다.

찰스 다윈.

찰스 라이엘에게 보낸 편지 1863년 3월 6일

다운

1863년 3월 6일

라이엘 선생님께

크게 실망한 터라 답장이 많이 늦어졌습니다 ……. 하지만 선택의 여지가 없었어요. 엠마가 옳다는 사실이 참 두렵습니다. 모든 작업을 중단해야했지요. 가족 모두가 맬번(Malvern)에 두 달 정도 가 있으려고 합니다. 아무것도 하지 못하겠지요. (중략)

선생님의 책에 대해서는 큰 관심을 가지고 있습니다.[8] 제 의견이 무슨 대단한 의미를 갖겠습니까만 제가 가장 흥미롭게 본 것에 대해 몇 자 적어 보겠습니다. 우선, 하기 어려운 말부터 좀 해야겠네요. 종의 기원에 대한 선생님의 생각을 당당하게 말하지 않고 아무런 견해도 내비치지 않으셨다는 점에 대해 상당히 실망했답니다. 선생님께서 종이 독립적으로 창조된 것이 아니며 변이의 범위에 대한 의심 따위는 날려 버렸으며 자연선택이면 충분하다고 용감하게 말했다면 만족했을 것입니다.

파르테논(Parthenon, 라이엘 책의 출판사—옮긴이)이 옳았습니다. 선생님은 대중을 당혹스럽게 만들 겁니다. 선생님께서 라마르크보다 저나 월리스 그리고 후커에게 지면을 더 할애했기 때문에 대중들은 선생님이 우리 쪽에서 생각한다고 결론지을 겁니다. 하지만 전 늘 선생님의 판단이 그 주제에 관한 신기원이 될 것이라고 생각했습니다. 이제 더 이상 그런 생각은 하지 않을 겁니다. 그리고 전 오로지 인상적인 문제들만 짚어내 그

들에게 설명한 선생님의 수완만을 높이 평가할 뿐입니다. (중략)

제가 선생님을 훌륭한 본보기이자 스승으로 얼마나 존경했는지 선생님도 잘 알고 계실 터이니, 제가 이렇게 무람없이 지껄여도 저를 용서해 주실 것으로 믿습니다. 진심으로 선생님의 책이 많이 팔리기를 바랍니다. 그리고 마땅히 그래야 할 만큼 여러 방면에서 좋은 역할도 하겠지요.

지쳐서 더는 못 쓰겠네요. 편지가 너무 짧아 숨은 뜻을 고민해야 할 것입니다. 들을 가치도 없는 말을 드린 것 같아 걱정되는군요.

부인께도 안부 전해 주십시오.

찰스 다윈.

찰스 라이엘이 보낸 편지 1863년 3월 11일

할리 가(Harley Street) 53번지

1863년 3월 11일

다윈에게

〈새터데이 리뷰Saturday Review〉에서 내 책을 두고 '고대 인간의 유적과 빙하 그리고 다윈에 관한 라이엘의 비극 삼부작'이라고 했더군.

내가 유명세를 탔다고 해서 지금까지 반대편 지지자였던 대중을 우리 쪽으로 이끌 거라고 생각한다면 내 능력을 지나치게 과대평가한 것이네. 팀즈가 출판한 『과학과 기술 연감Year Book of Facts』 1863년 신판을 보면 내 초상화가 있을 거네. 그리고 내 이력도 간략하게 나와 있는데 내가 돌연변이 반대론자의 우두머리라더군. 동물로부터 인간이 출현했다고 입장을 담은 부분을 충분히 검토했음에도 『지질학 원리』를 다시 보거나 중간 단계의 화석을 갈망할 때마다 예전의 견해로 돌아서려는 내 자신을 발견하곤 하네. 확실히 나는 세즈윅 교수나 다른 사람들에게 관대해질 필요가 있어. 내가 반론을 부숴 버릴 수 있을 거라는 희망을 가지고 내 책을 사는 수백 명의 사람들이 몹시 당황하고 실망하게 될 걸세. 사실 그들은 기껏해야 "아무도 이의를 제기할 수 없도록 중용의 태도를 지키며 사실을 바라보라."고 주장하는 크로퍼드의 말에 동감하겠지. 하지만 크로퍼드도 헉슬리의 책을 읽고 격분했다네.

하지만 지금 내 심정은 방책이나 꾀를 내기보다 인간이 짐승으로부터 유래했다는 독단적인 주장을 허락하지 못한다네. 비록 그 주장을 받아들일 준비는 되어 있지만, 그러한 문제들과 관련해 과거를 돌이켜보면 매력이 모두 사라져 버린다네.

자네를 곤혹스럽게 만든 505쪽에 실린 내 비약은 아사 그레이가 말한 것처럼 '지금 존재하는 것'으로부터 논리적으로 추론해 '존재했던 것'에 적용한 것일 뿐일세. 난 그저 추론으로서 덤덤하게 말했을 뿐이네.

나는 헉슬리가 생각하는 것처럼 자연선택이나 변이가 많은 것을 설명한다고 생각하지 않네. 자네 책의 몇 단락을 따로 떼어 놓고 보면 자네만큼 생각이 나아가지도 못할 걸세.

내 생각에 그 낡은 '창조'는 지금까지 그랬던 것처럼 여전히 필요하다네. 물론 자네의 견해로 인해 개선된 라마르크의 이론이 받아들여진다면 '창조'가 새로운 형태를 취해야겠지만 말이야.

내가 두려운 것은 내 책의 다른 부분에 있는 명백한 모순을 회피하고 싶은 마음이 든다는 것이네. 어쩌면 낡은 사고방식이나 구태의연한 길로만 다니려는 굳어진 습관 때문에 새로운 길로 들어서지 못하는 듯하네.

하지만 내가 더 독단적으로 그 문제를 다뤘다면 수백 명이 반란을 일으켰을 텐데 그나마 그들을 자네 편에 서게 했으니 그 점은 만족해야 하네.

분별력이 허락하는 한 온 힘을 다해 여기까지 왔네. 그리고 내가 좇을 수 있는 상상력과 감정을 넘어서기도 하고 말일세. 그래서 때로는 모순을 불러일으키기도 했지만 말이야.

우드워드는 내가 만난 사람 중에 자연선택과 변이에 반대하는 최고의 논쟁가라네. 그는 패류학적인 문제들을 가지고 매우 강력하게 반대했네. 하지만 그 역시 철저한 진보론자라네.

자네와 후커가 그 삼부작의 '빙하'를 좋아한다니 기쁘네. "적당한 때에 그의 견해로 돌아서겠다."고 말한 램지에 대한 내 표현을 자네가 처음으로 에둘러 표현해 주었네.

나는 팔코너를 그 어떤 저자보다 더 자주 언급을 했네. 그가 그러더군. 자기가 동굴에서 다시 끄집어 낸 질문에 대해 그 정당성을 내가 입증하지 못했다면서 그것을 증명할 논문을 들고 나타나겠다고 말이야. 신판에서는 조금 수정을 하는 게 어떠냐고 물었더니 팔코너는 거절했다네. 어떤 비평이라도 좋으니 솔직하게 말해 주게. 아무리 지독하고 솔직한 비판도 상관없네.

진실한 벗.

찰스 라이엘.

아사 그레이가 보낸 편지 1863년 3월 22일-30일

매사추세츠, 케임브리지
1863년 3월 22일

다윈 선생께

　선생께서 오래전 저의 관심사라고 말씀하신 초자연적인 것에 대해 아가일 공작이 쓴 논문을 오늘에서야 비로소 끝까지 훑어보았습니다.[9] 매우 독창적이었으며 비록 내용의 깊이는 없지만 유익한 논문이라고 생각합니다. 실수를 찾아보기 어렵더군요. 다만 무례하게도 선생을 직접적으로 비난했군요. 그의 핵심은 제가 〈애틀랜틱Atlantic〉에서 해결한 문제들이었습니다.[10] 실제로 그가 제 책을 읽은 흔적이 있었습니다. 하지만 자연적인 원인이 작동하는 것은 명백하다고 자신 있게 말해 놓고, 적절한 증거를 가지고 있는 섭리의 관련성에 대해서는 모호한 입장을 취한 것은 정당하지 못하다고 봅니다. 그러면서 정반대 입장인 기원 학설을 줄곧 주장하고 있더군요.

　물론 신의 섭리를 믿는 사람들이 선생의 솔직하고도 과학적인 '고안이나 목적'이라는 용어를 악용하고, 그러한 고안이 자연적인 과정의 필연적인 결과라는 것을 설명하고자 한 선생의 노력을 비웃고 있습니다. 그리고 긴 코와 긴 밀선 사이에 있는 종을 운운하며 웃음거리로 만들다니요!(고안이나 목적은 기독교에서 주로 사용하는 용어로 다윈이 이 용어에서 벗어나지 못했음을 캠벨이 비웃었다.―옮긴이)

1863년 3월 23일

와이먼 박사는 아주 예리한 사람인데 저에게 역사학자인 윌리엄 H. 프레스콧의 증언에 대해 말하더군요. 페루의 잉카족들이 자신들의 혈통을 지키기 위해 누이와 결혼했다는 사실은 오랫동안 알려지지 않았다고 말입니다. 어떻게 이렇게 강력한 동종교배가 가능했을까요? 그로 인해 그들이 사라졌을까요? 와이먼 박사는 그것을 증명할 만한 근거를 가지고 있지 않다고 생각합니다.

잉카족이 오랜 세대에 걸쳐 건재한 것은 사실입니다. 선생은 이 점을 살피셔야 합니다. 그것은 분명 이종교배의 필연성에 대한 선생의 이론에 강력하게 맞서는 것이기 때문입니다. 그들이 모두 사라졌다면 선생에게는 유리한 경우가 되겠지요.

추신. 3월 30일

선생께서는 라이엘이 너무 모호하고 소심하다고 생각하십니다. 제가 생각하기로 헉슬리가 그 문제를 분명히 해결할 것입니다.

잘 지내시기 바랍니다.

아사 그레이.

[윌리엄 벤저민 카펜터가 익명으로 기고한 논평 "유공충 연구 입문(Introduction to the study of the Foraminifera)"은 1863년 3월 28일자 〈아테니움Atheneum〉에 소개되었다. 그 논평은 다윈이 『종의 기원』에서 '생명이 처음 시작된' 최초의 형태를 마치 '모세 오경'처럼 다루고 있는 것을 비웃고 있다(『종의 기원』 484쪽). 나중에 그 논평을 리

처드 오언이 썼다고 알려지기도 했다. 그리고 독일의 자연학자들이 추앙하고 낭만적인 자연철학의 선봉에 섰던 로렌츠 오켄은 유공충(Foraminifera)과 같은 극미세 유기체들은 죽어서 부패한 유기체의 점액에서 '극성을 띠는 작용'의 영향으로 바다, 호수, 강 밑바닥에서 자연발생적으로 생겨났다고 주장했다. 다윈은 비평에 대해서는 거의 답변하지 않았으나 그 논평에 대한 거부 의사를 장황하게 써서 〈아테니움〉에 실었다.]

〈아테니움〉 기고문 1863년 4월 18일

켄트 주 다운, 브롬리
1863년 4월 18일

자연발생(Heterogeny)에 대해 몇 가지 나의 의견을 밝힐 수 있도록 지면을 허락해 주시기 바랍니다. 케케묵은 임의 발생설을 이름만 바꿔 카펜터 박사가 새삼스럽게 끄집어냈기 때문입니다. 물론 카펜터 박사가 그런 주장을 할 만한 적임자겠지요. 〈아테니움〉에 실린 논평을 쓴 사람은 발달 정도가 현저히 낮은 동물이 임의로 생겨났다고 믿는데, 그 말은 곧 이들이 선재하는 부모 없이 각 지질시대의 곤죽 같은 진흙 속에서 나왔다는 것입니다. 부패하고 복잡한 화학작용이 일어날 수 있는 물질로 가득한 진흙은 개념의 모호함을 숨기기에 더없이 좋은 은신처입니다.

하지만 우리는 그 문제에 대담하게 맞서야 합니다. 유기체들이 각 지질시대 동안 부패한 점액질의 물질에서 만들어졌다고 믿는 사람들은 최초의 생명체도 이러한 방식으로 출현했다고 믿을 게 틀림없습니다. 우리 지구에 무기물만 존재했던 시기가 분명 있었습니다. 충만한 대기가 탄산이나 질소 화합물, 인 화합물 등으로 가득 차 있다고 가정해 봅시다. 이제 그 어떤 유기 화합물의 존재 없이 일종의 기운에 의해 하나의 인자 혹은 전조가 살아 있는 피조물을 만들 수 있을까요? 오늘날 우리가 도무지 믿을 수 없는 결과입니다. 그 논평을 쓴 작가는 제가 '생명이 처음 시작된 최초의 형태'에 대해 '모세 오경의 용어'를 사용한 것을 공공연하게 비웃었습니다. 순수 과학적인 연구에서라면 그런 용어를 마땅히 사용하지 말았어야 합니다. 하지만 그 용어들은 우리들이 기운이나 물질의 기원과 마찬가지로 생명의 기원에 대해서도 무지하다는 사실을 보여 주는 것입니다." 그 작가는 현존하는 유공충들이 아주 오래전에 살았던 것과 동일하므로 저의 이론의 결함이 입증되었다고 생각합니다. 대부분의 자연학자들은 이러한 사실을 일상적인 번식에 의한 단순한 유전의 결과로 봅니다. 카펜터 박사가 언급한 것과 차이가 없습니다. 다만 제3기 중반과 현존 시기에 공존하는 많은 연체동물에서 더 길게 유전되는 부분은 예외입니다.

종의 파생이나 기원에 관한 저의 견해는 취약할지 모르지만(픽테나 브론과 같은 반대론자들도 공공연히 인정하고 있습니다), 다수의 사실들을 논리적으로 추론해서 이해하기 쉽도록 맥락을 만들어 놓은 것입니다. 이를테면 인위적인 선택을 통한 가축화 품종을 만드는 것, 모든 유기체들의 분류와 유사성, 구조와 본능에서 드러나는 무수한 점진적 변이, 같은 강

(鋼)에 속하는 동물들의 손에 해당하는 날개나 지느러미를 닮은 발의 유사한 패턴, 사용하지 않아 퇴화된 흔적기관, 파충류나 조류 그리고 포유류의 배아기의 유사성과 수중 호흡에 적합한 기관의 흔적, 포유류 새끼들의 위턱에 있는 앞니의 보존, 동식물의 분포, 같은 지역에서 보이는 상호 유사성과 보편적으로 나타나는 지질학적인 자연천이, 연속적인 지층대나 같은 지역 안에서 유사한 화석의 관계, 오스트레일리아에 살고 있는 유대류 이전에 살다가 멸종한 유대류, 남아메리카에 살고 있는 아르마딜로 이전에 살다가 멸종한 아르마딜로와 닮은 동물, 그 밖에도 옛 형태들의 점진적인 멸종과 생존경쟁을 통해 새로운 환경에 더 적합한 새로운 형태로 점진적으로 대체되는 것과 같이 많은 현상들이 있습니다. 자연발생을 옹호하는 사람들이 이러한 사실들의 커다란 범주를 연관 지을 수 있을 때에야 비로소 존경심과 인내심을 가지고 이야기를 들어 줄 사람들이 나올 것입니다.

  카펜터 박사는 아주 오래전 시대로부터 오늘날에 이르기까지 유공충의 유기체적 구조가 진보하지 않았다는 사실에 대해 이렇다 할 자료를 제시하지 못하는 것이 제 이론을 강력하게 반대하는 이유라고 생각하는 것 같습니다. 하지만 이러한 반대는 단지 믿음에 근거한 것입니다. 이러한 믿음은 잘 알려진 라마르크 학설에 바탕을 둔 하나의 사조인 것처럼 보입니다. 진보를 위해 필요한 법칙이 있다는 주장인데 이 주장에 대해서는 제가 줄곧 이의를 제기해 왔던 바입니다. 우리가 기생 갑각류에서 보듯이 생존 습성에 잘 적응하기 위해 구조를 단순화한다면 하등동물화될 수도 있습니다. 자연의 경제학적인 면에서 유기체적으로 하급한 동물이 열악한 장소에서 더 잘 적응한다는 사실을 보여 주려고 했습니다(『종의 기원』 3판, 135쪽).

적충류의 미소 동물이나 회충의 경우에는 복잡한 구조가 불리해 질 수 있다는 겁니다. 따라서 유공충과 같은 동물 그룹이 구조적으로 진보하지 않았다는 것은 설득력 있는 반대 의견이 될 수 없다고 봅니다. 어떤 강(鋼) 전체 또는 몇 가지의 강(鋼)이 어떤 것은 진보하고 어떤 것은 진보하지 않는 이유는 우리가 추측하기조차 어려운 일입니다. 하지만 이 세상에서 어떤 형태 또는 어떤 삶의 방식이 발생하는지에 대해 우리가 알지 못하므로 카펜터 박사가 묘사한 것처럼 아름다운 껍질을 가진 유공충처럼 선천적으로 하등한 동물이 구조적으로 어떠한 진보도 하지 않는다고 단언하는 것은 경솔한 일일 것입니다.

우리를 둘러싼 삶의 조건에 대해 아는 것이 거의 없으므로, 하나의 토착 식물이나 곤충들이 무리를 이루는 반면 그와 아주 유사한 식물이나 곤충이 드물게 나타나는 이유를 우리는 알 수 없습니다. 오랜 시기를 거치면서 하나의 무리가 삶의 영역을 넓혀 나가고 다른 무리는 정지된 상태를 유지하는 이유를 우리가 이해하는 것이 가당키나 한 일일까요?

찰스 라이엘 선생이 자신의 책 『고대 인간Antiquity of Man』에서 종에 관해 훌륭한 논의를 한 바 있는데, 어느 정도 비슷한 이의를 제기했습니다. 즉 물범이나 박쥐와 같은 포유류는 단독으로 해양의 섬에 이를 수 있었지만, 다양한 육상의 형태로 진화하지 않고도 그들이 이른 새로운 섬에서 빈 공간을 점유하면서 적응을 해 왔습니다. 하지만 찰스 라이엘 선생은 자신의 이견에 대해 부분적으로만 대답했습니다.

확실히 말씀드리지만 유기체의 구조에 대해 제가 적은 모든 문장들을 단어 하나하나 물고 늘어지는 게 아니라 유기체들이 엄청난 변화를 겪지 않았다며 반대하리라고는 전혀 예상하지 못했습니다. 지질학에 관한 한 스승으로 여겨 오던 라이엘 선생이 한 말에(2판 469쪽) 만족감을 표명하지 않을 수 없습니다. "우리는 어떤 과정을 거쳐 이루어질 단계의 중요성을 절대 과소평가해서는 안 되며, 따라서 앞으로 과학자들은 유기체 세계에서 있었던 과거의 변화가 변이나 자연선택과 같은 것의 하위 작인에 의해 야기된 것이라는 견해를 전반적으로 받아들여야 한다."(분명 그렇게 될 겁니다)

 종의 점진적인 변형에 관한 전반적인 주제는 이제야 비로소 논의 선상에 올랐습니다. 자연사에 엄청난 미래가 도래할 것이고 현대 과학에 새로운 활력을 불어넣을 것입니다. 다른 영향력들과의 상호 관계는 카펜터 박사가 〈왕립협회 철학 회보Philosophical Transactions〉[12]에서 이미 훌륭하게 지적했습니다. 하지만 유공충이 진흙이나 점액에서 주기적으로 발생했다고 가정하는 것으로는 생명의 본질을 파악하지 못할 것입니다.

 찰스 다윈.

아사 그레이에게 보낸 편지 1863년 4월 20일

켄트 주 다운, 브롬리
1863년 4월 20일

그레이 선생에게

두 편의 글 감사합니다. 하나는 아가일 공작에 관한 글이고(《새터데이 리뷰》에서 공작의 견해가 얼마나 거센 비판을 받았는지 말씀드렸나요?), 또 하나는 영국에 대해 가혹하게 쓴 글이더군요. 우리가 전쟁에 빠져들 수 있다는 사실이 두렵습니다. 어쨌든 선생에게 우리나라가 전쟁을 좋아하는 나라로 비쳐졌다는 사실이 저주스럽습니다. (중략) 우리 두 사람 모두 서로의 나라에 대해 점점 더 나쁜 감정을 가지게 되는 것 같아서 걱정입니다. 그러니 우리는 과학에만 전념합시다.

지금 내가 그 주제에 관한 모든 사실들을 모으고 있고 양쪽 입장에 대입해 봤을 때 잉카족에 대한 와이먼의 견해를 다룬 선생의 논평은 매우 타당합니다. 지금에 와서 후회되는 것은 인간의 문제를 늘 의도적으로 회피해 왔다는 점입니다. 하지만 그와 관련한 사실들을 들을 때마다 빠짐없이 기록해 둔답니다.

근친혼에 관해 묻는 걸 잊었는데, 드베이가 솔직하게 말하기를 오하이오 주에서는 통계학적인 보고서에도 부도덕적으로 비쳐지기 때문에 사촌 간의 결혼을 법으로 금지했다던데 사실입니까?[13]

이질적인 요소에 관한 질문입니다만, 나뭇잎의 어린 싹이 (선생의 책에 아주 명쾌하게 설명되어 있더군요) 나오는 각도가 1/2, 1/3, 2/5, 3/8 등으로 나타나는 이유에 대해 이론을 정립해 보신 적이 있는지. 그리고 1/4이나 1/5로는 나오지 않는 이유는 무엇일까요? 거기에는 반드시 이유가 있을 것입니다. 선생께서 그와 관련한 이론을 가지고 계시다면 설명하기에는 너무 장황하다는 것도 압니다. 하지만 이론이 있는지 없는지라도 알고 싶습니다. 막역한 친구인 팔코너는 이들 각도가 중력의 법칙에 의해 고정된 것이지 결코 변이가 일어난 것은 아니라며 나를 책망했답니다. 내가 생각하는 것은 초기 발아 단계의 기관 형성은 꽃 부분에서 일반적으로 교번을 일으킬 수도 있으며 결과적으로 어린 싹을 방해한다는 것입니다.

팔코너 얘기가 나왔으니 말인데, 〈아테니움〉에 실린 그의 편지를 보고 몹시 유감스러웠답니다. 라이엘 선생님에 대해 너무 무례하고 신랄하게 비판했기 때문입니다. 우리는 최근 〈아테니움〉에서 아주 첨예한 논쟁을 했답니다. 자연발생 또는 자발적인 발생에 관한 논문을 읽어 보셨는지, 확신하건대 분명 오언 작품일 겁니다. 카펜터 박사의 견해에 대한 논평에 실린 논문인데 그 저자는 오언이 나를 카펜터의 스승이라고 부른 것에 엉뚱하게 화가 난 것처럼 보이더군요. 자연발생에 대해 꾸짖을 요량으로 〈아테니움〉에 변명의 글을 써서 보냈는데, 『종의 기원』에 대해 라이엘 선생님이 쓴 수정안을 살짝 인용했답니다.

다음 주쯤에 내 편지가 공개될 것 같습니다. 대수로운 것은 아니에요.

시프리페디움의 수정에 대해서는 선생이 전적으로 옳다는 데 이견이 없습니다. 친구 하나가 시프리페디움 푸베센스(C. pubescens) 한 포기를 빌려 줬는데 입술꽃잎 안으로 아주 작은 벌[안드로에나(Androena)]을 넣어두고 젖은 종이로 입구를 막아 버렸답니다. 하지만 나중에야 이러한 예방조치가 쓸데없는 짓이라는 걸 깨달았습니다. 입술꽃잎 입구 주변의 모든 모서리가 말려들어가서 벌이 기어 나올 수 없더군요. 벌은 곧바로 능숙하게 꽃밥 반대편 출구로 빠져나왔는데 신축성 있는 잔털을 꽃밥에 대면서 등을 꽃밥 쪽으로 대고는 지그시 밀고 나왔습니다. 돋보기로 들여다보니 정말 놀랍게도 벌의 흉부 전체와 날개 아래쪽에 꽃가루가 문질러지고 있었습니다. 나는 다섯 번이나 그 벌을 입술꽃잎으로 밀어 넣었는데 다섯 번 모두 벌의 등이 문질러지더군요. 선생도 알다시피 벌은 분명 암술머리 아래를 지났을 겁니다(선생이 말한 대로 등뼈를 선단을 향해 곧추세우고 말입니다). 다른 통로가 없기 때문이지요. 꽃을 잘라내고 보니 예상한 대로 암술머리에 꽃가루가 잘 묻어 있더군요. 정말 아름답습니다.

평안한 밤 맞으시기 바랍니다.

선생의 안녕을 비는 영국인.

찰스 다윈.

아사 그레이에게 보낸 편지 1863년 5월 11일

켄트 주 다운, 브롬리[리스 힐(Leith Hill)]

1863년 5월 11일

그레이 선생에게

편지를 두세 통이나 보내다니 정말 고맙습니다. 라이엘 선생님에 대해 쓴 마지막 편지도 잘 받았습니다. 그에게 답장할 때 종의 운명에 관해 선생이 한 말을 쓸 생각입니다. 재미는 있지만 완전히 동의하지는 못하겠군요. 선생은 감정가로 라이엘 선생님을 거론하는데 지금 내가 불평하는 것은 선생님이 감정가로서의 역할을 거절한다는 것입니다. 라이엘 선생님이나 선생과 같은 사람을 만나면(선생도 알다시피) 도무지 종잡을 수 없어서 난감합니다. 때론 라이엘 선생님이 내 주장에 반대한다고 언명하기를 바란답니다. 여기서 '내 주장'이라는 것은 '혈통에 의한 종의 변화'

를 말하는 것입니다. 내가 생각하기에 그것은 결정적으로 중요한 부분입니다. 물론 개인적으로 자연선택에 더 마음이 끌리지만 창조나 변이의 문제와 비교해 보면 오히려 자연선택은 아주 사소한 것이지요. 나는 미련한 나귀마냥 〈아테니움〉에 한심하기 짝이 없는 편지 두 통을 보냈답니다. 나중에 보낸 것은 효과 이상이었습니다. 언어와 계획에 관한 선생의 표현은 참으로 교묘하고 독창적이며 솔직했습니다.

잎몸에서 나오는 잎의 분기 각도에 관한 선생의 짧은 논의를 보고 거의 돌아버리는 줄 알았습니다. 나의 둘째 아들 조지는 훌륭한 수학자입니다. 그 녀석에게 비율을 보여 줬더니 수렴급수의 형태를 띤다고 하더군요. 비례자에 맞춰 그려 봤더니 한 점으로 모이더군요. 하나의 잎몸에서 실제 각도와 가상의 각도를 모두 그려 봤는데 각도들이 전혀 드러나지 않더군요. 실제 각도만큼 위치가 대칭적인 것뿐이었습니다. 선생이 나를 이 끔찍한 문제에서 구하고 싶다면 도대체 왜 각도가 1/2, 1/3, 2/5, 3/8으로만 나타나며 다른 각도로는 나타나지 않는지 설명해 주시길 바랍니다. 아주 침착한 사람도 이런 문제에 부딪치면 돌아버릴 겁니다.

선생도 그렇고 어떤 수학자가 이 주제에 관해 논문을 발표한 적이 있는지, 후커 말로는 선생이 발표하셨다는데 어디에서 발표하셨습니까? 이주일 정도 우리 막내 아이(자연선택의 주인공이지요)[14]의 건강을 생각해서 치료차 친척집에 있답니다. 잎의 각도도 괴롭지만 집을 떠나 있는 것이 내 머리를 더 어수선하게 한답니다. 잎의 각도가 불규칙적이거나 가변적인 식물을 알고 있나요? 나는 종종 과학을 찬양한답니다. 무언가를 관찰하고 있는 동안은 근심걱정을 잊기 때문입니다. 관찰하지 않을 때는 연속해서 두 시간을 마음 편하게 있지 못한답니다.

건강을 빕니다.

찰스 다윈.

J. D. 후커에게 보낸 편지 1863년 5월 15일, 5월 22일

켄트 주 다운, 브롬리

1863년 5월 15일

후커에게

오늘 아침 받은 자네 편지는 이제껏 본 것 중에 가장 흥미롭더군. 내용이 장황했어. 몇 가지에 관해 좀 휘갈겨 써야겠네. 라이엘 선생님과 종에 관해 자네도 다 들어서 알고 있겠지만 내가 알기로 자네가 한 말은 라이엘 선생님이 "마음은 내키지 않는데 이성적으로만 몰입한다."는 말이었네. 난 라이엘 선생님과 같은 분이 판단하지 않는 게 몹시 실망스럽지만 라이엘 선생님이 결정할 능력이 없음을 숨기기보다는 차라리 종의 변이에 반대한다는 판단을 내려줬으면 한다네. 이 말은 아사 그레이에게도 했다네. 이 문제는 라이엘 선생님이 알아서 하시도록 내버려 뒀어. 자네가 라이엘 선생님과 팔코너를 되돌려 놓을 마음이 있다니 참으로 기쁘네. 하지만 그들이 어느 정도 냉정을 찾을 때까지 기다리는 게 오히려 바람직하지 않은가? 자네는 훌륭하게 과학에 헌신하리라 믿네. 팔코너는 아마 라이엘 선생님이 퍼벡(Purbeck)에서 나온 뼈들을 가져다가 오언에

게 넘겨준 것을 결코 용서하지 않을 걸세.[15]

  섬 지역의 식물상에 관해서인데, 내가 제대로 이해하는 거라면, 우리가 식물들이 섬에 처음 자리를 잡은 방법에 대해 다른 의견을 가지고 있는 것 같네. 난 제3기 시대 훨씬 이전부터 현재의 식물들이 드문드문 나타나기까지 아주 오랜 공백이 있었으며(어떤 경우에는 아마도 현재의 해류와는 다른 해류로 인해 혹은 훨씬 이전의 섬들에서 유입되어서), 오래전에 당도한 식물들이 그 섬에서 약간의 변형을 일으키며 서식했다고 생각하네. 하지만 대륙에서는 이들이 엄청난 변형을 일으켰을 수도 있고 모두 멸종했을 수도 있지. 내가 아는 바로 자네는 모든 섬들이 훨씬 이전에는 대륙과 연결되어 있어서 대륙의 식물들이 모두 유입되었다는 건데, 그 이후로는 유입되지 않았다는 뜻이겠지. 그리고 대륙의 식물들보다 섬에 있는 것들이 멸종이나 변형이 덜 일어났다고 믿는 것 같네. 하지만 섬에 있는 동물들 대부분은 대륙의 동물들과 아주 유사하지. 완전히 다르다거나 변칙적이라고 볼 만한 것이 거의 없다는 말이네. 모든 것이 이전에 당도해서 고스란히 섬에 남았다는 자네의 가정과는 도무지 일관성이 없는 것처럼 보이네.

  끝도 없는 구토증과 지긋지긋한 두통 때문에 모든 일이 비참한 정체의 늪에 빠져 있네.

  좋은 밤 보내게.

  찰스 다윈.

조지 벤담에게 보낸 편지 1863년 5월 22일

영국 남동부 켄트 주 다운, 브롬리

1863년 5월 22일

벤담 선생께

선생의 자상하고 흥미로운 편지에 감사드립니다. 선생과 같은 분이라면 어떤 말로 저를 곤혹스럽게 하더라도 개의치 않을 것입니다. 그래도 수년간 제가 진심으로 존경해 왔고 분별과 식견을 갖춘 분이 인정해 주신다면 더없이 기쁠 겁니다.

어떤 형태가 아주 오랜 시간과 여러 공간을 거쳐도 변하지 않는다는 선생의 견해가 겉으로 보기에는 분명 위협적이지만 사실 그리 난감한 문제가 아닙니다. 오히려 우리가 실제로 알고 있는 것보다 더 많이 안다고 암묵적으로 가정하는 것이 더 큰 문제가 아닐까요? 엄밀하게 따져 보면 늘 우리의 무지를 인식하는 것만큼 어려운 것도 없습니다. 인근의 낯선 지역이나 시골길을 걸으면서 왜 어떤 고식물들이 더 이상 존재하지 않고 어떤 것들은 새로이 나타나며 왜 또 어떤 것들은 비율이 다른지에 대해 우리 인간들은 아무것도 모른다고 생각하면 조금도 지루하지 않습니다.

일단 이런 생각을 가지고 어느 한 종이 유익한 변화가 아닌 한 변하지 않는다는 의미를 내포하고 있는 자연선택 이론에 비추어 보면, (우리는 어떤 것이 중요한 조건인지 전혀 모르지요) 매우 다른 조건에서 어떤 것은 아주 느리게 변하거나 훨씬 덜 변하고, 전혀 변하지 않는 것도 있다는 것은 매우 경이로운 사실입니다. 분명 선험적으로 고대에 오스트레일리아로 유입된 모든 식물들은 일종의 변형을 겪었을지도 모른다고 예상할 수 있습니다. 하지만 그것들이 변하지 않았다는 사실이 다른 주장에 근거한 신념을 뒤흔들 어려운 문제라고 생각하지 않습니다. 미흡하게 설명했군요. 하지만 오늘은 몸이 너무 안 좋습니다.

파스퇴르 씨에게 말씀드리시겠다니 기쁩니다. 저 역시 그의 책을 읽고 무한한 감동을 받았습니다.

진심으로 감사드립니다.

찰스 다윈.

사실 자연선택은 오늘날의 전반적인 견해를 바탕삼아 전개해야 합니다. (1) 자연선택은 생존을 위한 싸움으로부터 그리고 또 어쨌든 종은 변한다는 것을 보여 주는 분명한 지질학적인 증거로부터 얻은 진짜 작인(作因)입니다. (2) 인위적인 선택으로 인한 가축화에서도 나타나는 변화의 유사성으로부터 얻은 정당한 근거입니다. (3) 분별 있는 시각으로 바라보면 무엇보다 이 견해가 많은 사실들과 관련되어 있습니다.

더 세부적으로 들어가면 종이 변했다고 추정하는 부분도 자연선택 이론의 근간을 이루는 유익한 변화라는 사실을 어느 누구도 증명할 수 없을 것입니다. 또한 어떤 종들은 변하고 어떤 종들은 변하지 않는 이유를 설명할 수도 없을 것입니다. 후자는 변화했다고 추정하는 일보다 훨씬 더 정확하게 이해하기 어려운 일일 것입니다. 브론은 구식 창조론 학파와 새로운 학파에게 헛된 질문을 던지더군요. 어떤 쥐의 귀가 다른 쥐의 귀보다 긴 이유가 뭐냐고 말입니다. 그리고 어떤 식물은 왜 다른 식물과 다르게 잎들이 한데 몰려 있느냐고 말입니다.

[다음 편지는 프랑스 원문을 번역한 것이다. 자크 부셰 드 페르트는 프랑스 아브빌(Abbeville) 인근의 물랭퀴뇽(Moulin-Quignon) 채석장에서 1863년 3월 몇 개의 이와 인공유물, 그리고 인간의 턱뼈를 발견했다고 기록했다. 부셰 드 페르트, 아르망 드 콰트르파즈를 비롯한 프랑스의 자연학자들은 선신세기(Post-Pliocene) 이후의 것으로 날짜를 기록했다. 그러나 1863년 4월 발견물을 조사해 본 조지프 프레스트위치, 존 에반스, 휴 팔코너는 그것이 위조품이라고 결론지었다. 5월 9일과 13일 사이에 프랑스와 영국의 자연학자협회는 파리에서 만나 이 문제를 논의했으며, 몇몇 과학자들이 반대했는데도 장신구와 턱이 진품이라는 결론을 내렸다.]

자크 부셰 드 페르트가 보낸 편지 1863년 6월 23일

아브빌

1863년 6월 23일.

존경하는 다윈 선생에게

지난 16일 선생이 보내 주신 편지를 읽고 크나큰 만족감을 얻었으며 그에 대해 감사드립니다. 과학에 관해 훌륭한 입지를 구축하고 계신 선생과 편지를 주고받는 일은 저에게 더없이 큰 영광이며, 선생의 견해와 저의 견해가 아주 밀접하다는 것 또한 감개무량하게 생각합니다.

선생께서 『창조에 관하여, 존재의 진보에 관한 실험De la création, essai sur la progression des êtres』이라는 제목으로 1838년에 출판한 저의 책을 알고 계신지 모르겠습니다. 재미있는 책이라는 평도 얻지 못했고 실제로 재미있지도 않아서 거의 사장되다시피 했지만 그래도 받아 주시기 바랍니다.

그 망할 놈의 턱 때문에 연이은 논쟁이 일어나서 곤혹스럽더군요. 28년 전 제가 처음 발견한 도끼들을 전시했을 때와 상황이 같습니다. 하지만 확신하는 것은 제가 이 문제와 관련해 제안하는 것이 단순한 추측이 아니라 눈으로 직접 확인하고 내린 결론이라는 점입니다. 저는 아주 오래전 존재했던 화석 인간이 발견될 수도 있다고 여러 번 예언했지요. 프랑스나 영국 도처에서 찾은 도끼와 마찬가지로 곳곳에서 그 화석을 찾을 것입니다. 화석 인간은 우리 발아래에 있는데 갈망하는 대상은 아니지요. 표본이 하나 발견되면 곧바로 사람들은 논쟁이나 일삼습니다.

물랭퀴농의 화석은 실로 엄청난 화젯거리였지요! 사람들은 사기꾼들이 그 화석을 묻어 버리기를 바랐지요. 발굴된 곳에 흙더미가 하도 많이 쌓여 있어서 사기를 친다는 것이 물리적으로 불가능하다는 것을 뻔히 알면서도 말입니다. 장님이나 멍청이가 아닌 다음에야 그 장소가 어지럽혀졌다는 것을 누구나 알 수 있을 테고, 아무리 경험이 적은 일꾼이라고 해도 그런 속임수에 넘어가지 않을 텐데도 말입니다. 그러니 도끼 같은 것에 매달리는 것이지요.

화석이 모조품이라는 말이 있습니다만, 과연 누가 누구의 말이 진실이라고 말할 수 있겠습니까. 생아슐(St Achuel)에서 발견된 도끼 같은 것은 모조품일 가능성이 있겠지요. 그것은 이탄 습지에서 발견한 것과 아주 유사한데, 사실 쉽게 모조할 수 있는 것이지요. 하지만 물랭퀴뇽의 것은 다릅니다. 그것들을 모방하려면 아주 섬세한 기술과 주의를 요하고 시간도 꽤 많이 걸립니다. 그러니 일꾼이 이득을 챙기려고 엄청난 돈을 받고 팔 수 있겠지만 평균 가격이 25 상팀[5 수(sous)]입니다. 저는 이것을 확실히 확인하고 싶었습니다. 사람들이 속는지 보려고 20프랑을 걸고 물랭퀴뇽의 도끼와 아주 흡사하게 만들 수 있는 일꾼들에게 경쟁을 시켰습니다. 여러 번 시도했지만 마음에 들 만큼은 만들지 못하더군요.

부디 제 진심 어린 존경과 노력을 받아 주시기 바랍니다.

부셰 드 페르트.

[1863년 8월, 영국 신문은 남부군이 메릴랜드와 펜실베이니아를 침략한 데 이어 워싱턴 시도 곧 침략할 것이라고 예견했다. 그와 동시에 알렉산더 윌리엄 킹레이크의 『크림반도 침공 The invasion of the Crimea』(에든버러, 런던, 1863~1887)가 출판되면서 사람들이 다시 크림 전쟁(1853~1856년)에 관심을 가지게 되었다.]

아사 그레이에게 보낸 편지 1863년 8월 4일

켄트 주 다운, 브롬리
1863년 8월 4일

그레이 선생에게

미국에서 들려오는 소식에 지대한 관심을 갖고 있습니다. 사실 크림 전쟁에 대한 소식보다 더 큰 관심을 갖고 있답니다. 늙고 가여운 영국을 너무 미워하지 마시기 바랍니다. 어쨌든 영국은 전 세계 모든 나라의 모국이 아닙니까. 분명히 말하지만 난 그 누구보다 북쪽의 승리를 진심으로 기원하고 있답니다. 나는 그것이 최선이라고 생각합니다. 물론 노예제도가 없어지는 것이 가장 좋겠지만 내가 열정적으로 나설 수 있는 입장도 아니랍니다. 미국 신문이 보통 사람들의 이야기를 과장해서 떠벌리는 것이나 영국에 대한 비난과 유색 인종의 자유를 쥐락펴락하는 것, 그리고 메릴랜드 주의 노예에게는 자유를 허락하지 않는 것[16]을 보면 내 모든 관심이 싸늘하게 식어 버린답니다. 모든 주가 뉴잉글랜드(New England)의 경우와 같다면 달라지겠지요. 사람이라면 의도적으로 희망을 가질 수는 없지 않습니까. 선생은 나를 비열한 추방자로 여기겠지요.

잘 지내십시오. 그리고 나를 너무 원망하진 마세요. 아일랜드 이주민들이 뉴욕에서 그 법이 얼마나 위해한지 보여 주지 않았습니까. 북군이 남부를 점령한다면 아일랜드를 북쪽 끄트머리에라도 단단히 매어 두어야 할 겁니다.[17]

엠마 다윈이 패트릭 매튜에게 보낸 편지 1863년 11월 21일

영국 남동부 켄트 주 다운, 브롬리

1863년 11월 21일

패트릭씨께

  제 남편 다윈이 전해 달라고 하더군요. 선생의 따뜻한 편지에 감사하고 매우 흥미로웠다고 말이에요. 건강이 매우 좋지 않아 직접 편지를 쓰지 못하는 것을 양해해 주시기 바랍니다.

  남편은 자연선택에 대한 선생의 인상적인 논평에 흔들리지 않는다고 말합니다. 선생이 자신의 독창적인 견해를 믿는 것보다 더 확신한다고 하는군요.[18] 다음에서 말하는 비유가 무슨 의미인지 선생은 아실 거라고 합니다.

  높은 벼랑 위에서 떨어진 바위 파편들은 당연히 모양이 제각각입니다. 이 조각의 모양은 바위의 성질이나 중력의 법칙 등에 의해 결정되겠지요. 건축가가 오로지 잘생긴 돌들만 고르고 못생긴 돌들은 버리면서 (자연선택이라고 한다면) 다양하고 멋진 수많은 건물들을 지을 수 있습니다.

  남편은 선생의 사진을 보내 주신 것에 매우 고마워하고 있습니다. 남편도 선생께 잘 나온 사진을 보내고 싶어 한답니다. 제법 잘 나온 사진 한 장을 동봉합니다. 큰아들이 찍었는데 표정이 흐릿하네요.

  친절하시게 저희 가족의 안부를 물어봐 주셨군요. 저희는 아들 다섯과 딸 둘을 두고 있습니다. 그중 둘은 다 자랐고요. 남편은 두 달 전에 심하게 앓았는데 회복이 아주 느립니다. 남편이 오랫동안 과학 연구에 집중할 수 없을까 봐 걱정됩니다.

평안하시기 바랍니다.

엠마 다윈.

1864년

Charles
Darwin

A. R. 월리스에게 보낸 편지 1864년 1월 1일

영국 남동부 켄트 주 다운, 브롬리
1864년 1월 1일

월리스 선생께

저는 여전히 글씨를 쓰기가 힘들어서 받아쓰게 하고 있습니다. 이삼 주 전에 받은 아사 그레이 씨의 편지에서 그는 "최근 더블린 사람이 쓴 벌집에 관한 글에 대해 월리스 씨가 쓴 해설을 아주 흥미롭게 읽었습니다."라고 썼더군요.[1]

비록 지금은 읽기도 힘들지만 그 글을 어디서 출판했는지 알아봐서 한 부 꼭 갖고 싶습니다. 아사 그레이 씨는(《애틀랜틱 매거진Atlantic Magazine》에 실린 빙하에 관한 논문에 대해 말한 후) 아가시가 최근에 쓴 『자연사 연구론Method of Study』[2]에 대해 "월리스 씨가 이 논문들도 공격해 주면 좋겠습니다."라더군요. 아사 그레이 씨는 선생의 논평 실력을 상당히 높게 평가하고 있는 것 같습니다. 이를 두고 'laudari a laudato(To be praised by a man that is praised)'[3]라고 하지요. 하시는 일에 전념하시길 바랍니다. 제게 말씀해 주실 의향이 있으시다면 선생께서 지금 진행하고 계신 일에 관해 듣고 싶습니다. 저는 몇 달 동안 아무 일도 하지 못할까 봐 걱정입니다.

진심으로 선생의 안녕을 바라며,

찰스 다윈.

A. R. 월리스가 보낸 편지 1864년 1월 2일

W. 웨스트본 그로브 테라스(Westbourne Grove Terrace) 5번지

1864년 1월 2일

다윈 선생님께

편지 감사합니다. 선생님의 건강이 좋지 않다니 편지를 쓰면서도 걱정이 앞섭니다. 하지만 대리로라도 쓰실 수 있으니 읽는 것도 어렵지 않겠다는 생각에 마음을 놓습니다. 호튼의 논문에 관한 제 논평은 8월이나 9월경 〈자연사 연보Annals of Nat. Hist.〉에 실렸습니다. 하지만 여유분이 없어서 보내 드리지는 못 합니다. 저는 호튼의 논문이 아사 그레이 씨의 찬사를 받을 만하다고 생각지 않습니다. 비록 호튼이 다룬 주제 자체는 신빙성이 있지만 방식이 아주 형편없다고 생각합니다. 〈자연사 연보〉에 실린 그 글을 읽었을 때는 몹시 서둘러 쓴 것 같아 민망할 정도였습니다. 그보다 잘 쓸 수 있는 사람이 많이 있기 때문입니다.

아가시의 논문과 책도 보려고 합니다. 이제까지 읽은 빙하에 관한 그의 글은 제법 좋았지만 그가 가지고 있는 전반적인 자연사 이론은 상당히 잘못되어 있습니다. 사실로부터 추론해 나가는 지극히 단순한 방법조차 모르고 있는 것 같더군요. 그가 사용하는 언어도 매우 불분명하고 모호해서 일일이 대꾸하기도 지루할 것 같습니다.

조금밖에 쓰지 못했지만 지금 쓰고 있는 책에 대해 말씀드리면, 제가 사실 체계적으로 일하는 습관을 들이지 못해 걱정입니다. 목(目)에 따라 서서히 수집물들을 모으고 있는데 동의성이나 설명이 모호한 점과 표본 실험에 따르는 어려움도 있고 제가 가진 지식의 한계 때문에 지지부진합니다. 최근에는 처음으로 나비들을 목에 따라 분류하고 있는데 변이나 분포 측면에서 매우 흥미로운 사실이 드러나고 있습니다. 매우 양호한 품질의 표본들을 가지고 있지만 더 필요할 것 같습니다. 지금 모은 것보다 두 배는 더 수집을 할 것 같은데 돌아갈 때까지 잘 보관할 수 있으면 좋겠습니다.

드디어 동부 탐험에 관한 작은 책의 서두를 쓰기 시작했습니다. 꾸준히 쓴다면 이번 성탄절쯤에는 완성되리라고 생각합니다. 제가 이야기 식으로 풀어가는 데는 소질이 없어서 뭔가 논쟁거리가 있으면 더 쉽게 진행할 것 같습니다. 그러니 주제가 아무리 좋다고 해도 베이츠 씨의 책처럼 훌륭하게 쓰는 일은 체념했습니다. 다른 많은 탐험가들처럼 매일 흔히 접하는 대상이나 풍경, 소리, 사건 등에 관한 기록이 많지 않아 걱정입니다. 절대 잊지 않을 거라고 생각했지만 이제 보니 그것들을 하나하나 정확히 기억한다는 것 자체가 불가능하다는 것을 깨달았습니다.[4]

귀국한 이후로 불가피한 사정 때문에 잠깐이라도 선생을 뵙지 못한 것을 무척 후회하고 있습니다. 그리고 진심으로 선생의 건강이 속히 회복되길 바랍니다.

　　알프레드 러셀 월리스 드림.

J. D. 후커에게 보낸 편지 1864년 1월 27일

다운

수요일

　　내 오랜 친구 후커에게

　　여행 때문에 엇갈렸던 지난번 편지를 받아서 정말 기쁘네. 새로운 소식이 많더군. 나한테 다른 소식통이 없지 않은가. 자넨 정말 멋진 친구일세. 자네가 시간을 내서 이곳을 방문하는 것보다 더 좋은 일이 어디 있겠나. 하지만 내 입장에서는 좀 성급한 일인지도 모르네. 분명 구토가 시작될 테니 말이야. 다섯 달 동안 그렇게 많이 토해 본 사람도 드물 걸세. 며칠 동안은 확실히 좋아졌는데 스트레스를 엄청 받았는데도(의사야 뭐라고 하든) 뇌가 더 강해진 것 같네. 불안감도 많이 가셨고 말이야.

　　온실은 정말 놀라운 곳이네. 자네 덕분에 즐거움이 생겼네. 큐에서 보내온 신기한 잎들과 식물을 보는 게 내 즐거움이라네. 세로페기아 가드네리(Ceropegia Gardeneri, 수우장속의 다육식물)는 이제 막 꽃이 피었는데 내가 본 식물 중에 가장 희귀한 게 아닌가 싶네. 자네도 알고 있나? 꽃부리 끝이 모두 가운데로 모여 붙어 있다는 사실 말이야. 내 말대로 큰 곤충을 못 들어오게 하는 거지.

내가 할 수 있는 작업은 덩굴손이나 담쟁이덩굴을 보는 일이네. 내 허약해진 뇌에 유일하게 고통을 주지 않는 일이라네.

잘 지내게, 친구.

찰스 다윈.

아사 그레이에게 보낸 편지 1864년 2월 25일

켄트 주 다운, 브롬리

1864년 2월 25일

그레이 선생에게

선생은 내게 친절하고도 좋은 친구입니다. 그래서 연필로 쓴 편지지만 내가 좋아졌다는 소식을 전하면 반가워할 거라는 생각이 들었습니다. 지금은 날마다 구토하지도 않는답니다. 기분이 좋은 날은 훨씬 더 건강하고요. 귀에서 소리가 들리기는 하지만 머리도 거의 아프지 않습니다. 일을 손에서 놓은 지 여섯 달이나 되었지만 몇 달 안에 다시 시작할 수 있을 거라는 희망이 생겼습니다. 거의 매일 온실을 둘러보는데 담장을 기어오르는 식물을 보는 일이 즐겁답니다. 내가 할 수 있는 첫 번째 일은 리스럼(Lythrum, 부처꽃과의 식물)의 이종교배 결과와 기어오르는 식물들의 운동에 대해 쓰는 것입니다.

친한 친구인 후커 말고는 아무도 만나지 못해 통 소식을 듣지 못합니다. 후커는 참으로 좋은 친구지요. 일에 치여 살면서도 나에게 자주 편지를 보내니 말입니다.

트리니다드(Trinidad)의 크뤼거 박사가 쓴 논문 한 부가 동봉된 편지를 받았는데 매우 흥미롭더군요. 그 논문은 곧 린네 학회 보에 발표될 예정입니다. 그 논문을 보니 카타세툼에 대한 내 견해가 옳더군요.[5] 심지어 꽃잎을 갉아먹으려고 꽃에 날아든 벌에 꽃가루가 달라붙는 위치까지도 내가 말한 대로였습니다. 코리안테스(Coryanthes)에 대한 크뤼거 박사의 설명이나 물이 그렁그렁한 두레박 모양 꽃잎의 용도가 압권이더군요. 내 생각에 축축해진 벌의 털이 납작해지면 점착성이 있는 화반에 들러붙게 되는 것 같습니다.

책이 더 재미있고 덜 피곤해서, 엠마더러 큰 소리로 신문 읽어 주는 일은 그만하라고 했답니다. 쓸모없는 소설도 얼마나 많은지, 내가 들은 것만도 엄청나답니다. 미국 소식은 거의 듣지 못했습니다. 선생이 얼마 전에 보낸 편지에 답장을 해야겠다고 한 달이나 별렀는데 고맙다는 말이라도 전해야겠군요. 가끔씩이라도 선생이 하고 있는 일이나 선생의 나라에 대한 소식을 들려주세요.

선생의 가련한 자연학자 형제이자 진정한 친구.

찰스 다윈.

데이나 선생이 너무 공상에 치우치거나 모험적으로 글을 쓰지 않았으면 좋겠습니다.

[1864년 3월 초에 존 스콧은 다윈에게 자신이 에든버러 왕립식물원에서 직장을 잃게 되었다고 알리는 짧은 편지를 보냈다. 다윈은 그 이유를 알려 달라고 했고, 다음 편지는 스콧이 보낸 답장이다.]

존 스콧이 보낸 편지 1864년 3월 28일

덴홈(Denholm)
1864년 3월 28일

다윈 선생님께

건강이 안 좋으시다는 걸 알면서도 거취 문제로 선생님께 불편을 끼쳐드려서 죄송합니다. 하지만 선생님께서 너무 친절하게 물어봐 주시니 가능한 한 간략하게 말씀드리겠습니다.

기대하는 게 무엇이든 간에 명확한 계획이 없다는 말씀을 드리게 돼서 유감스럽습니다. 식물원장이 저를 대하는 태도에 원통함을 느끼며 에든버러 왕립식물원을 나왔습니다. 벨포어 교수님과 맥냅 씨의 주선으로 젊은이 몇 명이 인도로 갔습니다. 다질링(Darjeeling)에 가라는 제안을 제가 거절했기 때문인가 봅니다. 그와 관련해서는 선생님과 의논했던 것을 기억하실 겁니다. 그러고 나서 제게는 기회조차 주지 않더군요(한두 개 정도 자리가 있었던 걸로 압니다). 이렇게 반복해서 기회를 놓친 것이 몹시 후회스럽습니다. 외국에 나갈 기회가 다시 있을 거라는 희망 때문에 이

제안을 거듭 간과한 것을 깊이 후회합니다.

앞으로 더는 낙이 없을 거라는 극단적인 절망에 싸이기는 했지만, 제가 직접 관여했던 실험을 마치고 맥냅 씨에게 떠날 생각이라고 말씀드렸습니다. 맥냅 씨의 보살핌을 받으며 일했던 5년 생활의 종지부를 찍은 셈이지요.

제가 아직 희망을 걸고 위로를 삼을 수 있는 것은 후커 박사님이 제가 어디에서든 일을 잘할 사람으로 기억해 주시지 않을까 하는 것입니다. 친절하게도 선생님께 편지를 보내 보라고 말씀해 주신 것도 그분입니다.

매번 선생님께 누를 끼친 것 같아 진심으로 죄송합니다. 특히 이번 편지는 지극히 개인적인 신상만 늘어놓았습니다.

존경하는 선생님께.

존 스콧.

[알프레드 뉴턴은 붉은 다리 자고새의 발에 씨앗을 포함하고 있는 흙덩어리가 달라붙어 있다는 다윈의 견해가 유력하다고 했다. 또한 그는 1863년 4월 21일 런던에서 열린 동물학회 모임에서 그 발을 '새들이 때로는 씨앗을 분산시키는 데 일조할 수도 있다는 이례적인 실례'로서 제시했다.]

알프레드 뉴턴에게 보낸 편지 1864년 3월 29일

켄트 주 다운, 브롬리

1864년 3월 29일

뉴턴 선생께

지난 10월 21일 선생의 편지를 받은 후로 지금까지도 자리보전하고 앓고 있답니다. 하지만 간신히 자고새의 다리와 발을 조사해 봤는데 부척골은 완전히 부패해서 팽창되고 경화되었더군요. 흙덩어리 속에 동심의 층은 없었지만 장담하건대 그것이 아주 서서히 달라붙으며 모인 것일 겁니다. 어쩌면 상처 입은 발에서 나온 일종의 끈적끈적한 분비물 때문에 달라붙은 것 같기도 합니다. 놀라운 것은 그 덩어리가 한 3년 정도 된 것 같은데 82포기의 식물이 싹을 냈습니다. 12개는 외떡잎식물이고 70개는 쌍떡잎식물이었답니다. 적어도 종류가 다섯 가지는 되는 것 같습니다. 더 많을 수도 있고요. 그 새는 가을 동안 다리를 절었던 것 같고 그래서 점액질의 표면에 더 많은 씨앗을 쉽게 모을 수 있었을 겁니다. 이 흥미로운 표본을 보내 줘서 참으로 감사합니다.

당신을 친애하는 찰스 다윈.

루이 아가시에게 보낸 편지 1864년 4월 12일

영국 남동부 켄트 주 다운, 브롬리

1864년 4월 12일

아가시 선생께

계속되는 건강 악화로 인해 런던에 갈 수 없었습니다. 며칠 전에야 겨우 선생의 『자연사 연구 방법Methods of Study in Natural History』 한 부와 다른 책들을 받았습니다. 레슬리 씨에 대한 친절한 소개의 글도 받았습니다.

위와 같은 선물을 주신 것에 대해 진심으로 감사드립니다.

제가 쓴 모든 책에 대해 선생께서 얼마나 반대하시는지 잘 알고 있습니다. 하지만 몇 안 되는 저의 영국 친구들도 그러듯, 저를 싫어하지 않는 것만으로 만족합니다.

감사와 존경하는 마음 보냅니다.

찰스 다윈.

벤저민 댄 월시가 보낸 편지 1864년 4월 29일-5월 19일

미국 일리노이 주 록아일랜드(Rock Island)

1864년 4월 29

찰스 다윈 귀하

30년도 훨씬 전에 크리스트 칼리지에 있는 선생의 방에서 그리스바크가 저를 선생께 소개한 적이 있습니다. 그 당시 선생의 영국 딱정벌레 수집물을 보면서 감탄했었지요. 그로부터 몇 년 후 저는 트리니티에 들어갔으나 결국 학업을 포기하고 수도회에 입문한 뒤 이곳에 파견되었습니다. 지난 오륙 년 동안 저는 미국의 곤충상에 큰 관심을 기울여 왔습니다.

몇 가지 결과를 기록한 소책자를 보냅니다.『종의 기원』에 감사를 표하고 싶습니다. 3년 전 식물학을 연구하는 친구의 권유로 읽어 봤습니다. 그 당시에는 선생의 견해에 대해 강한 선입견을 가지고 있었던 것도 사실입니다. 처음 읽었을 때 마음이 흔들리더군요. 두 번째 읽었을 때는 확신이 섰습니다. 읽으면 읽을수록 선생의 이론이 전반적으로 타당하다는 확신이 서더군요.

선생께서는 자신의 이론을 믿는 자연학자들이 자신들의 신념을 공개적으로 증언하기를 바라시더군요. 제 소책자에서 개별적인 단락을 보시면 알겠지만 한두 개를 제외하고는 제 소신을 밝혔습니다. 저의 존경과 감동의 증거로 보내 드린 그 책자를 기쁘게 받아 주시기 바랍니다.

그 책자의 맨 마지막 부분을 보시면 아시겠지만 어쩌면 제가 최근에 군거성 곤충뿐만 아니라 단생 곤충 속인 사이닙스(Cynips)에서도 이른바 '세 가지 형태의 생식'이 있다는 사실을 발견했습니다.

안녕히 계십시오.

벤저민 월시.

[존 스콧은 1864년 3월 에든버러의 왕립 식물원의 교배 부서에 있던 자리를 떠난 이후 실직 상태였다. 스콧은 1862년 이래 다윈과 꾸준히 서신 교환을 하고 있었고, 다윈은 스콧의 식물학적 연구를 부추긴 것이 전 직장에서의 문제를 야기하지 않았는지 걱정했다.]

J. D. 후커가 보낸 편지 1864년 5월 19일

큐

1864년 5월 19일

다윈에게

스콧에 대해 많이 생각해 봤는데, 인도에 가는 것이 적당할 거라는 결론을 내렸다네. 캘커타에 있는 앤더슨 말로는 정부가 벵갈(Bengal) 지역의 삼림 관리를 맡게 될 거라더군. 성실한 사람들에게 일할 기회를 많이 줄 것이라고 말일세. 사실 성실한 사람에게는 싱코나 차(Tea Cinchona)와 인디고(Indigo)나 커피는 일도 아니지. 그런 일을 하면서 연구할 기회도 많을 거고 말이야. 스콧의 기질로 봐서 반대하지는 않을 것 같네.

물론 인도로 떠나려면 도움이 필요하겠지. 영국에서 그런 광고를 하는 건 단순히 기회만 주는 것뿐이지 않은가. 뱃삯도 제할 텐데. 하지만 추천서도 잘 써줬으니 일단 그곳에 가면 틀림없이 잘할 걸세. 자네가 원한다면 캘커타에 있는 앤더슨이나 인도 북서부 삼림 감독관으로 있는 클레그혼이나 마드라스 삼림 감독관으로 있는 베돔에게 편지를 써줄 수 있네. 그래도 앞으로 일자리를 더 얻으려면 스콧은 캘커타로 가는 게 좋을 것 같네. 앤더슨이 몇 주만이라도 머물도록 식물원에 있는 싸구려 방을 찾아줄 걸세. 인도는 지금 곳곳이 다 생기 넘치고 열정적인 사람들로 가득하다네.

이틀 전 허버트 스펜서를 만났는데 『주노미아 Zoonomia』를 읽고 있었다더군. 지금까지 라마르크가 얻은 모든 명성을 자네 조부에게 보내고 싶다더군.[6] 그런데 말이야, 리흐필드 박물관(Lichfield Museum)에서 아주 점잖은 늙은 신사의 초상화 한 점을 봤지 뭔가.

덩굴손에 관한 책을 하루속히 출판하게. 아니면 자네는 분명 다른 사람에게 기회를 뺏길 걸세. 〈가드너스 크로니클〉에 실린 기고문은 몇 줄이면 충분할 것 같네. 자네가 리스럼을 연구하고 있다니 듣던 중 반가운 소리네.

진실한 친구.

후커.

존 스콧에게 보낸 편지 1864년 5월 21일

켄트 주 다운, 브롬리

1864년 5월 21일

스콧에게

나의 절친한 친구 후커에게 편지를 받았는데 발췌본이 하나 동봉되어 있었네. 후커의 제안에 대해 신중히 생각하고 친구들과 의논해 보는 것이 좋을 것 같네. 후커는 인도에 대해 잘 알고 있고, 지금 인도에 있는 사람들이나 인도에 가본 경험이 있는 사람들과도 상당한 친분이 있는 사람이네. 그 제안은 순전히 후커의 생각이지 내 생각은 아니네. 자네에게는 중요한 일보가 될 수도 있으니 잘 생각하게. 내가 이래라저래라 해서 책임지고 싶진 않군. 자네가 일자리를 얻지 못할 위험을 감수하고 그 제안을 받아들인다면, 밸포어 교수나 맥냅 씨, 아니면 자네가 살던 곳의 목사나 행정관에게 자네의 성실성과 진지함과 열정을 보장해 줄 추천서를 받아보는 것이 어떤가. 이런 추천서들이 중요할 것 같네. 그들이 언급은 하겠지만 자네의 과학적인 성과들을 강조할지는 의심스럽군.

인도로 가는 데도 얼마간의 비용이 들 거고, 인도에서 잠깐이라도 지낼 돈이 필요할 거네. 아마 적지 않게 들 거야. 하지만 얼마가 필요할지 전혀 감이 안 잡힌다네. 인도에 가본 적이 있는 동료가 있다면 물어보게. 자네 친구들이 호의적이라면 자네를 지원해 주겠지. 비용의 절반은 내가 기꺼이 지불하겠네. 친구들이 자네를 도울 수 없다면 전액을 지불할 준비도 되어 있네. 자네가 불필요한 비용까지 부탁할 사람이 아니라는 것을 알기 때문이지.

내가 이런 제안을 한다고 해서 부담을 가질 필요는 없네. 내가 할 수 있는 일이고 자네를 돕는 일이나 과학의 장래를 생각하는 일 모두 만족하네. 자네가 인도로 가게 되면 항해하는 동안 논문을 다 마칠 수 있겠지. 그러면 곧 출판되는 것도 볼 수 있겠군.

최선의 결정을 내리기 바라네.

찰스 다윈.

아사 그레이에게 보낸 편지 1864년 5월 28일

켄트 주 다운, 브롬리
1864년 5월 28일

그레이 선생에게

선생의 염려 덕분에 거의 지난 몇 년으로 돌아간 듯 건강이 회복되었습니다. 그래도 여전히 허약하지만 말입니다. 리스럼에 관한 논문은 천천히 쓰고 있습니다. 글을 써내려 가는 데 진력이 나서 이 논문에는 도무지 정이 가지 않는군요. 8개월 동안 아무 일도 하지 않다가 다시 쓰기 시작할 때는 정말 즐거웠는데 말입니다. 리스럼 이야기가 나왔으니 말인데, 선생이 보내 준 네세아(Nesaea)들은 정말 건강하답니다. 그리고 미첼라(Mitchella)도 그럭저럭 잘 자라고 있고요.

얼마 전에 라이트 박사가 쓴 난초에 관한 편지를 받았습니다. 혹시 선생이 라이트 박사에게 편지를 쓰거든 무엇 때문에 베고니아에 곤충이 날아드는지 물어봐 주시겠습니까? 그 곤충들이 왜 화판을 갉아먹거나 뚫어 버리는지도 말입니다. 그리고 크게 신경 쓰이는 것은 아니지만 그 곤충들이 멜라스토마(Melastoma)에 날아드는 이유도 알고 싶습니다. 트리니다드에 있는 가여운 크뤼거 박사가 관찰해 주겠다고 약속했는데, 그만 돌아가셨답니다.

리스럼에 관한 논문이 출판되는 대로 한 부 보내 드리겠습니다. 선생이 나만큼 그것에 대해 궁금해했는지 듣고 싶군요. 이형질을 보이는 식물의 새로운 아강을 얻었습니다.

어느 한 아일랜드 귀족이 임종 시에 말하기를 자신이 양심적으로 말하건대 평생 동안 그 어떤 쾌락도 거부한 적이 없었다고 했답니다. 나도 솔직히 말하건대 선생을 괴롭히는 데 양심의 가책을 느껴 본 적이 결코 없답니다. 그래서 염치 불구하고 또 부탁하는 겁니다. 남쪽으로 여행 가실 일이 있거든 비그노니아 카프레올라타(Bignonia carpreolata)가 기어오르며 자라난 나무들이 이끼로 덮여 있는지 아니면 섬질의 지의류나 틸란디지어(Tillandsia) 속으로 뒤덮여 있는지 알려 주시겠습니까? 이런 걸 물어보는 이유는 이 식물들의 덩굴손이 매끈한 가지를 싫어하는 것 같아서입니다. 거친 나무껍질도 싫어하고요. 솜털이나 이끼를 좋아하는 것 같습니다. 이것들은 아주 신기한 방식으로 들어붙는데 마치 앰펄롭시스(Ampelopsis, 개머루 속의 식물)처럼 각 돌출부의 끝부분에 작은 화반을 만들면서 감아 올라가더군요. 이 화반이 섬유 다발에 달라붙고, 섬유 다발이 자라면서 그 틈이 붙어 버리고 결과적으로 화반으로 둘러싸이게 되는 거지요.

그리고 내가 표본 몇 개를 동봉하니 가치 있다고 생각하거든 현미경으로 한번 봐주십시오. 몇 가지 덩굴손이 얼마나 특이하게 적응해 나가는지 놀랍더군요. 에크레모카르푸스 스카버(Eccremocarpus scaber)의 덩굴손은 가지를 싫어하는데 그렇다고 솜털을 좋아한다고도 하지 못하겠습니다. 하지만 풀대 다발을 주거나 강모 다발을 주면 아주 잘 감아 올라가더군요.

〈보타니칼 자이퉁Botanical Zeitung〉에 실린 불완전한 자가수분 식물에 관해 몰이 쓴 논문을 아주 재미있게 읽었답니다. 그는 보안제이어(Voandzeia)의 꽃이 완벽하게 불임성이라는 선생의 글을 인용했더군요. 그 사실을 어떻게 아셨습니까? 마다가스카르(Madagascar) 식물도 아닌데 말입니다. 내 생각에 앰피카르피아(Amphicarpea, 새콩 속) 속의 야생식물들이 일반적으로 불임성이라는 것을 선생도 알고 계신 것 같군요. 이 식물들이 불임성인지 확인하기 위해 씨앗을 얻고 싶습니다. 리어시아(Leersia, 겨풀 속) 식물에서도 유사한 경우가 있다는 사실이 놀랍습니다. 이 속에 속하는 식물을 방금 입수했답니다. 캄파눌라 퍼폴리아타(Campanula perfoliata)의 씨앗을 보시거든 부디 잊지 마시기 바랍니다.

마지막으로(신이시어, 용서하시길), 홀리(Holly, 서양감탕나무) 중에 어떤 것이든지 사향초 형태를 띤 것이 있는지, 다시 말해 어떤 것이 암수한그루이고 어떤 것이 암그루인지 알고 싶습니다. 동질이형을 가지고 있기는 한데 내 생각에 어떻게 사향초 형태를 띠게 되는지 알 수 있을 것 같습니다.

몇 달 동안 신문도 제대로 읽지 못해 시국이 어떻게 돌아가는지 통 모르겠군요. 소설 읽는 것보다 훨씬 더 지치기 때문이랍니다. 지난 9개월 동안 놀랍도록 많은 자비로운 상황이 벌어졌다고 들었습니다.

미국이 최근 겪은 대학살이 얼마나 무시무시한지.[7] 끝이 날 것 같습니까? 그 대가가 헛되지 않다면 노예제도는 사라지겠지요? 잘 지내시길 바랍니다.

내가 말 열 필에 버금가는 힘을 되찾은 것을 알게 될 겁니다.

안녕히.

찰스 다윈.

턱수염 기른 얼굴을 찍은 사진 한 장을 보냅니다. 좀 근엄해 보이나요?

A. R. 월리스에게 보낸 편지 1864년 5월 28일

켄트 주 다운, 브롬리

1864년 5월 28일[8]

월리스 선생께

　건강이 한결 좋아졌답니다. 그리고 방금 린네 학회에 보낼 논문을 마쳤습니다.⁹ 하지만 아직 완쾌한 것이 아니라 글을 쓰기가 영 내키지 않습니다. 그러니 11일에 받은 선생의 인간에 대한 논문에 바로 답례하지 못한 점을 용서해 주세요.¹⁰ 우선 그 어떤 논문보다 〈리더(Reader)〉에 실린 변이에 관한 선생의 글은 내 평생 가장 훌륭한 글이었습니다." 그런 논문은 단순한 주제 자체만을 다룬 그 어떤 개별적인 전문 서적보다 종의 변이에 관한 우리의 견해를 널리 보급할 거라고 믿습니다. 정말 대단한 책입니다. 하지만 인간에 관한 부분에서 내 이론과 같은 내용을 빼는 게 좋았을 것 같군요 내 이론과 거의 같아서 말입니다. 서신을 주고받는 어떤 사람은 선생의 '고결한' 행위가 내 책임이라고 하더군요. 인간에 관한 선생의 논문에 대해서는 나도 할 말이 참 많습니다. 핵심 개념은 내게도 새로운 것이었습니다. 후대에 와서야 정신이 육체보다 더 변형되었을 거라는 개념 말입니다. 하지만 선생과 의견 일치를 볼 때까지 인종 사이에서 헤매는 일은 순전히 지성과 도덕성에 달려 있답니다.

　논문 뒷부분은 인상적이고 훌륭한 달변이라는 말밖에 달리 표현할 길이 없군요. 이곳에 왔던 두세 명에게 선생의 논문을 보여 줬는데 그들도 저와 같은 생각이었습니다. 사소한 것 하나까지도 선생과 내 의견이 같은지는 모르겠습니다. 오스트레일리아 미개인의 끊임없는 전쟁에 관한 조지 그레이 선생의 설명을 읽으면서 자연선택이 도래할 수도 있다는 생각을 했던 기억이 나더군요.¹² 게다가 에스키모인들의 예술의 경지에 가까운 낚시 솜씨나 카누 다루는 솜씨는 유전이라고 했던 말도 기억납니다. 선생이 인간에게 부여했던 분류학적인 관점으로 계급을 정하는 것에 대해서는 좀 다르게 생각합니다. 더 높은 단계로 구분 짓기 위해 어떤 한 가지 특성을 너무 과장해서 다루면 안 된다고 생각합니다. 개미는 다른 막시류 곤충에서 분리된 것이 아닐 수도 있지요. 한 가지 본능은 고등한 반면 다른 본능은 하등할 수 있기 때문입니다.

인종 간의 차이에 관한 문제에 대해 내가 추측하기로는 상당 부분이 구조에서 비롯된 외형과 상관관계가 있다고 봅니다(결과적으로 털에서 차이가 나지만 말입니다). 거뭇한 피부색을 가진 개체들이 독기를 가장 잘 모면한다는 사실을 감안하면 내가 의미하는 게 무엇인지 쉽게 이해하실 겁니다. 이 점을 확인하기 위해 군의학 부서의 장관을 설득해 열대지방에 있는 모든 연대의 외과 의사들에게 설문지를 보냈지만, 아마 답변이 없을 것 같습니다. 그리고 두 번째로 내가 생각하고 있는 것은 일종의 자웅 선택이 인종의 변화를 야기하는 가장 강력한 수단이었다는 점입니다. 인종이 다르면 미의 기준도 완전히 다르다는 것도 확실합니다. 야만인들 사이에서 가장 힘이 센 남자가 여자를 고를 것이고 그들이 전반적으로 자손을 만들어 낼 것입니다.

인간에 관한 몇 가지 글을 모아 봤는데 얼마나 쓸모가 있을지는 모르겠군요. 선생의 견해를 끝까지 연구해 볼 의향이 있다면 앞으로 시간이 나는 대로 내가 모은 참고 문헌이나 글들을 보는 건 어떨까요? 정리가 잘 안 돼서 그 자료들이 얼마나 가치가 있을지는 모르겠지만요. 쓰고 싶은 말은 훨씬 더 많지만 기력이 달리는군요.

친애하는 월리스 선생께.

찰스 다윈.

영국의 귀족은 (중국인이나 흑인들에게는 무섭게 보이겠지만) 중간 계층보다 여자를 고르는 안목이 더 훌륭하지만 장자 상속권은 자연선택을 파괴하기 위한 음모랍니다.

선생이 내 난필을 이해하지 못할까 걱정이군요.

A. R. 월리스가 보낸 편지 1864년 5월 29일

W. 웨스트본 그로브 테라스 5번지.

1864년 5월 29일

다윈 선생께

선생께서는 늘 하지 않으셔도 될 찬사를 너무 자주 해주십니다. 저의 막연한 노력까지도 과대평가해 주시는군요. 선생께서 제 논문을 너무 잘 봐주시고 추어올려 주시니 몸 둘 바를 모르겠습니다. 몇 가지 비평을 해주셨지만 그 역시 감사하게 생각합니다. 다만 제 표현력이 부족해 그러한 마음을 충분히 전하지 못하는 게 유감스러울 뿐입니다.

저의 가장 큰 단점은 경솔함입니다. 일단 개념이 잡히면 며칠 동안만 생각해 보고는 진행하면서 떠오르는 대로 써내려 갑니다. 그러니 오로지 한 가지 시각만으로 주제를 바라보게 됩니다. '인간'에 관한 저의 논문에서도 '자연선택'에 의해 엄청난 변이가 일어나는 방식으로 야수가 변화된 것이라고만 봤습니다. 하지만 인간이 가진 탁월한 지성을 생각해 보면 이런 방식만으로 변화했다고 볼 수 없지요. 자연선택이 인간과 야수에게 여전히 동등하게 작용할 수 있다는 몇 가지 사소한 점도 간과한 것이 분명합니다. 색깔이 그중 하나입니다. 〈자연사 리뷰Natural History Review〉에 있는 슬레이터의 부탁으로 쓴 요약본에서 이것이 구조와 상관관계가 있다고 언급했습니다.[13]

그래도 역시 인종의 이주나 이동의 증거도 많고, 같거나 유사한 지역에 거주하는 사람들 중에 별개의 신체적 특성을 가진 이들이 있는 경우도 많습니다. 또 멀리 떨어진 지역에 거주하면서도 동일한 신체적 특성을 가진 인종도 많습니다. 대표적인 인종의 외형적인 특성은 현재의 지리학적인 분포보다는 더 오래된 것임이 분명합니다. 구조의 변이에 적합한 상관관계에 의해 나타나는 변화는 외형적인 변화의 이차적인 원인이 될 뿐입니다. 군으로부터 답변이 오기를 바랍니다. 결과가 매우 흥미로울 것 같군요. 하지만 그 결과가 선생의 견해에 적합한 것일지 의문입니다.

신체적 우월성의 선택을 야기하는 야만인들의 끊임없는 전투에 관해 말씀드리고 싶군요. 제 생각에는 매우 모호한 것 같습니다. 예외도 너무 많고 불규칙적이어서 명확한 결과를 도출할 수 없다고 생각합니다. 예를 들어 가장 강력하고 용감한 사람들이 앞에서 이끌거나 스스로를 드러낼 수 있지만 그로 인해 대부분의 피지배자들이 상처를 입거나 죽을 수도 있지요. 어느 한 종족을 전쟁에서 승리로 이끄는 신체적인 능력은 주변의 모든 종족과 전쟁을 일으키거나 신체적인 힘에 대항해서 종족 간의 합동을 야기하기도 하고 자기 종족을 파멸로 이끌 수도 있다는 겁니다. 게다가 달리기를 잘하거나 민첩하고 지략이 뛰어나거나 심지어 우수한 무기를 가지고 있다면 단순히 신체적인 힘이 좋은 경우보다 전쟁에서 승리할 가능성이 높겠지요. 더욱이 이러한 종류의 전쟁은 모든 야만인들 사이에서 그칠 새 없이 이어집니다. 따라서 야만인들 사이의 전쟁은 특징에서 차이를 만들어 내는 것이 아니라 단순히 신체적이나 정신적인 강인함과 기백에 있어 평균적인 기준을 유지하게 한다고 봅니다. 그래서 변이의 선택은 인종별로 낚시나 노 젓는 솜씨, 승마, 등산 등과 같이 삶의 특이한 습성에 적응하기 위한 것이며 어느 정도 작용했을 수도 있겠지만 뚜렷한 신체적인 변화를 야기할 만큼 절대적인 것일까요? 그리고 현존하는 개별적인 인종이 만들어지는 데 그러한 변이의 선택이 관계가 있다고 볼 수 있을까요?

선생이 언급하신 자웅선택 역시 그 결과에 대해 확신할 수 없습니다. 가장 하등한 종족의 경우 거의 일부다처제이며 대체로 여성들은 구매의 대상입니다. 사회적인 조건도 거의 차이가 없습니다. 건강하고 정상적인 남자가 부인이나 아이가 없는 경우가 좀처럼 드물다고 생각합니다. 영국의 귀족계급이 중간계급보다 더 아름답다는 주장이 자주 반복되는데 신빙성이 있다고 보지는 않습니다. 그들이 현재 최고 미의 본보기를 보여 준다는 데는 인정하지만 평균적으로 그렇다는 사실은 믿지 못하겠습니다.

저는 시골에 사는 중간계급들 사이에 매력적인 용모를 가진 사람들이 평균적으로 더 많다는 것을 알고 있습니다. 게다가 우리는 지적 표현력이나 세련된 태도를 미의 범주에 집어넣어야 하는데, 아름다운 사람들일수록 그런 태도나 지적 능력이 떨어지지요. 단순히 신체적인 아름다움은 유럽 남자들의 평균이나 전형에 가까운 외모의 건강함이나 균형 잡힌 발달을 말합니다. 제 생각에 이러한 신체적인 아름다움은 사회적으로 계층 간에는 큰 차이가 없지만, 도시보다는 시골에서 훨씬 더 자주 발견됩니다.

　동물학적인 분류에서 인간의 계급을 관련시킨다는 것은 저 스스로도 정확히 이해할 수 없어 걱정입니다. 오언이나 다른 사람들의 견해를 받아들인다는 의미는 결코 아니지만 분명히 짚고 넘어가야 할 것은 한 가지 견해에서만큼은 그가 옳다는 겁니다. 헉슬리도 인정했지만 인간을 하나의 개별적인 과(科)로 본다는 것은 인간을 동물학적으로 구분할 수 있다는 것입니다. 하지만 그와 동시에 제 이론이 맞는다면, 인간 주변에 서식하는 동물들의 경우 속이나 심지어 과에 속하는 것들이 몸의 모든 부분에서 변이가 일어난 반면에 인간은 거의 두뇌나 머리에만 변화가 일어났다는 겁니다. 게다가 지질학적인 고대 유물에서는 인간이라는 종이 많은 포유류 과들만큼 오래되었다고 볼 수 있는데, 그렇다면 인간 과(科)의 기원은 목(目)의 일부가 처음 발생하던 때로 거슬러 올라가야 할 것입니다.

　저는 늘 '자연선택' 이론이 분명 선생의 이론이라고 주장합니다. 제가 그에 관한 단서를 발견하기 몇 년 전에 이미 선생께서는 생각지도 못한 상세한 부분까지 해답을 찾아내셨습니다. 제 논문으로는 그 누구도 설득하지 못했을 것이고, 하나의 독창적인 견해 이상으로 알려지지도 않았을 겁니다. 반면 선생의 책은 자연사 연구에 일대 변혁을 일으켰으며 우리 시대 가장 똑똑한 사람들을 사로잡았습니다. 제가 한 일은 선생이 책을 쓰도록 유도하고 출판할 수 있도록 동기를 드린 것뿐입니다.

　선생께서 쓰신 편지의 모든 내용을 다 이해했다고 생각합니다. 비록 쉬운 일은 아니지만 말입니다.

　존경하는 다윈 선생께.

　알프레드 월리스.

존 스콧이 보낸 편지 1864년 7월 29일

덴홈

1864년 7월 29일

다윈 선생님께

26일자로 선생님께서 쓰신 편지는 제때에 잘 받았습니다. 저는 지금 거의 모든 시간을 항해 준비를 하며 보내고 있습니다. 출항한다는 연락이 오기 전까지 준비를 다 마칠 수 있을지 걱정입니다. 이제야 선생님께 정황을 알려 드리게 됐습니다. 최근까지 저는 이곳에 있는 제 친구들이 약간의 비용을 보태 줄 거라는 희망을 가지고 있습니다. 그렇게 믿고 있으면서도 부끄럽지만 제 빈궁한 사정을 아시는 선생님의 친절한 제안에 더 마음이 끌렸습니다. 친구에게 저의 사정과 인도에서 성공할 가망성에 대해 분명히 말을 했고 빌려 주는 돈을 전부 갚을 수 있다는 말로 도움을 청했습니다. 하지만 예상과 다른 반응을 보고 실망했답니다. 현재로서는 저를 도울 만큼 재정적인 여력이 없다고 하더군요.

그래서 제 스스로 돈을 마련해 보려고 선생님께 도움을 청하지 않고 있었습니다. 주선한 사람이 출발한다고 말하기 전에 선생님의 도움을 받을 시간이 별로 없는 것 같아 걱정입니다. 비록 저의 재정적인 궁핍을 여러 번 물어보시며 신경 써 주셨지만 그래도 선생님께 너무 무거운 부담을 안겨 드리는 것 같다는 생각이 듭니다. 저는 오랫동안 일자리를 얻지 못했기 때문에 물질적으로 쪼들려 왔습니다. 어쩔 수 없이 선생님께 도움을 청하는 저를 용서해 주시기 바랍니다. 지금 필요한 만큼만 도움을 주시면 앞으로는 선생님께 불필요한 부탁을 드리지 않겠습니다.

제가 캘커타에 도착할 때까지 필요한 비용이 얼마나 될지 가늠하셔서 수표로 보내 주시면 진심으로 감사하겠습니다. 그리고 마음이 내키시면 몇 가지 품목과 여기에 드는 비용도 약간 지원해 주시면 감사하겠습니다. 선생님께서는 제가 이 나라에서 받을 수 있는 모든 것을 충족해 주셨습니다. 선생님께서 후커 박사님을 설득해 제게 써주신 추천장을 가지고 인도에서 뭔가 할 일을 바로 찾게 될지 걱정입니다.

다시 한 번 매우 송구스럽다는 말씀드립니다. 앞으로도 재정적인 어려움으로 선생님께 도움을 청해야 할지도 모르기 때문입니다. 한 가지 덧붙여 말씀드리고 싶은 것은 선생님께서 지금 제게 얼마를 주시든 이미 너무 과분한 도움을 주셨습니다. 제가 인도에서 정착해서 성공하는 대로 기꺼이 갚겠습니다.

그런 희망이 있기 때문에 선생님의 지원을 정중하게 받겠습니다. 그리고 다른 비용에 대해 말씀드리지 않는 것을 용서해 주시기 바랍니다. 제게 베푸신 선생님의 친절에 진심으로 감사하는 마음을 가지고 있습니다.

늘 선생님을 존경하는, 존 스콧.

추신. 자연사에 관한 몇 가지 기본적인 책들을 가지고 가야 하지 않을까 생각합니다.

에른스트 헤켈에게 보낸 편지 1864년 8월 10일 이후-10월 8일

영국 남동부 켄트 주 다운, 브롬리

1864년 8월, 10월 8일

헤켈 선생에게

보내 주신 편지와 저를 믿어 주신 데 대해 진심으로 감사한 마음 전합니다. 작고하신 선생의 부인에 관해 하신 말씀을 깊이 공감합니다. 사진에서 본 부인의 표정은 매우 아름답더군요. 선생의 심정이 어떨지 어느 정도는 이해할 수 있습니다. 다행히 저도 아내라는 존재가 얼마나 소중한지 충분히 알고 있지요. 아내의 죽음을 극복하는 것만큼 고통스러운 일이 있겠습니까.

선생이『종의 기원』의 탄생에 대해 관심을 보이시는 것 같아 자랑하는 것은 아니지만 몇 가지 말씀드리고 싶은 것이 있습니다. 내가 자연학자 신분으로 '비글호'에 합류했을 때 사실 난 자연사에 대해 거의 문외한이었답니다. 하지만 열심히 했지요. 남아메리카에서 세 가지로 분류한 사실들이 저를 강하게 압도했습니다. 첫째는 남쪽으로 갈수록 아주 밀접한 동류의 종들로 대체되는 방식이었습니다. 둘째는 남아메리카 근처 섬들에 서식하는 종들의 친화력이 대륙의 종들에도 적합하다는 사실이었습니다. 특히 갈라파고스 군도에 서식하는 종들의 상이성에 놀랐습니다. 셋째는 살아 있는 빈치류 및 설치류와 멸종한 종들과의 관계였습니다. 살아 있는 아르마딜로와 비슷하게 생긴 거대한 동물의 뼛조각을 파냈을 때의 놀라움을 결코 잊지 못할 겁니다.

이러한 사실들을 고려하고 이와 유사한 사실들을 모으면서 내가 생각한 것은 어쩌면 유사한 종들이 공동의 부모로부터 나온 후손일 수 있다는 것이었습니다. 하지만 몇 년 동안은 어떻게 각각의 형태가 삶의 습성에 따라 훌륭하게 적응할 수 있었는지 납득할 수 없더군요. 그때부터 체계적으로 가축화(재배화) 품종에 관한 연구를 하게 됐습니다. 시간이 지나서 알게 된 것은 사람의 인위적인 선택이 가장 중요한 매개자라는 사실이었습니다. 생존경쟁을 이해하기 위해 동물의 습성에 대해 연구해야겠다고 마음먹었지요. 지질학 연구를 하면서 과거의 경과도 생각해 보게 되더군요. 그러다 맬서스의 『인구론』을 읽게 되었고 자연선택이라는 개념이 불현듯 떠오른 것입니다. 최종적으로 모든 사소한 점들도 감안해 그것이 분지 원칙의 중요한 원인이라는 점을 인정했답니다. 『종의 기원』이 나오게 된 배경을 적어 보았는데, 선생이 지루해하지 않았기를 바랍니다.

이 편지는 사실 몇 주 전부터 쓰기 시작했지만 기력도 달리고 다른 잡다한 일들로 인해 끝내지 못하고 미뤄 두고 있었답니다. 게겐바우어 교수님께 책을 보내 주신 것을 영광스럽게 생각한다고 전해 주십시오. 미처 감사의 마음 전하지 못해 죄송하다는 말도 함께 전해 주시면 고맙겠습니다. 몇 달 전 우연한 기회에 두꺼비 뒷다리를 해부한 적이 있었습니다. 그런데 이상하게도 가외의 뼈들이 있더군요. 이제야 이것이 이해되는군요. 선생께서 보내 주신 논문을 보니 선생께서도 절갑아강(Entomostraca)에 관심이 있으신 것 같습니다. 그러면 내가 쓴 만각류에 관한 책도 한번 보세요.[14] 여유분이 있는데 원하시면 기꺼이 보내 드리지요. 보고 나서 앞으로 어떤 방향으로 나가면 좋을지 말씀해 주시기 바랍니다.

이만 줄이며.

찰스 다윈.

[1864년에 조지 버스크는 왕립협회에서 수여하는 코플리 메달(Copley Medal)의 후보로 다윈을 추천했으며 이것을 휴 팔코너가 제창했다. 이로써 다윈은 3년 연속 후보에 올랐다. 후보 추천에 논란이 많았으나 다윈에게 메달을 수여한 이후 왕립협회가 자연선택 이론을 시인했다고 알려지게 되었다. 윌리엄 샤피는 왕립협회 비서관이었다.]

휴 팔코너가 윌리엄 샤피에게 보낸 편지 1864년 10월 25일

몽토방, 타른 에 가론 데파르망(Dep. Tarn et Garonne | Montauban)

1864년 10월 25일

샤피 선생께

버스크와 저는 협회가 열리는 27일까지 런던으로 돌아가기 위해 모든 노력을 기울이고 있습니다. 하지만 기차와 마차가 고장 나는 등 불운한 사건들로 인해 괴로워하고 있답니다. 슬프게도 계산 착오로 인해 중요한 목적을 달성하지도 못하고 프랑스 이곳까지 돌아오게 되었습니다. 저희가 게으름을 피웠다거나 하찮게 여겨서 그런 것이 아닙니다.

버스크는 화요일에 열리는 왕립협회 위원회에 참석하고자 어제 브륀켈(Briunquel)에서 파리로 출발했습니다. 제가 이곳에 남아야 하는 이유를 버스크가 정확하게 말씀드릴 것입니다. 하지만 다윈을 코플리 메달 후보로 추천하는 데 동의한 제가 첫 모임에 참석하지 못한다면 선생께서 의장과 위원회에 제가 참석하지 못하고 부득이하게 이곳에 남을 수밖에 없는 이유를 설명해 주시기 바랍니다. 내달에 두 번째 모임이 열리기 전까지는 런던에 갈 수 있을 것입니다. 그때까지는 선생께서 코플리 메달 후보로 다윈을 지지한 점을 고려하셔서 어떻게 진행되고 있는지 소식을 들려주시기 바랍니다.

제가 작성한 분류 목록을 참고하시면 다윈의 과학적 노고를 알 수 있을 겁니다. 지질학, 자연지리학, 동물학, 식물생리학, 유전생태학 등 전반에 걸쳐 다루고 있으며 자신이 어떤 주제를 택했든 간에 그의 연구 능력은 "손대는 것마다 돋보였다(Nullum tetegit quod nonornavit)."[15]는 말 그대로입니다. 다윈은 이 시대의 가장 훌륭한 자연학자일 뿐만 아니라 영원히 위대한 자연학자 가운데 한 사람입니다. 산호초의 구조와 분포에 관한 그의 초기 작품은 조사 시기별로 구성되어 있습니다. 학술적으로 설명했다는 점으로 웰즈 박사의 듀(Dew, 이슬 못)에 관한 논문과 견줄 만합니다. 첫 작품으로서 포괄적이고 완벽하며 광범위하고 중요한 일반 개념을 다루고 있으며 세밀한 관찰기록도 있습니다.

동물학자들은 화석과 현존하는 따개비과와 조개삿갓과를 고생물학적으로 다룬 그의 학술 논문과 레이 협회(Ray Society)의 출판물들이 해당 분야에 대한 훌륭한 교과서라고 인정했습니다.

최근에는 식물생리학에서 특정 식물의 생식기관에 나타나는 이형질 현상에 대해 다루고 있는데 이 연구는 〈린네 저널〉에 실린 그의 논문 「프리뮬라 리넘과 리스럼Primula Linum and Lythrum」에서 잘 드러나 있습니다. 중요한 순서로 따지면 가장 우선한 것입니다. 과거에는 거의 손대지 못했던 분야에서 그의 연구 관찰이 새로운 지평을 열었습니다. 난초의 구조와 다양한 적응에 관한 연구 역시 같은 평을 받고 있습니다. 곤충을 매개자로 하여 다른 종류의 꽃가루로 수분하는 것과 관련한 한정적인 주제에 관한 연구입니다. 두 주제가 모두 비약이라고 할 만큼 진보적입니다. 일찍이 지질학회가 해당 분야 최고의 학자에게 주는 월러스톤 메달(Wollastone Medal)을 수여했다는 사실만 봐도 그의 지질학적 연구의 가치를 따로 설명할 필요는 없을 겁니다.

그리고 끝으로 자연선택에 관한 『종의 기원』은 다윈의 최대 역작입니다. 이 신비롭고 신성한 주제가 이전에는 거의 관심을 두지 않았거나 너무 기괴하게 다뤄졌고, 합법적이고 논리적인 연구 범위로 인정되지 못했습니다. 다윈은 20년에 걸친 은밀한 조사와 연구 끝에 자신의 이론을 출판했으며 문명화된 세계 전역에서 즉각적으로 인류의 시선을 사로잡았습니다. 단 한 사람이 그토록 광범위한 주제에 대해 성공적인 결과를 얻었으며, 우리가 기대하는 것 이상으로 난제들을 해결했습니다.

찰스 다윈을 전적으로 옹호할 마음은 없습니다. 하지만 그는 논리적이며 진리를 추구하는 마음을 가지고 정력적으로 그러한 주제를 다뤘으며, 합리적이고 과학적인 연구 범주 안에서 공정성을 기하기 위해 본질에 대한 폭넓은 설명과 대조 실험을 통해 설명했습니다. 다윈은 코플리 메달을 받을 자격이 있으며, 그를 대신해 유전생태학에 관한 이 위대한 작품에 강력하고 특별한 위치를 부여해야 한다고 생각합니다.

다윈의 연구 범위와 그 가치를 어림하는 데 있어서, 끊임없이 계속되는 질병 속에서 연구해야 했던 그의 환경까지 고려해야 한다고 생각합니다. 지금도 다윈은 하루에 한두 시간 이상은 자신이 원하는 일을 할 수 없다고 합니다.

당신을 친애하는, 휴 팔코너.

휴 팔코너가 보낸 편지 1864년 11월 3일

1864년 11월 3일 9시 30분

친전

다윈에게

자네와 자네 부인을 비롯해 다운의 모든 가족에게 진심으로 축하하는 마음 전하네. 왕립협회 위원회는 자네에게 코플리 메달을 수여하기로 결정했네. 다른 적임자는 없었을 거네. 기립투표로 정했다더군.

나를 포함해서 자네 친구들은 『종의 기원』을 지지하려고 벌떡 일어섰지. 아주 단호히 일어섰다네.

일관성이 없다고 나를 책망하지 말게. 아니면 내가 개종했다는 상상은 단 한 순간이라도 접어두게. 자네 작품은 희귀하고 매우 대단한 업적일세. 이게 전부이네.

자네 부인께도 안부 전해 주게.

그럼 안녕히.

휴 팔코너.

과반수인 열두 표를 얻음: 나머지 여섯 표

추신. 어젯밤에 스페인에서 프랑스로 돌아왔다네. 월요일에는 박물관이 있는 디종(Dijion)에 있었네. 동물학 강의를 하는 브륄 교수가 내게 묻더군. 자네의 학설에 대해 솔직한 의견이 뭐냐고 말일세. 그러면서 절망스러운 표정으로 다윈식의 이론 강의가 아니면 학생들이 수업을 듣지 않을지도 모른다고 말했네. 불쌍한 사람, 그 이론을 이해하지도 못하고 여전히 확신하지도 못하는 것 같았네. 하지만 프랑스에 있는 모든 젊은이들은 단지 자네 이론을 듣고 싶을 뿐이고, 들으면 믿을 뿐이지.

휴 팔코너.

T. H. 헉슬리에게 보낸 편지 1864년 11월 5일

켄트 주 다운, 브롬리
1864년 11월 5일

헉슬리에게

자네의 애정 어린 편지 덕분에 참으로 행복하고 또 고마웠네. 자네와 또 몇몇이 보내 준 편지가 내게는 진짜 메달이나 다름없네. 금테 두른 둥 그런 것은 아니지만 말이야. 이 기쁨은 쉽게 사그라지지 않을 것이네. 진심으로 고맙네.

자네에게 한 가지 제안을 하고 싶은데, 어쩌면 자네도 이미 생각하고 있는 것인지도 모르겠네. 엠마가 자네 강의록[16]을 호레이스에게 읽어 주

다가 마지막에 그러더군. "책을 쓰면 좋겠어요."라고 말이야. 자네가 두개골에 관한 훌륭한 기록을 마침내 완성했다고 대답해 줬네.[17] "책은 아닌 것 같다."고 했더니 엠마는 "사람들이 읽을 만한 책이면 좋을 것 같아요. 글을 정말 잘 쓰시네요."라더군. 그러니 자네 글 솜씨와 정통한 지식으로 '동물학에 관한 대중 서적'을 써보면 어떨까 하네. 물론 시간은 제법 걸리겠지. 하지만 입문하는 사람들에게 책을 추천해 달라는 부탁을 수도 없이 들었다네. 생각나는 게 오직 카펜터의 『동물학Zoology』[18]뿐이더군. 자연학자들을 가르칠 만한 훌륭한 전문서적이야말로 과학에 진정한 공헌을 하는 게 아닌가 싶네. 자네의 대표 선집을 2년 안에 대중에게 공개하거나 자네 머릿속에 떠오른 주제들을 논문으로 발표한다면 자네만의 훌륭한 방식으로 개념의 골자에 살을 입히고 채색할 수 있을 걸세.

그런 책이라면 눈부신 성공을 거둘 수 있을 거라고 믿네만, 그 얘기는 여기서 접지.

자네 부인께도 안부 전해 주게. 감사하다는 말도 말이야. 그리고 『이녹 아든Enoch Arden』을 읽고 있는데 테니슨이 얼마나 훌륭한 작가인지 알 것 같다고 말씀드리게. 아주 매력적으로 쓴 두 줄에(105쪽) 홀딱 반했다고 말이야. "그의 진심은, 아마도 그의 진심은, 적어도 그의 진심은 당신의 행복이라오."[19] 보석처럼 빛나는 문구 때문에 내가 다시 젊어지는 것 같고 순수한 열정으로 시를 좋아한다고 말일세.

잘 지내게, 헉슬리.

찰스 다윈.

자네 사진을 한 장 보내 주겠나? 과학을 연구하는 친구들에 관한 책을 쓰기 시작했다네.

[『자연사 연구론』(매사추세츠 보스턴, 1863년) 서문에서 하버드의 자연사 교수이자 알렉산더 아가시의 부친인 루이 아가시는 '변이 이론'을 반대한다고 언급했다. 한편 자신의 견해만큼 다른 사람들이 반대 의견을 가질 수 있다는 점을 '진지하게' 인정했다. 그는 변이 이론이 '자연의 진행에 역행한다고 했으며 발생학적이나 고생물학적 사실들과 모순'된다고 했다. 그리고 추종자들의 견해만을 바탕으로 한 가축화된 동물과 재배화된 식물에 관한 실험은 "전적으로 그 문제와 무관하다."고 주장했다.]

B. D. 월시가 보낸 편지 1864년 11월 7일

미국 일리노이 주 록아일랜드

1864년 11월 7일

찰스 다윈 귀하

이틀 전 10월 21일자로 보내신 편지를 받았습니다. 이 편지와 함께 제가 쓴 논문 「뉴잉글랜드 자연학자들의 곤충학적 공론의 예Certain Entomological Speculations of New England Naturalists」를 보냅니다. 이 논문에서 '종의 기원'에 대한 아가시의 반론이 이치에 맞지 않는다는 근거를 제시했습니다. 그 논문이 출판된 후 알렉산더 아가시로부터 편지지 일곱 장 분량의 긴 편지를 받았습니다. 그는 정중하게 논문의 몇 쪽을 비판했습니다. 그중에서도 아가시 교수가 선생의 이론을 잘못 말했다고 한 부분에서 "다윈은 최근 아버지께 보낸 편지에서 자신의 이론에 반대 의견을 표명하는 아버지의 태도에 감사한다. 그것만 보더라도 다윈의 이론에 대한 잘못된 발언들에도 의견들이 다 다를 수 있다.'라고 적었습니다."고 하더군요. 답장에서 저는 그 말은 다른 작가들이 무신론자나 이신론자 혹은 이단자라는 이유로 비난하고 있다는 것을 보여 주는 것일 뿐이라고 했습니다. 어쩌면 기꺼이 자신을 '자신의 견해만큼 진지하게' 인정하는 다른 작가들에게 감사해야 할 거라고 했습니다(『자연사 연구론』 서문 4쪽).

유럽 과학계에서 아가시를 어떻게 평가하는지는 모르겠지만, 이곳에서 그는 과학의 화신이자 성서만큼이나 절대적인 사람으로 인정받고 있습니다. 그 사람이 너무 지나치게 과대평가된 것 같더군요. 자신의 평판을 높이기 위해 끊임없이 머리를 굴리고 진실이 아닌 승리만을 위해 논쟁을 일삼는 사람인 것 같아 놀랍습니다. 공개적인 강연에서 저는 단호한 태도로 주장했습니다. 모든 지질학적 시대의 모든 동물이 그 전 시대나 이후 시대의 동물들과는 분명 다른 별개의 존재라는 사실은 이미 널리 알려진 진실이며 에오세기나 미오세기에 이르러서야 현재의 목에 해당하는 생물들과 유사한 것들이 나타나기 시작했다고 말입니다. 저와 서신을 교환하는 뉴잉글랜드 사람이 있는데, 학교에 몸담고 있는 그는 에오세기나 미오세기처럼 시대의 명칭을 대는 근거에 대해서는 전적으로 인정할 수 없다더군요. 유럽에도 그의 이론을 지지할 사람이 있을까요? 픽테가 그렇다고 들었습니다.

선생께서 "대다수의 곤충 무리에서 외부 생식기관이 큰 차이를 보이는 것의 의의와 효과는 무엇인가?"라고 물어보셨더군요. 곤충의 짝짓기를 야기하는 방식은 매우 큰 차이가 있다고 봅니다. 생식기관의 구조로 봤을 때 거의 모든 경우마다 암컷이 선택권이 있다면 짝짓기를 거부할 수 있을 겁니다. 따라서 수컷 생식기관의 외피나 구조에서 큰 변이가 일어났다고 생각합니다.

이 새로운 나라에서 제가 어떻게 생활하고 있는지 궁금해 하시니 말씀드립니다. 혹시라도 지루하게 여기실지 모르지만 제 자신에 대해 들려드리겠습니다. 1838년 영국을 떠날 때만 해도 저는 모든 세계와 관계없이 완벽하게 자연적인 삶을 살 수 있을 거라고 생각했습니다. 그야말로 '내 모든 삶이 차분해지고 완벽해지길(in meipso totus teres atque rotundus)'[20] 바란 겁니다. 참으로 어리석게도 말입니다. 그래서 소위 마을에서 30킬로미터 이상 떨어진 황무지에 있는 몇 에이커에 달하는 넓은 땅을 샀습니다.

매일매일 말처럼 일했지요. 돼지와 소도 엄청나게 많이 기르면서 말입니다. 대장장이를 제외한 그 어떤 기술자도 없이 타고난 재능만 믿고 모든 일을 제 손으로 시작했지요. 혼자 모든 일을 처리했습니다. 장화를 수선하고 맥주 통의 쇠테를 두르는 일이나 새 뚜껑을 씌우는 일까지 가리지 않고 말입니다. 이유는 단 한 가지였지요. 수리공을 만나러 수레에 소를 매고 30여 킬로미터 떨어진 곳까지 가느니 차라리 나 혼자 하는 게 더 쉬웠으니까요. 그 당시에 저는 양배추가 자라듯 잘 살아갈 수 있을 거라고 생각했습니다.

그런데 이웃에 있던 스웨덴 이민자촌에서 밀 재배지를 보호하기 위해 강 유역 여기저기에 댐을 쌓아 올렸습니다. 그래서 말라리아가 성행했고 저도 아주 지독한 고열에 시달리기도 했답니다. 한 번은 거의 죽음의 문턱까지 가기도 했습니다. 12년이 거의 다 될 무렵 모든 것을 팔아넘겼습니다. 처음보다 더 가난해져서 손에 쥔 건 겨우 1,000달러뿐이었지요.

그러고 나서 록아일랜드로 이사했고 판재 사업에 뛰어들었습니다. 미국에서 '판재'는 널빤지나 판자를 톱으로 켜는 모든 일을 의미합니다. '목재'는 넓은 도끼로 찍어서 만든 물건을 말합니다. 7년 동안은 제법 많은 돈을 모을 수 있었습니다. 그때 저는 제가 노예 같다는 생각을 하면서 사업을 그만두기로 하고 대부분의 재산을 투자해서 임대용 2층짜리 집을 열 채나 지었습니다. 그 수익으로 엉클 샘 채권(Uncle Sam's Bonds)을 조금 사들였고 그럭저럭 빚지지 않고 살았습니다. 시대가 예전 같았다면 대부분의 시간을 내 자신을 위해 보냈을 겁니다. 그리고 원하는 만큼 수입을 늘렸겠지요. 사실 부동산 가치도 하락했고, 전쟁세(戰爭稅) 등을 부담해야 했습니다. 저는 제 시간의 4분의 1 정도를 임대용 주택을 수리하는 데 투자하고, 나머지 시간은 모두 곤충학에 전념했습니다. 아마 애틀랜틱시티에 있는 수집가 한두 명을 제외하고는 제가 가진 수집물이 미국에서 가장 방대할 겁니다.

선생님의 사진을 보내 주실 수 있는지요. 괜찮으시다면 웨스트우드 교수님 사진도 보내 주시면 좋겠습니다. 저의 곤충학 방명록에 실으려고 합니다. 제 사진도 동봉합니다.

당신을 친애하는, 벤저민 월시.

J. D. 후커가 보낸 편지 1864년 12월 2일

큐

1864년 12월 2일

다윈에게

 자네의 메달 수여를 둘러싸고 왕립협회에서 있었던 작은 소동에 대해 들었는지 모르겠네. 버스크 말로는 사빈이 연설에서 자네가 코플리 메달을 수상한 데 대해 "『종의 기원』에 대한 고찰은 완전히 배제했다."고 했다네. 연설이 끝나고 헉슬리가 일어나서 어떻게 그럴 수 있느냐고 따졌지. 그리고 배제해서는 안 된다고 하면서 그는 위원회 의사록을 낭독하라고 강력하게 요구했다네. 물론 의사록에는 배제했다는 말은 물론이고 『종의 기원』에 대한 어떤 언급도 없었네. 버스크와 사빈은 나중에 그것에 관해 논쟁했네. 사빈은 언급하지 않았다는 것은 배제한다는 뜻이라며 여느 때와 같이 발뺌을 했다더군. 팔코너는 버스크가 사빈의 연설을 거리낌없이 칭찬한 것으로 여겼던 거네. 버스크는 팔코너가 논쟁을 다 들었다고 생각하고 당시에는 아무 말도 하지 않았지만, 나중에 팔코너를 불러 자초지종을 설명해 줬다네. 팔코너는 몹시 화가 나서 자기가 무슨 일을 저질렀는지 알게 된 거지. 그는 지체 없이 달려가 사빈에게 편지를 썼다네. 신이시여, 사빈에게 자비를. 이 말이 내가 할 수 있는 전부일세. 팔코너에게는 자비라는 것 자체가 없지 않은가.

 여기까지가 어제 버스크에게 들은 이야기이네. 하지만 벌써 두 사람 입이나 거쳤으니 제대로 전달이 된 건지는 모르겠네. 다만 이대로만 듣고 넘기길 바라네.

분명히 위스타리아(Wistaria)는 우리 식물원에 있는 직경 15.2센티미터의 살리스베리아(Salisburia) 위로 단숨에 꼬아 올라가며 자랐네. 내 생각에 루스커스 안드로지너스(Ruscus androgynus)는 분명 겨울 정원에 있는 직경 22.9센티미터 정도의 새 기둥도 감아 올라갈 걸세. 수아 스폰테(sua sponte, 자발적으로)![21]

그럼 이만 쓰겠네.

후커.

[후커는 다윈에게 보내는 1864년 12월 6일자 편지에 다음의 편지를 동봉했다.]

T. H. 헉슬리가 J. D. 후커에게 보낸 편지 1864년 12월 3일

저민 가

1864년 12월 3일

후커에게

자네가 연례 모임이나 오찬 모임에 나와 주길 바랐다네. 오찬 모임은 매우 즐거웠고 연례 모임은 불쾌했지. 자네도 알다시피 사빈에 대한 내 불신이 얼마나 만성적인가. 하지만 그의 연설을 신경 써서 들어 봤네. 다윈을 소개할 때 아주 교활한 말로 해를 입히면 안 되니까 말이야. 내 추측이 옳았네. 사빈이 다윈에 관해 직접 쓴 부분에는 이런 문구가 있더군. "종합적으로 말해 메달 심사 기준에서 다윈의 이론은 완전히 생략했다."는 거네.

물론 어떤 의도로 그랬는지 모두에게 충분히 설명해야 했지. 정당한 논의를 거친 후에 위원회는 정식으로 결정을 내렸다네. 심사 기준에서 다윈의 이론을 배제하는 것은 물론이고 의장을 통해 그렇게 할 수밖에 없는 공식적인 입장을 발표해야 한다고 말이야. 게다가 다윈의 친구들은 다윈이 명예를 받을 만한 충분한 근거가 있다고 했다네. 다윈이 메달을 받음으로써 공개적으로 공격받을 수도 있기 때문이지.

그건 말도 안 되는 일이라는 생각이 들어서 결의안이 인쇄에 들어갈 때 연설하겠다고 신청했다네. 침착하고 온건하게 나가려고 안간힘을 썼지. 하고 싶은 말을 할 수 있는 의장의 권리를 침해할 생각은 아니지만 의사록을 요구할 수 있는 나의 정당한 권리를 활용해서 심사 결과를 공개해 달라고 했다네. 규칙대로 강요를 했건 하지 않았건 심사 기준에 사빈의 견해가 반영된 것인지 협회가 알게 되었지.

결정문이 낭독되었고 그뿐일세.

사빈은 분명 그 상황이 싫었을 거네. 버스크와 팔코너는 사빈의 그 한 단락에 대해 이의를 제기했다네. 연설문이 인쇄되기 전에 철회되기를 바랄 뿐이네.[22]

언쟁이 그렇게 격하지 않았다면 한 사람을 끔찍이 생각하는 늙은 여우에게는 자비심이 없다는 것을 보여 줬을 걸세.

친애하는 벗.

헉슬리

B. D. 윌시에게 보낸 편지 1864년 12월 4일

영국 남동부 켄트 주 다운, 브롬리

1864년 12월 4일

윌시 선생께

미국에서 선생이 살아온 삶을 엿보니 무척 흥미롭더군요. 자급자족하는 삶을 사셨군요. 그 많은 일들을 겪으시고도 열정적으로 과학의 길을 걷고 계시니 선생은 참으로 강인한 분입니다. 선생이 보내 주신 지리학적 분포에 관한 소책자와 아가시에 관한 자료는 고맙게 잘 받았답니다.

콧수염을 기르신 모습이 동굴에 사는 사자와 같아 재미있었습니다. 선생이 한 말에 나도 거의 전적으로 공감합니다. 아가시에게 자신의 책 한 꾸러미를 보내 준 것에 감사하는 편지를 쓴 것은 순전히 선생의 제안 때문이라는 말입니다. 하지만 솔직히 말하면 그가 내 이론을 얼마나 오도했는지 전혀 몰랐답니다. 그가 쓴 『자연사 연구론』이 형편없는 책이기는 하지만 그래도 대충은 읽어 봤습니다. 표현이 너무 서툴러 어떻게 말해야 할지 모르겠지만, 그 책에는 손이 잘 가지 않더군요.

하지만 선생은 아주 훌륭하게 정곡을 찌른 것 같더군요. 젊고 실력 있는 자연학자들은 모두 아가시에 대해 선생과 같은 의견을 가지고 있을 겁니다. 아가시도 빙하와 물고기에 관해서는 위대한 공로를 세웠다고 생각하오. 모든 생물의 자연 천이에 대해서는 픽테도 자신의 견해를 접었지만 지질학자들 중에는 아가시의 의견에 동의하는 사람이 하나도 없답니다. 선생이 데이나의 전반적인 개념에 일격을 가한 것은 참 기쁜 일입니다. 데이나를 존경하기는 하나 오랫동안 질병을 앓은 때문인지 그도 두뇌가 쇠약해진 것 같더군요. 린네 학회 회보를 읽을 기회가 생기거든 아마존 유역의 의태성을 띠는 인시류에 관한 베이츠의 글을 읽어 보시기 바랍니다. 나도 무척 재밌게 읽었거든요.

곤충의 암수의 연관성과 생식기관에 관한 글은 정말 고맙습니다. 유사 종에서도 산란을 하기 위해서는 그 기관이 크게 달라질 수 있다는 생각이 들었답니다. 수컷의 기관에서 차이가 나는 것과 연관 지어 볼 수 있을 것 같습니다. 하지만 내 생각에 그것은 단순히 근거 없는 추측에 불과하다고 봅니다. 어쨌든 봄부스(Bombus, 호박벌 속)는 그 경우에 해당하지 않습니다. 봄부스 속의 종들이 다른 방식으로 교미를 할까요?

종의 변이를 믿는 사람들에게 선생의 논문이 알려졌으니 최고의 인재들이 독일을 방문하겠다는 소리를 듣게 될 겁니다. 프랑스 젊은이들도 그럴 거고요.

모쪼록 잘 지내시기 바라며.

찰스 다윈.

1865년

Charles Darwin

후커가 보낸 편지 1865년 1월 1일

큐
1865년 1월 1일

다윈에게

사빈의 연설문을 전부 읽어 봤네(지난번에 읽은 건 요약본이었지). 내가 너무 무기력하게 뚝뚝 잘라서 쓴 것 같아 분노와 욕지기가 치밀더군. 특히 리스럼과 리넘에 대해 그 작자는 끝도 없이 많은 현상들이 있어서 아직은 예측하기 어렵다면서 자네의 관찰이 별 소용이 없다고 해석한다더군. 불쌍한 늙은이, 여전히 사악하지 않은가. 심술궂은 내 심보로 예언하자면 자기 임기 안에 고꾸라질 걸세. 두고 보라고.

오늘날의 지도자들을 난도질한 헉슬리의 글이 〈리더〉에 실렸는데 읽어 봤는지 모르겠군.[1] 비상한 능력을 가진 것 같지 않나. 평소 헉슬리답게 사막에 부는 회오리바람처럼 맹렬한 공격을 퍼붓고 모든 반대파들의 숨통을 막아 버렸더군. 말라비틀어진 뼈다귀들만 남기고 말이야. 그가 말려 죽인 식물들은 졸렬한 잡초들일 걸세. 하지만 원래 잡초들의 생명력이 더 강하지. 그리고 헉슬리 식으로 말한다면 모두가 해로운 것들이고 말이야.

지리학적인 분포에 관한 내 책은 꿈속에서나 있을 법하다네. 시작이라도 했으면 좋았을 걸.

잘 지내게.

후커.

헨리에타 앤 헉슬리가 보낸 편지 1865년 1월 1일

다윈 씨에게

홀이 방금 제게 다윈 씨의 편지를 전해 줬어요. '보석처럼'이라는 말을 사용해서 제가 아끼는 작가 테니슨을 장난스럽게 비꼰 내용이더군요.

그의 진심은,
아마도 그의 진심은,
적어도 그의 진심은,
당신의 행복이라오.

우선 다윈 씨께서 놀랍게도 오언처럼 앞뒤 내용 없이 몇 행만 말씀하시다니 짓궂으십니다.

그리고 그 행들을 읽으면 테니슨 자신이 그 상황을 진정으로 이해하고 썼다는 확신이 들 것입니다. "바다의 꿈"을 읽어 보지는 못했지만 불성실한 남편과 원수 사이에서 갈등하는 부인의 갈망을 어떻게 이보다 더 잘 표현할 수 있을까요?

테니슨이 여자의 마음을 아주 공정하게 표현해서 무척 기쁩니다.

책에 대해 말씀을 드리면, 저로써는 선생을 평할 수 있게 해 준 현자를 발견했다는 게 즐거운 것이 사실이지만요, "바다의 꿈"이 『이녹 아든』의 인용구라는 사실을 굳이 제게 일일이 짚어 주듯 말하신 것을 보면 뭐라고 선생을 비난할지 유감스럽습니다. '사실!'이라고 하셨나요? 『종의 기원』에 있는 사실들도 이런 식이라면 옥스퍼드 주교의 말도 참으로 일리가 있겠네요.

지극히 존경하고 싶네요.

헨리에타 헉슬리.

부인께도 안부 전해 주세요. 그리고 이 편지도 보여 주세요. 뭐라 하실지…….

T. H. 헉슬리에게 보낸 편지 1865년 1월 4일

켄트 주 다운, 브롬리
1865년 1월 4일

헉슬리에게

사진이 아주 훌륭하네. 그런데 표정이 마치 잘 단장하고 기다란 주교 의자에 앉은 사람처럼 어둡고 근엄해 보이더군.

"지극히 존경한다."는 자네 부인의 편지에 가족 모두 흠뻑 빠졌다네. 그런데 나를 '오언 같은' 사람이라고 부르셨더군!

하지만 사실 상황을 파악하지 못한 건 내 죄가 아니네. 내가 인용한 아름다운 몇 행 이외에는 단 한 줄도 이해하지 못했다네. 거기까지가 내 한계일세!

자네 일이 얼마나 고된지 알고 있네. 여가 시간을 더 갖든지 적어도 강연이라도 줄이길 바라네. 자네가 하는 일이 내게는 참으로 불가사의한 일로 여겨지네. 물론 자네가 동물학에 대해 대중적인 책을 쓸 시간이 좀처럼 나지 않는다는 것도 알고 있네. 하지만 자네야말로 그 일을 할 수 있는 적임자라네. 자네더러 그 일을 하라고 하는 것이 그 당시에는 거의 죄악에 가깝다는 생각도 들었네. 원래 하던 일들을 망칠 수도 있기 때문이지. 하지만 한편으로는 보편적이고 대중적인 서적을 쓰는 일도 본연의 업무만큼 과학의 발견을 위해 중요하다는 생각이 가끔 든다네. 자네에게도 글을 쓰는 것이 큰 부담이겠지만 나로서는 감히 엄두도 못 낼 일이지. 자네의 글은 늘 시원스럽다네.

건강은 별 차도가 없지만 가까스로 매일 조금씩이라도 일을 한다네.

자네 부인께도 안부 전해 주게.

찰스 다윈.

찰스 라이엘이 보낸 편지 1865년 1월 16일

마그데부르크(Magdeburg)

1865년 1월 16일

다윈에게

시내에 있는 동안 『지질학의 원리 Elements of Geology』[2] 신판 마지막 장을 마무리하느라 너무 바빴다네. 자네의 코플리 메달 수여에 대한 린네 연례회 식후 연설에 관해 자네가 쓴 편지에 답장도 못 했네. 그에 관해 몇 장 적어 둔 게 있는데 언젠가는 자네에게도 보내 주겠네. 『종의 기원』에 관해 믿음 고백을 한 부분이 있어서 특히 더 보내 주고 싶네. 나의 오랜 믿음을 단념해야 한다는 압박감을 느껴왔다고 했지. 새로운 사조에 대한 내 방식을 철저하게 살피지도 않고 말일세. 하지만 나의 발전에 자네도 만족했을 거라고 생각하네.

에든버러 왕립협회에서 아가일 공작이 한 기조연설은[3] 내가 한 것(『고대 인간』 469쪽)[4]보다 훨씬 길더군. 변이나 자연선택은 그 영향을 과대평가해서 신격화하지 않고도 창조의 법칙과는 혼동될 수 없다는 걸세. 그는 그 난제를 아주 분명하게 제시했지만 내가 바라는 만큼 완전히 끌어내지는 못했다네. 자네 책이나 상호 유전을 이어가는 증거에서 매우 훌륭하게 드러난 주요한 증거의 골자, 즉 종이나 속이 공동의 선조에서 갈라져 나온 방식을 제시했어야 했네. 그는 아마 자네 책을 읽기 전에는 이러한 개념을 생각도 안 해본 것 같네. 그리고 이제서야 감동을 받은 것이지.

나도 그랬듯이 아가일 공작 역시 끝까지 나아갈 걸세. 인간과 사수류가 공통의 무리에서 나왔다는 것을 인정하는 게 아니라 일관성을 갖기 위해서라네. 그가 대주교였기 때문에 인정하지 않았던 벌새를 인정한 것도 사실 일관성의 저항으로부터 비롯한 일이고, 기조의 이론도 그를 지지하기 위해서 발표된 것이지.[5] 어쨌든 그의 연설은 자네의 견해로 성큼 다가선 것이었다네. 비평과 반대 의견만 읽은 사람치고는 상당히 다가선 것이네. 유물론에 대한 논리도 내가 보기에는 훌륭했다네. 그리고 우리가 '법칙'이라는 용어로 사용하는 다양한 인식의 정의도 훌륭했고 말이야. 물론 연설은 단 한 번 들었지만 모든 관점을 비판적으로만 볼 수는 없다고 보네.

벌새의 색깔에 대한 가정은 지나치게 대담했더군. 그 색이 단순히 장식용이나 아름다움을 위한 것일 뿐이라고 말이야. 나는 자네가 말한 그 벌새라는 피조물이 가진 장점의 의미나 그것들의 친구든 적이든 깃털에서 반사되는 빛에 의해 색이 드러난다는 것을 확신할 수 있네. 하나의 종이 생존하기 위해 특정한 색이 부적절하다는 사실을 정리하기 위해서는 지금보다 훨씬 더 많이 알아야만 할 걸세. 아가일 공작 역시 미에 관해 정의를 내려야 할 것이고 그것이 사람에 대한 것인지 새에 대한 것인지 분명히 말해야 할 거네. 나는 미나 변이에 관한 생각 자체에는 이견이 없다네. 하지만 단정적으로 그렇다고 주장하는 것은 논리적이지 못하지.

우리 가족은 3주일 정도 베를린에 있었다네. 공주와 진화론에 대해 아주 흥미진진한 대화를 나눴네. 역시 그 아버지의 그 딸답더군. 좋은 책도 많이 읽고, 생각도 깊어 보였다네.[6] 『종의 기원』과 헉슬리의 책 『인간의 지위』에 정통하더군.[7] 그리고 최근에 스웨덴에서 봤다던 팔바우텐

(Pfahlbauten, 호상가옥) 박물관에 대해서도 꿰뚫고 있더군. 자네의 책을 두 번 읽고 나니 네 가지의 기원만큼은 자신의 시각으로 볼 수 없었다는 군. 세상, 종, 인간 그리고 흑백 인종에 대해 말일세. 그런데 흑백 인종은 둘 다 같은 무리에서 나온 걸까 아니면 서로 다른 무리에서 나온 걸까?

공주는 나에게 지금 하고 있는 일이 뭐냐고 물었네. 『원리』[8]를 개작하고 있으며, 각각의 종이 독립적으로 창조되었다는 생각을 접었다고 했지. 자네 책이 나온 이래로 '낡은 견해는 결코 회복하지 못할 만큼 충격을 받고 있기' 때문에 내 어려움을 충분히 이해할 수 있다고 했다네. 아가일 공작이 쓴 『종의 기원』에 관한 논평을 보고 자네가 무슨 생각을 했는지 알고 싶군. 내 생각에 자네의 책은 창조의 뒤를 이어 과학이 도달할 수 있는 최고의 방법론을 제시하는 데 대단한 일보를 내디딘 작품일세. 아가일 공작은 그 책이 이뤄 낸 진보를 완전히 인정하는 것 같지는 않네. 심지어 자기 안에서 일어난 진보조차도 말일세.

베를린에 머무는 동안 『지질학의 원리』 한 부를 보내 주려고 했었네. 새롭기는 하지만 『종의 기원』과 충돌하는 부분은 없다네. 대서양 이론에 대한 설명을 읽어 보게나. 인쇄업자가 너무 형편없어서 내가 돌아갈 때까지 그 책이 나오지 못할까 봐 걱정이네. 지난 4주일 동안 자네 건강이 어땠는지 궁금하네. 알려 주게.

이만 줄이네.

찰스 라이엘.

찰스 라이엘에게 보낸 편지 1865년 1월 22일

영국 남동부 켄트 주 다운, 브롬리

1865년 1월 22일

라이엘 선생님께

  선생님의 편지는 늘 흥미롭군요. 진정한 영국인이라면 타고나게 마련이듯이 저 역시 지위에 대한 공경심을 가지고 있습니다. 그래서인지 공주에 대한 이야기는 듣기 좋았답니다. 선생님이 아가일 공작의 연설에 대해 어떻게 생각하느냐고 물으셨으니 기꺼이 들려드리겠습니다.

  지금까지 아가일 공작이 한 말들이 다 좋았던 것처럼 그 연설도 아주 재치 있다고 생각합니다. 하지만 전 흔들리지 않았답니다. 선생님은 신이든 인간이든 저를 흔들지는 못할 거라고 말하시겠지요. 아가일 공작은 몇 번이고 되풀이해서 말했습니다. 수컷 벌새의 화려한 깃털은 선택에 의해 획득된 것일 수 없으며, 마찬가지로 짝짓기 상대의 선택을 통해 아름다운 깃털이 획득된다는 저의 주장을(3판, 93쪽) 완전히 무시한다고 말입니다. 이 점에 대해 저도 이의를 제기합니다.

  아가일 공작은 이것으로는 충분하지 않다고 생각하겠지만 또 다른 문제가 있답니다. 부리, 날개, 꼬리 등에서 보이는 차이점들이 다른 유사성 때문에 몇몇 종에서는 중요하지 않다는 공의 견해에 완전히 공감하지 못하는 것이지요. 제가 단 두 종의 벌새만을 관찰했는데도 비행 방법이나 꼬리의 활용에서 현저한 차이가 드러났기 때문입니다. 변종이냐 아니면 아름다움이냐의 차이점에 대한 견해를 세울 때는 적어도 난초에 관한 제 책을 읽고 좀 배웠으면 좋았을 텐데 말입니다. 대담하게도 지금까지 아무도 추측하지 못한 그런 기괴하고 아름다운 차이점을 가진 식물 품종은 없다는 학설을 만들었을지도 모르지요. 하지만 이제는 거의 모든 경우에서 그 차이점들이 중요한 역할을 한다는 사실이 드러나고 있지 않습니까.

벌새나 난초나 한 부분에서 변형이 일어나면 다른 부분에서도 그와 관련 있는 변화가 일어나는 것은 분명합니다. 아름다움에 대해 선생님께서 하신 말은 공감합니다. 한때는 저도 그에 관해 많은 생각을 했지만 아름다움 자체만을 위해 아름다운 생명이 창조된다는 학설은 사양합니다.

연구를 하면 할수록 지극히 미세한 변이의 축적을 통해 새로운 종이 탄생한다는 사실에 확신이 듭니다. 자연선택이 자발적으로 일어나는 변이의 축적을 의미한다는 사실을 제가 잠시 간과했던 것에 대해 공작이 했던 비난에 죄를 묻고 싶은 생각은 없어요. 제가 사용할 수 있는 가장 강력한 언어로 이 점을 표현했지만, 이의 제기가 들어올 때마다 저를 지키겠다는 생각이 들면 장황하게 설명해야 할 것입니다. 아가일 공작이나 선생님이나 쇼트혼(영국산 비육우)이나 집비둘기, 밴텀 닭을 개량했다고 하는 축산가들을 공격한다면 저는 '페커비(Peccavi, 죄를 자백)'할 것입니다.[10] 하지만 저는 농부들보다 훨씬 더 거친 표현도 얼마든지 인용할 수 있답니다. 임의 변이의 선택 능력에 비해 유력한 선택 능력을 가지고 있기 때문에 인간은 자신들이 원하는 인위적인 품종을 만드는 것입니다. 하지만 그런 용어를 쓴다고 해서 어느 누구도 축산가들을 공격하지는 않지요. 그 용어가 일반화가 되면 저를 비난하지도 않겠지요.

선생님이 쓴 책을 보내 준다니 더없이 기쁘답니다. 모조리 읽고 싶지만 안타깝게도 다른 일을 할 때보다 책을 읽기만 하면 머릿속에서 윙윙거리는 소리가 들려요. 매일 두세 시간 정도는 일을 할 수 있지만 그렇게 하면 모든 게 엉망이 되고 말지요. 곁길로 빗나가는 일은 하지 않을 것입니다. 그래서 변이에 관한 책이 완성될 때까지는 아무것도 출판하지 않기로 결심했어요.

우리(받아 적는 사람과 부르는 사람)"가 안부 전한다고 부인께도 말씀드려 주세요.

찰스 다윈.

아가일 공작과 이야기를 나누게 되거들랑 흥미로운 연설이었다고 전해 주십시오. 그리고 짝짓기 상대의 선택에 관해서도 전해 주세요.

[1831년부터 1836년까지 다윈이 비글호 항해를 했을 당시 배의 선장이었던 로버트 피츠로이는 1865년 4월 30일 스스로 목숨을 끊었다.]

J. D. 후커에게 보낸 편지 1865년 5월 4일

다운

1865년 5월 4일

후커에게

아주 재미있는 편지 두 통은 잘 받았네. 피츠로이 소식을 듣고 무척 놀랐네. 그런 일이 일어나리라고는 단 한 번도 상상해 보지 못했네. 가여운 그 친구는 항해 중에 단 한 번 정신을 잃은 적이 있지. 내 생전 그렇게 복잡한 성격을 가진 사람은 처음 보았네. 늘 사랑이 넘치던 사람이었지. 나도 한때는 그를 좋아했고 말이야. 그런데 성질도 못됐고 얼마나 성을 잘 내던지, 점차 그가 싫어지더군. 다만 마주치기가 싫었지. 그와 두 번 심하게 다툰 적이 있다네. 내 얘기는 듣지도 않더군. 하지만 분명히 피츠로이에게는 고상한 면도 있었고 기품도 있었지. 가여운 친구, 이제 그의 시대도 막을 내렸군. 자네도 그가 캐슬레이 경의 조카라는 사실을 알고 있겠지. 외모나 태도가 아주 닮았었지.

자네가 내 오랜 친구니까 기뻐할 이야기를 들려주지. 열흘 이상 앓던 병이 갑자기 나았다네. 더 악화되지도 않고 말일세. 난 혹시 6개월이나 9개월을 끌 지독한 병의 전조인 것 같아 두려웠지. 정말 무시무시하게 앓았다네. 제너가 이곳에 왔었는데 내 경우를 보고는 정말 당혹해하더군. 내가 훨씬 좋아지고 정신도 맑아진 것을 보고 정말 놀랐다네. 예전보다 더 놀라더군. 그때는 그에게 말도 잘 못했거든. 이제 다른 사람에게는 진찰받지 않을 거네.

라플레시아(Rafflesia)에 대해 굳이 듣고 싶어 할 것 같지는 않네만, 지볼트가 쓴 『벌의 처녀생식*Parthenogenesis of Bee*』 107쪽을 보면 같은 종류의 충영곤충(Gall-insect)에서 두 개의 성이 나타나며 이들이 각각 다른 식물에 기생한다더군.[12]

헤켈로부터 방금 논문을 받았는데 메두사들이 특이한 방식으로 증식한다는 말이 있었네. 마치 이런 경우와 같네. 올챙이가 두 개의 성을 갖고, 정기적으로 알을 낳으며, 막 개구리가 된 녀석들도 두 개의 성을 갖고 알을 낳는 것 말일세.

피츠로이 소식을 알려 줘서 참으로 고맙네. 가여운 친구, 항해 초기에는 정말 자상하게 대해 주었던 사람인데.

잘 지내길 바라네.

찰스 다윈.

[4월 2일과 3일 남부 연합의 수도인 버지니아 주 리치먼드가 함락되었고, 1865년 4월 9일 북부 버지니아 군의 로버트 에드워드 리의 항복으로 남북전쟁은 사실상 막바지에 달했다.]

아사 그레이가 보낸 편지 1865년 5월 15일, 17일

매사추세츠 케임브리지
1865년 5월 15일

다윈 선생께

지난달 19일자로 보내신 편지는 제가 쓴 간단한 노트와 엇갈린 것 같습니다. 요즘 책을 쓰느라 너무 정신이 없어서 지인들에게 편지도 제대로 보내지 못했습니다. 일단 시작하면 멈추지 못하는 성미거든요. 선생께서는 늘 측은지심을 가지고 계시고 올바른 판단을 내리십니다. 정의를 지키려는 북군의 노력이 승리를 거둔 데 대한 선생의 진심 어린 축하에 감사합니다. 저희와 슬픔을 나누셨으니 승리의 기쁨은 더욱 크셨을 겁니다.

하지만 무엇보다 미국의 숭고한 건국이념에 만족하셨을 겁니다. 링컨 대통령의 사망에 애도를 보내 준 영국 국민의 애정에 감사합니다.

미국인이 가지는 영국에 대한 반감에 대해서도 말하지 않고, 캐나다의 영국령을 우리가 빼앗으려 한다는 가정도 하지 않겠습니다. 아무도 그에 대해 신경을 쓰지 않습니다.

영국이 미국을 쇠약하고 패망한 나라라고 여겼을 때, 그리고 우리가 더 많은 원조를 바랐을 때도 영국이 우리를 학대한다고 생각했습니다. 우리가 얻은 교훈은 영국과 평화롭고 안정된 관계를 유지하기 위해서는 강해져야 한다는 것입니다. 그렇지 않으면 우리는 굴욕을 감당해야 하겠지요. 하지만 이제 미국은 다시 제 발로 섰고 모든 일이 잘 돌아갈 것입니다. 그리고 증오는 사라졌습니다. 사실 증오하는 사람은 거의 보지 못했습니다. 우리는 반역자도 증오하지 않으며 반역자들에게 유죄를 선고함으로써 정의를 실현하지도 않을 것입니다. 북군에게 잡힌 그들의 지도자를 교수형에 처하는 일도 없을 겁니다. 하지만 저는 지도자를 교수형에 처하고 부하들은 용서해야 한다고 생각합니다. 북군을 잡아 감옥에 가두고 굶어 죽게 한 남부군에게 지금 우리는 식량을 주고 있습니다.

노예제도는 완전히 사라졌습니다. 우리는 협정을 맺기로 했습니다. 마땅히 맺어야 하고요. 영국도 이 점에 대해 찬성할 것입니다. 우리는 부담을 안고 있습니다. 막중한 부담이지만 분명 젊고 다시 활력이 넘치고 미래가 있는 나라이므로 구세계의 성숙하고 발전한 나라들을 휘청거리게 할 만큼 잘 버티고 발전해 나갈 것입니다.

플란타고(Plantago, 질경이)의 이형질 현상을 관찰해 봐야겠습니다. 선생께서도 말씀하셨다시피 이 식물은 바람에 의해 수분되는데 이형질 현상으로는 아무것도 얻지 못했습니다. 그 근처에 이형질성을 띤 종은 없고, 버지니카(P. Virginica)의 씨앗도 얻을 수 없습니다. 선생께서 일러 주신 대로 잘 말린 표본을 관찰해 보면 그 문제를 해결할 것도 같습니다. 리스럼에 관한 논문에 매우 큰 관심을 가지고 있습니다(하지만 그것에 관해 쓸 시간이 없군요). 덩굴식물에 관한 선생의 논문도 고대하고 있습니다. 선생은 정말이지 연구의 제왕이십니다.

서둘러 마칩니다. 안녕히 계십시오.

아사 그레이.

〈타임〉에 실린 기사도 고맙습니다. 선생께서 기고하신 거라고 믿습니다.

[1865년 5월까지 다윈은 유전과 진화에 관해 포괄적인 설명을 하기 위해 야심찬 가설을 공식화했다. 다윈은 그 가설을 믿었으며 이를 '판제네시스(pangenesis, 다윈의 유전가설, 범생설)'라고 불렀고, 이 가설로 귀선유전과 신체 일부의 재성장을 비롯해 유성생식과 무성생식을 모두 설명할 수 있었다. 다윈은 각각의 개별 세포들은 몸 안의 체액을 타고 돌아다닐 수 있는 미세한 조각[제뮬(gemmule)]을 발산하며 이들이 새로운 세포를 만들어 내고, 필요로 하기 전에는 휴면 상태로 남아 있다는 견해를 제시했다. 제뮬은 상호간의 인력에 의해 합쳐지며 적절한 명령에 따라 적절한 곳에 자리 잡는다. 이를 테면 (재생 능력이 있는 기관에서) 잘라 나간 사지나 꼬리의 조직을 재구성하게 된다. 세포들은 발달의 모든 단계에서 제뮬을 발산하며 모든 제뮬은 필요로 하기 전까지 순환하고 있다. 따라서 배(胚) 제뮬은 배(胚) 세포에 의해서

생성되며, 조건이 잘 맞았을 때 다윈이 점[germ, 초기 배(胚)]이라고 부른 형태(암컷의 성분)나 수컷의 성분으로 바뀌는 것이다. 초기 배는 수정되면(범생설에서는 수정이 되지 않아도) 새로운 배로 성장하게 된다. 제뮬은 활성화되기 전에는 몇 세대 동안 휴면상태로 있을 수 있다.]

헉슬리에게 보낸 편지 1865년 5월 27일

영국 남동부 켄트 주 다운, 브롬리

1865년 5월 27일

헉슬리 보게

자네에게 부탁을 하나 하고 싶네. 자네만큼 열심히 일하는 사람이 하는 부탁일세. 근사하게 인쇄된 30쪽짜리 원고를 보내니 읽어 보고 내가 그것을 출판해도 될지 자네 의견을 들려주게. 장황한 비평은 사양하네. 아마 한두 달 동안 원고를 가지고 있어도 될 걸세. 꼭 부탁하고 싶어서가 아니라 그 주제에 관해 끝까지 나와 같은 생각을 가질 사람이 자네 말고는 없어서 그러네.

사정이 이러하다네. 다음 책에서 나는 싹과 발생(생식)과 변이, 그리고 유전과 귀선유전, 사용과 비사용의 효과 등에 대해 아주 긴 분량으로 다룰 것이네. 생식의 다른 형태에 대해서도 몇 년 동안 생각했다네. 그래서 열정도 생기고 일종의 가설로서 그와 같은 사실들을 연관 지어 보려고 하네. 원고는 그러한 가설을 적은 것이네. 경솔하고 허접한 가설이지만 내게는 상당한 고민거리라네. 물론 단순한 가설이라는 점도 잘 아네. 가치도 없는 가설로 끝날 수도 있지. 하지만 다른 장들의 개요가 될 수 있다는 점에서 내게는 무척 유용하다네. 이제 자네가 "태워 버려."라고 간단한 평결을 내리기만을 고대하겠네. 아니면 내가 기대하는 가장 상냥한 평결은 "특정한 사실들을 조잡하게 연관 지었다. 하지만 그 가설이 즉시 잊혀지지는 않을 것이다."는 정도라네. 자네가 이 정도로만 생각해 준다면, 그리고 터무니없는 가설이라고 여기지 않는다면 난 그 논문을 결론 부분에 실을 것이네. 내 부탁을 들어 줄 텐가? 일에 너무 몰두하고 있다면 거절하게.

나를 위해 말해 두지만, 자네의 추상 같은 호된 비평에 내 가설을 드러냈으니 영웅이라고 말이야.

든든한 친구 헉슬리에게.

찰스 다윈.

J. H. 헉슬리가 보낸 편지 1865년 6월 1일

지질 박물관(Museum of Practical Geology)

1865년 6월 1일

다윈 선생님께

어제 저녁에 선생님의 원고 잘 받아보았습니다.

그 자리에서 그걸 읽어 보지 않고는 배길 수가 없더군요. 그리고 가장 예리한 시각과 가장 사려 깊은 사고가 필요하다는 걸 알았답니다.

그 전반적인 주제에 대해 심사숙고하기 전에는 아무 말도 하지 않겠습니다.

진실한 벗.

헉슬리.

T. H. 헉슬리에게 보낸 편지 1865년 7월 12일

켄트 주 다운, 브롬리

1865년 7월 12일

헉슬리 보게

내 원고를 세심하게 고찰해 주어서 뭐라고 감사의 말을 해야 할지 모르겠군.[13] 그것이 바로 진정한 우정이지. 내가 뷔퐁의 견해를 재탕했다면 정말 기분 나쁠 걸세. 어떤 이론인지는 모르지만 책을 사 봐야겠네. 힘이 닿는다면 보네트의 책도 읽어 봐야겠어. 자네의 판단이 절대적으로 옳을 거라고 믿네. 출판하지 말자고 나 스스로를 설득할 것이네. 모두 부질없는 공상이었지. 하지만 사용과 비사용의 유전 효과로서 그 사실들을 생각해 보면 그 가설이 적용될 곳도 있다고 생각하네. 어쨌든 최근에 건강이 그렇게 나쁘지만 않았어도 더 오랫동안 생각해 볼 수 있었을 텐데 말이야. 그래도 지난 두 달 동안은 아무것도 하지 않고 원고만 썼다네.

다시 말하지만 진심으로 고맙네. 자네의 후원이 있어 내가 있네.

찰스 다윈.

헉슬리가 보낸 편지 1865년 7월 16일

저민 가

1865년 7월 16일

다윈 선생님에게

방금 선생님의 원고를 세어 봤답니다. 모두 다 있고, 잘 싸서 선생님에게 등기로 부쳤어요. 안전하게 받으시길 바랍니다. 어제 보냈으면 좋았을 텐데 손님들이 와서 시간을 놓쳐 버렸지 뭡니까.

책으로 만들지 말라는 의미는 절대 아닙니다. 그리고 그런 책임을 떠맡고 싶지는 않군요.

반세기가 지나 누군가가 선생님의 원고를 뒤지다가 판게네시스를 발견하고 "근대 이론을 멋지게 예언한 원고로군. 그리고 이 얼간이 같은 헉슬리가 책으로 출판되는 것을 방해했군."이라고 말할 테니 말입니다.

그러면 그 시대의 칼라일 학파 사람들이 단순히 약삭빠르고 총명한 사람과 진짜 천재도 구별 못 하는 사람이라고 저를 도마 위에 올려놓고 글을 쓰겠지요.[14]

전 그런 식으로 불쾌한 본보기가 될 마음은 없답니다.

제가 드릴 수 있는 말은 출판하라는 말뿐입니다. 구체적으로 결론을 내려서라기보다는 현재 접근할 수 있는 단서의 가설적인 진보로서 말입니다. 그리고 더 이상 필리스틴(Philistines, 무자비한 적을 풍자적으로 표현한 것이다—옮긴이)들이 선생님이 생각하는 것 이상으로 모독할 기회를 줘서는 안 됩니다.

선생님의 건강이 다시 나빠졌다는 소식을 들으니 슬프군요.

선생님을 친애하는, 헉슬리.

T. H. 헉슬리에게 보낸 편지 1865년 7월 17일

다운
월요일

헉슬리에게

누워 있을 수밖에 없어서 연필로 쓰고 있으니 용서해 주게. 뷔퐁의 책을 읽었다네. 내 책만큼이나 우스꽝스럽더군. 한 사람의 견해를 말투만 바꿔서 노골적으로 똑같이 쓰다니 참으로 놀랍네. 이런 작태가 민망하기 그지없네. 하지만 무신론으로 개종하지는 않았더군. "약삭빠르고 총명하다."고 나를 평가해 주다니 고맙기 그지없네.

그래도 역시 뷔퐁과 내 견해는 근본적으로 다르다네. 그는 각 세포나 조직의 요소가 작은 배(胚)를 생성한다는 가정을 하지 않더군. 하지만 수액이나 혈액에 '기관의 미립자'가 들어 있다고 가정했다네. 그 미립자는 이미 만들어져 있고 각 기관에 영양분을 주기에 적합하며 이것이 완전히 형성되면 배(胚)나 성별 요소를 만들기 위해 모인다는 것이네. 내 가설만큼이나 생각할 가치도 없는 쓰레기더군. 언젠가 내가 다음 책을 출판할 기력이 생긴다면 '판게네시스'를 거론해야 할 것 같은데, 자네에게 분명히 말하지만 제대로 쓸 수 있을지 걱정이네. 예를 들어 극피동물과 같은 경우, 생물의 일반적인 진화 경로는 이전에 있던 상사기관에서 아주 멀리 떨어진 지점에 새로운 기관이 형성되는데, 내가 보기에 이것은 어떤 이론으로도 설명하기 어렵다네. 다만 각각의 분리된 새로운 기관의 배(胚)나 제뮬의 모세포에서 일어나는 자유방산으로는 가능하지. 세대 교번의 경우도 그렇고 말이야. 더 이상 지껄이지 않겠네. 자네는 비평의 달인이고 배울 점이 많은 친구일세.

 찰스 다윈.

 지난번 자네 편지를 보고 모두가 즐거웠다네. 미래에 내 논문들을 샅샅이 뒤지는 사람들이 지금보다 더 거세게 반대할까 봐 걱정이네.

아사 그레이가 보낸 편지 1865년 7월 24일

매사추세츠 케임브리지

1865년 7월 24일

다윈 선생께

선생의 건강이 다시 안 좋아졌다는 소식을 후커에게 들었습니다. 걱정하는 마음에서 몇 자 적은 편지는 방금 제가 받은 선생의 편지와 엇갈린 것 같습니다.

지금은 좋아지셨기를 바랍니다. 브레이스를 못 만나셨다니 다행이군요(만날 수도 없는 상황이라서 유감입니다만). 그 친구는 대단한 수다쟁이이고 질문도 많은 사람입니다. 만났다면 선생의 기력을 완전히 소진했을 겁니다.

드디어 스페쿨라리아 퍼폴리아타(Specularia perfoliata)의 씨앗들을 엥겔만 박사에게서 얻었습니다. 반은 제가 심었고 나머지는 선생께 보냅니다. 덩굴식물에 관한 선생의 훌륭한 논문을 가끔씩 읽고 있습니다. 아직 88쪽까지밖에 읽지 못했는데, 덕분에 제가 가지고 있는 덩굴식물들을 주의 깊게 관찰하고 있습니다. 정말 대단한 연구를 하셨더군요.

선생께서 덩굴손 고리의 2회전에 대해 길게 설명해 놓은 부분을 보고 있습니다. 양쪽 끝이 고정되어 있고 어느 한쪽의 수축으로 인해 길이가 짧아진다면 기계적으로 어쩔 수 없이 코일은 다른 식으로 회전해서 중심으로부터 멀어진다고 볼 수 있지 않을까요?

올해 정원에 애들러미아(Adlumia, 줄꽃주머니 속)가 자라지 않아 난처합니다. 지난해에는 싹도 나오지 않았습니다. 아마도 가뭄 때문인 것 같습니다. 시골에 가면 볼 수 있을 겁니다. 제 아내가 뉴욕 서부에 가 있는데 3주일 정도 시골 생활에 젖어 보려고 저도 이틀 후에는 떠날 겁니다. 저는 원치 않지만 아내가 원하는군요. 가자마자 할 일은 선생의 논문을 분석해서 〈실리맨 저널〉에 실을 기고문[15]을 쓰는 겁니다. 그리고 너무 늦지 않게 돌아오면 대학 강의에서 그에 대한 강연을 두세 차례 하려고 합니다.

웨지우드 부인[16]이 캐나다에서 돌아왔을 텐데, 돌아왔는지는 듣지 못했습니다. 돌아오면 제게 알려 주기로 했답니다. 그래서 로링[17]이 여름에 머무는 아주 작은 시골 해변에서 하루를 보내면 좋겠다고 했지요. 하지만 지금은 너무 늦은 것 같습니다.

금요일까지는 웨지우드 부인이 이곳에 와줬으면 했습니다. 그날 전쟁에 참전했던 하버드 출신 사람들의 환영회가 있었습니다. 500명도 넘더군요. 그리고 전사자들의 추모식이 있었습니다. 멋진 날이었지요!

제퍼슨 데이비스는 교수형에 처해야 마땅합니다. 우리는 기꺼이 정부의 손에 맡겼지요. 분명 책임 있게 처리할 것입니다. 제가 그 일을 맡는다면 공화국의 가장 큰 죄목인 반역죄로 기소해서, 유죄 선고를 내리고 사형을 언도할 것입니다. 그러고 나서 감형한다면 그 사람을 생각해서가 아니라 정책적으로라도 그에게 더 큰 굴욕감을 안겨 줘야 한다고 생각합니다. 그를 교수형에 처하길 원한다는 내용을 담은 편지 한 통을 받았는데 앨라배마 남부 반란 세력이 보낸 것입니다.

선생께서도 아시다시피 노예제도는 막을 내렸습니다. 끝났습니다. 전원 만장일치로 말입니다.

반란을 일으킨 주들은 마지막까지 협조하지 않겠지요. 하지만 아주 철저하게 몰아붙여서 손발을 묶어 둘 것입니다. 그리고 군을 해산하겠지요. 하사가 인솔하는 소분대만으로도 사우스캐롤라이나를 충분히 장악할 수 있을 겁니다.

우리 앞에는 아주 어려운 문제들이 있는 것도 사실입니다. 하지만 단한 가지 해결책은 가능성입니다. 남부는 분명 새로운 혁신이 일어날 것이고 미국풍으로 바뀔 것입니다.

그럼, 선생의 건강을 빕니다. 건강이 좋아지면 소식 전해 주십시오.

진정한 우정을 보내며.

아사 그레이.

A. R. 월리스가 보낸 편지 1865년 9월 18일

북서부 리전트 파크, 성 마크 크레센트가 9번지
(St. Mark's Crescent, Regent's Park N.W.)
1865년 9월 18일

다윈 선생께

덩굴식물에 관한 선생의 논문을 보내 주신 것에 대해 일찍 답장을 드렸어야 했는데 그러지를 못했습니다. 논문은 매우 흥미롭게 읽었습니다. 논문을 완성하고 선생께서 얼마나 흡족해하셨을지 상상이 되는군요. 몸이 많이 편찮으신데, 제게 충고해 주실 여력이 있으신지 걱정입니다. 편지를 읽기도 성가실 것 같군요.

선생께서 더 건강해지시기를 바라며, 변이가 일어남과 동시에 유전되는 신기한 경우에 대해 의견을 나누고자 이 편지를 씁니다. 왕립협회에 제출한 것입니다.

제가 보내는 노트는 반대편의 입장을 적은 것입니다. 선생께서 이름이나 날짜, 새의 그림 등 더 자세한 사항에 대해 궁금하시면 오캘러핸 씨께서 보내 주실 겁니다.

선생의 건강이 하루속히 회복되길 바랍니다. 그리고 올겨울에는 선생의 새로운 책이 반드시 나오기를 바랍니다.

당신을 친애하는, 알프레드 월리스.

다윈 귀하.

노트

지난봄 한 시골 소년이 오캘러핸 씨에게 볏이 달린 검은 새 한 마리를 봤다고 말했습니다.

오캘러핸 씨는 소년에게 그 새를 진지하게 관찰해 보고 더 자세히 이야기해 달라고 했답니다. 얼마 후 소년은 검은 새의 둥지를 발견했다고 했답니다. 그리고 둥지 근처에 볏 달린 새가 있었는데, 그 둥지에 사는 것 같다고 했답니다. 소년은 어린 새끼가 부화할 때까지 둥지를 관찰했답니다. 얼마 후 소년은 오캘러핸 씨에게 어린 새끼들 중 두 마리는 마치 볏이 있는 것처럼 보였다고 했습니다. 소년은 새끼 몸에 깃털이 나면 바로 한 마리를 잡아다 주겠다고 했습니다. 그런데 너무 늦어서 새들이 이미 둥지를 떠났답니다. 하지만 운 좋게도 둥지 근처에서 새끼들을 발견했고 돌멩이를 던져 잡았답니다. 오캘러핸 씨는 그 새끼들을 박제해서 전시했습니다. 멋진 볏을 가지고 있었으며, 폴란드산 닭과 비슷하지만 새 치고는 덩치가 컸습니다. 균형이 잘 잡혀 있었고 잘생겼더군요. 수컷은 거의 우산새(Umbrella bird, 중남미산으로 우산 모양의 볏이 있는 새)의 축소판 같았고

볏은 크게 부풀어 있습니다.

월리스.

A. R. 월리스에게 보낸 편지 1865년 9월 22일

남동부 켄트 주 다운, 브롬리

월리스 선생께

선생의 요약본 노트를 보내 주다니 대단히 감사합니다. 그런 경우는 들어 본 적이 없답니다. 비록 그러한 변이가 야생에서는 다반사로 일어나고 유전되지만, 가축화된 모든 새들은 깃털 다발이나 뒤집혀진 깃털을 머리에 달고 나오기 때문이지요. 가끔씩 난 그런 생각이 듭니다. 모든 강(綱)의 선조는 분명 볏이 달린 동물이었을지도 모른다고 말입니다.

선생의 탐험일지는 어느 정도나 진행되었나요? 최근에 오랑우탄에 관한 선생의 논문을 매우 재미있게 읽어서인지 탐사 일지도 흥미로울 것 같아 한층 더 기대됩니다. 연보에 실린 논문이었는데 최근에 마지막 권을 읽고 있습니다.

자연에 관해 쓴 일지는 자연사의 제 맛을 보여 주는 매우 훌륭한 도구라고 생각합니다. 내 경우만 해도 나의 열정을 끓어오르게 한 것은 훔볼트의 『퍼스널 내러티브 Personal Narrative』[18]이지요.

〈린네 회보〉의 마지막 호를 아직 받아보지 못했지만 틀림없이 선생의 논문은 나의 영향권을 넘어설 것입니다. 조금 나아지긴 했지만 아직은 아무 일도 못하고 소파에 누워 지낸답니다. 소리 내어 읽으라고 해야겠어요.[19] 선생도 타일러와 레키[20]의 책을 읽어 보셨는지요? 두 권 모두 흥미롭게 읽었답니다. 러벅의 책[21]은 읽어보셨을 것 같구려. 마지막 장에 선생에 대한 이야기가 나오는데 나와 의견이 거의 같답니다. 선생이 왕립협회에 참석했다고 들었는데, 〈리더〉에서 읽은 소식 말고는 더는 듣지 못했답니다. 〈리더〉가 인류학협회(Anthrop. Soc.)로 넘어갔다는 소문을 들었습니다. 편지 쓸 시간이 나시거든(세상 소식을 전해 주는 나의 유일한 통로였던 후커가 아파서 소식을 알 길이 없답니다) 〈리더〉가 팔렸는지 알려 주시길 바랍니다. 그 신문이 편파적인 경향을 띠게 될까 걱정입니다. 선생께서 지금은 무슨 일에 몰두하고 계신지도 궁금합니다.

『종의 기원』에 대해 내가 들은 소식은 프리츠 뮐러가 『종의 기원』을 옹호하면서 쓴 책이 몇 달 전에 출판되었고 프랑스어 2판이 곧 나온다는 소식입니다.[22]

늘 선생의 안녕을 기원합니다.

찰스 다윈.

1866년

지역 지주에게 보낸 편지 1866[1]

선생께서 지금은 농장에서 멀리 떨어진 곳에 계시기 때문에 말들의 목에 아주 심각한 상처가 있다는 사실을 모르고 계실 것 같군요. 저도 두 사람에게서 전해 들었습니다. 즉시 이곳으로 오시길 바랍니다. 제게 늘 정중하게 대해 주시는 선생께 이런 안 좋은 소식을 전해 드려서 매우 죄송하게 생각합니다. 인정상 간과할 수 없었습니다. 일하는 말들은 목에 상처가 나기 쉽습니다. 충분한 증거도 있지요. 에인슬리 씨에게 편지를 써서 이의를 제기했으나 소용없더군요. 그래서 동물학대 방지협회(Society for the Prevention of Cruelty to Animals)의 책임자에게 이곳으로 와서 확인해야 한다고 전했습니다. 브롬리 법원이 에인슬리 씨에게 벌금을 부과했습니다. 선생께서 즉시 진상을 파악하시고 농장 관리자에게 상처 입은 말에게는 일을 시키지 말라고 엄중한 지시를 내리시기 바랍니다.

찰스 다윈.

헨리 벤스 존스에게 보낸 편지 1866년 1월 3일

남동부 켄트 주 다운, 브롬리
1866년 1월 3일

벤스 존스 박사께

보고서를 써야겠지요. 이제는 매일 평균 5.6킬로미터 정도 산책을 할 만큼 좋아졌고, 종종 7킬로미터 정도를 산책하기도 했답니다.

조금씩 변동은 있지만 가장 많이 떨어졌을 때의 몸무게를 유지하고 있답니다. 기력도 넘치고 활력이 생기는 것 같습니다. 책도 더 많이 읽고 매일 한 시간 30분가량 글을 쓰기도 합니다. 한 가지 아쉬운 점은 매일 점심이나 저녁을 먹은 후 세 시간 동안은 아주 심한 편두통에 시달리고 다음 식사 때까지 헛배가 부르다는 것입니다. 하루 종일 전혀 헛배가 부르지 않을 때도 있는데, 특히 상태가 좋은 날 그렇더군요. 어느 날인가 머리와 배가 몹시 아팠는데 기대하지도 않고 커피를 한 잔 마셨지요. 설탕을 넣지 않고 말입니다. 효과가 좋더군요. 그래서 계속 그렇게 마시고 있답니다. 지금은 점심 식사나 저녁 식사 때마다 커피 한 잔을 곁들여 마시는데, 그렇게 한 뒤로는 한 번도 두통이나 헛배 부름이 없었답니다. 커피가 효과가 있다는 것을 알기 전까지 점심과 저녁 식사도 바꿔 보고 여러 방도를 써 봤답니다. 고기 요리는 아직 많이 먹지 못하지만 사냥한 새나 닭 요리는 하루에 두 번 조금씩 먹고 있습니다. 간식으로는 달걀과 오믈렛, 마카로니, 치즈를 먹는데 이것이 가장 좋은 것 같더군요. 그리고 전분을 많이 섭취하면 지독하게 산이 넘어 와서 되도록 전분류는 먹지 않는답니다.

아무래도 위의 상태가 많이 바뀐 것 같습니다. 지난 20년간 치즈나 커피는 입에도 대지 못했는데 말입니다. 이제는 그 녀석들이 아주 잘 맞거든요.

2주일 동안 산화철을 10그램씩 복용했습니다. 빼놓지 않고 말이에요. 그러다 열흘 전에 끊었답니다. 다시 복용해야 한다고 하면 그렇게 하겠습니다. 3주일 이상 하루에 두 번씩 염산 10방울을(고춧가루와 생강과 함께) 복용했는데 아주 잘 맞더군요. 더 복용해도 될까요? 내 보고서를 읽고 기뻐했으면 좋겠습니다. 앞으로 더 좋은 조언을 해주길 바랍니다.

감사하는 마음을 전하며.

찰스 다윈.

[다윈의 여동생 에밀리 캐서린 랭턴이 1866년 1월 말에 사망했다.]

에밀리 캐서린 랭턴이 엠마와 다윈에게 보낸 편지

1866년 1월 6일, 7일

사랑하는 엠마 그리고 오빠에게

건강이 급속도로 나빠지고 있어서 오빠 가족들과 엘리자베스에게 안부를 전할 시간이 없을 것 같아요.² 정말 슬프지만 더 이상 오빠와 가족들을 만날 수 없을 것 같아요. 새해 첫날 그런 생각이 들었어요. 세상이 온통 낯설게 느껴졌답니다.

말씀드리고 싶은 것은 수전 언니가 저를 잃고 나면 상심이 무척 클 거라는 얘기예요.[3]

이 편지도 어젯밤에 시작했는데, 너무 힘들어서 계속 쓸 수가 없었답니다.

수전 언니가 겪을 외로움을 생각하면 정말 슬프지만 달리 희망이 없는 것 같아요.

사랑하는 제 남편도 제가 곧 죽을 거라는 사실을 느끼고 있겠지요. 청각 장애만 없었다면 정말 훌륭한 간호사였을 겁니다.

모두의 사랑과 친절함 덕분에 마지막 말을 남깁니다.

신의 축복이 모두에게 임하기를, 천국에서 만나기를.

캐서린.

일요일.

A. R. 월리스에게 보낸 편지 1866년 1월 22일

남동부 켄트 주 다운, 브롬리
1866년 1월 22일

월리스 선생께

비둘기에 관해 쓴 선생의 논문을 보내 주셔서 감사합니다. 선생이 쓴 내용 모두가 흥미롭더군요.[4] 원숭이가 비둘기와 앵무새의 분포에 영향을 미쳤다는 것을 감히 누가 상상이나 했겠습니까.

린네 회보에 실린 선생의 논문을 어제 다 읽었는데, 아직도 난 큰 만족감에 빠져 있답니다.[5] 참으로 대단한 논문입니다. 종이 변한다는 것을 확고하게 믿는 사람이라면 그 논문을 읽고 믿음이 더욱 확고해질 것입니다. 내가 기운만 있다면 아주 장황한 책을 쓰겠지만, 그런 책보다는 선생의 논문을 읽고 마음을 바꾸는 자연학자들이 더 많을 것입니다.

특히 인상 깊었던 것은 이형질 현상에 대한 부분이었습니다. 그런데 한 부분은(22쪽) 이해가 잘 되지 않았답니다. 좀더 설명해 주시면 선생의 견해를 완전히 이해할 수 있을 것 같군요.

어떻게 하나의 암컷 형태가 선택되고 중간 형태가 소멸되는지, 또한 최초로 선택된 형태가 가진 장점을 가지지 못한 것이 소멸되고 다른 마지막 형태가 나타나지 않는지 궁금합니다. 암컷의 두 가지 형태가 같은 섬에서 출현하는 것으로 알고 있습니다. 이형질 현상을 보이는 형태와 변이를 구분한 것은 모두 동의합니다. 하지만 중간 형태의 자손을 만들지 않는 이형질 형태를 가르는 선생의 기준이 충분한지 궁금합니다. 변이라고 불러야 하는 많은 경우들이 섞이거나 조화를 이루지 않을 것이고 어느 한쪽 부모와 매우 유사한 자손을 만들어 내기 때문입니다.

셀레베스(Celebes) 섬의 지질학적 분포에 관한 설명도 매우 인상적이었습니다. 어느 누구도 그보다 더 훌륭하게 쓰지 못할 것입니다. 그리고 복지부동(伏地不動)하는 자연학자들에게 냉소를 던질 만한 논문이라고 생각합니다.[6]

여쭤 볼 게 하나 있습니다. 선생께서 그리 달가워하진 않을 테지만, 선생의 일지는 어떻게 돼가고 있나요?[7] 선생의 연구를 대중화하지 않는다면 이만저만 섭섭하지 않을 것입니다. 내 건강은 많이 좋아졌답니다. 매일 한두 시간 정도는 일을 할 수 있으니 말이에요.

선생의 안녕을 바랍니다.

찰스 다윈.

A. R. 월리스가 보낸 편지 1866년 2월 4일

북서부 리전트 파크,
성 마크 크레센트가 9번지
1866년 2월 4일

다윈 선생께

건강이 좋아지셨다니 진심으로 기쁩니다. 머지않아 '가축화(재배화) 과정에서 일어나는 동물과 식물의 변이'에 관한 선생의 책을 받아 보기를 기대합니다.

하나의 종에 둘 또는 그 이상의 암컷 형태가 있다는 사실을 보여 주는 데 선생께서 생각하시는 그런 어려움은 없다고 봅니다. 가장 일반적이거나 전형적인 암컷은 특정한 성질이나 특징이 분명히 있으며 그러한 특징들은 그들이 생존하는 데 유리하게 작용합니다. 일반적으로 그러한 특징을 가지지 못한 것은 소멸됩니다. 하지만 이따금씩 변이가 일어나기도 하는데 특유의 유리한 특성을 가진 변이입니다(그러한 변이는 종을 보호하는 의태성이지요). 따라서 이 변이는 종 스스로 선택함으로써 유지될 것입니다.

제가 가지고 있는 파필리오 속의 다양한 종 가운데 암컷 형태 중 하나가 폴리도러스(Polydorus) 무리와 유사한 것이 세 개 정도 있는데, 미국의 에이네아스(Æneas) 그룹과도 비슷합니다. 이것은 특별한 보호 기제를 가지고 있는 것처럼 보입니다. 두세 개의 다른 경우에서 암컷 형태 중 하나는 조건적으로 제한된 지역에서만 나타나는데 이것은 아마도 특별히 적응한 것일 겁니다. 다른 경우에서 암컷 형태의 하나는 수컷과 유사하며 수많은 수컷들로부터 보호를 받고 있는 것 같습니다. 무리 속에 있어서 지나쳐 버린 것 같습니다.

제 생각에 이러한 연유로 매우 뚜렷한 두세 가지의 암컷 형태가 만들어진다고 봅니다. 제가 판단하기에는 생리적인 장애가 더 커 보입니다. 즉 어떻게 두 가지 형태의 암컷들이 중간 형태도 없이 자신과 같은 형태는 물론이고 다른 형태의 자손들을 만들 수 있는지 말입니다.

선생께서 "변종들이 섞이거나 조화를 이루지는 않지만 양쪽 부모와 같은 자손을 만든다."는 걸 아신다면, 한 종에 대해 생리적인 실험을 해봐야 하지 않을까요. '종의 기원'의 완벽한 증거를 위해서도 그러한 실험이 필요하지 않을까 합니다.

여행 일지를 쓰겠다는 결심을 아주 단념한 것은 아닙니다만 좀 더 후일로 미루면 더 잘 쓸 것 같다는 생각이 들었습니다. 여러 가지 논문에서 다룬 주제나 대상들을 대중적으로 묘사해서 발표할 수 있을 것 같아서입니다.

올여름까지 일이 원하는 대로 잘 풀리면 내년 겨울에 착수할 생각합니다. 하지만 제가 워낙 구제불능의 게으름뱅이인 데다 수집이나 사실 배열에 체계가 잡히지도 않았고 대부분의 자료들도 정리되지 않았습니다. 선생께서도 그렇겠지만 열심히 연구하는 다른 자연학자들은 완벽한 체계를 세우고 있지 않을까 합니다.

평안하시길 기원합니다.

알프레드 월리스.

A. R. 월리스에게 보낸 편지 1866년 2월 6일

다운, 브롬리

화요일

월리스 선생께

지난번 편지를 속달로 부치고 나서야 선생이 말씀하신 간단한 설명이 생각났습니다. 만족스러웠답니다.

특정한 변종이 섞이지 않는다는 의미를 선생이 잘못 이해한 것 같습니다. 번식능력을 말한 것이 아니었습니다. 예를 들어 설명하면, 매우 다양한 색깔의 레이디 피(Painted Lady)와 퍼플 스윗피(Purple sweet-pea)를 이종교배했더니 한 콩깍지에서도 모두 완벽한 변종이 나왔으며 중간단계는 없었습니다. 처음에는 이러한 경우가 선생의 나비나 리스럼의 세 가지 형태에서도 일어난다고 생각했답니다. 비록 겉으로는 매우 아름답지만 세상의 모든 암컷들이 별개의 수컷이나 암컷 자손을 낳는 것보다 더 많을 거라고는 생각하지 않습니다.

선생이 일지를 준비하고 있다니 진심으로 기쁩니다.

잘 지내시길.

찰스 다윈.

[1866년 2월, 라이엘과 후커, 찰스 제임스 폭스 번베리 그리고 다윈은 당시 루이 아가시의 주장에 대해 토론하려고 편지를 차례로 돌리기 시작했다. 아가시는 브라질 탐사에서 얻은 이론을 주장했는데, 빙하기 동안에는 지구 전체에서 결빙이 일어났으며 그로 인해 모든 생명체들이 멸종했다는 이론이었다. 이 이론은 다윈의 유전이론에 정면으로 도전한 것이었다.]

찰스 라이엘에게 보낸 편지 1866년 2월 15일

다운

2월 15일 목요일

라이엘 선생님 보십시오.

후커의 편지는 잘 받았습니다. 그 친구는 늘 재밌고 생기 넘치는 편지를 쓰더군요. 아가시가 풍화로 깎인 덩어리나 빙하작용에 관해서는 절대 실수하지 않았을 거라는 데는 저도 전적으로 동의합니다. 비록 그런 실수가 지구의 절반이나 4분의 3 정도에서 벌어졌지만 말입니다. 후커와 저는 물리학자들이 지구가 차가워진 적이 있다는 사실을 인정하지 않는다는 점을 두고 자주 다투곤 했답니다. 그렇게 부정하는 것은 제가 보기에 비합리적인 것 같습니다. 마치 지질학자들이 융기나 침강의 증거들을 처음 내놓았을 때처럼 말이지요. 이 점에 대해 후커는 무엇이 지구를 들었다 놨다 하는지 지질학자들이 설명하지 않는 한 인정할 수 없다고 단언했답니다. 오르간 산(Organ Mountain)에 서식하는 식물에 대해 제가 엄청난 실수를 한 것 같지만 푸크시아(Fuchsia)나 그 밖의 식물에 대해 들으니 좋더군요. 후커가 믿고 있는 것을 전 도저히 이해할 수가 없어요. 그 친구는 전자가 말한 저온 현상은 인정하는 것 같으면서도 동시에 그 이론을 경멸하는 것 같아서 말입니다. 후커는 "그것은 나도 이해가 안 된다."고 했는데, 그럼 안데스에서 오르간으로 식물의 씨앗이 이동한 것과 대륙에서 섬으로 이동한 것을 어떻게 비교할 수 있느냐는 겁니다. 거리에 대해서는 언급하지 않고도 말이지요. 양쪽을 이어 주는 수로도 현재는 없고, 쉬지도 않고 그 먼 거리를 날아갈 수 있는 새가 있었던 것도 아닌데 말입니다. 열대지방에 있는 거의 모든 생물들이 빙하기에 완전히 멸종했다는 것은 납득이 안 되는군요. 어느 정도 개체군이 줄어든 곳으로는 이동하지 않았을 수도 있지만 어쩌면 빙하기 이후 많은 유사한 종들이 만들어졌는지도 모르지요.

〈자연사 리뷰*Natural History Review*〉에 실린 후커의 논문은 연구해 볼 가치가 있어요.[8] 하지만 특정한 식물 목이 다소 차가운 기온에서 견딜 수 없다는 주장에 훌륭한 근거를 제시했는지는 기억이 안 나는군요. 가장 일반적인 증거조차 말입니다. 우리는 이제야 얼마나 낮은 기온에서 열대성 난초가 꽃을 피우는지를 알았습니다. 빙하기 동안 열대지방 생물들이 보존된 것에 대해 후커가 곤혹스러워한다는 것을 알고 있어요. 그것들을 보존하기 위해 온실처럼 사용할 만한 장소를 하나하나 찾아나갔지만 효과는 없었지요. 세계의 경도대가 차례차례로 차가워졌다고 제안했을 때 제 입장에서는 한 발 물러선 거였어요. 선생님께서 언젠가 아가시의 편지를 받으면 제게도 보여 주십시오.

편지가 길어졌군요. 하지만 후커와의 논쟁이든 후커에 대한 논쟁이든 제게는 늘 즐거운 일이랍니다. 우리는 참 오랫동안 그런 논쟁을 해왔지요. 후커가 저를 교묘하게 잘 빠져나가는 사람으로 여기고 공격한 건지, 아니면 완고하게 우기는 사람으로 여긴 건지 알 수가 없어요. 하지만 분명한 것은 교묘하게 빠져나가는 것도 이제 끝내야 할 것 같아요.

늘 고맙습니다.

찰스 다윈.

존 머레이에게 보낸 편지 1866년 2월 22일

머레이 선생께

『종의 기원』에 대해 기쁘기도 하지만 애석하기도 하답니다.' 10개월 동안 휴식기를 보낸 후 지금은 하루에 두 시간 정도 다음 책[10]을 쓰고 있습니다. 하지만 『종의 기원』으로 인해 이마저도 중단해야 할 것 같군요. 자연사의 발전 속도가 너무 빨라 수정할 곳도 제법 될 것입니다. 내 일을 좀 거들어 주시려거든 클라우스 부인께 특별히 부탁해서 세심한 주의를 기울여 인쇄본을 잘 수정해 달라고 말씀해 주시기 바랍니다. 그리고 한두 단어 이상 수정한 인쇄본들은 제게 보내 주시면 고맙겠습니다. 이전에 나온 판은 아주 훌륭하게 수정되었더군요. 이삼 일 내로 일을 시작할 것입니다. 인쇄본이 준비되는 대로 클라우스 사에 보내면 될까요?

지금 가지고 있는 낱권은 폐기해야겠습니다. 한 권쯤은 내가 꼭 가지고 있어야 하니, 새로 장정된 책을 보내 주세요[내그스 헤드 버로(Nag's Head Borough)의 스노우 씨께 부탁해 보내 주시기 바랍니다].[11]

지불 조건은 책이 절반가량 팔리는 시점으로 하면 적당할까요? 앞서와 같이 내게 증정본 몇 부를 보내 주기 바랍니다. 난초에 관한 책이 형편없는 작품이 될까 걱정입니다. 그 책에 대해 뭐라고 하던가요?

선생의 은행 계좌로 수표 한 장을 부쳤습니다.

목판에 대해 편지를 쓰려고 했습니다. 아아, 이제는 좀 바쁜 일 없이 지내나 보다 했는데, 그래도 이 일은 내가 마무리하는 게 낫겠군요. 비둘기들과 가금류 작업대 열 개가 거의 완성되었답니다. 그런데 동물들 머리를 올려놓고 작업할 판목도 서른두 개 내지 서른세 개 정도 필요하답니다. 주로 뼈나 두개골을 올려놓을 것 말입니다. 동시에 서너 개 정도의 작은 뼈들을 자를 수 있어야 할 거요. 소어비 씨가 뼈 그림을 그려 본 경험이 있는지는 모르겠지만 참을성 있게 나를 대하는 그가 좋을 것 같군요. 그의 방식에 익숙하기도 하니 말입니다. 바라는 것이나 충고할 것은 없나요? 소어비 씨를 고용하면, 아니면 누가 되었든 간에 비용을 어느 정도나 부를까요? 누가 그림을 그리든지 일단 이곳으로 와서 내 지시를 받고 표본들을 가져가야 합니다.

판목 서른두 개를 받으려면 시간을 얼마나 드려야할까요?

부탁도 많고 질문도 많아서 미안하군요. 답을 들려 주시면 고맙겠습니다. 더는 부탁드리지 않겠습니다.

지금 내가 쓰고 있는 동물의 가축화에 관한 책은 내가 보기에 무척 재미있답니다. 하지만 대중들이 좋아할지는 전혀 모르겠군요. 『종의 기원』 문제만 아니라면 내 생각에 분명 올가을 초면 충분히 인쇄에 들어갈 수 있을 것 같습니다.

내 건강을 염려해 줘서 매우 고맙습니다.

선생도 강건하시길 바랍니다.

찰스 다윈.

추신. 『종의 기원』을 내가 직접 필사한 것이 있지만 글씨가 엉망이랍니다. 깨끗한 종이에 다시 수정해야겠어요. 아직 묶지 않은 인쇄본이 있으면 그게 훨씬 더 좋을 것 같으니 부디 우편으로 보내 주시기 바랍니다.

J. B. 후커에게 보낸 편지 1866년 4월 4일

다운

4월 4일

후커 보시게.

헨슬로(G. Henslow)가 이곳에 머물면서 이틀 동안 매우 유쾌한 시간을 보냈다네. 참으로 매력적인 친구더군.

보나테아(Bonatea)와 워터 릴리(Water-lily, 수련)도 그렇고 오이에 대한 것도 무척 고맙네. 혹시 기회가 되거든 스미스 씨에게 접붙이기로 특징이 섞인 싹을 본 적이 있는지 알아봐 주게.[12]

난초에 대해서는 잊지 않겠네만 자네에게 보내 줄 만한 게 있을 성싶지 않군. 판게네시스에 대해 쓴 자네의 글은 매우 좋았다네. 요점을 정확하게 알아볼 수 있겠더군. 하지만 판게네시스에 대한 내 생각을 정확히 이해하지 못하는 것 같았네.

첫째, 나는 각각의 세포가 온전한 종을 번식시킬 수 있다고 가정한 것이 아니네. 내 생각의 골자는 각각의 세포가 미립자나 제뮬을 생성함으로써(이들은 적합한 조건하에서 자라거나 증가하지) 모세포를 재생산한다는 것뿐이네. 하지만 모든 세포의 제뮬은 특정한 지점에 모여 난자를 형성하고 싹이 나와서 화분립 형태가 된다는 걸세. 감히 말하지만 선재한 세포 안으로도 모일 수 있다네. 마치 화분관의 내용물들이 배아낭 속으로 들어가는 것처럼 세포벽을 뚫고 들어가는 거지. 이것은 내가 알고 싶었던 최초의 배(胚)의 출현에 대해 일부만 설명한 것이네. 자네가 이런 말을 했지. "베고니아에서 떨어져 나온 세포 하나가 온전한 식물이 된다."고 말일세. 그 말을 들었을 때 난 자네가 말하는 게 각각의 세포, 즉 칼로 잘라낸 부분이 잘 자랄 것이라는 의미가 아니라 잎사귀 조각이 싹을 낼 것이라는 의미로 받아들였다네. 자네가 그 이상을 의미한 것이라면 기꺼이 고마운 마음으로 듣겠네.

둘째, 각각의 종이 선재했던 상태에서 '유전자를 억제할 수 없는 단세포생물'에 이르기까지의 모든 종 안에 제뮬이 보존된다고는 생각하지 않네. 하지만 인정할 수밖에 없는 것은 격세유전으로 미루어 짐작컨대, 수없이 많은 제뮬들이 보존되고 있으며 진화 능력을 가지고 있다는 사실이네. 하지만 자네가 말했듯이 격세유전이라는 것이 그렇게 엄청난 일을 하지는 않겠지.

셋째, 세포는 보다 발생이 진행된 상태의 제뮬을 가지고 있다고 생각하지 않네. 하지만 주변의 세포나 외부 조건의 작용으로 세포가 변형되면 그렇게 변형된 세포는 유사하게 변형된 미립자나 제뮬을 생성한다는 것이네. 이들은 다시 변형된 세포를 재생산하고 말일세.

자네가 판게네시스 이론을 단지 구체적인 개념 정도로 본다고 해도 전혀 놀랄 일이 아니네. 지금은 나도 거의 그렇게 보지만 확실히 말할 수 있는 것은, 다양한 사실들을 연관 지어 볼 때 적어도 내게는 그 이론이 안개를 걷어 줄 만한 뜻밖의 사실이라는 것이네. 핵심은 생식기에서 생식 수컷과 암컷의 요소가 만들어지지 않는다는 사실이네. 다만 어떤 신비로운 힘에 의해 그 요소들(각각의 분리된 세포의 제뮬들)을 적당한 비율로 모은다는 것이네. 그리고 상호작용에 적합하게 그 요소들을 잘 맞추고 분리한다는 것이지.

이 점에 대해 의견이든 비평이든 생각나거든 제발 기록해 두었다가 언젠가 내게 들려 주길 바라네.

사랑을 담아서.

찰스 다윈.

B. D. 월시에게 보낸 편지 1866년 4월 19일

남동부 켄트 주 다운, 브롬리

1866년 4월 19일[13]

월시 선생께

스커더 씨를 공격했다고 들었습니다. 종의 변화에 관한 문제에 대해 멋진 일을 한 셈입니다. 그가 어리석고 잘못 인용한 주장을 하면 선생과 같은 분이 우레와 같은 열변[14]을 퍼부을 수 있다는 사실을 미국의 모든 국민들도 이제는 알아야 합니다. 찰스 라이엘 선생님의 조언대로 (아주 지혜로운 분입니다) 늘 충돌을 피하고 있답니다. 하지만 라이엘 선생님은 (시간 낭비라는 생각이 들지 않는 한) 논쟁을 붙을 만큼 활력 넘치고 대담하며 재치 있는 사람이 아니면 그 어떤 제3자와도 충돌하지 말라고 한답니다.

내 건강도 한결 좋아져서 매일 두세 시간 정도는 일을 한답니다. 하지만 새롭게 시작한 책은 지난 3월 1일 이후로 완전히 중단해 버렸습니다. 『종의 기원』 신판의 수정과 첨가 작업을 하고 있기 때문입니다. 하지만 내가 그 주제를 제대로 다룰 수 없다는 사실을 깨달았습니다. 선생의 책을 인용했지만 원래 하고자 했던 것보다 4분의 1 정도도 이용하지 못 한 것 같습니다. 여름 중에 책이 출판되는 대로 선생께도 한 부 보내 드리겠습니다. 연판으로 나온 미국 판 『종의 기원』보다 조금 개선된 것이랍니다. 〈히스토리 스케치 History Sketch〉에 실린 오언의 견해에 대한 제 설명을 기억하실지 모르지만, 거기에 충분한 설명이 있으며 '창조의 계획을 완성하는 것에 대해 과장되고 진부한 소리를 질러대는' 지리멸렬한 사람들에 대해서도 적혀 있지요.

제 둘째 아들 녀석은 지금 선생의 모교인 트리니티에 다니고 있는데 이번에 장학금을 받았답니다. 대견하게도 자기 학년에서 차석을 했다더 군요.

A. R. 월리스가 보낸 편지 1866년 7월 2일

서섹스, 허스트피어포인트(Hurstpierpoint, Sussex).
1866년 7월 2일

다윈 선생께

자연선택의 자발적 작용과 필요불가결한 효과를 분명히 알고 있거나 혹은 전혀 모르는 소위 지식인이라고 하는 많은 사람들이 그토록 무능력하다는 사실에 여러 번 충격을 받았습니다. 그래서 그 용어 자체나 용어를 설명한 선생의 방식이 우리에게는 지극히 분명하고 훌륭하지만 일반적인 자연학자 대중이 이해하기에는 적합하지 않다는 결론을 내렸습니다. 이러한 오해가 발생한 결정적인 경우가 두 가지 있는데 그 하나는 〈계간 과학 저널Quarterly Journal of Science〉 최근호에 실린 "다윈과 그의 가르침Darwin & his teaching"에 관한 기사입니다. 매우 훌륭한 그 기사는 전반적으로 진가를 인정하기는 했으나, '자연선택'은 선생이 자주 비교한 인간의 인위적인 선택처럼 지적인 '선택자'에 대한 끊임없는 관찰이 필요하다는 사실을 선생이 간과했다면서 마치 장님을 비난하듯 결론 내리고 있습니다.

그리고 둘째는 자네(Janet)의 최근 저서인 『최근의 유물론*Materialism of the present day*』[15]입니다. 이에 관해서는 지난 토요일 판 〈리더〉에 논평을 실었습니다. 그 책을 인용하면 선생의 취약점은 "충분한 고찰을 통해 방향성을 정하는 것은 자연선택의 작용에 있어서 가장 기본이다."라는 사실을 선생이 알지 못했다는 것입니다. 선생의 이론에 반대하는 대부분의 사람들이 이와 같은 반박을 수십 번이나 해왔습니다. 대화 중에 저도 여러 번 듣곤 했습니다.

이제 생각해 보니 이러한 반론은 거의 전적으로 선생이 '자연선택'이라는 용어를 선택한 것에서 비롯된 것 같습니다. 그래서 끊임없이 자연선택의 영향을 인위적인 선택과 비교하게 되고 또한 선생이 '선택'이나 '선호' 또는 '종의 우수함의 추구' 등 자연을 빈번하게 의인화한 것과 비교하게 되는 것입니다.

이것이 노골적이라고 할 만큼 분명한 사실을 훌륭하게 보여 준다고 생각하는 사람은 거의 없는 반면 대부분의 사람에게는 분명 장애가 됩니다. 따라서 제가 드리고 싶은 제안은 선생의 훌륭한 책과(너무 늦지 않았다면 말입니다) 앞으로 나올 『종의 기원』 신판에서도 이 오해의 원인을 가능한 한 없애는 것이 좋겠습니다. 물론 그리 어렵지 않게 효과적으로 해결할 수 있을 거라고 생각합니다. 스펜서가 사용한 용어를 채택하는 것입니다(자연선택보다 낫다고 생각해서 그가 사용한 용어입니다). 즉, '적자생존(Survival of the fittest)'입니다.[16]

이 용어는 같은 사실을 직설적으로 표현한 것이고, 자연선택은 같은 사실에 대한 비유적이고 조금은 간접적이거나 모호한 표현입니다. 왜냐하면 자연이 특정한 변이를 선택하지 않는다기보다는 오히려 가장 불필요한 변이를 파기한다는 식으로 자연을 의인화했기 때문입니다.

모든 생물의 어마어마한 번식능력은 끊임없이 엄청난 파멸을 야기하는 '생존경쟁'과 조화를 이룬다는 사실은 선생의 이론에 반대하는 사람들도 부정하거나 오해하지 않을 것입니다. 그렇다면 이들이 감당하지 못하는 용어보다는 차라리 '적자생존'이라는 용어가 오해의 소지도 없고 부정할 가능성도 없다고 봅니다. 그리고 '적자생존'을 확실히 하기 위해 그 어떤 지적인 선택자도 필요하지 않다는 말도 가능하지요. 그런데 자연선택이 가장 적합한 것을 고르도록 작용한다고 함으로써 오해를 받았고, 앞으로도 분명 오해를 양산할 것입니다.

선생의 책을 언급하면서 저는 이런 구절을 발견했습니다. "인간은 단지 자신의 유익을 위해서만 선택한다. 자연은 자신이 지키는 존재의 유익을 위해 선택한다." 이 문구 역시 항상 오해를 받는 것 같습니다. 하지만 "인간은 자신의 유익을 위해 선택하고 자연은 필연적인 '적자생존'에 의해 자신이 지키는 존재의 유익을 위해 선택한다."고 했다면 그러한 오해가 덜했을 것입니다.

제가 보기에 선생께서는 '자연선택'이라는 용어를 두 가지 관념으로 사용하신 것 같습니다. 하나는 단순히 적합한 변이의 보존과 부적합한 변이의 거부에 대한 개념으로 사용했는데 이것은 '적자생존'과 거의 등가를 이룬다고 봅니다. 그리고 다른 하나는 이러한 보존에 의해 만들어지는 효과와 변화에 대한 개념으로 사용했는데, 선생께서 '요약하자면 자연선택에 대해 상황이 적합한지 아니면 부적합한지' 그리고 다시 "고립 또한 자연선택의 과정에서 중요한 요소이다."라고 했기 때문입니다. 여기서는 그것이 '적자생존'일 뿐만 아니라 적자생존에 의해 만들어지는 변화를 의미합니다. 선생의 책 4장을 읽으면서 용어의 교체가 거의 모든 경우에 쉽게 적용되며 어떤 경우에는 '자연선택'이라는 용어 뒤에 '또는 적자생존'이라는 말을 덧붙이는 것이 좋겠다는 생각을 했습니다. 그 밖의 경우에는 본래의 용어를 단독으로 써도 오해의 소지가 줄어들 것 같습니다.

다른 어떤 사람에게도 대담하게 용어를 교체하라고 제안할 수는 없을 것입니다. 다만 선생은 편견 없이 받아들이실 것이라 믿습니다. 진심으로 교체를 고려하신다면 대중들이 선생의 책을 더 깊이 이해할 것입니다. 그리고 선생의 이론을 망설임 없이 받아들일 것입니다.

분명 자연을 지나치게 '의인화'해서는 안 됩니다. 저도 물론 그런 경향이 있지만, 사람들은 그런 은유적인 문장을 이해하려 들지 않을 것입니다.

제대로 이해할 수만 있다면 자연선택은 매우 필요하고도 자명한 원칙입니다. 하지만 어떤 식으로든 그것이 모호하게 비쳐지는 것은 애석한 일입니다. 그래서 제 생각은 정의가 간결하고 정확한 '적자생존'을 자유롭게 사용하자는 겁니다. 그러면 좀 더 폭넓게 받아들여질 것이고 오해의 소지나 오인될 소지가 훨씬 줄어들 것입니다.

자네(Janet)이 제기한 반론이 또 하나 있습니다. 이 역시 매우 일반적인 것입니다. 가능성이 무한히 많다는 것입니다. 다시 말해 변하는 조건들과 조화를 이루는 가운데 자연선택에 의해 동물이 변화하기 위해서는 외부 조건의 변화와 특정한 종류의 변이가 동시 발생적으로 일어나야 한다는 겁니다. 특히 우리가 거의 셀 수 없을 만큼 많은 변이가 유기체에서 일어났다고 한다면 이러한 동시 발생이 셀 수 없을 만큼 많이 일어나야만 하는 것이지요.

제가 보기에는 선생 스스로 이러한 반대를 만들어 낸 것 같습니다. 선생의 품성과는 어울리지 않게 너무 강경한 어조로 자주 언급했기 때문입니다. 예를 들어 4장 초입부에서 선생은 "유용한 변이들이 때때로 수천 세대를 거치면서 일어난다는 것은 있을 수 없는 일이다." 그리고 조금 더 나아가면, "유익한 변이가 일어나지 않는 한 자연선택은 아무런 작용도 할 수 없다."고 하셨습니다. 그러한 표현은 선생의 반대파에게 "적합한 변이는 좀처럼 일어나지 않는다."고 생각할 여지를 준 것입니다. 또는 오랫동안 전혀 일어나지 않을 수 있다는 추측도 가능하게 하고 말입니다. 따라서 자네(Janet)의 주장은 많은 사람들에게 설득력이 있습니다.

제가 보기에는 그런 한정적인 표현은 없애는 것이 좋을 것 같습니다. 그리고 일관되게 (저도 분명히 그것이 사실이라고 믿습니다) 모든 종류의 변이는 모든 종의 모든 부분에서 늘 일어난다고 주장하는 겁니다. 그렇게 되면 적합한 변이는 언제고 필요할 때 일어날 준비가 되어 있는 겁니다. 선생은 분명 그것을 증명할 충분한 자료를 가지고 계실 겁니다. 그리고 그것은 변이와 적응이 늘 일어날 수 있다는 것을 보여 주는 중요한 사실입니다. 제 이론에 반대하는 사람들에게 어느 한 기관의 구조나 기능이 변하지 않는다는 증거를 보여 주라고 그 부담을 떠넘기고 싶습니다. 심지어 한 종의 모든 개체들 사이에서 한 세대가 지나는 동안만이라도 변하지 않는다는 것을 보여 주는 증거를 대라고 말입니다. 그리고 기관의 구조나 기능을 변하지 않게 하는 어떤 방법이나 방식이 있으면 보여 달라고 말입니다. 어느 한 종의 모든 개체의 한 기관이 절대적으로 변하지 않는다고 가정하는 근거를 제시할 수 있는지 그들에게 묻고 싶습니다. 그것을 입증하지 못한다면 모든 것은 늘 변한다는 것이며 적자생존이라는 단순한 사실에서 나온 많은 요소들은 변하는 조건과 조화를 이루면서 종의 변화를 만들어 낼 것입니다.

이러한 소견이 선생에게 분명히 전달되길 바랍니다. 그리고 선생의 생각을 들려 주시면 매우 고맙겠습니다.

한동안 선생이 어떻게 지내시는지 소식을 듣지 못했습니다.

선생의 건강이 꾸준히 나아지시기를 바랍니다. 그래야 많은 사람들이 학수고대하는 훌륭한 책도 잘 진행되겠지요.

평안을 기원합니다.

당신을 친애하는, 알프레드 월리스.

A. R. 월리스에게 보낸 편지 1866년 7월 5일

남동부 켄트 주 다운, 브롬리

1866년 7월 5일

월리스 선생께

선생의 편지를 무척 흥미롭게 읽었습니다. 노골적일 만큼 분명하군요. 나도 선생이 말씀하신 스펜서의 '적자생존'이라는 훌륭한 표현이 여러 모로 이점이 많다는 데 충분히 공감합니다. 하지만 선생의 편지를 읽기 전까지는 이 표현이 전혀 떠오르지 않았답니다. 그리고 이 용어에 대해 한 가지 간과하지 못할 이의가 있습니다. 동사를 제어하는 명사로 사용할 수 없다는 점인데, 이것은 스펜서가 자연선택이라는 단어를 끊임없이 사용하는 것을 보고 추측한 반대 이유랍니다.

좀 과장한 것인지 모르나 한때는 나도 자연선택이라는 용어가 자연선택과 인위적인 선택을 관련짓는 데 큰 이점이 있다고 생각했답니다. 그래서 그 용어를 일반적으로 사용하게 되었고 여전히 이점이 있다고 생각합니다. 선생의 편지를 두 달 전에 받았더라면 『종의 기원』 신판에서 그 '적자생존 어쩌고' 하는 용어를 자주 사용할 수도 있었을 텐데, 신판은 인쇄가 거의 끝나간답니다. 물론 출판되면 선생께도 한 부 보내 드리지요. 그 용어는 가축화 동물에 관한 책부터 사용하겠습니다." 혹시 아주 많이 사용하길 바라시는 건 아닌지 모르겠군요.

자연선택이라는 용어는 외국에서나 국내에서 매우 광범위하게 사용되고 있습니다. 과연 이 용어를 포기할 수 있을지 확신이 서지 않는군요. 결점이 있는데도 그러한 시도를 해야 한다면 매우 애석한 일입니다. 자연선택을 제쳐두고 '적자생존'에 의지해야만 하는지도 의문이군요. 시간이 지나면 자연선택이라는 용어도 많은 사람들이 이해하게 될 것이고 반대도 점차 약해질 것입니다. 어떤 용어를 사용해서 과연 누가 더 깊이 이해할 수 있을지 궁금하군요. 지금도 분명하게 이해하는 사람들이 있는데 말입니다. 우리는 심지어 오늘날까지도 인구론에 대해 맬서스가 불합리한 오해를 받고 있다는 걸 알지 않습니까.

내 견해에 대한 그릇된 진술로 화가 날 때면 맬서스의 경우를 생각하면서 종종 위안을 삼는답니다. 자네(Janet)은 형이상학자이던데, 그런 점잖은 사람이 아주 날카롭고 매섭지요. 그리고 그런 사람들이 일반 사람들을 이해하지 못하는 경우가 왕왕 있지요. 내가 자연선택을 두 가지 관점에서 사용한다는 선생의 비평이 내게는 뜻밖이지만 반박할 여지가 없습니다. 하지만 내가 저지른 실수가 해를 끼치지는 않았답니다. 왜냐하면 선생 말고는 아무도 그 같은 사실을 눈여겨보지 않았기 때문입니다. '적합한 변이'라는 말을 너무 많이 사용했다는 점에는 공감하지만 선생이 너무 부정적으로만 보시는 건 아닌가 합니다. 모든 생물의 모든 부분이 변한다면 그런 셀 수 없을 만큼 다양한 매개를 통해 같은 형태의 마지막 종이나 개체를 어떻게 볼 수 있겠습니까.

전원생활을 즐기고 건강도 잘 유지하시길 바랍니다. 그리고 말레이반도에 관한 책도 열심히 쓰시기 바랍니다. 몇몇 괜찮은 사람들을 보니 이렇게 본문에 적더군요. 나도 앞으로 그래야겠어요.

내 건강도 늘 이만저만하답니다. 좋아진 것도 같고요. 매일 몇 시간씩 일을 하거든요.

선생의 사려 깊은 편지 진심으로 감사합니다.

평안하시길 바라며.

찰스 다윈.

추신. 스펜서의 책 마지막 권을 읽어 보셨을 거라고 생각하는데, 그 책의 독창적인 대범함에 충격을 받았습니다. 하지만 '적자생존'과 외부적인 조건의 직접적인 효과를 구분하기가 거의 불가능해 보이는 것은 참으로 유감스러운 일입니다.

J. D. 후커에게 보낸 편지 1866년 8월 3일, 4일

다운

1866년 8월 3일

후커에게

아크로페라와 그에 관한 책을 보내 줘서 고맙네. 자네 편지를 연이어 받겠군. 영국 남동부가 빙하기에 건조한 땅이었다는 훌륭한 증거가 있다네. 오스틴[18]이 한 말은 잊었지만, 내 생각에 영국이 빙하기 동안 대륙과 연결되어 있었다는 사실을 포유류가 입증해 준다네. 내가 말한 지협의 절단에 대해 자네가 어려움을 느끼리라고는 생각지 않네. 파나마 지협이 뚫린 것이라면 태평양의 동물상이 인도 서부로 유입되지 못했을지도 모르고, 반대의 경우라면 대부분의 피조물들이 멸종했을 것이네. 물론 내가 판관은 아니지만 나무들이 적은 면적을 차지하는 것에 대해 캉돌이 주장한 이론을 생각해 봤다네. 『종의 기원』 3판 112쪽을 보면 제3기 유럽의 플로라(flora, 식물상)가 단편적으로 마데이라(Madeira) 플로라에도 존재한다는 사실을 아주 짧게나마 언급한 부분이 있다네.

우발적인 이동을 반박하는 자네의 식물학적 난제를 읽어 가면서 매우 깊은 관심이 생기더군. 히스(Heath)와 같은 특정한 식물에 대해 자네가 제시한 사실들은 확실히 신기했네. 난 아조레스(Azores)의 플로라가 아한대에 더 가깝다고 생각했다네. 하지만 아조레스가 마데이라 쪽보다 영국이나 뉴펀들랜드(Newfoundland) 쪽에 더 가깝다고 한 자네의 말은 무슨 의미인가? 지리적으로 그곳은 거의 두 배 가량 떨어져 있지 않은가.

해수의 흐름에 대해 말하자면, 한때는 나도 마데이라 부근의 해수 흐름에 대해 궁금하게 여겼었네. 하지만 아직은 자네에게 결론을 제시할 수 없다네. 내가 기억하기로 일반적으로 알려져 있는 것과는 다르다는 것이네. 배 한 척이 카나리제도(Canary Islands)에서 좌초되면 마데이라 해변으로 밀려 올라온다고 생각하네. 자네는 마데이라와 산토 항의 경우 단지 육상 연체동물만 다르다고 말하지만, 내 기억으로는 수많은 무리의 전형적인 곤충이 있다고 알고 있는데 그러면 내 기억이 잘못된 건가?

자네가 노팅엄(Nottingham) 강연에서 특별한 이동 수단을 생략한 것은 솔직히 말해 자네가 그 문제에 대해 전혀 모른다고 인정한 거나 다름없네.[19] 최근까지도 자네나 다른 사람들이 씨앗들을 소금물에 담그면 금세 죽어 버릴 거라고 생각했다는 점을 기억하게. 바다에 식물들로 뒤덮인 산호섬이 없다고 생각해 보게. 씨앗이 안착되지 않은 탓에 종이 적다고 논리는 타당성이 거의 없다네. 왜냐하면 산호섬은 가까운 다른 섬들과 동일하게 제한된 식물들이 자라고 있기 때문이네. 새의 소낭 속에서도 씨앗들이 생명력을 간직한 채로 오랫동안 남아 있었다는 것을 기억해 보게. 물고기가 씨앗을 먹고 그 물고기가 다시 새에게 먹히고 그래도 씨앗이 싹을 틔울 수 있었다는 사실 말일세. 매년 많은 새들이 마데이라로, 버뮤다(Bermuda)로 날아간다는 사실도. 그리고 먼지가 바람에 실려 대서양 건너 1,600킬로미터 이상을 날아간다는 것도 말일세.

이 모든 것을 고려했을 때 불모였던 섬이 오랜 기간에 걸쳐 해안으로부터 이주 생물들을 받아들인 게 아니라면, 현재의 꽃이나 나무들이 어디선가 표류해 온 것이고 강풍을 타고 새들이 날아와 뿌리를 내린 것이라고 하는 게 무엇이 이상하단 말인가. 섬에 생명체들이 만연하게 된 사실에서 문제점은 왜 어떤 특정한 종이나 속은 빈번하게 출현하며 다른 것은 예상외로 거의 없느냐 하는 것일세. 바닷물이 어떤 종류의 씨앗을 죽이는지, 새들의 소화력에 견디지 못하는 씨앗은 무엇인지, 새의 발에 잘 달라붙는 씨앗이 있는지 그것을 알아야 하네. 하지만 이 점에 대해 우리가 거의 아는 바가 없으니 어떤 것이 출현하고 어떤 것이 출현하지 않는지 정확하게 말할 수 없는 거라네.

이들의 출현 방법이 제대로 작동했는지 증명할 수 있다고 우길 생각은 없네. 이 방법들이 옳다고 볼 수만은 없겠지만 큰 무리도 없으니 나름대로 만족하고 있는 거라네. 한편으로 내가 생각하는 가장 강력한 걸림돌은 포브스의 대륙 팽창설에 대한 지질학적인 분포나 지리학적인 분포(『종의 기원』 387쪽과 388쪽)의 근거라네. 자네를 너무 지루하게 만든 것 같군.

잘 지내게.

찰스 다윈.

추신. 『종의 기원』 신판 인쇄는 다 끝났지만 머레이는 11월까지 판매를 개시하지 않을 걸세. 그 사람 하기 나름이지. 라이엘 선생님에게 한 부 보내 드리라고 했는데 자네도 당장 받고 싶은지는 모르겠군. 그렇다면 머레이에게 얘기해 보겠네. 그런데 무슨 이유인지 책 보내는 걸 꺼리더군.

내키지 않으면 답장하지 않아도 되네. 자네가 바쁜 건 나도 알고 있으니까.

추신. 일이 잘 돌아가지 않는지 아크로페라가 아직 도착하지 않았네. 차라리 자네가 생각만하고 부치지 않은 것이라면 좋겠군. 오늘 저녁(금요일) 사람을 보냈는데 역에도 소포가 없더군. 내일도 안 오면 분명 잃어버린 걸 거야. 그게 비싼 거면 자네나 내게 이만저만 손해가 아니군.

두 번째 추신. 『종의 기원』에 나온 책에 대해 물었던가? 아주 훌륭한 동물학자인 클라우스가 책을 냈더군. 겉표지에 내 이름을 적어서 말이야. 갑각류 중 요각류(Copepodous Crustaceans)에서 보이는 개별적인 변이성을 연구한 것인데, 많은 기관을 아주 훌륭하게 다뤘더군. 공존하는 변종들은 분명 별개의 종으로 바뀌고 있다고 다뤘네.

아크로페라는 토요일 아침에 안전하게 도착했다네.

J. D. 후커에게 보낸 편지 1866년 8월 8일

남동부 켄트 주 다운, 브롬리

1866년 8월 8일

후커에게

지난번 보낸 편지가 자네에게 쓸모 있는 내용이었기를 바라네. 내가 제대로 표현하지 못한 것 같군. 내가 마치 훌륭하게 정립된 가설인양 우발적인 이동에 의해서만 섬들에 생명체들이 무성해진 것으로 보고 있는 것으로 여기는 것 같네. 우리 둘 다 창조 따위는 접어 뒀으니, 섬에 동식물이 서식하게 된 연유를 대륙 팽창에 의한 것이든 우발적인 이동에 의한 것이든 설명해야겠지. 내가 주장하는 것은 이 두 가지 원인 중에 하나인데, 분명 매우 많은 어려움이 있겠지만 우발적인 이동이 지금으로써는 가장 가능성 있는 수단으로 인정할 수 있다고 보네.

여기서 한 걸음 더 나가 주장하자면, 우리가 가진 지식으로는 불모였던 섬들에 생명체들이 풍성해진 이유가 적어도 어느 선까지 우발적인 수단에 의한 것이 아니라면 달리 설명할 길이 없다는 것이네.

유럽의 새들은 때때로 아메리카로 날아가지만, 반대의 경우가 훨씬 더 빈번하지. 새들은 그린랜드를 경유(베어드)[20]하는데 유럽산 종다리가 버뮤다에서 잡힌 적도 있다네. 그런데 자네는 유럽산 새들이 정기적으로 북아일랜드를 거쳐 그린랜드로 날아간다는 말을 듣고 싶었을지도 모르지.

나는 마데이라에서 새들의 변이가 없었다는 것을 의심해 본 적이 없네.『종의 기원』422쪽을 보게. 자네가 해마다 마데이라로 이동하는 새들을 적어 놓은 목록을 본다면, 심지어 무리를 이루는 것도 있는데, 자네도 의심을 거둘 걸세. 그렇게 횡단하는 무리들은 생명력이 더 강할 테지.

노팅엄에 가기 전 이곳에 들르지 않거나, 나중에라도 들르지 않으면 내가 얼마나 괴로워 할지 잊지 말게.

잘 지내기를.

찰스 다윈.

추신. 아조레스에서 뉴펀들랜드가 아닌 더 남쪽이나 온화한 지역까지 조사해 봐야 하지 않겠나?

윌리엄 다윈 폭스에게 보낸 편지 1866년 8월 24일

남동부 켄트 주 다운, 브롬리

1866년 8월 24일

폭스 형에게

그렇게 많은 아이들을 거느리고 있는 대가족의 가장으로서 형이 들려주는 소식은 늘 즐거워. 정말 엄청나게 많은 아이들이지.[21] 형에 비하면 나는 소인이라는 생각이 들어. 우리 아이들은 모두 잘 지내네. 두 아들 녀석들은 노르웨이로 여행을 갔어.[22] 불쌍한 수전 누이는 아주 끔찍하게 앓고 있어. 누이는 이제 지푸라기라도 잡고 싶은 모양인데 희망이 없는 것 같아 걱정이야.[23]

캐롤라인 웨지우드가 세 딸을 데리고 월요일에 이곳으로 올 예정이야. 형 안부도 전해 줄게. 아직 완전하다고는 할 수 없지만 내 건강도 확실히 더 좋아졌어. 아마 벤스 존스 박사가 처방해 준 식단 덕분인 것도 같고 매일 말을 타서 그런 것 같기도 해. 요즘은 말 타는 재미에 빠져 있어. 신경을 많이 쓰는 일을 하면 좋지 않을 거라는 형 생각은 믿지 못하겠어. 어쨌든 게으름을 피울 수는 없지. 가축화 동물에 관한 책을 쓰는데 속도를 내고 있어. 방대한 책이 될 것 같기도 하고 참고 자료만으로도 어려움을 겪었어. 곧 인쇄에 들어가 올해가 가기 전에 이 일을 마무리 짓고 싶어. 완성되면 형에게도 한 부 보내 줄게. 형 도움으로 정보를 얻기도 했으니 당연한 일이지. 『종의 기원』 신판을 수정하는 일에 거의 세 달이나 고스란히 바쳤는데 그 일만 아니었어도 더 일찍 인쇄에 들어갔을 텐데 말이야. 형이 언급한 박각시 나방(Sphinx-moth)들 사이의 혼종에 대해 들어 본 적이 있어. 그 혼종들이 번식력을 가졌다면 놀라운 일이겠지.

사랑하는 옛 친구, 잘 지내요.

찰스 다윈.

[다윈과 꾸준히 과학적인 서신을 교환하던 뮐러는 독일 자연학자로 브라질에 살고 있었다. 1864년 그는 다윈의 변이 이론을 참고로 해서 갑각류(Crustacea)에 대한 연구를 기록한 자신의 책 『다윈을 위해 Für Darwin』(라이프치히, 1864년)를 다윈에게 보내면서 자신을 소개했다. 후에 다윈은 영어 번역판을 내는 데 자금을 보냈다. 다윈은 곧이어 1865년에 쓴 '덩굴식물'에 관한 자신의 논문을 뮐러에게 보냈고, 뮐러는 집 근처 덩굴식물을 관찰한 자료를 다윈에게 보냈다. 다윈은 뮐러의 편지들을 모아서 1866년 〈린네 저널〉에 실었다. 또 1866년 다윈은 뮐러에게 주변의 난초에 관해 문의했다. 다윈은 뮐러를 일컬어 '관찰의 왕자'라고 했다.]

프리츠 뮐러에게 보낸 편지 1866년 9월 25일

켄트 주 다운, 브롬리
1866년 9월 25일

뮐러 선생

8월 2일자 선생의 편지를 방금 받았습니다. 늘 그렇듯 흥미로운 것들로 가득한 선생의 관찰에 놀라움을 금할 수 없답니다. 내가 최근 관심을 가지고 있는 것들을 어찌 그리 잘 알고 관찰하시는지 정말 놀랍습니다.

선생이 관찰한 노틸리아(Notylia)는 처음 보는 것이었어요. 그런데 아크로페라의 경우와 유사한 것처럼 보이더군요. 내 책에서 난 아크로페라의 성징에 대해 아주 중대한 실수를 범했답니다. 꽃이 핀 아크로페라 한 포기를 얻었는데, 솜털이 난 곤충이 화분괴가 있는 곳까지 말단부를 옮겨서 점착성의 작은 덮개에 찔러 넣으면 기다란 꽃자루가 좁은 암술머리 구멍으로 들어가게 되고 꽃가루 덩어리가 꽃자루에 가까이 닿게 된답니다. 하지만 암술머리 구멍으로 찔러 넣지는 않았습니다. 이와 같은 방법으로도 꽃의 수분이 이루어진다는 것을 알았습니다. 스탄호페아(Stanhopea)를 가지고 수분을 할 수 있지요.

선생의 노틸리아도 같은 경우인 것 같군요. 하지만 최근 꽃이 핀 난초 아시네타(Acineta) 몇 포기를 얻었는데, 아무리 해도 수분되지 않더군요. 힐데브란트 박사가 최근 쓴 논문에서는 배주가 충분히 성숙하지 못한 어떤 난초들은 화분관이 꽃술대를 뚫어 주고 난 후에도 몇 달까지는 수분이 되지 않는다고 하더군요. 선생도 그와 같은 사실을 독자적으로 관찰한 적이 있는 걸로 아는데 아크로페라의 경우에는 전혀 예상을 못 했답니다. 이런 난초들의 꽃술대는 곤충의 정낭과 같은 역할을 하는 것이 분명합니다. 암술머리처럼 생긴 잎이 두 장 달린 난초도 난 처음 봅니다. 훌륭한 그림을 그려서 내게 보내 주느라 선생의 금쪽같은 시간을 낭비하게 했으니 내 죄가 크군요.

따로따로 자라거나 다른 것보다 일찍 개화한 난초들의 수분 능력에 관한 선생의 관찰은 매우 흥미롭습니다. 다른 개체들과도 실험해 볼 만한 가치가 있는 것 같아요. 다음번 책에서는 자기 자신의 꽃가루로 수분이 안 되는 개별 식물들의 경우를 몇 가지 다뤄 봐야겠습니다. 사실 자가수분 능력이 있는 에스콜치아(Escholtzia, 금영화속) 속 목록은 만들어 뒀답니다. 그것이 불임성을 입증할 것이라는 기대는 하지 않지만 말입니다. 내년 여름에 실험해 볼 작정입니다. 같은 꽃에서 얻은 꽃가루로 수분해서 나온 씨앗을 심었을 때와 다른 식물의 꽃가루로 수분해서 나온 씨앗을 심었을 때 식물이 자라는 속도를 비교해 보려고 합니다. 경험으로 미루어 보건대 아주 재미있는 결과를 얻을 것 같습니다.

힐데브란트 박사가 최근 코리달리스 카바(Corydalis cava)에 대해 아주 흥미로운 설명을 했더군요. 자가수분으로는 분명 열매가 열리지 않지만 같은 종의 다른 식물의 꽃가루로는 번식이 된다는 겁니다. 리넘에 관한 논문에서 내가 의미하는 것은 기능적으로만 이형질을 띤 식물은 구조적인 차이는 없지만 기능적으로 두 개의 몸체로 나눌 수 있다는 것이지요. 선생께서 꼬투리 조각에 달라붙은 씨앗을 분명히 봤다고 하셨는데 저도 관심이 있습니다. 『종의 기원』 신판을 보시면 열매가 아름다운 것이나 환한 색에 대해 제가 왜 언급했는지 아시게 될 겁니다. 그것을 쓰고 나서야 화려한 색을 띤 씨앗을 봤던 경험과 선생의 관찰이 떠올랐지 뭡니까.

꼬투리 안쪽의 색이 심홍색인 모란 한 종이 있는데, 씨앗들은 진보라색이라고 합니다. 한 친구에게 그 씨앗들을 좀 보내 달라고 부탁했는데, 그것들이 뭔가로 덮여 있다면 새들을 꾀기 위한 것이라는 사실을 입증할 수 있을 것 같았습니다. 선생의 편지를 받고 며칠 뒤 그 씨앗들을 받았답니다. 그 씨앗의 육질은 너무 연한 색이라서 새들이 먹고 싶은 마음이 들 것 같지는 않더군요. 결국 그것은 패시플로라 그래실리스(Passiflora gracilis)와 유사한 경우였답니다. 이런 경우에 대해 선생은 어떻게 생각하십니까? 모든 경우들이 내게는 꽤 놀라웠답니다.

선생의 논문이 출판되기 전에 덩굴식물인 미카니아(Mikania)에 대해 알고 싶었던 적이 있답니다.[24] 왜냐하면 앞서 말한 바와 같이 잎 모양의 덩굴손으로 변하면서 스칸덴스(M. scandens)에서 머티시아(Mutisia)로 점진적인 변이가 일어나는 것을 확인해 보고 싶었기 때문입니다. 선생이 헤켈의 가장 흥미로운 릴리오페(Liriope)의 경우를 입증할 수 있다니 무척 기쁩니다(궁금증이 더 커지는군요). 헉슬리도 어느 정도 설명할 수 있을 것 같다더군요.

아가시와 그가 주장한 아마존의 계곡에 작용한 빙하 이론에 대해 나는 도저히 납득할 수 없습니다. 라이엘 선생님도 나와 마찬가지인데, 증거도 너무 부족하고요. 아사 그레이 교수가 말하기를 아가시가 다윈 학파의 견해를 완전히 부수기 위해 전 세계가 얼음으로 덮여 있었다는 걸 증명하겠다고 했다더군요.

이 긴 편지가 선생에게 누가 되지 않았길 바랍니다.

평안하시길 바라며.

찰스 다윈.

찰스 라이엘에게 보낸 편지 1866년 10월 9일

다운

1866년 10월 9일

라이엘 선생님 보십시오.

우선 선생님의 노트와 교정쇄를 안전하게 받았다는 말을 해야겠네요.[25] 기꺼운 마음으로 읽어 보겠습니다. 하지만 천문학에 관한 장에 대해서는 어떤 평도 못할 것 같군요. 그 분야에 대해 아는 게 있어야 말이지요.

그래도 보내 주신 것이니 언젠가 꼭 읽어 보겠습니다. 방금 9장을 읽었는데 굉장히 흡족하더군요. 매우 명쾌하고 신중하면서도 예리해 보여요.[26] 하지만 한 가지 중요한 점에 대한 설명이 미흡한 것도 같고 전혀 언급하지 않은 것도 같습니다. 강(綱)에 속하는 생물들의 구분이 예전에는 현재보다 세분화되지 않았다는 점인데, 우리가 내릴 수 있는 결론은 이러한 강의 분화는 반드시 특정한 기관의 분화와 마찬가지로 일반적인 생존 습성의 차이와 맞아떨어져야 한다는 것이지요.

너무 주제넘다고 생각하시겠지만, 9장 끝부분에 스스로를 아주 고결하게 여기는 인간에 대해 논의했는데, 너무 길고 부적절할뿐더러 고리타분하게 여겨집니다. 성직록을 받는 목사들에게는 그렇지 않겠지만 말입니다.

잘 지내시길.

찰스 다윈.

[매리 에버레스트 불은 런던 할리 가에 있는 영국 최초의 여자 대학 퀸즈 칼리지(Queen's College) 사서로 고용되었다. 그녀는 정규 교육을 받지 않았지만 일요일 저녁 모임에서 지식의 다른 형태의 관계에 대해 논의했다. 그녀는 특히 학문의 심리학적인 면에 관심이 있었으며 유아 심리와 학문에 대한 그녀의 개념은 후일 미국 교육자들의 지지를 받았다.]

메리 에버레스트 불이 보낸 편지 1866년 12월 13일

친전

다윈 선생님께

선생님께 이런 무람없는 질문을 드리는 것을 이해해 주시길 바랍니다. 선생님 외에는 대답해 줄 만한 사람이 없으니 흡족한 대답을 해주시리라 생각합니다.

선생님께서 견지하시는 자연선택 이론이 너무나 터무니없으며 일관성도 없다는 생각은 하지 않는지요? 특정한 신학적인 학설 체계를 운운하지는 않겠습니다. 하지만 다음과 같은 신념은 말씀드리겠습니다. 즉, 그러한 학식은 성령의 직접적인 감응으로 인간에게 주어진 것입니다.

그 신은 인격을 갖추고 있으며 무한한 존재입니다.

인간의 두뇌에 작용하는 성령의 영향은 특히 윤리적으로 영향을 미치지요.

그래서 각각의 개별적인 인간은 일정한 범위 안에서, 유전적인 동물적 충동을 어디까지 드러낼 것인가를 선택할 힘을 가져야 하며, 양심의 가책에 순종하며 동물적 충동을 억제하는 힘을 기르도록 가르치는 성령의 안내를 어느 선까지 따를지 선택할 힘을 가져야 합니다.

제가 선생님께 이러한 질문을 드리는 데는 이유가 있습니다. 선생님의 이론이 제가 표현하려고 애썼던 믿음과 완전히 양립할 수 없어서가 아니라, 선생님의 책이 저에게 너무 중요한 심리적인 문제와 얽혀 있는 창조의 해법에 대한 믿음에 적용해서 마치 부모님처럼 저를 안내해 줄 단서를 제공한다는 것입니다. 제가 생각하기에 선생님께서는 잃어버린 고리 중 하나는 제공하셨지만 과학적인 사실들과 종교의 약속 사이에 있는 잃어버린 고리에 대해서는 말씀하지 않았습니다. 선생님의 모든 실험들은 제게 깊은 감명을 주었지요.

하지만 최근 선생님의 이론이 종교적이나 윤리적인 문제들을 야기할 가능성이 있다는 논평들을 읽고 몹시 고통스러웠고 당혹감마저 들었습니다. 그런 논평을 쓰신 분들이 저보다 현명하고 지혜로운 분들이라는 것도 잘 압니다. 선생님께서 그렇게 말씀하시기 전까지는 그분들이 실수를 했다고 확신할 수 없습니다. 그리고 확실하게 알 수는 없지만 제가 생각해 보건대, 제가 만약 저자라면, 가장 미천한 학생이 제 작품에 대해 너무 오랫동안 적의를 넘어서 괴로워하거나 경솔한 비평을 하기보다는 직접 항의하길 바랄 겁니다.

선생님께서도 제가 드린 것과 같은 질문에 대한 답변을 거부할 권리가 있다고 생각합니다. 과학은 마땅히 지켜야 할 궤도가 있고, 신학도 마땅한 궤도가 있습니다. 그리고 그 둘은 신의 섭리로 언제, 어디서, 어떻게든 만날 것입니다. 그 만나는 지점이 여전히 멀리 있다면, 선생님께서 그에 대한 책임을 지실 필요는 없습니다. 이 편지에 대한 답변을 받지 못한다 해도 선생님의 침묵에 대해 아무런 추측도 하지 않을 것입니다. 다만, 선생님께서 저와 같은 낯선 이가 그런 질문을 할 권리가 없다고 생각하시는 것으로 여기겠습니다.

이만 줄입니다. 안녕히 계십시오.

메리 불.

M. E. 볼에게 보낸 편지 1866년 12월 14일

켄트 주 다운, 브롬리

1866년 12월 14일

숙녀 귀하

제가 당신의 질문에 만족할 만한 답변이나 어떤 종류의 대답이든 드릴 수 있으면 저 역시 무척 기쁠 것입니다. 하지만 인간을 포함한 모든 생명체들이 개별적으로 창조된 것이 아니라 어떤 단순한 존재로부터 발생론적으로 분기되어 나왔다는 신념이 어떻게 당신께 어려움을 드리게 되었는지 알 수가 없습니다. 그러한 질문은 제가 보기에, 과학적인 광범위하고 다양한 증거들이나 소위 '영적인 자각'이라는 것으로나 답변할 수 있을 것입니다. 제 견해는 그저 같은 주제에 대해 생각해 본 적이 있는 다른 사람들의 견해와 비슷한 가치를 지닐 뿐입니다. 제가 그런 질문을 받는다는 것도 우스운 일입니다. 하지만 저는 이렇게 말씀드릴 수 있습니다. 이 세상에 있는 헤아릴 수 없을 만큼 많은 수고와 고통을 보는 것만으로 충분한 속죄가 된다고요. 왜냐하면 신의 직접적인 중재로부터 나온 결과가 아닌 일반적인 법칙, 즉 자연에서 일어나는 연속적인 사건들로 인한 필연적인 결과이기 때문입니다. 전지전능한 신을 언급하는 것은 논리적이지 않다는 것을 깨달았지만 말입니다.

당신의 마지막 질문은 대부분의 사람들이 해명할 수 없다고 알고 있는 자유의지에 관한 문제와 필연성에서 해답을 찾을 수 있을 것 같습니다.

이 편지가 완전히 쓸모없는 것이 아니기를 진심으로 바랍니다. 시간도 많지 않고 기운도 달리지만 제가 할 수 있는 한 모든 답변을 드렸습니다.

  귀하의 안녕을 바랍니다.

  찰스 다윈.

  추신. 저의 견해가 당신에게 문제를 일으켰다는 사실이 몹시 애석하지만 한편으로는 당신의 평에 감사합니다. 아울러 신학과 과학은 각자의 길을 가야하며 그것들이 만나는 지점이 여전히 멀리 있다면 현재로서는 제게 책임이 없다는 말씀에 경의를 표합니다.

M. E. 불이 보낸 편지 1866년 12월 17일

할리 가 43번지
12월 17일

다원 선생님께

  선생님의 친절한 답변에 진심으로 감사의 말 전합니다. 선생님께 듣고 싶은 말을 모두 해 주셨군요. 제가 언급한 비평들은 선생님의 견해와 마찬가지로 그러한 모든 추측을 인정한 것처럼 보였습니다. 사실 제가 보기에, 우리가 알고 있는 창조에 관한 모든 독립적이고 비신학적인 추측들은 세계를 지배하는 도덕적인 그 어떤 믿음과도 양립할 수 없습니다. 저는 제 논평이나 의견을 비평하는 사람들에게 방자하게 말하곤 했습니다.

그 책의 저자들은 한 번도 실험해 보지 않은 것에 대해 이런저런 이야기를 나눌 뿐이라고 말입니다. 하지만 저처럼 혼자서 공부하는 사람들은 너무나 무지해서 작은 일에도 겁을 내고 자신의 원칙에 대한 믿음을 잃기도 합니다. 저 자신의 만족을 위해서, 도덕적인 믿음이나 종교적인 믿음은 창조의 과정에 대한 이론과는 별개라는 선생님의 확언을 듣고 싶었습니다. 선생님께서는 그러한 확언을 해주셨고 그 점에 대해 다시 한 번 감사하게 생각합니다.

선생님의 건강이 좋아지시기를 바랍니다.

안녕히 계십시오.

메리 불.

리디아 어니스틴 베커가 보낸 편지 1866년 12월 22일

맨체스터 아드윅(Ardwick), 그로브(Grove) 가 10번지

1866년 12월 22일

다윈 선생님께

우선 선생님께서 제 이름을 기억하셨으면 하는 마음에서 이 편지를 씁니다. 그렇다고 제 스스로를 추어올릴 생각은 없습니다. 매우 친절하고 정중하게 저를 대해 주신 기억은 결코 제 마음에서 지워지지 않을 것이고 언제까지나 기쁨과 만족의 원천이 될 것입니다.

1863년 여름에 리크니스 다이어나(Lychnis diurna) 꽃 몇 송이를 보내 드렸는데, 몇 가지 이상한 특성이 보입니다. 그 식물들을 조사해 보고 나서야 선생님께서 관심을 두신 것이 아니라는 사실을 알게 되었지만 처음에는 선생님의 연구에 도움이 될 것이라고 생각했습니다. 고맙게도 선생님은 제게 그것들에 관한 몇 가지 기록을 보내 주셨습니다. 그리고 영광스럽게도 선생님께서 〈린네 회보〉에서 읽으신 리넘 속의 두 가지 형태에 대한 논문 한 부를 제게 보내 주셨습니다. 저는 너무나 기쁜 나머지 곧바로 심홍색 아마의 씨앗을 심고 선생님께서 기록하신 대로 모양을 관찰하고 있습니다.

처음에 그 식물은 기다란 모양의 꽃만 피웠습니다. 그 시점에서 선생님과 편지를 왕래하게 되었고, 선생님께서는 제 관찰이 실패한 것 같다고 하셨습니다. 그 후로 줄곧 선생님께 제가 무언가를 깨달으며 얼마나 기쁨과 감동을 느꼈는지 전하고 싶었습니다. 짧은 모양의 꽃이 마침내 피어났고 그때까지 삭과는 화판을 없애면서 말랐습니다. 소생하는 것처럼 보이더군요. 그것들이 어떻게 자라고 부풀며 급속하게 활력을 찾고 건강한 열매를 맺는지 깨달았습니다. 하지만 앞으로도 선생님과 의견을 나누고자 하는 의도로 그런 것은 아닙니다. 그리고 이미 선생님께 너무 무례를 범한 것 같아 염려가 됩니다.

저는 리키스(Lychis) 꽃들을 계속 연구할 수도 없을 뿐만 아니라 그 꽃들의 형태가 번갈아 나타나는 문제를 이해할 수도 없습니다. 왜냐하면 그때 이후로 시골에서의 삶을 접었기 때문입니다. 그리고 지금은 벽돌과 모타르로 둘러싸여 있으며, 대기는 석탄 연기가 자욱한 곳에 있습니다. 살아 있는 식물을 볼 기회도 없답니다.

하지만 도시에서의 삶도 장점이 있습니다. 제가 무례하게 동봉한 회보에서 보셨듯이 다른 사람들과 모임을 만들 수 있었습니다. 몇몇 숙녀 분들은 작은 모임을 통해 학문과 즐거움을 얻고자 합류했습니다. 아직은 초기여서 도움의 손길이 필요합니다. 제가 선생님의 도움을 구한다면 너무나 무람없는 짓일까요? 저희가 부탁드리고자 하는 것은 저희의 첫 모임에서 낭독할 만한 논문을 보내 주십사 하는 겁니다. 물론 저희를 위해 특별히 선생님께 글을 써달라는 터무니없는 부탁을 하는 것은 아닙니다. 하지만 가능하다면 리넘에 관한 논문과 같이 학술 모임에서 발표하셨던 글이면 좋겠습니다. 선생님이 아니면 저희로서는 그런 글에 대해 잘 모르고 접근하기도 어렵답니다.

리넘에 관한 논문에서 선생님께서 언급하신 프리뮬라에 관한 실험은 제게도 굉장히 흥미롭고 신기했습니다. 왜냐하면 지난봄에 달맞이꽃을 수집했기 때문입니다. 저는 어렵사리 '작은 눈 모양의 점이 있는' 꽃들 사이에서 차이점을 찾아냈지요. 암술머리가 꽃밥 아래에 숨겨져 있었습니다. 이러한 차이가 폴리앤투스(Polyanthus, 앵초의 교배종, 수선화)의 초기 단계에서 비롯된다는 것을 알았습니다. 하지만 선생님의 논문을 읽기 전까지는 이들에게 관심도 없었고 얼마나 중요한지도 몰랐습니다. 이제는 겨우 감질날 만큼 정보를 얻었습니다. 하지만 아직은 만족스럽지 못해 더 알고 싶습니다.

선생님께서 주제넘은 부탁을 용인해 주신다면, 꽃들에서 나타나는 신기한 차이점들이 무엇을 의미하는지 배울 수 있도록 가지고 계시는 소책자나 논문을 보내 주시면 고맙겠습니다. 돌아오는 봄에는 저희들도 달맞이꽃이 무성하게 핀 둑을 바라보며 즐거움을 느낄 수 있었으면 합니다.

사실 저희들이 그 아름다운 꽃들을 더 가까이에서 바라보게 해주신 은혜에 감사합니다. 저의 무례함 때문에 선생님께서 불쾌해하지 않을까 염려하는 마음으로 이 편지를 보냅니다. 선생님께서 친절을 베풀어 주신다면 제가 부담을 덜 수 있을 것 같군요.[27]

선생님께 다시 한번 깊이 감사하는 마음 전하며.

리디아 베커 드림.

J. D. 후커에게 보낸 편지 1866년 12월 24일

다운
1866년 12월 24일

후커에게

나 스스로 위안을 삼고자 지난번 자네의 긴 편지에 대해 몇 자 적겠네. 하지만 우선 자네에게 축하부터 받아야겠네. '가축화된 동물과 재배 식물'에 관한 원고를(다분히 염려스러운 아주 망할 놈의 두 권을) 인쇄소에 넘겼으니 말이야.[28] 지금은 결론 부분을 쓰고 있는데 아마 추가로 삽입하겠지. 하지만 인간에 관한 장의 도입부 때문에 골치가 아프다네. 인간에 대한 내 견해를 어떻게 말해야 할지 말이야.

이제 아들 녀석들도 돌아왔고, 모두가 잘 지낸다네. 윌리엄은 사흘 동안 머물려고 이곳에 왔다네. 그 녀석은 『오스트레일리아 식물상 입문서

Introduction to Australian Flora』[29]를 세 번이나 읽고 돌려줬다네. 굉장히 좋아하더군. 내가 굳이 이 말을 하는 이유는 자네가 일반 독자를 위해 섬의 식물상에 대해 책을 쓴다면 굉장히 재미있고 가치 있기 때문이라네. 왠지 자네가 이 작업을 곧 시작할 것 같은 확신이 서네.

뮐러의 편지에서 봤는데, 사실 난 근거가 없다고 보지만, 아데난테라(Adenanthera)가 브라질의 토착 식물인 것 같다더군. 비록 애매한 경우이기는 하지만 인도에 있는 사람에게 그것에 대해 묻는 건 의미가 없지. 약한 모래주머니를 가진 새들이 그 씨앗을 먹는다는 것이나 적어도 열 시간 동안 따뜻한 물에 담가 두면 그중 하나는 뭔가가 나올 텐데 자네가 왜 이런 사실을 믿지 못해 안달인지 도무지 이해가 안 되네. 하지만 난 그 씨앗들이 나무에 오랫동안 매달려 있고 새들을 유인할 만큼 아름다워 보인다는 사실을 믿는다네.

스펜서를 생각 펌프로 비유한 자네의 글을 큰 소리로 읽었다네. 만장일치로 훌륭하게 결정되었네. 지적인 표현은 아니지만 모두 좋아했네.

육지가 서로 연결되어 있었다는 사실을 전제로 하고, 홍적세기의 남극 대륙으로부터 식물상의 유입을 가정하는 것에 한마디 덧붙이겠네. 내가 보기에 이것은 자네가 아조레스, 케이프 데 베르데 섬들(Cape de Verdes), 트리스탄다쿠나(Tristand'Achunha), 갈라파고스, 후안페르난데스 등등이 모두 육로로 연결되어 있었는지를 궁극적으로 어떻게 푸느냐에 달려 있다네. 자네가 이 전제조건을 고려하지 않는다면 빙하기 동안 남극대륙으로부터 우발적인 이동 수단에 의해 동식물이 넘어와 뉴질랜드를 비롯한 섬이 풍성해졌다는 말인가? 빙하기 동안 보르네오와 같은 저지대에 온대성 생물이 적당히 뒤덮고 있었다는 점에 대해 '엄청난 추측'으로 보이기는커녕, 내 눈에는 그것이 입증된 것으로 보이니 이제는 내가 고집불통의 정점에 서게 되었군!

어제 뮐러에게 편지를 한 통 더 받았네. 어느 날 수집한 것 중에서 이형질 식물의 속을 여섯 개나 발견했다더군! 하나는 플럼바고(Plumbago, 갯질경이과의 식물)였다네. 지금 자네가 다른 종의 씨앗을 가지고 있는지, 카터가[30] 팔려고 내놓은 목록에서는 찾지 못했거든. 두 번째 부탁은 〈레뷰 오르티콜Revue Horticole〉 최근 호를 잠시만 빌려 주게. 〈가드너스 크로니클〉 지난 호에 실린 아리에(Aria) 접붙이기의 신기한 효과에 대해서 카리에르가 설명한 내용이 있어서 그러네.[31]

잘 지내게.

찰스 다윈.

1867년

Charles Darwin

존 머레이에게 보낸 편지 1867년 1월 3일

남동부 켄트 주 다운, 브롬리

1867년 1월 3일

머레이 선생에게

내 책이 엄청나게 두껍다고 들었는데 뭐라고 죄송한 말을 전해야 할지 모르겠습니다.' 무슨 수로 갚아야 될까요. 하지만 이제 와서 줄일 수도 없고, 사실 내가 그 길이를 가늠했다고 해도 어느 부분을 생략해야 할지 몰랐을 겁니다.

출판하기가 꺼려지거든 부탁컨대 망설이지 말고 말해 주세요. 그러면 선생의 주석은 삭제하는 것을 고려해 보겠습니다.

믿을 만한 사람에게 좀 더 쉬운 장을 읽어 보라고 해서 판단해 보세요. 서문이나 개에 관한 부분 혹은 식물에 관한 부분이 읽기 쉽겠지요. 식물에 관한 부분은 책에서 가장 지루한 부분이랍니다. 판게네시스라고 부르는 가설을 담은 부분이 있는데 아주 흥미롭고 읽기도 쉽답니다. 교육을 받은 독자들이 그 이론에 대해 뭐라고 생각할지 모르겠군요. 하지만 내 개인적인 생각으로는 학문적으로 고려할 만한 진보랍니다. 장들의 목록과 곳곳에 있는 검사 목록은 책 전체에 대한 적당한 개념을 잡기에 좋은 자료가 될 겁니다. 제발 부탁이니 마구잡이식으로 출판하지는 말아주세요. 선생에게 큰 손실을 입히게 된다면 나 역시 평생 괴로울 겁니다. 책의 규모 때문에 나도 무척 애를 먹었답니다. 비록 내 판단이 옳을지 모르지만 그 책은 가치가 있을 겁니다.

형식이나 책의 크기 등은 선생의 재량대로 알아서 하시기 바랍니다. 다만 한 가지 말해드릴 것은 요즘 출판하는 책들이 지나치게 두꺼워지는 경향이 있어 곳곳에서 불평의 소리가 들려올지 모른다는 겁니다.

결론 부분을 다 완성했습니다. 인간에 관한 부분인데 이것이 실릴지는 책의 규모나 시간, 그리고 내 능력에 달려 있겠지요.

친애하는 찰스 다윈.

존 머레이가 보낸 편지 1867년 1월 28일

앨버말 가(Albemarle St.)

1867년 1월 28일

다윈 선생께

선생의 새로운 책 출판에 대해 부디 마음 놓으시길 바랍니다. 선생께서 이 조건을 받아들이신다면 비용이 얼마가 들더라도 쿠트 크 쿠트

(coute que coute)², 선생의 책을 출판할 것입니다. 조건은 선금 없이 판매 이익의 절반을 드리는 겁니다. 이런 제안을 드리는 이유는 이전에 출판한 선생의 책들보다 이번 책에 위험 요소가 꽤 있다고 생각하기 때문입니다.

이 책의 의도도 그렇지 않고, 일반 대중의 인기도 끌지 못할 것 같지만, 『종의 기원』이 6,000부 정도 팔렸으니 이번 새 책들도 최소 500명 정도 구매할 것 같군요. 이것을 근거로 한 판당 750부 정도 인쇄하기로 했고, 크기, 형식 그리고 쪽수는 라이엘 씨의 『지질학의 원리』에 준하면 8절판 두 권이 될 것입니다.

문학을 하는 친구에게 보여 줬는데, 원고들을 돌려받지 못했으나 그의 말로는 이해하기가 어렵다는군요. 하지만 과학을 연구하는 친구가 아니니 전적으로 옳다고 할 수는 없지요. 하지만 선생님께 앞서 말한 계약 조건을 감히 제안합니다.

경백.

존 머레이.

이번 주 내로 원고를 돌려받게 될 겁니다.

베커가 보낸 편지 1867년 2월 6일

아드윅 그로브 가 10번지, 맨체스터 여성문우회

1867년 2월 6일

존경하는 다윈 선생님께

친절하게도 제게 맡겨 주신 논문 두 편에 뭐라고 감사의 말씀 드려야 할지 모르겠습니다. 편지와 함께 논문을 돌려드립니다.[3]

논문 일부를 필사하고 그림들도 크게 복사해 두었습니다.

리스럼의 배열에 가장 큰 감동을 받았습니다.

한 가지 놀라운 점은 같은 꽃에서 길이가 다른 수술들이 나타나는 것이 별 의미가 없는 것인지, 그리고 이강 수술인 꽃이나 사강 웅예의 꽃에서 길고 짧은 수술의 꽃가루의 작용에서 보이는 차이는 의미가 없는 것인지 궁금합니다. 제라니아세이에이(Geraniaceae, 쥐손이풀과, 제라늄)에서는 마치 변이가 진행되고 있는 것처럼 보입니다. 제라늄에서 각각 교대의 수술이 더 작고, 유사한 속인 에로디엄(Erodium)에서는 교대의 수술들이 수분 능력이 없어졌기 때문입니다. 이 속들이 한때 이형질이었고 암컷에 해당하는 한 형태가 무엇에 의해서든 완전히 멸절했으며, 이에 대응하는 수술들이 떨어져 나간다는 것이 가능한 걸까요? 리스럼 중 한 형태가 사라진다면, 그래서 수술 두 벌이 종에 무용지물이 된다면 그것들이 점차적으로 발아 불능 상태가 될 수도 있다는 것이 가능하겠지요.

덩굴식물에 관한 논문에서 선생님께서 일러 주신 대로 관찰했습니다. 놀랍고도 규칙적인 덩굴의 운동에 대한 통찰은 저희 모두에게 뜻밖의 사실이었습니다. 그 그림들을 크게 복사해서 덩굴식물의 각 강(綱)의 표본별로 저의 식물 도감집에 넣어 두었습니다. 그럴듯한 전시물로 만들려고 모으고 있습니다.

운 좋게도 최근 제가 얻은 남태평양 섬들의 고사리 수집물 중에 선생님의 논문에 나온 리고디엄 스칸덴스(Lygodium scandens) 표본이 있었습니다. 선생님의 논문을 읽기 전에는 이 강(綱) 안에 덩굴식물이 있으리라고는 생각지도 못했습니다. 우리 영국의 고사리들 가운데는 그런 습성을 가진 것이 없기 때문이지요. 하지만 '지성의 행진'에 따르는 것은 시대의 명령인데, 심지어 식물의 세계에서는 제때에 맞춰 식물들이 해내는 일을 더 말해 무엇 하겠습니까!

저희 모임은 제가 기대한 것 이상으로 성공적인 것 같습니다. 정신적인 지지를 베풀어 주신 선생님이야말로 훌륭한 공헌을 하셨습니다. 회원들이 유익함을 얻는 것이 저희에게 베푸신 따뜻한 격려가 헛되지 않는 길일 겁니다.

선생님의 논문을 들을 수 있는 특권을 누리는 숙녀 분들 모두가 선생님께 감사의 마음을 전합니다. 이 마음을 기꺼이 받아 주세요.

선생님의 강녕을 빌며.

리디아 베커 드림.

W. D. 폭스에게 보낸 편지 1867년 2월 6일

켄트 주 다운, 브롬리

1867년 2월 6일

폭스 형

형 편지를 받으면 그 옛날 즐거웠던 기억이 떠오르면서 무척 행복해져. 오늘은 참 즐거운 날이야. 방금 두 권의 어마어마한 원고를 인쇄업자에게 보냈기 때문이지(애석하게도 책이 너무 두꺼워졌어). 가축화 동물과 등등에 관한 책인데 완성되더라도 11월 전에는 세상 빛을 못 볼 거야. 머레이의 선입견이 너무 강해서 말이야. 봄이나 가을이 아니면 안 되나 봐. 나로서는 이 책의 가치에 대해 전혀 감을 잡을 수가 없어. 다만 모든 노력을 기울인 것만은 확실해. 형에게도 당연히 한 부 보낼게.

우리에게도 죽음이 멀지 않았나 봐. 내 가여운 누이를 둘이나 잃고도 내가 살아 있다는 사실이 정말 놀랍지 않아? 슈루즈베리의 옛 집은 내놨어. 하지만 살 사람이 없는가 봐. 누가 쉽게 사려 하겠어. 수전 누이의 아이들과 같은 신세가 된 파커[4] 가족에게 유산으로 남긴 가구들은 모두 경매로 팔렸어.

캐롤라인 누이와 에라스무스 형은 제법 성공했지. 그들을 칭찬해서 하는 말이 아니라, 특히 에라스무스 형은 집을 비우는 일이 잦더라구. 형 소식도 매우 유감스러워. 활달한 형 성미대로 못하는 건 분명 끔찍한 고통이겠지. 승마에 대한 형의 조언은 아주 지당해. 나에게 정말 잘 맞더군. 상당히 건강해진 것 같아. 그래도 열두 시간을 꼬박 쉬지 않고 뭔가를 하지는 못해. 하지만 꽤 알차게 보내고 있고 이제 더 이상 게으름뱅이가 아니야.

불쌍한 벤스 존스는 몇 달 동안 죽음의 문턱에 가 있었어. 완전히 두 손 다 든 상태였는데 놀랍게도 심장병과 폐렴을 극복하더군. 엠마도 잘 지내고 있어. 계속되는 두통으로 애를 좀 먹지만 말이야. 가족 모두 평안해. 이번 봄에는 형도 모든 게 잘 풀릴 거야.

나의 옛 친구, 평안을 빌어.

찰스 다윈.

후커에게 보낸 편지 1867년 2월 8일

켄트 주 다운, 브롬리

1867년 2월 8일

후커에게

자네가 영국 과학발전 협회 의장직을 제안받았다니 참으로 기쁘네. 굉장한 영예가 되겠지만 자네도 할 만큼 했으니 그 제안을 거절한 것 역시 기쁘네.[5] 하지만 자네라면 아주 훌륭하게 해낼 것 같네. 내가 그런 자리에 앉는다면 분명 내 몸속 피가 싸늘해질 걸세. 글래스고에서 아가일 공작이 아주 능수능란하게 했던 세련된 연설들이 떠오르곤 한다네. 말이 나왔으니 말인데, 공작의 책[6]은 읽어 보지 못했지만 정기간행물에 실린 몇 편의 논문은 그런 대로 훌륭한데 박식해 보이지는 않더군. 몇 년 전 〈새터데이 리뷰Saturday Review〉에 그 논문 중 하나에 관한 논평이 실렸는데, 주된 주장의 오류를 완전히 폭로했더군. 자네에게도 보냈지. 아마 자네도 동의했었고 말이야.[7]

이제는 그런 역주장도 다 잊었네. 그의 글을 또 읽게 될 텐데, 그래도 난 또 속을 걸세. 며칠 전에는 〈스펙테이터Spectator〉에 공작의 책에 관한 좋은 논평이 실린 걸 봤다네. 공작이나 논평가나 두 사람 모두 흔적기관에 대해 새로운 해석을 내렸더군(나라면 할 수 없었을 걸세). 즉, 노동과 물질의 경제적인 측면은 신과 더불어 훌륭한 길잡이가 되는 원칙이라는 것이네(씨앗이든 어린 것이든 괴물이 남아도는 것은 무시하고 말이야). 동물의 구조를 위해 새로운 계획을 세우는 것은 생각이고 그 생각은 노동이고 따라서 신은 일관성 있는 계획에 따라 흔적기관을 남겼다는 것이네.

과장이 아닐세. 간단히 말해서 신은 우리보다 조금 더 똑똑한 사람이라는 것이지. 신이 그토록 머리를 많이 썼다면 틀림없이 소화불량에 걸렸을 텐데 그런 얘기는 왜 하지 않는지 모르겠네. 〈네이션Nation〉에 실린 글 고맙네(이 편지 편으로 보냈네). 굉장히 훌륭했어. 자네는 내 추측이 늘 틀리다고 하지만 아사 그레이 말고는 그렇게 잘 해낼 사람이 없을 걸세. 아사 그레이가 썼다는 데 3대2로 걸겠네. 한두 단락은 나도 좀 헷갈리지만 말이야.[8]

'가축화 동물과 재배 식물'에 관한 책을 다 끝냈네. 아사 그레이의 학설에 대해 허락된 지면이 거의 없어서 한 단락짜리 답변은 못 하고 질문을 던진 셈이지. 각각의 변이는 특별한 명령을 받은 것인지 아니면 유익한 길을 따른 것인지 말일세. 그런 사안을 거론하는 것 자체가 어리석지만 유기체들을 만드는 데 신이 어떤 일을 했는지에 관한 내 견해의 상당 부분을 암시하고 있다네. 질문을 회피하는 것은 비열한 짓이라고 생각하네. 그와 관련해서 여러 통의 편지를 받았다네. 그중 하나는 어떤 숙녀 분이 보냈는데 전체가 다 질문으로 이어져 있더군. 내가 대답할 수 없다고 했더니 아주 만족스럽다면서 자기가 원한 답이 바로 그것이었다고 답장을 보내 왔다네.[9]

섬에 관한 논문이 나오거든 한 부 보내 주게. 읽고 싶어 하는 사람이 몇 명 있다네.

머레이에게 마구잡이식으로 내 책을 출판하지는 말라고 했네. 원고를 오랫동안 쥐고 있었는데 경고를 한 거지. 어쩌면 그럴듯한 변명이겠지만 내가 그렇게 많은 세부 항목들을 내놓았는지 전혀 알지 못했다네. 세부 항목들은 좀 더 작은 활자로 인쇄될 걸세. 드디어 원고가 인쇄업자에게 넘어간다네.

막간에 인간에 관한 장을 시작했지. 그걸 쓰려고 오랫동안 자료를 모으기는 했지만 너무 길어질 것 같네. 내 생각에는 아주 작은 책으로 나눠서 출판하는 게 낫지 싶네. '인간의 기관에 대한 소론'[10] 이렇게 말일세. 나 스스로는 확신이 선다네. 인종이 주로 만들어진 수단에 대해서 말이야. 하지만 다른 사람들도 확신하리라고 기대하지는 않네. 장장 여섯 달에 걸친 수정 작업도 끝냈네.

헨슬레이 웨지우드가 몹시 아팠네. 무척 쇠약해졌다가 지금은 회복되고 있다네.

자네 부인께도 안부 전해 주게. 부부 사이가 돈독해진 것도 축하한다고도 전하게.

찰스 다윈.

우리 가족은 일주일 동안 퀸 앤 가(Queen Anne St.) 6번지에 머물 예정인데, 2월 13일에 출발하네. 자네가 런던에 있는 동안 만날 기회가 있기를 바라네.

프리츠 뮐러에게 보낸 편지 1867년 2월 22일

켄트 주 다운, 브롬리

1867년 2월 22일

뮐러 선생께

선생께서 이미 여러 가지 많은 지원을 해주셨는데, 두 가지 다른 주제에 관해 도움을 더 청하고 싶습니다. 지금 제가 준비하고 있는 논문은 '자웅선택'에 관한 것인데, 얼마나 하등한 동물까지 내려가야 자웅선택의 기준이 사라지는지 알고 싶답니다. 혹시 하등동물에서 자웅이 분리된 경우를 알고 계신지요? 이를테면 포유류 수컷들이 가진 뿔이나 엄니와 같이 공격용 무기를 갖추고 있다는 점에서 암수가 구별되거나 새와 나비처럼 화려한 깃털이나 장식으로 암수가 구별되는 경우 말입니다. 나방의 더듬이와 같이 수컷이 짝짓기할 암컷을 찾아내는 수단이 되는 특징이나, 선생께서 설명하신 하등갑각류에서 본 신기한 집게발과 같이 수컷이 암컷을 잡을 수 있는 기관을 이차성징이라고 보지는 않습니다.

하지만 제가 알고 싶은 것은 암컷을 차지하기 위한 싸움의 도구가 되는 공격 수단이나 반대 성을 유인하는 장식과 같은 수컷의 자가 인식의 정도가 필요한 성적 차별성이 얼마나 하등한 범위에서 일어나는지 궁금합니다. 암수 사이에 보이는 습성의 차이는 배제해야겠지요. 제가 궁금해 하는 게 뭔지 선생은 쉽게 아실 겁니다. 선험적으로 저는 곤충들이 반대 성의 아름다운 색깔에 이끌릴 수 있다거나 메뚜기목 곤충(Orthopteron, 직시류) 수컷의 다양한 성음 기관에서 나오는 소리에 반대 성이 이끌린다는 예상은 해본 적이 없습니다. 선생이 아니면 아무도 이런 질문에 답변해 줄 것 같지 않군요. 얼마라도 좋으니 관련된 정보를 주시면 고맙겠습니다.

내가 다루는 두 번째 주제는 얼굴 표정에 관한 것으로 오랫동안 관심을 두었던 주제입니다. 각별한 관심을 두기는 했으나 정작 다양한 인종을 관찰할 기회가 있었을 때는 집중하지 못했답니다. 선생이라면 몇 달 동안 흑인이나 남아메리카 원주민에 대해 어렵지 않게 몇 가지 관찰해 주실 것 같군요. 특히 흑인에 대해 관심이 많답니다. 그래서 길잡이 겸 몇 가지 질문을 동봉하겠습니다. 한두 가지라도 답변해 주시면 정말 고맙겠습니다.

인간의 기원에 관해 짧은 논문을 쓸까 생각합니다. 마냥 감추고만 있다고 적잖은 비난을 받았기 때문이랍니다. 이번 책이 마무리되는 대로 곧 시작할 겁니다. 그 책에서 표정의 의미나 원인에 대한 장을 첨가할 생각입니다.

선생의 배려에 늘 고마움을 느끼고 있습니다. 그리고 선생의 관찰 능력에 경의를 표합니다. 안녕히 계세요.

찰스 다윈.

추신. 나의 질문들을 너무 신경 쓰지는 마세요. 하지만 두어 달에 걸쳐 두어 가지 관찰해 주실 수는 있겠지요.

세계 여러 곳으로 이런 질문지를 보냈답니다. 6개월 내지 8개월 안에 답이 오겠지요.

선생께서 이따금씩이라도 질문들을 유념하고 계시면, 이를테면 (4)번이나 (5) 혹은 (13)번 질문의 경우 관찰 기회가 분명 있을 것입니다.

하지만 너무 시시해 보이는 질문에 대해서는 답하지 않으셔도 되지만 분명 재미있을 겁니다.

[질문]

표정에 관한 질문

(1) 놀람을 표현할 때는 눈이나 입이 벌어지고 눈썹이 올라가나요?

(2) 부끄러우면 얼굴을 붉히나요? 그때 피부색에 붉은 기가 보이나요?

(3) 남자의 경우 화를 내거나 반항할 때 얼굴을 찌푸리고, 몸이 경직되며, 머리를 곧추세우고, 어깨를 벌리고, 주먹을 꽉 쥐나요?

(4) 무언가 골똘히 생각할 때나 문제를 이해하려고 애쓸 때 얼굴을 찌푸리거나 눈꺼풀 아래 피부에 주름이 잡히나요?

(5) 기분이 안 좋을 때 입술 가장자리가 아래로 처지고, 프랑스인들이 '불만 근육'이라고 부르는 근육의 작용으로 눈썹 안쪽 가장자리의 각도가 올라가나요?

(6) 기분이 좋을 때 눈 주위나 아래쪽 피부에 약간 주름이 잡히면서 눈이 반짝거리고 입을 약간 옆으로 늘이나요?

(7) 남자의 경우 다른 사람을 비웃거나 고함을 칠 때 그 사람 쪽을 마주보고 윗입술 가장자리가 송곳니 위로 올라가나요?

(8) 완고하거나 고집 센 표정을 식별할 수 있나요? 주로 입술을 굳게 닫고 이마를 찌푸리고 약간 눈살도 찌푸리나요?

(9) 경멸감을 표현할 때는 입술을 약간 내밀고 코를 위로 올려 약하게 숨을 내쉬나요?

(10) 혐오스러움을 표현할 때는 마치 구토를 시작할 때처럼 갑자기 숨을 내쉬면서 아랫입술을 바깥쪽으로 뒤집고 윗입술을 약간 올리나요?

(11) 극도의 공포감은 유럽 사람들처럼 일반적인 방식으로 표현하나요?

(12) 웃음이 나올 때는 눈에 눈물이 고일 만큼 심하게 웃기도 하나요?

(13) 남자의 경우 뭔가를 저지할 수 없거나 혹은 스스로 뭔가를 할 수 없다는 것을 표현할 때 어깨를 으쓱하거나, 팔꿈치를 안쪽으로 돌리고 손은 약간 바깥쪽으로 내밀며 손바닥을 펼치나요?

(14) 아이들의 경우 기분이 실쭉하면 입술을 삐죽거리거나 입술을 많이 내미나요?

(15) 죄를 저질렀거나 교활한 생각을 하거나 질투를 표현하는지 알아볼 수 있나요? 이런 것을 뭐라고 정의해야 할지 모르겠지만.

(16) 조용히 하라는 신호를 할 때 부드럽게 '쉬' 하고 소리를 내나요?

(17) 긍정을 표현할 때 고개를 수직으로 끄덕이고, 부정을 나타낼 때는 좌우로 흔드나요?

유럽인들과 거의 의사소통한 경험이 없는 토착민들을 관찰하는 것은 물론 매우 가치 있는 일입니다. 어느 곳의 토착민이든 내게는 모두 굉장히 흥미로울 겁니다. 표현에 대한 일반적인 논의들은 그와 비교하면 별 가치가 없지요. 감정이나 마음 상태에 따른 표정을 정확하게 설명하는 것이 훨씬 더 가치 있으며 위에 나열한 질문에 대한 답변은 어느 하나라도 소중히 활용하겠습니다.

찰스 다윈.

켄트 주 다운, 브롬리

에드워드 블라이스에게 보낸 편지 1867년 2월 23일

남동부 켄트 주 다운, 브롬리

1867년 2월 23일

블라이스 씨께

『종의 기원』에 관한 선생의 논평은 무척 흥미로웠습니다. 의태에 관한 논평과 같이 많은 부분이 새롭더군요. 선생이 언급한 다른 사실들은 나도 이미 알고 있었답니다. 오랑우탄에 관한 선생의 논문이 매우 인상적이어서 인간에 관한 짧은 논문을 쓰려고 구상하고 있습니다.

인간의 기원이 별개의 유인원 과에서 유래했다는 포크트가 쓴 유사한 논문을 알고 계신지요? 그라시올레(Gratiolet)의 두뇌 관찰에 근거를 두었더군요. 오랑우탄과 말레이인 사이에 유사한 점이 있다고 한 선생의 관찰을 신중하게 언급한 것에 대해 이의를 제기하지 않을 것이라 생각합니다. 그 유사성은 분명 우연한 것이고, 흑인종과 비교하여 본 남아메리카 속에 대한 선생의 관찰이 이를 뒷받침할 수도 있다고 봅니다. 이와 거의 대응하는 박쥐의 경우에 대해서는 잘 모르겠습니다. 선생께서『종의 기원』 신판을 원하신다는 것을 알았더라면 보내 드렸을 텐데요. 물론 '가축화 동물'에 관한 책은 나오는 대로 보내 드리겠습니다. 런던에서 선생을 뵙지 못한 것을 무척 후회한답니다. 하지만 마지막 이틀 동안은 집을 나설 수가 없었답니다.

훨씬 오래전 선생은 작은 활자로 주해를 단 페이지에 검은색으로 동그라미를 친 로열 8절판 두 쪽을 내게 주셨습니다. 그 종이에 새들의 성별 깃털에 대해 훌륭한 의견을 적으셨더군요. 그 내용을 좀 인용하고 싶으니 제목을 알려 주시면 고맙겠습니다.

성징에 대한 자료들을 모으고 있었습니다. 다른 사람들의 책보다 선생의 책에서 그 주제에 관해 논의하기 전부터 모으고 있었습니다. 『육지와 바다 Land & Water』 마지막 권에 실린 촌평이 있는데 선생께서 쓴 것 같다는 생각이 들었습니다.

그 촌평에서 갈매기와 물떼새의 여름 깃털은 수오리에만 있는 짝짓기용 깃털과 같이 이들 두 종류에서도 일반적이라고 지적했더군요. 제대로 이해했다면 내게는 아주 새로운 견해였습니다. 하지만 뇌조와 같은 새의 겨울 깃털은 특별한 목적을 위해 획득된 것일 수 있다고 선생도 인정하는 것 같더군요.

선생이 쓰는 책마다 친필 서명을 하시기를 바랍니다. 포유류에서 특히 색깔로 성별 차이가 구분되는 것에 관한 논문을 보시거든 제게 일러주세요. 인도의 들에 서식하는 영양에 관한 선생의 글에서 두 가지 경우를 찾아냈답니다. 육식동물에서 성별에 따라 송곳니가 다른 경우가 있는지 알려 주시겠습니까? 이제 한 가지만 더 묻겠습니다. 위에서 언급한 글들에서 선생은 새들의 성별 깃털의 법칙을 여전히 주장하시는지요? 야렐은 좀 다른 의견을 내 놓았는데, 이들의 깃털이 해마다 바뀌기 때문이라는군요.

쓰다 보니 편지가 너무 길어졌군요. 양해 바랍니다.

찰스 다윈.

A. R. 월리스에게 보낸 편지 1867년 2월 23일

남동부 켄트 주 다운, 브롬리

1867년 2월 23일

월리스 선생께

선생을 찾아뵙지 못한 것이 몹시 후회스럽군요. 월요일 이후로 집에서 한 발짝도 나갈 수가 없었답니다. 월요일 밤에 베이츠 씨를 찾아가 문제를 하나 냈는데, 대답하지 못하더군요. 예전과 유사한 질문이었는데 "월리스 씨에게 여쭤보는 것이 좋겠소."라지 뭡니까. 문제는 애벌레들이 가끔씩 너무 아름답고 예술적인 색을 띠는 이유가 무엇이냐 하는 것입니다. 많은 생물들이 위험을 피하려고 색을 띠는데 화사한 색이 단지 신체적인 조건에만 기인한다고 볼 수는 없답니다. 베이츠 씨는 아마존 유역에서 이제까지 본 것 중에 가장 아름다운 애벌레(박각시 나방)가 커다란 녹색 잎을 먹고 있는 동안 멀리서도 눈에 띌 만큼 등 쪽에 검고 붉은색이 도드라지는 것을 봤다더군요. 수컷 나비가 자웅선택에 의해 아름다워지는데 왜 애벌레들만큼 아름다운 색을 만들어 내지 않는지 묻는다면 선생은 뭐라고 답하시겠습니까? 나 역시 대답할 수 없지만 내가 가진 근거들을 주장할 수는 있습니다. 이 점에 대해 선생이 생각하시는 바가 있다면 편지로든 만나서든 말씀해 주시겠습니까? 그리고 선생이 알고 있는 의태의 암컷 나비가 수컷보다 더 아름답고 눈부신 색을 띠는지도 알고 싶답니다.

다음에 런던에 가거든 선생의 물총새들을 꼭 봐야겠습니다.

건강이 다시 악화되었습니다. 지난번 런던에 가 있던 동안 모임 약속을 절반이나 취소했답니다.

평안하게 지내시길 바라며.

찰스 다윈.

A. R 월리스가 보낸 편지 1867년 2월 24일

북서부 마크 크레센트 가 9번지

1867년 2월 24일

다윈 선생께

며칠 전 베이츠 씨를 만났습니다. 애벌레에 관해 말씀하시더군요. 신경 써서 관찰해야만 알 수 있을 것 같습니다. 제가 생각하는 유일한 가능성은 애벌레들의 모양이 매우 유사하다는 것과 수백 가지 종이 있으며 그것들이 모두 색깔로 구별된다는 점입니다. 대부분의 애벌레들이 나뭇잎의 색에 맞춰 초록색을 띠거나 수피나 가지의 색에 맞춰 갈색을 띰으로써 스스로를 보호합니다. 뾰족한 가시나 긴 털로 보호하는 것들도 있지요. 분명한 것은 이러한 보호 작용으로 새들에게 불쾌감을 준다는 것인데, 애벌레의 가장 큰 천적인 작은 새들에게 특히 더 불쾌감을 줍니다. 애벌레들이 털이 아니라, 불쾌한 맛과 악취로 스스로를 보호한다고 가정하면, 이것은 분명 먹음직스러운 애벌레로 오인하지 못하도록 하는 데 아주 유리한 장점이 될 것입니다. 왜냐하면 새의 부리가 쪼아서 작은 상처라도 생기면 거의 모든 경우에 애벌레가 죽기 때문입니다. 따라서 아름답고 눈에 잘 띄는 색은 갈색이나 초록색의 먹음직스러운 애벌레와 확연히 구별되고 새들은 이들을 먹이로 삼기에 부적당하다고 쉽게 판별하게 됩니다. 결국 이 애벌레들은 먹히는 것만큼 두려운 포획에서 자유로워질 수 있는 거지요.

곤충을 잡아먹고 사는 새를 기르고 있다면 실험을 통해 이를 조사해 볼 수 있지요. 그 새들은 대개 아름다운 색깔의 애벌레들은 먹지도 않고 건드리지도 않을 것입니다. 그리고 엷은 보호색을 띤 것들은 모두 게걸스럽게 먹어치울 것입니다. 블랙히스(Blackheath)에 있는 제너 위어 씨에게 이 점에 대해 여쭤보려고 합니다. 그는 몇 년 동안 들새들을 키우는 새장을 가지고 있었고 매우 가까이에서 이들을 정확하게 관찰했답니다. 이번 여름에는 확실하게 실험할 수 있을 겁니다.

의태에 관한 토론이 열렸을 때 스테인튼 씨가 매우 흥미로운 사실을 언급했습니다. 나방을 먹기 좋게 만들어서 그가 기르는 가금류들에게 던져 주곤 했답니다. 한 번은 어린 칠면조에게 던져 줬는데 대부분 나방들을 탐욕스럽게 먹어치우더랍니다. 그런데 한 가지 흰색 나방[스필로소마 멘사스트리(Spilosoma menthastri)]은 먹지 않았답니다. 어린 칠면조 한 마리가 그것을 부리로 집어서 머리를 흔들더니 휙 던지니까 다른 칠면조가 쫓아가서 집더니 또 던지더랍니다. 다른 칠면조들도 그렇게 하고요. 모든 칠면조들이 그 나방만 거부한 것이지요.

위어 씨는 이 나방의 애벌레가 털이 많고 새들도 먹지 않는다고 하더군요. 이로써 곤충들이 매우 많은 무리를 이룬다는 사실을 충분히 설명할 수 있지요. 하지만 여전히 궁금한 것은 또 다른 나방[디아포라 멘디카(Diaphora mendica)]은 그 수가 훨씬 적은데, 암컷이 흰색이지만(수컷은 상당히 다릅니다) 밤에는 다른 종류로 쉽게 오인될 수도 있기 때문이지요! 지금까지 세밀한 부분까지 정확하게 헬리코니데(Heliconidae)와 대나이데(Danaidae)의 경우와 일치하는 영국산 의태를 가지고 있으며 이는 매우 중요한 가치가 있습니다. 왜냐하면 인시류가 다른 풍미를 가진다는 직접적인 증거이며 어떤 풍미는 새들이 아주 싫어한다는 증거이기 때문입니다.

제가 가지고 있는 암컷 의태 나비는 수컷보다 훨씬 아름다운데, 수컷이 흐린 갈색을 띠는 반면 암컷은 금속성의 푸른빛을 띱니다. 저는 가끔 수컷 나비들의 색을 만드는 데 자웅선택이 작용하는지 궁금합니다. 제 생각에 그것은 단지 암컷이 덜 화려한 색을 띠는 데 유리한 것일 뿐이고, 무수한 변이의 과정에서 모든 색들이 번갈아 만들어지기 때문에 나오는 색이라고 생각합니다. 두세 마리의 수컷이 암컷 한 마리를 쫓아다니는 것은 분명하지만, 암컷이 짝짓기 대상을 선택하는지 아니면 강하고 활동적인 녀석이 암컷을 차지하는지는 의문입니다. 이것도 실험으로 설명할 수 있을까요? 일반적인 나비들을 다량으로 사육한다면, 흰나비 과나 갈고리나비 과면 더 좋겠지요, 암컷과 수컷을 분리해서 특정 수의 수컷 날개를 문질러 색을 흐리게 만든 다음 암컷 한 마리와 색이 흐려진 수컷 한 마리를 방이나 온실에 넣어두면 암컷이 항상 또는 대부분의 경우에 가장 아름다운 색깔의 수컷을 선택하는지 확인할 수 있지 않을까요? 이러한 실험을 연속하면 문제를 해결할 수 있지 않을까 생각합니다. 다음 곤충학 모임에서 이 두 가지 실험을 제안할 생각입니다. 어쩌면 시골에 사는 사람에게 부탁해야 할지도 모르겠군요.

경백.

알프레드 월리스.

A. R. 월리스에게 보낸 편지 1867년 2월 26일

남동부 켄트 주 다운, 브롬리

1867년 2월 26일

월리스 선생께

베이츠 씨의 말이 옳았습니다. 그 문제에 관해서는 선생이 적임자라는 것 말입니다. 선생의 의견보다 더 독창적인 의견은 들어본 적이 없습니다. 그것이 사실로 입증되길 기대합니다. 흰나방에 관한 사실은 정말 놀랍더군요. 이론이 사실로 입증되는 것을 보는 일이야말로 피를 끓게 하지요.

수컷의 아름다움에 대해 지금까지 나는 당연히 자웅선택에 기인한다고만 생각했습니다. 잠자리들이 아름다운 색에 끌린다는 몇 가지 증거도 있고요. 하지만 위와 같은 신념을 갖게 된 것은 직시류나 매미의 수컷들이 가지고 있는 성음기관 때문입니다. 새들에게도 유사한 경우가 있듯이 곤충의 경우 색깔이 자웅선택에 작용한다고 믿게 했지요. 내가 기력이 더 있고 시간이 충분하다면 선생께서 제안한 실험을 해보고 싶습니다. 하지만 나비들은 갇힌 상태에서 짝짓기를 하지 않을 것이라 생각합니다. 그런 얘기를 분명히 어디선가 들었거든요.

몇 년 전 아주 화려한 색의 잠자리 한 마리를 가지고 있었는데 실험해 볼 기회가 없었답니다.

요즘 자웅선택에 큰 관심을 기울이는 이유는 인간의 기원에 대한 짧은 논문을 출판하기로 결정했기 때문입니다. 그리고 (비록 선생을 설득하는 데 실패한 것이 내게는 가장 큰 충격이었지만) 난 여전히 자웅선택이 인종을 형성하는 주요한 매개가 된다고 생각합니다.

말이 나왔으니 말인데, 내 논문에 소개할 또 다른 주제, 즉 얼굴 표정인데, 혹시 선생께서 말레이 사람들이 다양한 감정을 어떻게 표현하는지 관찰할 만한 침착하고 예리한 사람을 아시거든 소개해 주시겠습니까? 질문 목록을 보내고 싶어서랍니다.

선생의 매우 흥미로운 편지에 감사합니다.

평안하시길 바라며.

찰스 다윈.

프레더릭 윌리엄 파리에게 보낸 편지 1867년 3월 5일

다운

1867년 3월 5일

파라 선생께

친절하게도 선생의 강연 기록[11]을 보내 주시다니 매우 감사합니다. 가족들 모두 정말 흥미로운 마음으로 소리 내어 읽었답니다. 충분히 공감하는 내용이었습니다. 선생의 편견 없이 솔직한 의견에 경의를 표합니다. 내가 전통적인 학자였다면 그 문제에 관해 공정한 판단을 내리지 못했을 거라는 생각이 들었습니다. 근본적으로 나는 전통적인 것은 충분한 열정과 자기들 입맛에 맞는 고상한 기호를 가지고 있는 사람들이나 배워야 한다고 생각한답니다. 선생은 사실 아주 대담하고 솔직하게 말함으로써 위대한 봉사를 하신 겁니다.

과학을 한다는 사람들은 늘 불평만 하지요. 그것도 자기들이 이해하지 못하는 것에 대해서만 말입니다. 슈루즈베리에서 학교를 다녔는데 버틀러라고 아주 대단한 교장 선생님이 있었지요. 그때 난 아무것도 배운 게 없었습니다. 오로지 화학 실험을 하거나 책을 읽으면서 위안을 삼았답니다. 버틀러 선생님이 그것을 어떻게 알았는지 전교생이 보는 앞에서 나를 공공연히 비웃었답니다. 정말 시간 낭비였어요. 내가 기억하기로 그 선생님이 나를 포코큐란테(Pococurante)[12]라고 불렀답니다. 무슨 뜻인지도 몰랐지만 아주 지독한 별명이었지요. 선생이 강연을 통해 좋은 학교에서 과학을 어떻게 가르치는지 모범을 보여 주셨으리라 생각합니다. 그런 일은 불가능하다는 말을 자주 들었지만 그에 대해서는 대답을 못했지요.

사는 동안 선생의 열정과 노고가 좋은 열매를 맺는 것을 보시길 바랍니다.

다시 한번 고마운 마음 전합니다.

찰스 다윈.

J. D. 후커에게 보낸 편지 1867년 3월 17일

다운

1867년 3월 17일

후커에게

의장직에 대한 소식 들었네. 자네 생각대로 밀고 나가지는 못한 것 같아 유감이네.[13] 내가 무슨 일을 하고 있었냐고 물었네만, 증거들을 수정해서 지우는 것 말고는 한 일이 없다네. 아마 영국에서 나처럼 지독한 악필도 없을 거라고 생각하네. 자네가 신경을 쓸지는 모르지만 여하튼 내가 확인한 것은 꽃가루가 아무리 많든 아니면 아주 적든 이포모에아(Ipomoea, 고구마속) 속의 씨앗들이 평균적으로 발아하는 기간이나 숫자나 무게에서 조금도 차이가 나지 않았다는 사실이네. 자네와 큐에 있는 스미스 씨에게는 내가 정반대로 말했던 생각이 나더군. 하지만 여러 번의 실험에서 나온 결과는 분명했네. 반면 이 식물의 씨앗들은 같은 꽃에서 나온 꽃가루로 수분했더니 무게도 적고 크기도 더 작은 식물이 나왔다네. 하지만 분명 별개의 두 식물로 이종교배했을 때보다 더 빨리 발아했다네.

섬의 식물상에 관한 자네 논문에(9쪽) 틀림없이 실수가 있다고 생각하네. 전에도 지적했지만, 자네가 인접한 대륙의 식물과 완전히 다른 식물이 섬에서 매우 일반적으로 나타나는 경우가 많다고 하지 않았나.[14] 자네 논문을 매우 관심 있게 읽었다는 에티[15]는 자네가 한 말 때문에 혼란스럽다고 하더군. 말이 나왔으니 말인데, 오래된 두 개의 촌평을 우연히 발견했네. 하나는 유럽산 새 스물두 종이 때때로 우연히 아조레스까지 이른다는 내용이고, 다른 하나는 멕시코 만류를 타고 카나리제도 해변으로 밀려온 미국산으로 알려진 나무줄기들이 아조레스 남쪽으로 되돌아간다는 것이네.

캘커타에 있는 스콧한테 기분 좋은 편지를 받았다네. 다른 지역에서 자란 같은 종의 식물에서 나온 씨앗들의 풍토 순응에 대해 관찰하고 있었다는군. 그리고 유럽산 식물들이 캘커타의 기후에 얼마나 잘 견디는지도 관찰하고 있다더군. 얼마나 꽃을 잘 피우는지 스콧도 놀랐다고 하더군. 특정한 종이 열대지방 북쪽에서 남쪽까지 점유하지 않으면 몇몇 종들의 씨앗이 퍼지면서 쉽게 자란다고 주장하더군. 나를 기쁘게 하는 법을 알고 있는 것 같아. 그래서 경고했네. 잘못하다간 낭패를 겪게 될 거라고 말이야.

벤저민 클라크가 어떤 사람인지 자네에게 물어보려고 했는데(예의상 그의 책을 샀거든)[16] 아사 그레이는 그를 '그 멍청이'라고 부르더군. 지금 동물에 관한 유사한 이론을 출판하려고 하는 것 같네. 주문 예약을 해두었지. 식물에 관한 그의 이론에 대해서는 반론을 제기했거나 할 수 있는 사람이 단 한 명도 없다더군. 내 생각에는 아무도 그의 책에 관심이 없는 것 같은데 말이야. 그리고 이상한 이야기를 하던데, 밀 이삭의 상단 절반을 잘라내면 그 절단이 3세대에 걸쳐 유전된다는 걸세. 물론 믿을 수 없지. 그래서 실험을 몇 번이고 반복해 보지 않으면 아무도 그 말을 믿지 않을 거라고 했네.

잘 지내게, 나의 정든 벗.

찰스 다윈.

에른스트 헤켈에게 보낸 편지 1867년 4월 12일

남동부 켄트 주 다운, 브롬리

1867년 4월 12일

헤켈 선생에게

건강히 그리고 풍족한 자연과학 업적을 거두고 돌아왔으리라 생각합니다.[17] 최근 선생이 쓴 책을 읽고 있답니다. 제법 읽었기 때문에 그 책에 관해 몇 자 적으려고 한동안 생각하고 있었지요.[18] 하지만 한 번에 두세 쪽 정도밖에 읽을 수가 없어서 무척 안달이 난답니다. 책은 전반적으로 아주 재미있고 내게도 도움이 되는 것 같습니다. 가장 인상 깊은 점은 선생이 생각한 모든 하위 원칙들과 주제에 관한 일반적인 원리가 아주 명쾌하다는 점입니다. 그리고 질서정연하게 배열되어 있고요. 생존경쟁에 관한 선생의 비평만 봐도 선생이 나보다 생각을 훨씬 잘 정리한다는 것을 알 수 있습니다.

특히 아주 훌륭했던 것은 흔적기관 연구(dysteology)에 관한 전체적인 논의였습니다.[19] 어느 부분이 좋다 나쁘다 할 것 없이 전부 훌륭했답니다. 그리고 나를 여러 번이나 추어올려 주신 것 또한 두말할 나위 없이 고마운 일입니다. 하지만 비평을 한마디 하더라도 나를 주제넘다고 여기지 않기 바랍니다. 여러 저자들에 관해 선생의 촌평은 너무 가혹한 것 같더군요. 하지만 이 점에 관해 내가 독일의 한 어린 학자를 제대로 판단할 수야 없지요. 훌륭한 저자이자 선생의 이론을 지지하는 사람들이 엄중한 선생의 비평에 불만을 갖더군요. 매우 유감스러운 일입니다. 왜냐하면 지나치게 가혹한 비평은 오히려 독자들의 마음을 비평받은 사람 쪽으로 돌려놓기 때문입니다.

혹평은 의도했던 것과 전혀 다른 효과를 발휘하는 예가 왕왕 있답니다. 나의 절친한 친구 헉슬리는, 물론 영향력이 큰 친구였으나 좀 더 온건하게 공격하든지 공격 빈도를 낮췄다면 그의 영향력은 훨씬 더 컸을 것입니다. 선생은 분명 과학 분야에서 매우 중요한 역할을 하실 분이므로, 이 늙은이의 무람한 말을 잘 반영해 주시기를 진심으로 바랍니다. 잔소리를 늘어놓는 것이야 쉽지요. 나도 그렇게 가혹한 비평을 할 능력만 된다면, 감히 말하지만 그 불쌍한 고집불통들의 무능함을 모두 까발리고 완전히 뒤집어서 돌려놓았을 거요. 하지만 내 생각에 이건 좋은 능력이 아니랍니다. 고통스러울 뿐이지요. 우리는 같은 근거를 두고도 다른 결론에 이르는 경우를 많이 본답니다. 그러니 자기의 결론이 진실일 거라는 확신이 아무리 강하더라도 어떤 복잡한 문제에 대해 너무 단호하게 주장하는 것은 미덥지 못한 방법인 것 같습니다. 이렇게 스스럼없이 말하는 나를 용서하세요. 우리가 만난 적은 단 한 번이지만 친근감이 느껴져서 그런지 친구에게 쓰듯이 쓴답니다.

가축화 상태에서의 변이에 관한 내 책은 진행이 더디답니다. 하지만 증거들을 확실하게 바로잡아 나가고 있습니다. 선생은 별 관심이 없을지 모르겠지만 말입니다. 그리고 선생이 이미 다루었던 일부 주제를 내가 얼마나 엉망으로 배치했는지 알면 놀랄 겁니다. 내 책의 주된 내용은 사실들을 최대한 축적한 것이고, 그러한 사실들에 근거한 몇 가지 주장을 한 것입니다. 한 가지 장황한 가설을 늘어놓았는데 선생이 이에 대해 관심이 있을는지 모르겠군요.

곧 답장해 주기를 기대하겠습니다. 어떻게 지내시는지, 무슨 연구를 하고 계신지 알려 주시길 바랍니다.

친애하는 헤켈 선생께.

찰스 다윈.

월리스에게 보낸 편지 1867년 5월 5일

남동부 켄트 주 다운, 브롬리

1867년 5월 5일

월리스 선생께

선생의 소중한 기록을 제공해 주다니 매우 아량이 넓으십니다. 선생이 나보다 훨씬 더 잘하실 텐데 내가 맡아도 될는지 모르겠군요. 그래서 진심으로 말씀드리지만, 아무런 조건 없이 선생이 논문을 쓰길 바라니 기록을 돌려드리겠습니다.

이미 그 주제에 대해 조사도 많이 하신 것 같군요. 사실 말이지만 선생의 기록을 받고는 지금 내가 하고 있는 일을 모두 접어버리고 싶은 마음이 들더군요. 하지만 감정대로 할 수는 없지 않겠습니까. 그 주제와 관련해서 내가 모은 증거들이라는 게 고작해야 포유류의 색이나 다른 성징에 관한 것이고, 선생이 암컷에 관해 설명한 증거는 전혀 생각지도 못한 것이랍니다.[20] 나 자신의 어리석음에 놀라울 따름입니다. 하지만 그 문제에 관한 선생의 통찰력은 이미 나보다 뛰어나다는 것을 오래전부터 알고 있었답니다. 선생이 유전의 법칙에 대해 얼마나 관심이 있는지는 모르나 이후에 어떤 일이 벌어질지 잘 아시겠군요.

자웅선택에 관한 논문을 쓰기 시작했는데 우선 한쪽 성에서 종종 나타나는 새로운 특징들과 이 특징들이 그 성에만 유전된다는 것, 그리고 미지의 원인으로 인해 이러한 특징들이 암컷에서보다 수컷에서 더 자주 나타난다는 것을 밝히는 것이랍니다. 둘째로 이러한 특징들이 수컷에만 국한되어 진화되며, 오랜 시간이 흐른 뒤에야 암컷에서도 나타난다는 사실을 밝히는 것입니다. 그리고 셋째로 이러한 특징들이 양쪽 성 모두에서 나타날 수 있으며 양쪽 성에 같은 수준으로 유전되는 것과 다른 비율로 유전되는 것을 찾아내는 것이지요. 이 세 가지를 통해 적자생존이 암컷에 작용해서 암컷의 단조로운 색을 유지한다고 생각해 봤답니다. 닭목의 새들의 암컷에게 며느리발톱이 없다는 점에 대해서 말인데, 부화 기간에는 있었을 거라고 봅니다. 아무튼 내가 알고 있는 독일산 가금류의 경우 암탉에도 며느리발톱이 달려 있었는데 이것이 방해가 되고 알을 깨뜨리는 경우가 많다더군요.

암사슴에 뿔이 없는 것은 불필요한 조직을 만드는 데 드는 손실을 막기 위해서가 아닌가 생각합니다.

선생의 기록에 보니 동물의 색은 성선택과 보호기제로 충분히 설명된다고 했는데, 이것이 해양 아네모네나 산호와 같은 하등동물에서도 작용하는지 의심스럽군요.

반면 헤켈은 최근 전혀 다른 강(綱)에 속한 하등 해양생물에서 투명하거나 색이 거의 없는 경우를 잘 보여 주었더군요. 보호기제의 원리에 대해 좋은 설명이 될 것도 같습니다.

언제가 되었든 새의 둥지에 관한 선생의 논문을 어디에 내놓으실지 알고 싶습니다. 사실 〈웨스트민스터 리뷰Westminster Review〉에 실리면 좋겠습니다.[21] 새의 성별 색깔에 대한 선생의 논문은 매우 설득력 있을 것이라 믿습니다. 선생의 논문에 대해 편협한 태도를 보인 것 같아 미안합니다. 양해해 주시기 바랍니다.

찰스 다윈.

찰스 킹슬리에게 보낸 편지 1867년 6월 10일

남동부 켄트 주 다운, 브롬리

1867년 6월 10일

킹슬리 씨에게

지금 막 공작의 책과 〈노스 브리티시 리뷰North British Review〉를 읽었답니다.[22] 그에 대해 내 식대로 몇 마디하고 싶군요. 대필하는 사람이 글씨를 잘 쓰니 읽기 불편하지 않을 것입니다. 공작의 책은 매우 잘 썼으며 흥미로운 데다 솔직하면서도 교묘하고 무례하기도 하지요. 밑조차 의미를 파악하지 못할 만큼 냉담하게 썼더군요. 교묘하다고 하는 이유는 몇몇 부분이 논리적이지 못한 것 같다는 생각이 들었기 때문이랍니다. 흔적기관이나 벌새의 구조의 다양화에 대한 설명이 그렇더군요.

벌새의 구조의 세밀한 각각의 부분들이 난초의 꽃에는 도움이 되고 새의 부리에는 도움이 되지 않는다고 대담하게 인정할 수 있다는 게 정말 신기합니다. 구조의 다양성에 대한 그 주장은 마치 영국에서 한 기술자가 한 가지 분야에서 최고로 인정받는 것보다 여러 분야에서 조금씩 일을 하면 더 잘할 수 있다고 주장하는 것과 같은 이치 아니겠습니까. 선생에게 보내 드린 『종의 기원』 신판 226쪽에 구조의 다양화에 대해 내가 써놓은 글을 읽어 보시기 바랍니다. 그리고 238쪽에 미(美)에 대해 써놓은 글도 읽어 보시기 바랍니다. 미에 대한 다른 설명도 찾아보실 수 있을 겁니다. 월리스 씨가 쓴 독창적인 내용이 담긴 편지를 동봉하는데 선생에게도 도움이 될 겁니다.

아름다움이라는 것이 그것을 평가하는 어떤 존재들과 별개로 생각할 수 있다는 것은 어불성설 아닙니까? 그런데 공작이 그런 어불성설을 말하고 있더군요. 창조주가 자신의 유희를 위해 피조물을 만들었다는 점에 대해 반론을 제기하지는 못하지만, 그러한 견해를 과학 책에 실을 수는 없는 노릇 아니겠습니까. 암컷 새들의 차이에 대해서는 선생의 견해가 지당하다고 생각합니다. 가금류에서 종종 암수가 그 역할을 바꾸는 경우를 보여 줄 수도 있답니다. 선생이 자웅선택을 인정할 마음이 있다니 반갑군요. 최근 이 부분에 대해 관심을 많이 가지게 되었는데, 그 견해가 맞을 거라는 확신이 더욱 커진답니다.

미에 관한 논문에 암컷 새들이 아름답지 않은 원인에 대해 언급했답니다. 그런데 월리스 씨는 같은 견해를 폭넓게 일반화하고 있더군요. 둥지의 습성과 암컷의 아름다움 사이에는 항상 관련이 있다고 보더군요. 공작새의 꼬리를 보면 자웅선택이 적합하지 않을 수도 있습니다. 하지만 암컷이 색깔의 각각 세밀한 부분을 선택한다고 가정하는 것은 옳지 않지요. 암컷은 단순히 아름다운 수컷을 선택하는 것이고, 성장의 법칙에 따라 색의 다양한 범위가 결정되는 것입니다. 그래서 원형의 점은 원형의 범위로 발전해 나가는 것이지요. 이와 같은 식으로 내가 본 비둘기의 검은 가로무늬는 세 개의 가로무늬 색으로 변하고 각각 아름답게 겹쳐져 있었습니다. 공작이 '성장의 상호작용'이라는 용어에 대해 나를 공격한 것은 옳지 않다고 봅니다. 비록 그 용어가 적절하지 못할 수는 있지만 그 용어를 통해 내가 뜻하고자 하는 것을 정의한 것이지요. 반면 그가 사용한 '변이의 상호작용'이라는 용어가 내 것보다 좋은 용어였을지도 모르지요. 공작이 자연선택의 중요성을 격하하지만, 베이크웰(Bakewell)의 콜린스가 소의 품종을 어느 정도 개선했다는 사실은 부정하지 못할 겁니다.[23] 하지만 물론 최초의 변이는 자연적으로 발생한 것이지만 선택이 이루어지기 전까지는 별로 중요하지 않지요. 이러한 관점에서 자연선택은 매우 중요하답니다.

〈노스 브리티시 리뷰〉는 악의적인 종류의 논평들을 싣는 잡지 가운데 하나가 아닌가 합니다. 영향력이 있기는 하지만 선생께서 말씀하신 것처럼 지식을 많이 담고 있지는 않은 것 같습니다. 그 잡지는 가축화 품종이 급속하게 만들어진 것이라는 데 중점을 두고 있지만 그건 말도 안 되는 소리지요. 가축화는 수백 년에 걸친 소산이며 어떤 경우는 수천 년이 걸린 것이기도 하지요. 고대 시대에 관한 것이나 세상의 변화의 일률성에 관해서도 호튼, 홉킨스, 톰슨이 이른 결론이 현저하게 다른 것을 보면 수학자들도 믿을 수가 없지요.

에너지 보존에 대해 말인데, 중력의 힘이 관련되었다는 것에도 의문점이 많지 않나요? 빙하시대를 보면 지구 전체의 기후가 그렇게 단순한 문제일까라는 의문이 생긴답니다. 빙하기 동안 지질학적으로 일어난 일을 모두 연구할 수는 없답니다. 세월의 경과에 필연적으로 수반되어 깊게 흔적이 남은 부분에 대해서나 연구할 수 있지요. 지각은 충적세에 와서야 지금처럼 두꺼워진 것이고, 자연의 영향력은 더 이상 왕성하지 않지요. 〈노스 브리티시 리뷰〉에서 내가 새로운 종이 만들어지기 위해서는 수백만 년이 걸릴 거라고 했다는 대목을 심하게 문제 삼고 있더군요. 하지만 난 오히려 그와 반대로 말했답니다. 최근에 나는 일단 만들어진 각각의 종의 존속 기간과 비교하거나 종의 한 무리의 진화를 위해 필요한 시간과 비교했을 때 종 전체의 형성과 단일 종의 형성에서 변이가 신속히 일어날 수도 있다고 했답니다. 분류라는 것도 계보학적으로 설명할 수 있는 자연 분류를 말하지요.

『종의 기원』몇 단락을 수정해야 했던 〈노스 브리티시 리뷰〉의 가장 핵심은 돌연변이에 관한 것이었습니다. 이 점에 대해 오랫동안 생각해 왔지만 이제야 명확해졌답니다. 일반적으로 돌연변이들은 이종교배를 통해 사라질 수 있습니다. 하지만 〈노스 브리티시 리뷰〉가 주목하지 않은 것은 어떤 변종은 역시 같은 조건에 노출된 이종교배를 통해 낳은 자손에서 되풀이되기 쉽다는 점입니다. 게다가 내가 명백히 주장한 것은 가축화나 재배화 과정에서 발생하는 것과 같은 구조의 일탈이 야생 상태에서도 일어난다는 것입니다. 하지만 하비의 의견에 따라 그 문장을 완곡하게 표현했더군요.[24]

예를 들어 긴 부리를 가진 새의 새로운 종이 만들어지는 것에 대해 말할 때도 동료들보다 특별히 더 긴 부리를 가진 새들이 갑자기 출현한다고 경솔하게 말하곤 했답니다. 하지만 이제는 매년 태어나는 모든 새끼들 중 일부는 아주 조금 더 긴 부리를 가질 것이고 일부는 조금 더 짧을 것이며 조금 더 긴 부리를 가진 개체들은 평균보다 짧은 부리를 가진 새들보다 생존에 더 잘 적응할 수 있을 거라고 말한답니다.

긴 부리를 가진 새들의 보존은 같은 방향으로 변하는 경향이 더욱 커지기 때문이라고 덧붙이고요.

이러한 개념을 제시했지만 배타적인 태도로 주장하지는 않았습니다.

이런, 두서없이 쓰고 말았군요. 선생이 읽기에 힘들지 않으면 좋겠습니다. 두 책에서 나온 질문에 대한 내 의견을 충분히 전했습니다. 그러니 나를 이해해 주길 바랍니다.

다시 한번 편지에 감사합니다, 친애하는 킹슬리 씨.

찰스 다윈.

헨리에타 엠마 다윈에게 보낸 편지 1867년 7월 26일

1867년 7월 26일

사랑하는 에티

지금 보고 있는 장의 첨지들은 그대로 두길 바란다니 똑똑하구나. 하지만 내가 상당 부분을 수정했고, 10쪽 분량의 원고도 첨가했단다. 그리고 첨지들은 이미 잘라내 버리고 다시 배열했으니 그것은 보내지 않으마.

하지만 앞으로 네가 교정뿐만 아니라 첨지도 확인한다니 기쁘단다. 그리고 끝내는 분량에 따라 네가 돌려준 부분까지 모든 장들을 내가 보관하든지 끝낸 부분을 네게 보내든지 하마.

네가 제시한 의견이나 비평, 의문점과 수정 모두 훌륭하구나. 아주 훌륭해.

사랑하는 아빠.

찰스 다윈.

찰스 킹슬리에게 보낸 편지 1867년 11월 6일

남동부 켄트 주 다운, 브롬리

1867년 11월 6일

킹슬리 선생에게

선생이 언급하신 문제는 아주 새롭고 신기하더군요. 배설기관의 이중 기능이 종교의 역사에 일정 부분 작용했다는 것에 관해 저는 아는 바가 전혀 없답니다.[25] 유기체의 범위에서 기관의 특성이 고등함의 가장 훌륭한 증거가 된다는 의견에는 동의를 합니다. 하지만 인간을 배제했더라도 식물에서 고등함을 정의하기란 거의 불가능하다고 봅니다. 한 기관이 이중 기능을 한다는 것은 그 이중 기능을 잘 수행하면 하등하다는 의미로 봐야만 한다는 것인데 그 점에는 확신이 서지 않습니다. 흔적기관이 있다는 것은 불완전하다는 증거로 봐야 한다는 생각은 합니다. 하지만 대부분 하등한 것에서 있을 텐데, 이러한 과거의 흔적들이 상대적으로 하등함을 나타내는 지표로 볼 수 있다는 것은 더욱 납득하기 어렵군요. 사실 일부 저자들은 이를 반대의 근거로 이용하기도 했답니다.

바로 인간이 여전히 자신의 몸 안에 뚜렷한 증거를 가지고 있다는 사실은 모든 척추동물의 모체가 훨씬 더 이전에는 암수동체였다는 증거로도 보인답니다.

전에 선생이 쓴 편지를 보고 알았는데, 선생이 쓴 『법의 통치 The Reign of Law』에 관한 논평을 봤으면 좋았으련만, 논평이 실렸다는 소식을 듣지 못했답니다.

평안하시길 바랍니다.

찰스 다윈.

찰스 킹슬리가 보낸 편지 1867년 11월 8일

윈치필드, 에버슬리 사제관

1867년 11월 8일

다윈 씨께

흥미로운 편지에 우선 깊이 감사하는 마음 전합니다.

선생님도 알다시피 성(性)이라는 것은 모든 종교에서 실질적인 근간의 일부입니다. 그것은 근본적인 문제로 설명되어야 하는데 오히려 잘못 인식되고 있습니다. 예전에 이 점에 관해 책을 여러 권 쓸 수도 있습니다. 언제 기회가 되면 써보겠습니다.

선생이 말씀하셨듯이, 인간이 이전의 자웅동체 형태의 증거를 가지고 있다는 뚜렷한 사실은 조심스럽게 묵살당하고 있지만 명백한 사실이지요.

우리는 모든 의문점을 분명히 재고해야 합니다. 아니면 다음 몇 세기 안에 더 똑똑한 인종이 그 문제를 다시 생각해 보겠지요. 그리고 선생은 선지자보다 더 존경받게 될 것입니다.

당신을 친애하는 킹슬리.

다윈설을 신봉하는 후작 부인을 만났습니다. 전 세계의 거물들이 선생의 이론을 믿기 시작한 겁니다. 선생을 짓누르고 있던 극단적이고 근본적인 괴로움은 사라지고 있습니다. 왜냐하면 선생이 토리당(Tory, 영국의 보수당)을 그것도 귀족들의 당을 만드실 수도 있기 때문입니다. 어리석고 무지한 세상은 갑니다. 사실들을 믿느냐 안 믿느냐 하는 문제가 아니라 평안을 위해 그런 세상은 사라질 것입니다. 그러니 선생은 '세상으로부터 순전하게' 스스로를 지키세요. 선생의 훌륭한 책이 모든 유능한 사람들에게 어떤 일을 해야 할지 알려줄 것입니다. 앞으로 500년 후, 사람들은 선생이 자신들을 위해 무슨 일을 했는지 분명히 알게 될 것입니다.

1868년

Charles Darwin

윌리엄 스위트랜드 멀러스가 보낸 편지 1868년 1월 8일

요크(York), 요크셔 철학회

다윈 선생님께

선생님의 책에 붙일 색인 마지막 부분을 오늘 아침에 보냈습니다.¹ 우체통으로 미끄러져 들어가는 것을 보니 기분이 좋더군요. 아직 교정쇄를 보지 못했지만 곧 도착할 겁니다. 어디에 두고 잊었는지 참고 자료 열댓 개가 아직 제게 남아 있습니다. 틀림없이 교정쇄에 끼워 두겠습니다. 지금쯤 일이 마무리되어 흡족해하시길 바랍니다. 조금 늦어지긴 했지만 전체적으로 큰 손실은 없었다고 봅니다. 제가 다시 이런 일을 할 수 있을 것 같지는 않습니다. 선생님께 보내 드린 표본과 비교해서 모든 저자들의 이름에 주를 다느라 일이 두 배로 늘어났습니다. 노동의 대가를 생각하면서 할 수 있는 일은 아니지요. 그런데 머레이 씨는 제가 색인 작업을 맡으면 유리한 점이 많다고 교묘하게 제가 그 작업을 하도록 만들었습니다. 어떤 의미에서는 선생님과 제가 면식이 있기 때문인 것 같은데, 물론 제가 이 일을 하려고 했던 것도 선생님과의 친분 때문이기는 합니다. 하지만 지금은 그 친분이 제게 불리하게 작용한 것 같아 우려됩니다. 거듭 말씀드리지만 일거리가 끊임없이 이어져서 시간이 갈수록 이전에 했던 일들이나 다른 일들도 방해가 되고 서로 얽히고설켜서 굉장히 난처합니다.

제 실수 때문에 혹시라도 무슨 일이 생기면 너그러이 용서해 주시길 바랍니다. 무엇보다 선생님께서 제게 서운한 마음을 갖지 않으시길 바랍니다.

평안하십시오.

존경하는 다윈 선생님께.

댈러스.

[조지 다윈은 케임브리지 대학교에서 치러진 수학 학위 시험에서 2등을 했다. 그것을 '세컨드 랭글러(Second wrangler, 수학 학위 시험의 2급 합격자)'라고 부른다.]

조지 하워드 다윈에게 보낸 편지 1868년 1월 24일

남동부 켄트 주 다운, 브롬리

1868년 1월 24일

아들 조지 보거라.

기쁘구나. 이 아버지의 마음을 전부 담아 축하를 보낸다. 어릴 적부터 늘 말하지 않았니. 너의 그 열정과 끈기와 재능이 분명 빛을 발할 거라고 말이다. 하지만 이처럼 눈부신 성공을 거둘 줄은 몰랐구나.

다시 한번 축하한다. 손이 떨려서 제대로 쓰지도 못하겠구나. 전보는 11시에 도착했단다. 네 형제자매들에게도 소식을 다 전해 주었지

사랑하는 아버지.

찰스 다윈.

[『가축화(재배화) 과정에서 일어나는 동물과 식물의 변이』는 1868년 1월 30일 출판되었다.]

T. H. 헉슬리에게 보낸 편지 1868년 1월 30일

남동부 켄트 주 다운, 브롬리

1868년 1월 30일

헉슬리 보게

진심 어린 축하의 말에 감사하네. 자네 편지는 늘 변함없이 내게 즐거움을 준다네. 하지만 자네가 판게네시스를 읽고 나서도 이렇게 축하해 줄지는 모르겠군. 맙소사! 내게 얼마나 많은 질타가 쏟아질지. 미리 귀띔 좀 해두면 여름 전에는 내 책을 읽을 생각도 말게. 그때 가서 읽어야 하네. 유럽 어느 누구의 의견보다 자네 의견을 듣고 싶기 때문일세.

자네가 얼마나 예리하고 고약할 정도로 솔직한가! 나는 죽는 날까지도 혼종에 대한 자네의 예리한 직관이 얼마나 지독했는지 우길 걸세. 내 책에서 그에 관해 다룬 장을 꼭 읽게. 걱정해서 하는 소리가 아니라, 그 책이 영향력을 발휘하느냐는 자네 손에 달려 있다네.

자네 아이들이 모두 잘 지낸다니 기쁘네. 자네 부인께 동봉한 자료를 건네주게. 아이가 떼를 쓰며 버둥거리다가 급기야 울음을 터트릴 때 잘 관찰해 보고 대답해 주면 좋겠네. 이 근처에 사는 한 젊은 아기 엄마에게 부탁했더니 아기가 울 때까지 괴롭혔던 모양이야. 살펴보니 눈물이 쏟아지기 직전에 눈썹이 일 이 초 동안 예쁘게 기울어졌다네.

조지[어린 문장관(紋章官)]¹의 수상 소식에 친구들의 축하를 받고 우리 가족 모두가 즐거웠다네. 조지는 자주적인 아이라네. 그래서 그 녀석의 성공이 더 흡족하네.

안녕히 계시게 친구. 일에 너무 치여 살지 말고 말이야.

찰스 다윈.

프리츠 뮐러에게 보낸 편지 1868년 1월 30일

켄트 주 다운, 브롬리

1868년 1월 30일

뮐러 선생에게

출판이 늦어지기는 했지만, 내 책을 프랑스 우편선 편에 이 편지와 함께 부치겠습니다. 보시면 알겠지만, 많은 부분은 읽을 필요가 없을 겁니다. 하지만 판게네시스 부분에 대한 선생의 의견은 꼭 듣고 싶군요. 모두가 지나친 가정일 뿐이라고 할까 봐 걱정은 되지만 말입니다.

(작년 10월 5일자 편지에) 표정에 대한 답변은 적었지만 선생의 답장은 고맙게 받았답니다.[2] 특히 어깨를 으쓱하는 부분이 만족스럽더군요. 늙은 흑인 여자들이 놀라움을 표현할 때 꼬리말이원숭이(Cebus, cebus monkey를 말한다.―옮긴이)와 놀라울 만큼 유사하다고 하셨는데 원숭이가 입을 벌리는 게 맞나요? 침팬지들은 놀라거나 뭔가를 듣고 있을 때 입을 벌리지 않기 때문입니다. 원숭이들이 난폭하게 소리 지를 때 눈을 반만 감는지 다 감는지 굉장히 궁금하니 부디 잊지 말고 알려주시길 바랍니다.

플라나리아(Planariae)에 대한 답변과 도드라지게 눈에 잘 띠는 씨앗에 대한 답변 무척 고맙습니다. 그런데 선생이 말한 파보니아(Pavonia) 씨앗 중 하나는 발아했답니다. 가지 속(Solanum)과 닮은 꽃을 후커에게 보냈습니다. 분명 후커가 선생에게 답장할 겁니다. 몇 개의 과에서 잎 하나의 변칙적인 감소가 똑같이 일어난다는 게 참으로 신기하군요. 제스네리아 펜둘리나(Gesneria pendulina, 종의 이름)는 분명 이형질이 아닙니다. 선생의 플럼바고는 제일라니카(zeylanica)로 인도산 종인데 선생이 잘 길러서 첫 번째 꽃눈은 틔웠지만 다른 눈들은 나오지 않았습니다. 이형질로 판명 날 거라고 생각합니다. 에스콜치아(Escholzia, 양귀비과)의 꽃을 다른 식물의 꽃가루로 이종교배했더니 삭과의 91퍼센트가 씨앗으로 채워졌습니다. 자가수분한 경우에는 삭과의 66퍼센트가 만들어졌답니다. 100대 71의 무게 비율로 이종교배와 자가수분을 통한 씨앗을 함유한 삭과의 무게가 나온 겁니다.

그래도 역시 자가수분한 꽃이 씨앗을 많이 만들어 내더군요. 선생이 잘 키울 수 있을 거란 생각으로 씨앗을 조금 동봉합니다. 그것을 망으로 덮어 두고 자가수분하는지 그리고 동시에 덮지 않은 식물이 삭과를 만들어 내는지 관찰해 보기 바랍니다. 선생이 전에 관찰한 수분 불능이 좀 이상해서 그런답니다.

선생이 나를 믿고 부단히 배려해 주시니 어찌 감사를 전해야 할지 모르겠군요.

당신을 친애하는.

찰스 다윈.

난초의 자가수분 불능에 관한 선생의 소중한 관찰이 내 두 번째 책에 실려 있답니다.

[다음 편지는 독일어 원본을 번역한 것이다.]

에른스트 헤켈이 보낸 편지 1868년 2월 6일 진

가장 존경하는 다윈 선생께!

몇 주 동안 거의 매일 선생에게 편지를 쓰고 싶었지만 뜻하지 않은 일들이 많았고 여러 가지 성가신 일들 때문에 이제야 편지를 씁니다. 강조하려는 것은 아니지만 하루도 빼 놓지 않고 생각했습니다. 선생을 존숭하는 마음은 제쳐두고라도 매일 선생님을 떠올리곤 한답니다.

이번 겨울 다시 '다윈의 진화이론'에 관해 강연했습니다. 강연은 매우 성공적이었습니다. 이번 강연은 참석률이 가장 좋았으며, 전 학부에서 200여 명의 …… 학생들이 몰려왔고, …… 수많은 교사들과 농학자들도 참석했습니다(이 문장은 지워진 단어가 몇 개 있다.). 누군가 강연 내용을 옮겨 적었는데, 인기가 너무 좋아서 이번 여름에 인쇄물로 나올 것입니다.

무엇보다 '동물과 식물의 변이'에 관한 책을 제게 보내 주신 데 대해 진심으로 감사의 말을 전합니다. 생물학 전 분야를 아우르는 풍부하고도 다방면에 걸친 선생의 학식, 그중에 특히 가축화 동물과 재배되는 식물의 자연사에 관한 학식에 다시 한 번 감동했습니다. 선생이 언급하신 많은 사실들이 모두 새롭고 알지 못했던 것이라서 완전히 저를 사로잡았습니다. 자연선택 이론을 위해 선생이 찾아낸 많은 증거들은 이미 다른 독자들이 이해하는 것과는 다른 의미로 다가옵니다. 저는 이미 종의 기원에 관한 선생의 첫 작품을 통해 자연선택의 진실성을 철저히 확신하고 있습니다. 그래서 그러한 특별한 증거들은 다만 이차적인 관심일 뿐입니다. 독일에 있는 많은 자연학자들은 여전히 선생의 선택 이론이 수많은 논증을 통해 입증되어야 한다는 견해를 가지고 있습니다. 따라서 이번 책은 첫 번째 작품 못지않게 중요할 겁니다. 저는 그들과 다른 의견을 가지고 있습니다. 물론 선생이 앞으로 내놓으실 특별한 자료들도 매우 높은 가치를 지니겠지만 그런 작자들을 위해서라면 아깝습니다.

이성적인 사고를 할 수 있는 과학자라면 이미 부정할 여지가 없는 세 가지 사실, 즉 유전과 적응 그리고 생존경쟁을 알고 나면 자연선택의 진실성을 깨달아야만 한다고 생각합니다. 하지만 이러한 단순한 전제도 전혀 이해하지 못하고 발생학과 고생물학에 대한 약간의 지식만 가지고 있으니 어리석은 반박을 고수하는 것도 그리 놀라운 일이 아니지요.

예나(Jena)는 이제 독일에서 다위니즘의 중심지가 되었습니다. 저 말고도 게겐바우어(그는 지금 『계통발생학』 두 번째 개정판의 '비교 해부학' 부분을 편집하고 있습니다)와 학생 두 명이 선생의 이론에 심취해 연구하고 있습니다.

카나리제도 탐사에 저의 조수이자 동료였던 …… 유능한 젊은 러시아인 …… 미클루코는 척추동물의 계통발생학에 관해 훌륭한 연구를 하고 있습니다. 그 친구가 란자로테(Lanzarote)에서 부레의 흔적이 남아 있는 실레이키아(Selachiae, 연골어류)를 발견했는데 이는 척추동물의 계보에도 매우 중요하고, 허파의 특성이 부레에서 유래했다는 사실은 이미 양서동물의 원종인 연골어류에서도 볼 수 있습니다. 헉슬리 씨가 그의 논문을 보내 드릴 것입니다. 사진 한 장을 동봉합니다. 미클루코와 제가 카나리제도 탐사 때 '메두사 낚시꾼'으로 차려 입은 모습입니다.

예나에 있는 또 한 명의 다윈 지지자는 도른 박사인데, 게겐바우어와 저의 문하생입니다. 그 친구는 절지동물(Anthropods) 해부에 열을 올리고 있습니다. 하지만 너무 ……하게 나가는 것 같아 염려스럽습니다. 그의 …… 이론은 자신이 말한 대로 충분히 다듬어지지 않았습니다. 제 생각에 …… 그의 비교해부학적인 상관관계는 매우 위험한 것 같습니다.

논문을 하나 받게 되실 텐데 케이프타운에 사는 제 사촌 빌헬름 블레크가 쓴 『언어 기원론 Über den Ursprung der Sprache』입니다.[3] 그 친구는 13년 동안 부시맨과 호텐토트(Hottentot)족 그리고 카피르(Kaffir)족의 언어를 연구해 왔습니다. 그는 원래 신학자였으나 이제는 다윈주의자입니다. 콜렌소(Colenso) 주교를 옹호하기도 합니다.

선생이 주신 웹과 베르텔로의 『카나리제도의 식물지질학』을 아직 제가 가지고 있습니다.[4] 제가 쓴 카나리제도 탐사기의 퇴고 작업을 하는 데 유용해서 그러니 몇 달 정도 가지고 있어도 괜찮을지요? 필요하지 않으시다면 제가 보고 돌려드리겠습니다.

현재 제가 가장 역점을 두고 있는 일은 관해파리의 발달사와 미세 해부입니다. 아주 흥미롭지만 상당히 어렵습니다. 이 동물의 다형성과 단순한 해파리와 폴립으로의 감수분열은 계보 이론의 아주 훌륭한 증거가 됩니다.

저는 예나의 후미진 곳에서 어린 아내와[5] 행복하고 건강하게 잘 지냅니다. 시골에서의 삶은 한적하고 단조롭습니다. 이곳에는 아직도 기차가 다니지 않습니다. 기차만 다녀도 바이마르와 가까워서 문명세계와 연결될 텐데 말입니다. 하지만 이 지역도 선생이 머무시는 다운의 브롬리와 마찬가지로 이점이 굉장히 많답니다.

…… 가을에 결혼식을(10월 20일이었죠) 마치자마자 아내와 저는 바이에른을 지나 티롤과 스위스 알프스로 여행을 갔습니다. 해발 2,400여 미터의 암벽을[북 티롤의 트리스텐슈피체(Tristenspitze)] 등반하고 나서 완전히 기진맥진해졌습니다. 그래서 세 시간 동안을 오도 가도 못했답니다. 지금도 제가 어떻게 살아서 내려왔는지 꿈만 같습니다.

선생의 건강에 대해서도 좋은 소식이 들려오기를 고대합니다. 사부인께도 존경하는 마음을 전합니다. 다윈 양에게도 안부 전해 주세요.

변치 않는 존경을 보내며.
에른스트 헤켈.

J. D. 후커에게 보낸 편지 1868년 2월 10일

다운
1868년 2월 10일

후커 보게

친구가 있어서 좋다는 게 뭐겠나? 자랑이라도 할 수 있어야지. 어제 머레이에게 일주일 만에 1,500부 전 판이 다 팔렸다는 소식을 들었다네. 판매율이 좋아서 14일 내로 다른 판을 내기로 클라우스 사와 계약했네! 지긋지긋하게 혐오스러운 책에 빠져 있던 내게도 드디어 좋은 세상이 온 거지. 〈폴몰*Pall Mall*〉에도 논평이 실렸는데 의외로 평이 좋아서 기분이 날아갈 듯하군.

대단히 만족스럽네. 이제는 욕을 얼마나 먹을지 신경도 안 쓰이네. 〈폴몰〉에 논평을 쓴 사람이 누군지 알게 되거든 얘기 좀 해주게. 누군지 모르지만 아주 정확하게 잘 알고 썼더군.

일요일에 러벅[6]의 집에서 점심을 함께 했다네. 자네도 올 줄 알았는데 나타나지 않아 보고 싶었네.

B. D. 월시에게 보낸 편지 1868년 2월 14일

남동부 켄트 주 다운, 브롬리

1868년 2월 14일

월시 선생께

선생이 기억하고 계신 것이나 노트를 뒤져서 몇 가지 정보에 관한 스크랩을 찾아주시면 좋겠습니다. 이런 부탁을 드려도 양해해 주시리라 믿습니다. 자웅선택과 그와 관련한 사실들을 다루는 책을 쓰고 있는데 꽤 유익할 겁니다.

몇 가지 점에 대해 구체적으로 다룰 생각입니다. 북아메리카의 매미목(Homoptera)과 메뚜기목(Orthoptera)의 수컷과 암컷의 색은 항상 두드러지게 다른가요?

암컷들이 수컷의 소리에 끌린다는 증거가 있으면 어떤 것이라도 좋으니 보내 주세요.

수컷들의 싸움에 대해 좀 알고 싶답니다. 암컷에 대해서나 수컷 상호간의 애착이나 끌림에 대한 정보도 좋습니다.

라멜리콘(Lamellicorn) 수컷의 기이하게 생긴 뿔의 용도에 대해 아는 것이 있는지요?

수컷과 암컷의 수가 현저하게 다른 곤충에 대해 알고 싶습니다. 특히 암컷의 수가 지나치게 적은 경우에 대해서 말입니다. 자웅선택에서 숫자의 불균형이 어떤 관계가 있는지 알고 싶답니다. 선생께서는 제 생각을 너무 속속들이 알고 계시니 제가 알고 싶은 범주가 무엇인지 쉽게 이해하실 겁니다. 선생의 기억을 샅샅이 더듬어 주신다면 참으로 고맙겠습니다.

시벨룰레이(Sibellulae)는 성별에 따라 색이 많이 다른가요?

뉴욕으로 제 책을 급송했다는 소식을 전하려고 얼마 전에 편지를 썼습니다. 그곳에서는 꽤 많이 팔렸답니다.

선생이 하시는 모든 일이 순조롭기를 바랍니다.

평안하시길.

찰스 다윈.

J. D. 후커에게 보낸 편지 1868년 2월 23일

다운

1868년 2월 23일

후커 보게

요즘은 나도 자네만큼이나 써야 할 편지들이 쌓여 있다네. 하루에 여덟 통에서 열 통 가까이 된다는 말이지. 주로 자웅선택에 관한 자료들을 모으고 있다네. 그래서 자네에게 편지를 쓸 생각조차 할 틈이 없다네. 이 편지도 자네 좋으라고 쓰는 게 절대 아닐세. 오로지 내 책에 대해 자랑 삼아 몇 마디 하려고 쓰는 걸세. 첫판 1,500부는 벌써 다 팔렸고 2판 인쇄도 끝났지. 끝내주지 않나. 〈아테니움〉에 실린 촌평은 읽어 봤나? 뼛속 깊이 나를 경멸하더군. 오언이 아니면 누가 그런 글을 썼겠나 싶네. 푸셰,

찰스 다윈 씨 운운하면서 한쪽은 노상 씹어 대고 다른 한쪽은 살살 어르고 말이야.[7] 내가 일언반구도 없이 푸셰의 이론을 훔친 거라고 하다니 괘씸하군. 단 한 글자도 가져오지 않았는데 말이야. 그리고 가져올 것도 없었고. 〈가드너스 크로니클〉에도 우수한 논평이 실렸더군. 팔리기나 한다면 그 덕분에 책이 좀 나가겠어. 인간이 일으키는 가변성에 대해 그 작자가 혼란에 빠진 건지 내가 빠진 건지 도무지 모르겠네. 한 사람이 작은 쇳덩어리를 황산에 떨어뜨리고 자신은 친화력이 작동하도록 하지도 못했으면서 철의 황산화물을 만들었다고 할지도 모르지. 어떻게 해야 애매모호함을 피할 수 있는지 도통 모르겠네. 〈폴몰〉이나 〈가드너스 크로니클〉을 본 후로는 오언 따위를 방어하고 싶지 않네.

판게네시스가 실패작이 될까 봐 걱정이네. 베이츠가 그 글을 두 번 읽었다는데 자기가 제대로 이해하고 있다는 확신이 서지 않는다더군. 스펜서도 자신의 견해와 너무 다르고(나에게는 오히려 이 말이 위안이 되더군. 표절 시비로 고소당할까 봐 걱정했다네. 그가 무슨 말을 하는지 도무지 모르겠지만 그와 거의 같은 견해라는 걸 밝히는 게 안전할 것 같네) 이해한 건지 확신이 서지 않는다고 말이야. 러벅도 자신의 견해를 밝힌 다음에 그 논평을 보겠다고 하더군. 나야말로 가련한 인생 아닌가. 그런 고통을 겪고 있으니 말이야. 홀랜드 경도 그 책을 두 번 읽었는데 굉장히 어렵다더군. 하지만 머지않아 아니면 나중에라도 '그와 유사한 견해'가 받아들여질 거라고 생각한다고 했다네.

내가 판게네시스가 지금은 실패작이지만 하늘의 도움으로 언젠가 그 이론이 다른 주인을 만나 다른 이름을 달고 다시 등장할 거라고 믿는다면, 자네는 내가 자만심으로 똘똘 뭉친 사람이라고 생각하겠지.

자네는 씨앗이 되었든 싹이 되었든 발생이 일어나는 것을 구체적으로 본 적이 있는가? 오랫동안 잃어버렸던 특성이 어떻게 재현될 수 있는가? 수컷의 양기가 그 모식물에 어떻게 영향을 미칠 수 있는지, 모계 쪽 동물도 그렇게 자신의 미래의 자손에게 영향을 미치겠는가. 이러한 모든 점들과 그 밖의 여러 가지들은 서로 관련이 있으며 진실이냐 거짓이냐는 판게네시스로 풀어야 하는 또 하나의 문제지. 이런 내 애틋한 새끼를 그대로 두고는 눈을 못 감을 걸세.

다시 말하지만 이 편지는 내 기분에 취해 쓴 거네. 자네 좋으라고 쓴 게 아니고 말이야. 그러니 마음 쓰지 말게.

자네의 절친한 친구.

찰스 다윈.

존 째너 위어에게 보낸 편지 1868년 3월 6일

서부 캐번디시 스퀘어 퀸 가 6번지

위어 선생에게

생활의 변화도 필요하고 휴식도 할 겸 몇 주 동안 이곳에 머물고 있답니다. 출발하기 바로 전에 선생의 첫 번째 노트를 받았고 어제 두 번째 노트를 받았습니다. 두 개 다 재미있고 가치가 있는 노트였습니다.

골드 핀치(Gold-finch, 황금방울새)의 부리에 관한 관찰은 정말 경이롭더군요. 하지만 수컷과 암컷 몇 마리의 부리를 비교한 것이나 정확한 수치를 제시하지 않으면 설득력이 별로 없을 것 같습니다. 수컷의 부리가 암컷의 부리보다 상당히 길다고만 하면 나도 잘 이해하기 힘들 것 같습니다. 선생이 결정적인 새의 특징을 발견하신다면(그렇다고 일부러 그것들을 찾아달라는 말은 아닙니다) 그 특징이 새들의 암수 숫자에 습관적으로 어떤 영향을 미치는지 알려 주시길 바랍니다. 그리고 몇 년 동안은 수컷이 많고 몇 년 동안은 암컷의 수가 많은지도 말입니다.

나비의 색깔과 연관되어 일어나는 자웅선택도 (확실하지는 않지만) 이와 유사하다고 봐야 할 것 같습니다. 멧노랑나비 과와 에두사(Edusa) 속에 대해 말씀하셨더군요[그것이었는지 잊었습니다. 책도 없고, 그게 아니라면 콜리아스(Colias)일 텐데요]. 그것들이 날개를 펴지 않는다고 했는데, 스테인튼 씨에게 쓴 편지 중에 질문했던 게 있습니다(그런데 그가 답을 할 수 없었는지 하지 않았는지 모르겠군요). 표범나비와 같은 종류의 나비들의 날개가 위 아래가 밝고, 바네세이(Banessae, 큰멋쟁이나비) 속의 나비들보다 날개를 더 많이 폈다 오므렸다 하는지 물었답니다. 내 기억에 바네세이 속들은 날개 뒷면이 둔탁한 것 같습니다.

붉은 뒷날개를 가진 나방과 울새 속들에 대한 관찰도 매우 신기했습니다. 월리스 씨의 견해를 강력하게 뒷받침하는 것 같더군요(확신은 못 하겠습니다). 즉, 외래종 인시류 대부분의 날개가 새들에게 잡히지 않도록 방어 기제 역할을 한다는 것입니다. 선생의 경우를 인용하게 될 것 같습니다.

후커 박사가 분명히 커글란 제도(Kerguelen)에서 서식하는 나방들을 수집했는데, 제 기억에 『종의 기원』에서 마데이라에 서식하는 무시류의 딱정벌레에 대해 설명하겠다고 하자 그 친구가 내게 그와 같은 경우에 대해 말해 줬습니다. 그런데 그 친구도 무엇을 예로 들어야 할지 몰랐답니다.

선생께서 새들의 채색에 대해 관찰하고 계시다니 듣던 중 반가운 소리군요. 결과가 나올 가능성은 확신할 수 없지만 여하튼 반갑습니다. 식물을 가지고 수많은 실험을 하는 데 익숙해져서인지 다섯 개 중에 하나라도 결과가 나오면 그런 대로 만족한답니다.

선생의 배려에 깊이 감사합니다.

평안하시길 바랍니다.

찰스 다윈.

내 책을 다 읽으실 수는 없을 겁니다. 2판 몇 장은 너무 세밀한 부분까지 기술해서 좀 이상하기도 할 겁니다.

자신의 동료들한테 조금이라도 조언을 얻으려거든 나처럼 편지로 그들을 괴롭혀야 할 겁니다.

J. D. 후커가 보낸 편지 1868년 5월 20일

큐

1868년 5월 20일

늙은 다윈 받아 보게

우리가 서로 연락을 주고받은 지가 얼마 만인가. 헉슬리와 함께 웨일스에 다녀온 후로 계속 편지를 쓰려고 했네. 굉장히 완벽한 여행이었지.

그 이후로 사흘간 토키(Torquay)에 있는 누이를 만나고 온 것 외에는 꼼짝도 안 했네.⁸ 토키에서는 펭글리의 '켄트 동굴(Kent's hole)'에 관해 강연했다네. 펭글리 이 양반, 아주 철저히 연구했더군.

주로 실내나 실외 정원에서 시간을 보내며, 자네의 책들과 라이엘의 최근 책을 읽었네.⁹ 자넨 자네의 관심을 지나치게 과소평가했더군. 어려운 문제를 다루기는 했지만 아주 좋은 글일세. 외국인들이 이 책을 제대로 읽어 보기만 한다면, 자네의 다른 책들을 모두 합친 것보다 더 자네를 신뢰하게 만들 걸세(아직 그 책의 4분의 1도 못 읽었네). 지금 생각났는데, 벤담이 망설이지 않고 자신은 다윈주의자가 되었다고 인정했다네! 이런 일이 앞으로 더 많이 일어날 거야. 몇 안 되는 녀석들이 고집을 부리며 '하찮은 방어'를 과시하고 있지만, 어디까지나 자네의 다음 책이 나올 때까지뿐이지. 그때가 되면 이들의 '하찮은' 근거도 실낱같이 가늘어져, 더 이상 눈에 띄지도 않을 것이고, 그들도 자기네 주장을 슬며시 내려놓을 걸세.

편지 쓴 지가 너무 오래돼서 도무지 뭘 써야 할지 모르겠군! 우린 잘 지내고 있네. 아내는 출산을 열흘 앞두고 있는데 가슴앓이에, 소화불량에, 가슴 떨림, 그리고 다가올 출산에 대한 온갖 걱정들로 보기에 안쓰러울 정도네. 찰리는 학교에서 옮았는지 가벼운 홍역을 앓고 있네. 애들은 내일 아니면 모레 가정교사와 함께 이스트본(Eastbourne)으로 간다네.

앤드류 머레이는 1편보다 2, 3편이 훨씬 낫더군. 월리스의 글은 어떤가?¹⁰ 읽으면 읽을수록 대단하다는 생각이 들더군.

『법의 통치』를 읽었는데 역겹더군.¹¹ 참기 힘들 만큼 화가 치밀어 올랐어. 그의 출생, 교육, 지위 등을 고려할 때 나는 그 사람이 오언보다 더 천하다는 생각이 든다네. 자네에 대한 그 사람의 은근한 냉소는 오언의 냉소보다 더 저열하다니. 적의와 질투에 사로잡혀 냉소를 보내는 사람은 좋아하지만 높은 자리에서 거만을 떨며 그러는 인간은 봐줄 수가 없거든. 비행의 원칙에 관한 저급한 논리는 정말 말도 안 되는 소리 아닌가. 자기네 체면을 유지하기 위해서 흔적기관을 설명하는데 신을 끌어들여 토닥여 달라고 한단 말이지! 이런 우스꽝스런 일이 어디 있겠나. 이 졸장부가 글은 아주 잘 썼더군. 존경할 만한 솜씨로 자기 자신을 멋지게 표현하지. 실로 이 친구는 자기가 시간이 없거나 아마도 원리를 파악할 힘이 없어서 제대로 이해하지도 못한 사실들을 다루어서 아주 제 발등을 찍는다니까.

라이엘의 책 2권은 대단한 것 같네. 1판과 나머지 후속 판들을 합친 것보다 더 훌륭해 보이더군. 자네 의견은 어떤가? 난 시간이 없어서 아직 다 읽어 보지 못했네.

이젠 할 말이 별로 없네. 늘 무미건조한 과학 얘기만 하다 보니 이젠 일상의 말투도 건조해졌네. 과학 문헌들에 푹 빠져서 지내네. 자네가 궁금해 하는 것들에 대해 가끔씩 얘기할 때 말고는 이젠 모두 다 바뀌었어. 때론 기분이 울적해지기도 하네. 뭘 해도 절망감이 들고 말이야. 심지어 아직은 할 수 있는 일이 많은 섬의 식물상 연구에 대해서도 그런 느낌이 드네. 아마 노리치(Norwich) 학술대회가 끝나면 좀 더 홀가분해지겠지. 대실패가 되든 그보다 더한 결과가 나오든 얼른 끝났으면 좋겠네. 잘 끝나면 100기니를 내놓겠어. 연설에 대해서는 아직 감이 안 잡히네. 정말 말할 수 없이 끔찍하게 싫다네.[12] 내일은 퍼거슨을 만나러 가서 학술대회에서 할 연설에 대해 응원이나 해줄 생각이네! 신께서 우리 둘 다 보살펴 주시길. '장님이 장님 이끌어 주기' 아닌가. 내가 아무래도 심한 위선

자 노릇을 해야 할 것 같군.

늘 자네를 아끼는, 후커.

J. D. 후커에게 보낸 편지 1868년 5월 21일

다운
1868년 5월 21일

후커에게

자네가 과학에 아무런 공헌을 못 한다고 생각하다니, 아무래도 자네, 일을 너무 많이 했나 보네. 그 말을 믿지도 않지만 설령 그렇다고 하면 자네의 비상한 머리가 온통 편지 쓰는 데 쏠렸던 모양이네. 왜냐하면 지난번 자네가 보낸 것보다 더 흥겨운 편지는 내 평생 받아본 적이 없다네. 우리 모두 즐거웠지.

그 같잖은 공작에 대해서는 자네가 정말 심하군. 정말 심했어. 하지만 내 판단이 공정한 것은 아니지. 왜냐하면 내가 보기에 공작은 보통 인간이 아니거든. 보통 법칙으로 판단해서는 안 되는 인물이지. 연설에 대해서는 진심으로 자네 마음을 이해한다네. 나는 온몸에 소름이 돋을 정도로 오싹한다네. 하지만 헉슬리에게 그렇게 얘기했더니 콧방귀도 뀌지 않고 그러더군. 섬의 식물에 관한 강연에서도 자네가 어찌나 연설을 잘하는지 하나도 걱정할 게 없다고 말이야. 자네가 어깨를 쫙 펴고 당당할 거라고 말이야. 그렇더라도 신께 이 모든 일이 잘 끝나길 자네 대신 기도하겠네.

헉슬리랑 몇 차례 길게 얘기를 나눠 보고 하는 말인데 헉슬리는 지리학, 분포, 조류 등에 관한 강연을 분명 독창적이고도 멋지게 해낼 걸세. 나는 요즘 자웅선택에 관한 연구에 매진하고 있는데, 때로는 지나칠 정도로 공부를 많이 하네. 이 주제가 아주 거창하더군. 날마다 새로운 주제들이 등장하지 뭔가. 조사를 해야 하고, 끝없이 편지를 보내고 또 책을 뒤지고 또 뒤진다네. 게다가 온갖 주제의 바보 같은 편지들이 무더기로 쌓이는데, 이것도 짜증나는 일일세. 하지만 나는 이 주제가 참 마음에 들기도 하거니와, 때로는 서광이 비치기도 한다네. 다른 편지들 때문에 자네에게도 제대로 편지를 쓰지 못하게 되네. 그런데 느닷없이 어제 꽃 가운데서 '메뚜기 풀'을 찾아냈지 뭔가. 그래서 즉시 부쳐야 했다네.[13] 자네 조수들이 어렵지 않게 어떤 속(屬)인지 알아낼 수 있겠다 싶었지.

요즘은 실험을 거의 못하고 있네. 그런데 목서초(木犀草)가 같은 그루에서 나온 꽃가루로는 수정이 안 된다는 사실을 알아냈다네. 수술들이 앞다퉈 위를 향하고 같은 꽃의 암술 위로 꽃가루를 뿌려 댄다면 이 구조는 누가 보더라도 자가수분의 훌륭한 방법이 아니겠는가. 정말 신기하게도 배주와 꽃가루 덩어리에 뭔가 문제가(관을 지나 자신의 암술에 닿지 못하는) 있어서, 다른 두 개의 식물에서 나온 것들에서는 수정이 되면서도, 같은 식물에서 나온 것들에서는 도무지 수정이 되지 않는단 말일세! 이건 목신(牧神)이라도 설명하지 못할 현상 아닌가. 자네가 위대한 목신을 찬양하지 않는다면 귀신들이 자네가 죽는 곳에까지 나타나서 괴롭힐 걸세.

자네가 나와 벤담에 관해 말한 내용들은 아주 마음에 드네. 그걸 쓸 때는 몇몇 부분에 대해 큰 흥미를 가졌지만 이제와 생각하니 〈아테니움〉까지 포함해서 별로 마음에 들지가 않네. 서적 판매업자들을 위해서도 내 책은 해외에서 읽혀야 하네. 이미 해외에서 다섯 판형이 나왔거나 나올 것이기 때문이지. 미안한 얘기지만 라이엘 선생님의 책은 대충 흐름만 잡아서 읽었네. 그래도 내가 자네보다는 많이 읽었을 거라고 자부하네. 사람 나이가 일흔 살에 이르면 뇌가 연구에 적합해질 수도 있다는 것을 알고는 내심 안도하고 있다네.

시간이 없어서 꼭 읽어야만 하는 것 말고는 읽을 수 없다고 생각하면 아주 미치겠거든. 아마 자네도 같은 생각일 걸세. 내 방은 읽지 못한 책으로 가득 차 있다네.

월리스가 유별나게 똑똑하다는 건 나도 인정하네. 하지만 그 사람은 그리 신중하지 못한 것 같아. 새들의 둥지와 보호에 관해(월리스와 생각이 상충하는 부분에서는 늘 내가 틀렸다고 전제하고) 그와는 다르게 생각해야만 한다는 사실을 알았네. 이 분야는 그 사람의 필생의 연구 아니겠는가.

지난번 저널에서 앤드류 머레이가 월리스를 공격한 것보다 더 처참한 글을 본 적이 없네. 이 저널이 살아남지 못한다 해도 난 울지 않을 걸세. 그 낡은 〈자연사 리뷰*Nat. Hist. Review*〉와는 얼마나 대조적인가. 자네 부인이 불편하다는 소식을 듣고 걱정이 크다네. 가련한 여자들이라니. 신께서는 내 아내도 그토록 힘들게 하시더니.

잘 있게. 자네에게 편지를 쓰다 보니 기분이 좋아졌네.

늘 건강하게.

찰스 다윈.

J. D. 후커에게 보낸 편지 1868년 6월 17일

켄트 주 다운, 브롬리

1868년 6월 17일

후커에게

자넨 정말 괜찮은 사람일세. 자네 편지를 읽고 우리 모두 몹시 기뻐했네. 몇 달 전에 '기사(Eques)'가 되었어. 대수롭지 않게 생각하지만 이번에는 모두 대단하게 생각하네. 자네는 실제로 나를 기사로 만들지 않았는가![14] 자네도 메시아 공연을 보았군. 나도 다시 보고 싶은 공연이라네. 하지만 그때도 공연을 평가하기엔 내 영혼이 너무 메말랐었나 보네. 너무 지겨워서 감동이라고는 못 느꼈다네. 다른 모든 것과 마찬가지로 너무 단조롭다고 느꼈지. 과학을 제외하고 다른 모든 주제에 있어 나는 시든 이 파리나 마찬가지일세. 그래서 때로는 과학이 증오스럽기도 하지만, 그래도 과학에 대한 끊임없는 관심 덕분에 내가 일상에서 저주스런 위통을 몇 시간이나마 잊고 지낼 수 있네. 신에게 감사할 일이지.

프랭크는 메시아를 보고 오던 날 집으로 오는 내내, "대단해요.", "끝내줘요.", "정말 웅장해요." 같은 표현들을 입에 달고 있었지. 그건 그렇고 프랭크는 진지하게 식물학 공부를 시작했다네. 배주를 해부하고, 도생(倒生) 현상이 어렵다고 속상해하기도 하고 프리민(primenes, 외부 박막-역주)이며, 시컨다인(secundine, 프리민 안쪽의 박막—옮긴이) 등등 애가 반쯤은 푹 빠져들고 있네. 하지만 내가 도와줄 수도 없는 노릇이니…….

연설 준비는 어떻게 되어 가는지 언급할 줄 알았다네. 가장 궁금한 것이 연설 아니겠나. 일요일에 자네가 이곳에 오기는 어렵겠지. 하지만 장담하건데 이곳 다운의 공기를 마시고 정신이 맑아져서 대단히 창의적인 생각과 멋진 문장들을 찾아낼 걸세.

그건 그렇고 '트럼펫 소리가 울리는' 것에는 동의하지 않는다네. 왜냐하면 크게 놀란 적이 있었거든. 소리는 빵빵 울리고 말은 도무지 들리지 않고 말일세.

아가일 공작이 쓴 책은 받았네. 자네 부인이 잘 회복하고 있다니 참 반가운 소리네.

자네를 좋아하는, 찰스 다윈.

[다윈은 가족들을 데리고 와이트 섬 프레시워터(Freshwater)에 있는 사진사 줄리아 마거릿 카메론의 주택을 1868년 7월 17일에서 8월 20일까지 빌렸다.]

줄리아 마거릿 카메론이 보낸 편지 1868년 7월 10일 이전

존경하는 다윈 선생님께

우리 브롬리 사람들은 선생님 가족을 이웃으로 그리고 친구로 모시게 된 것을 무한한 영광으로 영광스럽게 생각합니다.

선생님의 편지에 서둘러 답장을 띄웁니다.

우리는 때때로 한 사람을 쓰는데, 집안 하녀나 관리인으로서 믿을 만하고 쓸모 있는 사람입니다. 그 여자에게 하루 1실링과 음식을 제공합니다. 혹시 선생님께서도 그 여자의 도움이 필요하실지 몰라 일정을 비워 두라고 했습니다. 정원사 얘기를 안 했군요. 지난번 머물렀던 메너스 여사는 일주일에 14실링을 정원사에게 주었습니다. 혹시 선생님이 원하신다면 절반 가격인 7실링만 내세요. 나머지 7실링은 저희가 내겠습니다. 그러면 그 사람이 정원과 잔디를 돌볼 겁니다.

오늘은 아주 바빴고, 자정이 지나도록 일을 했고, 오후 1시에 여는 우리 프레시워터의 첫 번째 공부방을 준비하느라 아직도 해야 할 일이 남았습니다. 하지만 답장을 늦추기 싫어서 지금 이 편지를 씁니다.

존경하는 선생님께.

줄리아 카메론.

저희 집에 오는 손님들은 식기와 침구류를 가져온답니다.

J. D. 후커에게 보낸 편지 1868년 7월 14일

켄트 주 다운, 브롬리

1868년 7월 14일

후커에게

자네가 프레시워터로 우리를 찾아와 준다면 그보다 더 기쁜 일이 없을 것이네.

원래는 목요일에 출발하기로 했는데, 최근 내 건강이 말이 아니라서 이 여행을 견뎌 낼지 모르겠네. 상황이 정리되고도 어지간한 힘만 남아 있다면 즉시 자네에게 소식 전하겠네. 자네가 연설에서 세세한 부분까지 신경 쓸 시간이 없다고 말하기로 한 것은 잘한 일이네. 남들이 보기에 큰 조직을 이끄는 수장으로서 그렇게 하는 것이 마땅한 것 같네.

단도직입적으로 말하겠는데, 판게네시스는 건드리지 않는 것이 좋겠네. 왜냐하면 우군(友軍)이 거의 없지 않은가. 자네도 알다시피 벤담의 입장은 애매하거나 심지어 적대적이고, 빅토르 카루스는 죽으라고 반대하는 입장이며, 캉돌은 판게네시스에 관해 책 전체가 조금도 마음에 들지 않는다고 하지 않나. 어쨌든 캉돌이 장문의 편지를 보내 자신이 깊이 생각하길 좋아한다고 밝혔다니, 매우 기쁘고 놀라운 일이네. 하지만 내가 판게네시스에 대해 말하고자 하는 것은, 내 확신은 흔들리지 않으며, 이제부터 판게네시스는 생성과 유전과 발달을 설명하는 최선의 가설로 여겨질 것이라는 걸세.

하지만 이만 줄여야겠네.

부인과 아기 소식을 듣고 우린 너무나 반갑고 기뻤다네.

건강하게.

찰스 다윈.

자네가 혹시 판게네시스를 박살내겠다면, 그런 뜻이라면 난 입을 꾹 다물고 있겠네.

J. D. 후커에게 보낸 편지 1868년 7월 28일

와이트 섬 프레시워터 덤볼라 라지(Dumbola Lodge)

1868년 7월 28일

후커에게

자네의 어린 딸 소식을 듣고 우리도 진심으로 가슴이 아프네. 자네에게도 참 애석한 일이지만, 어린 녀석이 기진할 만큼 고통 받지는 않을 걸세. 항상 생각하는 것이지만 아이들은 어른들이 아픈 것처럼 아프지는 않는다네. 유아에게서 설사가 횡행했다는 말을 들어본 적은 없지만, 날씨가 하도 이상하니 그럴 수도 있겠다 싶네.

왕립협회를 위한 자네 글이 지금은 자네가 보기에도 아주 혐오스러울 걸세. 자연선택 이론이 시들어 간다고 말했던 내용을 손보겠다니 기쁘군. 내 생각에는 〈아테니움〉조차 종이 일반적으로 유전한다는 이론이 시들어 간다고 표현하지는 않을 것 같네. 그리고 실은 이것이 한결 더 중요한 문제라네. 이 이론은 종의 진화에 있어서 이제 거의 전 세계적인 믿음이며, 『종의 기원』의 많은 부분에서 큰 역할을 하고 있네. 자네가 오언이 쓴 『척추동물의 해부 Anat. of Inverte brata』의 짤막한 서문을 읽어 보면 좋겠네. 그러면 그가 종의 유전을 완전히 받아들이고 있다는 것을 알게 될 걸세.[15]

『종의 기원』은 영국에서 4판, 미국에서 1판 또는 2판, 프랑스에서 2판, 독일에서 2판, 네덜란드에서 1판, 이탈리아에서 1판 그리고 (듣기로는) 몇몇 러시아 판들이 나왔고, 『종의 기원』의 결과인 『가축화(재배화) 과정에서 일어나는 동물과 식물의 변이』는 영국 판이 2종, 미국 판이 1종, 독일어 판 1종, 프랑스어 판 1종, 그리고 러시아어 판 1종이 세상에 나왔거나 곧 나올 걸세.

에른스트 헤켈은 두어 주 전에 내게 편지를 보내 『종의 기원』에 대한 토론과 평들이 독일에서는 속속 이어지고 있으며 전혀 줄어들지 않고 있다고 했다네. 몇몇 토론을 확인해 봤는데 내용도 훌륭했다네. 아가시 교수 내외가 브라질에 관해 쓴 책에서 아가시가 날 잡아먹지 못해 안달하는 것만 보더라도, 이 주제에 관한 관심은 북미에서도 사라지지 않고 있다는 증거지.[16] 이 나라에서는 어떤가. 자네가 최근 〈인류학 리뷰 Anthropological Review〉를 보면 알겠지만, 끊임없이 나를 조롱하고 있지 않은가. 누구나 자기 생각대로 판단하겠지만, 관심이 사라지고 있다는 말을 자네가 할 수는 없지 않겠나. 라이엘 선생님의 『원리』가 상당한 효력을 발휘할 걸세.[17]

자네가 원하는 정보였기를 바라네. 머리가 복잡해서 글씨도 잘 써지지 않는군. 날 위해 그 책들을 잘 보관해 주게. 자네 가련한 어린것의 소식을 기다리고 있겠네.

오랜 친구에게.

찰스 다윈.

자네가 자연선택을 받아들이지 않는다는 것은 마치 지금은 온 세상이 다 알고 있는 뉴턴의 평범하고 확실한 중력 이론을, 라이프니츠처럼 특별한 재능을 가진 사람이 거부했던 것과 마찬가지로 내게는 아주 큰 충격이라네. 뭔가에 씐 사람에게는 진실이 들어가지 못하는 법이지.

자연선택이 새로운 사실들을 포괄하면서 점점 커 나가는 것을 한

층 돋보이게 하는 월리스의 '보호'에 관한 글이 〈웨스트민스터 리뷰 *Westmonster Review*〉에 실렸지 않은가. 오진 분류라든가 포브스가 주장한 형편없는 양극성 이론 따위를 들고 나와서 말일세. 이 두 이론이 엄청나게 도움이 될 것처럼 떠들어 댔지만 오진 분류가 그저 잠시 일시적으로 받아들여졌을 뿐이지.[18]

[영국 과학 발전협회의 연례 모임이 1868년 8월 19일 노리치(Norwich)에서 열렸으며, 후커가 의장 연설을 했다. 후커는 연설의 상당 부분을 다윈의 연구와 자연선택의 역사에 할애했다.]

후커에게 보낸 편지 1868년 8월 23일

켄트 주 다운, 브롬리
1868년 8월 23일 일요일

내 오랜 벗에게

자네 메모 받았네. 회의와 자네 연설 모두 성공적이었다는 소식을 듣고 말할 수 없이 기뻤다네. 〈타임〉, 〈텔레그래프 *Telegraph*〉, 〈스펙테이터〉, 〈아테니움〉 할 것 없이 모조리 다 읽었고, 호의적으로 다룬 다른 신문들에 대해서도 얘기 듣고 아주 무더기로 주문했지. 온통 칭찬뿐이더군. 〈타임〉은 오자(誤字)가 많아 속상했네. 하지만 〈리더〉에 나온 기사는 멋지더군. 자네가 불후의 금자탑을 이루었다고 말일세. 〈스펙테이터〉는 신학에 대해 자네를 약간 힐난하는 투더군. 그 신문 색깔이 원래 그렇거든. 〈스펙테이터〉에는 아가일 공작을 지극히 섬기는 작가가 있기 때문이라네. 〈아테니움〉에 실린 연설문 전문을 꼼꼼히 읽었네. 하지만 당연한 얘긴데, 자네가 읽어 주었을 때가 훨씬 더 좋았다네. 그때는 혹시 흠잡을 곳이 없는지 신경 쓰느라 전체 분위기를 놓쳤는데, 지금 다시 보니 아주 놀랍고도 훌륭하네. 마무리를 이토록 잘했으니 그동안 힘들었던 일들이 모두 보람 있지 않은가.

내 이야기도 한마디 해야겠네. 내가 언제 이토록 대단한 찬사를 들었던 적이 있는가. 자네 연설이 나를 자랑스럽게 하네. 자네가 내 식물 연구에 대해 말한 부분은 경탄을 금치 못하겠네. 정말이지 자네는 내가 기억하는 한, 내 표현들을 한결 더 강하게 만들어 주었어. 그 어떤 내용보다 더 중요한 것은, 종의 진화에 관한 믿음을 자네가 상당히 앞당겨 놓을 것이라는 확신이 든다는 것이네. 이런 믿음은 의장으로서 자네가 갖는 지위와 책임과 높은 평판 때문에 더욱 커질 것이야. 대중의 의견이 전에는 생각도 못할 만큼 한 걸음 크게 나아갈 것으로 확신하네. 자네가 쏘아붙였는데도 〈아테니움〉이 아주 조심스런 태도를 취하는군. 정말이지 속이 다 후련하네.

오언도 조금은 느끼는 바가 있겠지. 언제든 다시 편지 쓸 시간이 나거든, 천문학자들 가운데 자네 의견을 곡해하는 이가 있는지 알려 주게. 그 사람들이 지금은 전혀 거칠거나 건방지게 나오지 않고 있는 게 이상해서 말일세. 자네가 쓴 많은 문장들이 너무 멋들어지고 유려해서 깜짝깜짝 놀란다네. 라이엘 선생님이 '정당성을 주장한 것'도 중요한 역할을 한 거야. 라이엘 선생님도 기뻐하는지 알려 주게. 내가 예전에 헌정했던 책을 기억해 줘서 너무 기뻤네. 월리스도 기뻐하던가?

사진은 어땠나? 시간을 좀 내서 카메론 부인에게 편지라도 한번 보내 드리게. 부인이 우리를 배웅 나와 선물로 사진들을 실어 주었지. 에라스무스형이 부인에게 이렇게 대답했다네. "카메론 부인, 우리 가족 여섯 모두 부인을 사랑합니다." 내가 부인에게 돈을 드렸더니, "어머, 이건 너무 많아요."라고 소리치며 남편한테 자랑스럽게 뛰어가더군.

테니슨이 자네에 대해 아주 우호적으로 얘기를 했다네. 자네의 쓴소리도 굉장히 좋게 받아들였다네.

자네 성공에 엄청나게 고무되었지만 이제 그만 줄여야겠네.

늘 자네를 아끼는 친구.

찰스 다윈.

가스통 드 사포르타에게 보낸 편지 1868년 9월 24일

켄트 주 다운, 브롬리

선생께

선생이 9월 6일자로 보낸 편지가 런던 주소로 되어 있어 제가 바로 받지 못하고 이삼 일 전에야 받았습니다. 그렇지 않았다면 선생이 제게 베푸신 호의를 생각해서라도 제가 답장을 이토록 늦게 보내지는 않았겠지요. 선생의 편지에는 제 흥미를 끄는 수많은 표현들이 들어 있더군요. 몇 해 전까지만 해도 목련 속(屬)이 그렇게 오래 존재했다고는 생각지도 못했습니다. 태곳적 너도밤나무 속이 오늘날 존재하는 종들의 분포에 얼마나 큰 서광을 비추고 있습니까. 이 문제를 생각하면 자주 놀라곤 합니다.

몇몇 고대의 변종들에 대한 선생의 관찰을 높이 평가합니다. 또한 고생물학이 오늘날 과수(果樹)의 기원에 대해 우리에게 알려 주는 바가 너무나 많다는 사실에도 놀라곤 합니다. 피스타치오(Pistacia) 꽃가루의 직접적인 활동을 예로 들어 설명하신 부분은 특별히 감사합니다. 예전부터 식물 화석에 관한 선생의 논문들을 관심 있게 읽었습니다. 선생이 종의 점진적 진화를 신봉하신다는 얘기를 듣고 얼마나 만족해했는지 모릅니다. 종의 기원에 관한 저의 책이 프랑스에서는 거의 반향을 일으키지 못했기 때문에 더욱 기뻤습니다. 뷔퐁, 라마르크, 조프루아 생틸레르 등을 배출한 나라에서 기관의 모든 권위자들이 결의라도 한 듯 종의 불변성을 확고부동하게 믿는 듯한 상황에 늘 기가 막혔습니다. 거의 유일하다 싶은 예외가 고드리 씨입니다. 저는 그분이 머잖아 동물 분야의 고생물학에서 유럽 전체를 이끌어 갈 거라 믿습니다. 그리고 이제는 선생도 식물학 분야에서 역시 저와 같은 생각을 갖고 계시다는 말씀을 들으니 기분이 좋습니다.

따뜻한 감사와 최고의 존경을 표하며.

찰스 다윈.

[케임브리지 대학교의 지질학 교수이자 트리니티 칼리지의 명예 교우였던 애덤 세즈윅은 1831년 다윈과 함께 북 웨일스로 지질 탐사를 떠났다. 다윈은 이 탐사에서 받은 감명을 오래 기억했다. 세즈윅은 노리치 성당의 명예 참사회원이기도 했다. 조지 하워드 다윈은 최근 명예 교우로 케임브리지 트리니티로부터 입학 허가를 받았다.]

애덤 세즈윅이 보낸 편지 1868년 10월 11일

케임브리지
1868년 10월 11일

친애하는 다윈에게

노리치 성당에서 지내다가, 새로운 명예 교우들의 입학을 돕기 위해 대학으로 돌아왔네. 예전 예배당이었던 곳에서 학생들과 악수를 나눴지만 학생들 이름도 모르는 상태였다네. 그중에 다윈의 아들이 있다고는 생각지도 못했지. 나중에 학생들 이름을 듣다가 주니어 명단에 자네의 살아 있는 대표, 자네 아들 이름을 발견하고 무척 반가웠네. 자네 아들을 만나 보려고 했는데, 사환이 그새 가버리고 없다더군.

진심으로 축하하네. 그리고 자네가 언제 한 번 다시 찾아와 주기를 바라네. 내 오랜 친구들은 벌써 죽었거나 대학을 떠났지. 나도 나다니기 싫어서 이곳에 홀로 지낸다네. 내 나이를 생각하면……, 여든넷도 아주 꽉

채웠지. 여러 가지 면에서 볼 때 난 강력한 늙은 명예 교우인 게야. 하지만 이놈의 기계 상태가 영 좋지 않군. 심장 승모판이 굳어서 어딜 통 올라가지를 못해. 그리고 몸속의 선(腺)은 비대해져서 세상과는 어울릴 수도 없어. 게다가 우측 신장엔 결석이 생겼고. 네 번째로는 아주 위험할 정도로 어지럼증이 찾아오는데, 가끔 머리에 총을 맞은 듯 땅바닥에 쓰러져 버린다네. 하지만 이런 것을 질병이라고 부른다면, 이 질병들이 한 이삼 년 동안 더 이상 악화되지는 않고 있다네. 몇 차례 아찔하고 놀라운 위기를 겪은 후에는 내 몸의 동물적 기능들이 일종의 새로운 균형 상태를 찾은 것 같아. 언제 동문 모임에 한번 찾아와서 케임브리지에서 새로운 인맥도 좀 다지고 남아 있는 옛 친구들도 만나 보게. 하긴 모르는 인물들이 훨씬 더 많겠군.

이런 제기랄! 잉크를 엎질렀어. 그만 줄여야겠네. 고배율 렌즈가 없으면 지금 쓰고 있는 이 글도 읽을 수 없다네.

다시 한번 축하하네. 신앙인으로서 내 심장이 뛰고 허파가 숨을 쉬는 동안 내 모든 염원을 담아 자네가 잘되기를 바라겠네.

세즈윅.

애덤 세즈윅에게 보낸 편지 1868년 10월 13일

켄트 주 다운, 브롬리
1868년 10월 13일

존경하는 세즈윅 교수님

선생님께서 다정하게도 저를 기억해 주시고 제 아들이 트리니티의 명예 교우가 된 것을 축하해 주시다니 더없는 감사의 마음 전합니다. 이것은 아들 녀석에게도 큰 영광이고 저에게도 크나큰 기쁨입니다. 저는 가끔 북 웨일스로 지질 탐사를 나갔던 일을 떠올립니다. 정말 즐거웠고 소중한 경험이었지요. 교수님은 또한 제가 비글호를 타고 다니는 동안에도 몇 번이나 편지를 보내 격려해 주셨지요. 그때 적어 주신 내용 가운데 일부는 지금도 기억하고 있답니다.[19] 이런저런 옛 생각과 함께 선생님의 편지를 받는 것이 크나큰 기쁨입니다. 몸이 그토록 안 좋으시다는 말씀에 정말 가슴이 아픕니다. 하지만 예전에 선생님 건강이 자주 안 좋았던 일을 생각하면 선생님은 오히려 몸과 정신이 모두 오랫동안 활기차고 건강한 셈입니다. 그곳에서 보낸 행복했던 기억들 때문에라도 꼭 찾아뵙고 싶지만 제가 오히려 늘 병치레를 하는 터에 자꾸만 케임브리지를 다시는 못 볼지도 모른다는 생각이 듭니다.

선생님께 입은 은혜를 잊지 못하고 늘 존경합니다.

찰스 다윈.

W. D. 폭스에게 보낸 편지 1868년 10월 21일

켄트 주 다운, 브롬리

1868년 10월 21일

폭스 형에게

형 건강이 걱정이야. 햄스테드(Hampstead)에서 보낸 편지에 상태가 좋지 않다고 했는데, 원래도 여러 차례 질병이 잦았으니 지금은 어떤 상태인지 무척 궁금해.

몸이 따라주고 또 마음도 내키면, 형이 말했던 큰 까치의 짝짓기에 관해 말해 줘. 내가 자웅선택이라고 부르는 것을 새들에게 적용해 보려니 작업이 끝이 없어. 난 지금도 그 문제를 연구 중이야.

얼마 전 기력이 몹시 쇠해 우리 모두 프레시워터에 가서 5주일 동안 푹 쉬었어. 애들 소식이 궁금할 텐데, 조지는 트리니티 첫 해에 명예 학우 자격을 받아서 우리를 기쁘게 해 줬지.

여든네 살인 세즈윅 교수님은 지금도 여러 가지 질병으로 고생 중이신데, 고맙게도 우리에게 축하 편지를 보내셨더군.

레너드는 6개월쯤 전에 차석으로 울리치에 들어갔어. 자기가 원한다면 공병 장교가 될 수 있다는 뜻이야. 헨리에타는 스위스를 여행 중인데 그곳에서 다윈 경의 두 딸을 만났대. 두 따님의 품성이 무척 솔직하고 온화한 모양이야.

이제 할 말을 다 했어. 사실 자료를 얻어 보려고 쓴 건데, 형 기록이 더 궁금해.

찰스 다윈.

추신. 기억이 확실치는 않지만 언젠가 형이 말이었는지, 개 아니면 고양이나 돼지였는지 아무튼 수컷이 특정한 암컷만 좋아한다고 했었나, 아니면 반대로 암컷이 특정 수컷을 다가오도록 허락한다고 했었나?

혹시 형이 기록을 남겨 놓았는지 모르겠어. 아니면 혹시 돼지, 개, 소, 양, 가금 따위의 새끼들의 암수를 구분해 그 수를 기록한 사람을 알고 있어? 이에 대해 방대한 자료가 필요해.

에른스트 헤켈에게 보낸 편지 1868년 11월 19일

켄트 주 다운, 브롬리
1868년 11월 19일

친애하는 헤켈 선생에게

두 가지 이유로 이 편지를 쓴답니다. 첫째는 선생의 아기 소식을 받아들고 우리 부부가 무척 즐거웠기에 고맙다는 말을 하고 싶었답니다. 아기의 출생을 진심으로 축하합니다. 나도 아빠가 되었을 때 부모로서의 본능이 어찌나 빨리 생겨나던지, 많이 놀랐던 기억이 나는군요. 선생은 그런 본능이 특히 더 강한 것 같군요. 아기의 '뒷다리'가 어떻게 생겼는지 잘 압니다만, 아마도 아기의 뒷다리가 원숭이 뒷다리처럼 생겼다고 우쭐해하는 아빠는 선생이 처음일 겁니다. 그런 끔찍한 말을 듣고 부인이 뭐라고 하시던가요?

크고 푸른 눈이면 좋겠군요. 유전 법칙에 따라 아기도 아빠처럼 좋은 자연학자가 될 겁니다. 하지만 내가 경험했듯이 아이들의 성격이 해가 갈수록 얼마나 많이 바뀌는지 알면 선생도 놀랄 겁니다. 아이가 거의 다 자라면 마치 애벌레와 나비가 다른 만큼 완전히 다른 사람이 되는 경우가 많지요.

편지를 쓰는 두 번째 이유는 선생의 훌륭한 작품을 번역하는 문제에 대해 이야기하기 위해서입니다. 지난 일요일 헉슬리에게 그 이야기를 듣고 정말 기뻤습니다. 하지만 일이 어떻게 돌아가는지는 모르겠으나 노리치에서 번역하는 것에 찬성하던 한 친구가 가망성이 없을 것 같다더군요.[20] 헉슬리 말을 들으니 선생이 일부 내용을 빼거나 줄여도 좋다고 하셨다더군요. 내가 보기에도 잘 생각하신 것 같습니다. 어차피 선생의 목적이 일반 대중을 가르치는 것이라면, 영국에서도 분명히 많은 독자를 얻으실 겁니다. 실제로 나도 거의 모든 책이 축약함으로써 더 좋아진다고 믿는답니다.

선생의 지난번 책은 제법 많이 읽었답니다. 문체가 아름답고 명확하더군요. 선생의 대작과는 문체가 완전히 다르던데, 어떻게 이렇게 바뀌었는지 상상이 안 갑니다.[21] 앞부분은 아직 읽지 못했고, 라이엘 선생님과 내 얘기가 나온 장부터 읽기 시작했답니다. 아주 흐뭇하더군요. 선생이 보낸 책을 받고 라이엘 선생님도 무척 고마워했는데, 이 장(章)을 읽고는 더욱 고마워하더군요. 동물계의 친화와 혈통을 다룬 장들은 독창적인 생각으로 가득하고 굉장히 훌륭합니다. 하지만 선생의 대담함이 가끔 걱정스럽기도 하답니다. 그래도 헉슬리는 혈통의 문제를 건드리려면 누군가는 담대해야 한다고 하더군요.

비록 선생이 지질학상의 기록이 온전치 못하다는 점을 완벽하게 인정하더라도, 헉슬리와 제가 보기에는 몇몇 강이 처음 나타난 시기에 대해 언급할 때 선생이 가끔 조금 성급한 듯해 걱정입니다. 선생보다 나이가 많아서 얻은 경험으로 보면, 이런 주제에 대한 20년 전 주장이 지금은 완전히 달라졌다는 것입니다. 앞으로 20년 후에는 또 그만큼의 변화가 생기겠지요.

다시 말하지만 번역이 되면 좋겠습니다. 이 책은 물론이고 선생의 다른 책들도 과학 발전에 지대한 영향을 미칠 것이라고 확신하기 때문입니다.

평안히 잘 지내세요.

찰스 다윈.

G. H. 다윈에게 보낸 편지 1868년 12월 9일

다운

수요일 밤

사랑하는 조지에게

소식 전해 줘서 고맙구나. 연만하신 베키가 잘 지내신다니 정말 기쁘구나.[22] 그 사고는 생각만 해도 소름이 끼치는구나. 의사 지시를 엄격히 따르라고 꼭 전해 주렴. 에반스 부인이 작은 동맥 하나를 베었을 때 엥겔하트가 했던 말이 생각나서 그런단다. 베인 부위가 꽤 오랫동안 쉽게 벌어졌단다. 그분이 봐주신다는 말을 들으니 마음이 놓이는구나. 그분이 "한 번의 거짓말은 아홉 번의 거짓말을 덜어 준다."는 재미있는 말을 했는데, 내가 그 말을 노턴 네 집에서 성공적으로 써먹었다고 전해 주렴.

아마 네가 톰슨의 큰 책을[23] 집으로 가져올 것 같지가 않구나. 그러면 네가 책을 펴서 그가 한 말을(혹시 그가 무슨 말을 했거든) 정확하게 읽어 보고, 몇 백만 년 전에 지각이 굳기 시작하고 생명체가 그 위에 살게 되었는지 알아봐 주렴. 크롤이 날 위해서 인용해 준 부분이 있는데, 너무 간략해서 말이다.[24]

톰슨이 주제에 관해 다른 어떤 논문들을 언급했는지 알아보렴. 호튼이 뭐라고 했는지도 알고 싶구나. 이걸 위해 라이엘 선생님의 『원리』도 필요하단다.[25] 그리고 라이엘 선생님의 다른 책들도 가져와야겠다. 크롤이 고맙게도 자기 견해를 담은 훌륭한 원고와 자기의 모든 논문이 담긴 큰 책자를 보냈구나. 돌려줘야 하지만, 너도 읽어 보라고 가지고 있는데, 웨일스 때문에 네가 시간이 없겠구나. 세상이 존재한 시간이 너무 짧아서 걱정이다. 실루리아기 이전에도 분명 많은 생명체들이 아주 오랜 세월 존재한 게 틀림없거든. 그렇지 않다면 내 견해들이 틀렸다는 말인데, 그건 말도 안 되는 일이지. 증명 끝(Q.E.D.)

나를 헐뜯은 내용이 산더미 같다고 해서 오언의 책을 구했다만, 아직은 그런 내용이 없다. 분명 있겠지.[26] 크롤과 톰슨의 도움을 꼭 받아야 하니 정신 바짝 차리고 읽어 봐야 한다.

사랑하는 아빠.

찰스 다윈.

이건 모두 『종의 기원』 신판에 필요한 일이란다.

1869년

J. D. 후커에게 보낸 편지 1869년 1월 13일

켄트 주 다운, 브롬리

1869년 1월 13일

[카를 빌헬름 폰 네겔리가 쓴 논문 「종의 기원과 개념에 관한 자연사적 관점Entstehung und Begriff der naturhistorishcen Art」(뮌헨, 1865년)은 종의 발달과 변이에 작용한 메커니즘과 원칙들에 관한 것이었다. 네겔리는 자신이 '유용성(Nüzlichkeitstheorie, 즉 다윈의 이론)'이라고 이름 붙인 이론에 자신의 '완전성(Vervolkommnung)' 이론을 더하여, 내재적 경향을 보다 복잡하고 더욱 진보적인 원칙으로 발전시켰다.]

후커에게

자네가 많이 귀찮아하지 않을 거라고 믿고, 『종의 기원』 신판에 대해 네겔리에게 보내는 답변 가운데 잘 쓴 글 열세 쪽을 우편으로 보냈네. 아마 실수가 많을 것 같은데, 자네가 한번 읽어봐 주면 정말 고맙겠네. 오귀스탱 생틸레르의 글을 인용했는데, 당시에는 그 사람의 의도를 분명히 파악했다고 생각했는데, 지금은 영 자신이 없어서 더 큰 실수를 할까 봐 걱정이네. 〈가드너스 크로니클〉에 기고한 요약문에서 미물루스(Mimulus)에 대한 아사 그레이의 글과 사포나리아(Saponaria)에 관한 매스터스의 글을 인용했네. 이 글들은 린네 학회에 발표되었고(Soc. 1856 Ap. 15 & Nov. 18) 지금 내가 가지고 있지는 않지만, 〈가드너스 크로니클〉에 요약문이 잘 보관되어 있네.

실수도 찾아봐 주고 아울러 아낌없는 비판도 부탁하네. 하지만 자네가 얼마나 바쁜지 잘 알고 있으니 너무 무리하지는 말게.

잘 지내게 친구.

찰스 다윈.

문장 형식에는 분명 손볼 곳이 많을 걸세.

[윌리엄 윈우드 리드는 1868년 아프리카를 여행하던 중 다윈의 질문지에 대답하면서 처음으로 다윈에게 편지를 썼다. 다윈은 리드에게 표정에 관한 질문지를 보냈으며, 별도로 성에 따른 인간과 동물의 성격과 자웅선택에 관해서도 질문했다.]

윌리엄 윈우드 리드가 보낸 편지 1869년 1월 17일

시에라리온, 찰스 헤들에 부탁하여 전함

1869년 1월 17일

존경하는 선생님께

내륙으로 출발하기 전에 니제르(Niger)강의 수원(水原)에 대해 알아보느라 이삼 일 답장을 미뤘습니다. 하지만 아쉽게도 선생님께 도움을 드릴 만한 정보가 거의 없군요. 표정에 관해 현재로서는 한 가지 질문에만 답할 수 있습니다. 골드코스트(Gold Coast) 종족들은 아니라고 할 때 고개를 가로저으며 그렇다고 할 때는 끄덕입니다. 외과 수술을 할 때처럼 미리 준비하고 살펴보지 않는 한 표정을 파악하기란 아주 어려운 일입니다. 표정이란 것이 갑자기 나타나고 찰나에 변하기 때문입니다. 어쨌건 웃는 모습을 관찰했더니 입 가장자리 도톰한 부분에 초승달 모양의 주름이 생겼습니다. 하지만 선생님께 도움을 드리도록 좀더 확인해 보겠습니다.

이곳에서 주로 지내는 골드코스트에는 양이 한 가지 종류뿐입니다. 숫양들은 뿔과 수염이 있으나 암컷에는 없습니다. 거세를 해도 뿔이나 털은 변함이 없습니다. 몇 살에 뿔이 나는지를 자주 물어보았지만 아는 사람이 없더군요. 이곳에 거주하는 유럽인들은 그런 것을 관찰하지 않고 흑인들은 시간 개념이 아예 없답니다. 하지만 세 사람을 시켜 지켜보라고 했으니, 이삼 개월 후 내륙에서 돌아올 즈음에는 정보를 구할지도 모르겠습니다. 세네감비아(Senegambia)에는 암수 모두 뿔이 달린 품종이 있으며(턱살이 늘어졌음), 니제르 시골에도 덩치가 큰 품종이 하나 있지만 니제르의 암컷에는 뿔이 있었던 흔적만 남아 있습니다.

기독교를 믿지 않는 보다 똑똑한 종족들을 보면, 아프리카에서는 여자들이 원하는 남편을 얻는 데 거의 어려움이 없습니다. 물론 여자가 남자에게 먼저 결혼하자고 얘기를 꺼내는 것은 여자답지 못한 일로 간주되고 이곳 골드코스트 여자들도 절대 그러지 않는다고 들었습니다. 여자들은 쉽게 사랑을 느끼고, 부드럽고 열정적이며 충심으로 사모합니다. 원칙적으로는 같은 종족끼리 혼인하지 않지만 예외가 많습니다. 여자들은 자기 마을을 떠나고 싶어 하지 않아서 외지인과는 결혼하려 들지 않습니다. 하지만 수소보(Soosovo)나 티미아니(Timinianies) 종족(이웃의 비기독교 종족들)의 포울러(Foula)나 만딩고(Mandingo)가 찾아오면, 여자들은 이들을 정착시켜 결혼하려고 애씁니다. 여자들이 지위 높은 남자와 결혼해 자기 아이를 나중에 마을의 귀한 인재로 키우고 싶어 하는 것을 보면, 아프리카 사람들이 앞날을 생각하지 않는다는 저속한 생각과는 사뭇 다른 모습입니다. 어떤 종족에서는 소녀들이 가족이 정한 배우자와 억지로 결혼하지 않습니다. (낮은 종족 중에는) 결혼하는 종족도 있지만요. 종족 간의 결혼은 중요한 질문이니 자세히 살펴보겠습니다.

여기서는 고릴라를 볼 것 같지는 않습니다. 현재는 고릴라가 세인트존 곶(Cape St. John)보다 약간 위쪽에서만 발견됩니다. 하지만 고릴라가 내륙에 살고 있는지는 알려진 바가 거의 없어서 좀더 알아봐야겠습니다. 침팬지들은 이곳 숲속에서도 눈에 띕니다. 다음에 보면 털이 앞과 뒤 어느 쪽에 더 많은지 적어 두겠습니다.

콩 산맥(Kong Mountains)에서 언제 돌아올지는(그곳에 간다면) 아직 정해지지 않았습니다. 아프리카를 떠나기 전에 니제르 상류와 하우사

(Haussa) 왕국에 대해 공부하고 싶은데, 그런 기회가 올지 모르겠습니다. 하지만 아직은 집으로 돌아갈 때가 아닌 듯합니다. 선생님께서 궁금해 하시는 것은 할 수 있는 한 충실히 알아보겠습니다. 이곳에서 가장 힘든 점은 일손을 구하지 못한다는 겁니다. 알아내야 할 일이 있다면 며칠이 걸리더라도 스스로 알아내야 합니다. 그나마 알아낸다면 다행이고요.

선생님이 건강하셔서 연구에 다시 매진하게 되시고, 그래서 알고자 하고 관찰하고자 하는 모든 사람에게 도움이 되시리라 믿습니다.

선생님을 존경하는 윈우드 리드 올림

월리스가 보낸 편지 1869년 1월 20일

북서부 마크 크레슨트 9번지

1869년 1월 20일

존경하는 다윈 선생께

초라하고 보잘것없지만 제가 기록한 말레이시아 여행기를 선생이 받아준다면 큰 영광일 것입니다.¹ 높은 수준의 자연사 분야를 맛이라도 보라고 최선을 다해 쓴 글입니다. 선생께선 과찬을 아끼지 않겠지요.

2판 작업이 한창입니다. 인쇄가 잘 진행되면 다음 달에는 나올 것 같습니다.

〈계간 과학 저널〉 최근호에, 인간에 관해서는 자연선택이 실패했다는 프레이저의 기사를 반박한 멋진 글이 실렸던데, 읽어 보셨는지요? 어느 페이지에 질문의 핵심이 나왔기에 편집자에게 편지를 보내 글쓴이가 누구인지 물어보았습니다.[2] 제 친구 스프루스가 내일 저녁 린네 학회에서 종려나무에 관한 보고서를 발표합니다.[3] '기능의 변화'라고 부르는 발견에 관한 글이라고 합니다. 전체가 암컷이었던 지오네마(Geonema) 한 덩이를 찾았는데, 다음 해에 모조리 수컷으로 변했다더군요. 그 친구는 이와 유사한 다른 사실들도 발견했답니다. 선생이 이 주제에 관심이 있으실 거라고 믿습니다.

건강이 좋아지셔서 지금쯤 다음 책들에 매달리고 계시기를 바랍니다. 부인과 친구 분들께도 안부 전해 주시기 바랍니다.

알프레드 월리스 경백.

추신. 라이엘의 『원리』에 관해 〈가디언The Guardian〉에 실린 훌륭한 글을 보셨는지요? 대단히 뛰어나고 개혁적인 글입니다. 바스(Bath)의 티버튼 사제관에 있는 조지 버클 목사가 쓴 글입니다. 노리치에서 이 분을 만났는데 대단히 과학적이고 개혁적이셨습니다.[4] 작년에 라이엘선생을 언급하지 않았던 '현대 지질학' 건(件)을 벌충하기 위해 같은 주제로 제가 〈과학 저널〉에 글을 쓰기로 했다는 소식을 들으셨겠지요.[5] 토리당원들이 개혁 법안을 통과시키고 교회 간행물들이 다위니즘을 옹호하는 걸 보면, 분명 새 천년이 가까웠습니다.

월리스.

A. R. 월리스에게 보낸 편지 1869년 1월 22일

남동부, 켄트 주 다운, 브롬리

1869년 1월 22일

월리스 선생에게

일부러 책을 보내 주셔서 기쁘기 그지없는 마음으로 진심으로 영광스럽게 책을 펼쳐 봅니다. 굳이 라이엘 선생님을 위해서만이 아니라 선생이 〈과학 저널〉에 글을 쓰신다는 자체가 기쁜 소식입니다. 얼마 전 실제로 선생이 〈과학 저널〉에 글을 쓰면 좋겠다는 생각을 했습니다. 왜냐하면 선생이 종종 정기 간행물에 기고하시는 걸 알고 선생의 글이 더욱 널리 읽히기를 바랐기 때문입니다.

〈가디언〉얘기를 해주셔서 고맙습니다. 라이엘 선생님에게 빌려서 보겠습니다. 〈과학 저널〉에 실린 글은 따로 적어 두었으며, 〈프레이저 매거진〉과 〈스펙테이터〉에 실린 글들과 함께 다시 보려고 치워 두었습니다.

『종의 기원』 신판을 준비하느라 일상이 흐트러졌습니다. 상당히 힘든 작업이고 두세 가지 중요한 관점들을 보완했습니다. 나는 단일 변이보다는 각 개체의 차이가 더 중요하다고 생각했지만, 지금은 단일 변이가 무척 중요하다는 결론에 도달했습니다. 이 점에 대해서는 선생의 견해에 동의합니다. 플레밍 젠킨의 주장들이 내 마음을 바꿔 놓았습니다.[6]

A, R, 월리스가 보낸 편지 1869년 1월 30일

북서부 마크 크레슨트 9번지

1869년 1월 30일

플레밍 젠킨이 단일 변이에 관해 주장한 글이 어디에 있는지 알려 주시겠습니까? 왜냐하면 지금 저는 오히려 그 반대로 생각하고 있기 때문입니다. 종들이 새로운 환경에 맞춰 변화하고 적응하는 것은 오히려 개체의 차이나 일반적인 변이성 때문이라는 입장입니다. 변이 또는 '스포츠'(돌연변이를 의미하는 일종의 생물학 은어—옮긴이)라고 하는 것이 동물을 색깔의 경우에서처럼 한 방향으로 변화시키는 데 중요할 수도 있겠지만, 이것이 어떻게 난초에서처럼 여러 부위에 공동 작용으로 변화들을 야기하는지 모르겠습니다. 그리고 동물이나 식물의 보다 중요한 모든 구조적 변화들은 공동 작용을 의미하기 때문에, 제가 보기에 필요한 만큼의 변화를 개별 변이들이 만들어 낼 확률은 몇 백만 분의 일에 불과합니다.

하지만 선생이 그렇게 생각하게 된 부분을 읽어 보겠습니다.

제가 딸을 낳았다는 말을 부인에게 전해 주세요.

부인과 모든 가족에게 제 안부를 전해 주시기 바랍니다.

알프레드 월리스.

[당시 물리학계를 선도하던 윌리엄 톰슨은 다윈이 주장하는 종의 진화에 필요한 그 긴 시간과 그 당시 인정되던 물리학 법칙으로 밝혀진 지구의 나이가 전혀 맞지 않는다고 반박했다. 이 공격에 대해서는 방사능의 발견과 원자의 붕괴가 제공하는 시간 척도가 확립되기까지 만족할 만한 답변이 없었다.]

제임스 크롤에게 보낸 편지 1869년 1월 31일

영국 남동부 켄트 주 다운, 브롬리

1869년 1월 31일

크롤 선생께

선생의 책을 내일 등기로 보내겠습니다. 너무 오래 갖고 있었네요.

빌려 주셔서 너무나 감사합니다. 특히 보내 주신 원고가 없었다면 많은 실수를 했을 겁니다.[7] 필요하시면 원고도 돌려드리겠습니다. 당신의 글들은 제가 기억하는 어떤 보고서보다 유용했습니다.

찰스 라이엘 선생님이 이곳에 함께 있습니다. 그는 북쪽이 빙하기일 때 남반구가 엄청 따뜻했다는 사실을 잘 인정하지 않는답니다. 제가 라이엘 선생님에게도 얘기했듯이, 선생이 물리적 제반 현상을 고려해 끌어낸 결론이 분포에 관한 모든 사실들을 잘 설명하고 있으므로 기꺼운 마음으로 이를 수긍합니다. 저는 분포에 관한 제반 사실들이 당신의 결론을 더욱 확고하게 만든다고 생각합니다. 거대한 빙관(氷冠)이 남쪽으로 흘러들었다는 주장은 정말 흥미롭습니다. 중력의 힘만으로 빙하가 아래로 이동한다는 설명은 충분하지 않다는 모슬리 씨의 최근 주장을 읽어 보셨으리라 생각합니다. 그의 주장이 맞다면 좀 더 설득력 있는 어떤 힘이 북쪽의 빙관(氷冠)을 확장하지 않았을까요.[8]

'일의 양(work)'은 백만 년 만에도 효과를 나타낼 수 있다고 선생이 멋지게 설명해 주셨지만, 나의 이론적 견해를 뒷받침하기 위해서는 캄브리아기 형성 이전에 아주 긴 시간이 필요한 만큼, 세상이 존재한 기간이 너무 짧다고 말한 톰슨 씨의 지적이 무척 마음에 걸립니다. 큰 폐가 되지 않는다면, 태양에서 지구로 자력이 전해졌다는 라이엘 선생님의 주장에 대해 선생의 견해를 듣고 싶습니다. 이 자력이 지각을 관통하여 열로 전환되지 않았을까요. 이런 과정에서 지각이 굳어지기까지 꽤 긴 기간이 걸렸겠지요. 톰슨 씨의 주장은 바로 이 점에 천착한 것입니다. 선생은 주로 태양에서 발생하는 모든 종류의 에너지 지출을 주장하는 것 같은데, 이 점에 대해 라이엘 선생님은 별로 의미 있는 주장을 내놓지 못하고 있습니다.

『종의 기원』 신판이 두어 달 후면 나올 것 같습니다. 선생이 원하시면 기꺼이 한 부 보내 드리겠습니다.

선생의 친절한 도움에 깊이 감사합니다.

늘 존경하는 마음 전합니다.

찰스 다윈.

선생의 천문학을 응용해 지구의 형태가 주기적으로 변해 지구 도처의 표면이 융기와 하강을 거듭하지 않았는지 생각해 보면 좋겠습니다. 저는 늘 우주 차원의 어떤 원인이 언젠가는 밝혀지리라 생각합니다.

제임스 크롤이 보낸 편지 1869년 2월 4일

에든버러

1869년 2월 4일

선생님께

황공한 마음으로 선생님의 책을 받았습니다. 보잘것없는 제 글이 조금이나마 도움이 되었다니 너무나 기쁩니다. 분포에 관한 자료들이 기후에 관한 제 견해에 도움이 된다고 생각하시다니 기쁘기 한량없습니다.

근일점(近日點)에서 반구의 겨울이 찾아오는 내용에 관해서는 아직 제가 선생님의 질문을 감당할 능력이 안 됩니다. 이 주제에 대해 충분한 토론을 거치고 나면 찰스 라이엘 선생도 제 의견에 동의하시리라 믿습니다. 따뜻한 기후를 뒷받침하는 자료들은 무수히 많고 믿을 만합니다. 2권 213쪽에서 라이엘 선생이 '태양계의 영속적인 열 손실'을 언급했어야 합니다. 아마도 그 문제를 적절히 고찰하지 않은 게 틀림없습니다.

물리학에서 가장 중요하고도 명백한 한 가지 사실을 들라면, 태양계가 그 축적된 에너지를 잃고 있다는 점입니다. 우리는 이 사실을 알고 있을 뿐 아니라, 태양이 열을 잃어 가는 비율도 실제로 측정할 수 있습니다. 태양 표면은 평방피트당 386만 9,000평방파운드의 에너지를 열의 형태로 발산합니다. 달리 표현하면 태양이 우주로 발산하는 에너지 양은 태양 표면에서 평방피트당 7,000마력의 엔진이 돌아가는 것과 같습니다. 수없이 긴 지질학적 시기에 걸쳐 이런 막대한 에너지가 발산되었다는 점을 감안하면, 우리는 응당 이 위대한 태양의 힘의 비밀이 무엇인지 묻지 않을 수 없습니다.

중력만으로는 현재까지 2,000만 년 동안의 열을 설명할 뿐입니다. 중력 말고 다른 어떤 원천이 있어야만 설명할 수 있습니다. 이 물음을 놓고 고민할 때, 윌리엄 톰슨이나 다른 물리학자들이 가능한 다른 원천들을 떠올리지 못하는 것을 이해하기 힘듭니다. 태양이건 또는 태양을 구성하는 물질이건 응고에 앞서 열을 발산했을 것이라는 점은 오해의 여지가 없습니다. 이 경우 우리로서는 원래의 저장량이 얼마나 되는지 알 수 없기 때문에 태양의 나이를 가늠하기가 쉽지 않은 것입니다. 제 논문에서는 원래 열의 양과 중력에 의해 생성된 열의 양을 234대95 정도로 파악했는데, 제가 틀렸을 수 있습니다. 이보다 더 클지도 모르고 더 적을지도 모릅니다. 이 비율로 보면 7,000만 년이라는 기간이 나옵니다.

이렇게 분석해 보면 문제의 모든 조건들이 완전히 바뀌게 되므로 모든 문제를 다시 생각해 봐야 합니다. 더 많은 기간을 추정하기에는 고려해야 할 점들이 너무 많더라도 1억 년 이상이라는 상당한 기간을 확보할 수 있습니다. 지구가 영속적으로 식는다는 관점으로 지각의 연도를 측정하는 방식은 온전히 수긍하지 못하겠습니다. 우리에게 적절한 자료가 있다면 그럴 수도 있겠지만, 우리는 아직 그런 자료를 갖고 있지 않습니다.

선생님께서 캄브리아기 형성 이전에 매우 긴 기간을 가정하시는 것도 무리는 아니지만, 설령 윌리엄 톰슨 씨의 이론에 따라 지구가 원래 용융(熔融)한 상태였다 하더라도, 지각은 아주 빠른 속도로 형성되었을 것이고 이 지각이 갈라지거나 가라앉지 않았다면, 지구 표면은 비록 그 바로 아래쪽의 온도가 높다고 해도 생명이 살아가기에 알맞은 온도로 식었을 겁니다. 이것은 지표가 내부의 열을 전달하는 속도가 더디기 때문에 생기는 현상입니다.

지구가 영속적으로 냉각된다는 이론에 관한 윌리엄 톰슨 씨의 논문을 몇 해 전에 읽었습니다. 그도 위와 같은 생각으로 자신의 의견을 진술했다고 생각합니다. 한 번은 그가 강연에서 이런 주제로 연설했는데, 지구가 용융 상태였더라도, 몇 천 년이 지나면서 인간은 내부의 열기를 거의 감지하지 못하고 지구 표면을 걸을 수 있었을 것이라는 내용이었습니다.[10]

전기와 자력(磁力)은 제가 가장 좋아하던 분야였지만, 지난 4년 동안 이 분야에서 무슨 일이 진행되었는지 거의 신경 쓰지 않았습니다.

태양 흑점과 지구에서의 전기적 현상이 서로 관련이 있다고 해서 반드시 하나의 천체에서 다른 천체로 전기력이 이전된다고 볼 수는 없습니다.

한 가지 확실한 사실은 자연의 힘이 구현하는 전기나 자기의 양(量)이 극히 미미하다는 점입니다. 사람들은 전기적 현상이 매우 거창해 보이기 때문에 대단히 중요하리라고 생각합니다. 심한 뇌우는 인상적이기는 하지만 페러데이는 실험을 통해 베터리의 셀(cell) 속에 있는 액체 몇 방울이 조용히 분해되면서 만들어 내는 전기가 가장 격렬한 번개를 만들어 내고도 남는다는 사실을 보여 주었습니다. 전기가 그토록 요란한 모양을 띠는 것은 정적인 상태에서 동적인 상태로 옮아갈 때 높은 전압이 발생하기 때문입니다. 하지만 그렇게 요란해 보이는 전기적 현상도 풋파운드(foot-pound)로 환산하면 그 에너지의 양은 아주 미미합니다. 태양에서 발생하는 전기 형태의 에너지는 열의 형태로 오는 에너지와 비교할 때 설령 존재한다고 해도 아주 미미합니다. 이 문제에 대해서는 어떤 물리학자도 의문을 제기하지 않을 것입니다. 우주 차원의 어떤 원인 때문에 지각이 융기 또는 하강했을 가능성에 대해서는 생각해 보지 않았습니다. 현재로서는 어떻게 그런 일이 가능할지 아는 바가 없지만, 그 문제를 깊이 생각해 보겠습니다.

모슬리 씨의 논문에 대해서는 들은 바가 없습니다. 어떤 글일지 궁금합니다. 논문이 언제 나오는지 선생님께서 알려 주시면 고맙겠습니다.

에든버러에는 책이 많지만 과학 분야는 많이 뒤처져 있습니다. 제가 이곳에 온 후로는 과학계가 어떻게 돌아가는지 거의 모르고 지낸답니다. 누군가 좋은 과학책들을 많이 소장하고 있는지는 모르겠지만 과학계의 최신 문헌이나 현안에 관해서는 알아볼 길이 없습니다. 염려스럽게도 에든버러는 많이 뒤처져 있습니다.

말씀드릴 필요도 없겠지만, 『종의 기원』 한 권이 서점에서 구한 한 꾸러미의 책만큼이나 귀한 선물입니다.

제법 긴 이 편지를 읽으시느라 힘드실 겁니다. 우편 시간에 맞추느라 휘갈겨 쓰고 말았습니다.

선생님을 존경하는 제임스 크롤 배상.

왕립학회 회원 찰스 다윈 선생님

보내 드린 원고는 선생님이 가지셔도 됩니다.

토머스 로스코 리드 스테빙에게 보낸 편지 1869년 3월 3일

켄트 주 다운, 브롬리

1869년 3월 3일

선생께

훌륭하고도 흥미로운 강연 내용을 보내 주신 점 깊이 감사합니다." 어느 평신도가 그와 같은 연설을 했더라도 내가 희망하고 또 믿고 있는 폭넓은 진리를 퍼뜨리는 데 훌륭한 공헌을 했다고 생각할 것입니다. 하지만 무지한 선입견을 흔들어 놓을 수 있는 힘을 가지고 있는 만큼 목사가 그런 연설을 하는 게 훨씬 더 좋은 일이며, 내가 이렇게 표현해도 좋다면, 본보기가 될 만한 관대함을 보여 주는 일입니다.

존경하는 마음 전하며 이만 줄이고 쉬어야겠습니다. 용서하세요.

감사한 마음 전하면서.

찰스 다윈.

T. R. R. 스테빙이 보낸 편지 1869년 3월 5일

토키, 토 크레스트 홀(Tor Crest Hall)

1869년 3월 5일

존경하는 다윈 선생님께

제가 선생님의 책을 접했을 때는 일반적인 편견이 강하게 저를 억누르고 있었습니다. 그래서 어떻게든 선생님의 주장을 흠집 낼 결정적 실수를 찾아내겠다고 주제넘은 생각을 했었다는 것을 아시면 웃으실 겁니다.

놀라움을 갖고 읽기 시작한 선생님의 글은, 상당한 학술적 업적을 성

취한 사람들조차 어느새 빠져들게 만드는 경원할 수 없는 내용이라는 사실을 깨닫고는 이내 큰 기쁨으로 바뀌었습니다. 물론 저는 제가 이전에 옳다고 믿었던 몇 가지 견해들을 포기해야 했습니다. 하지만 그것은 가치 있는 고통이었습니다. 하지만 그 대가로 제 앞에는 너무나 명료하고 조화로운 견해가 놓여 있었습니다. 그것은 대부분의 역사에서 볼 수 있는 혼돈스러운 조각들과는 완전히 다르고 비록 제가 완전히 납득한 것은 아니지만 진정 존경할 만한 것이었습니다.

저자의 차분한 문체를 통해, 어쩌면 과학이 그 어떤 부수적인 의견도 제시하지 않은 채 성큼성큼 나아감으로써 정통파든 아니든 모든 목사들이 아무것도 이해하지 못한 채 송두리째 배제당하고 말았다는 사실을 깨달았답니다. 그리고 이것은 적잖은 즐거움이었습니다. 제가 사람들에게 선생님의 저작들을 공부할 기회를 주었다고 인정해 주시다니 그 또한 제게는 큰 기쁨입니다.

건강과 평안을 기원합니다.

존경하는 마음을 보내며.

토머스 스테빙.

[프리츠 뮐러의 『다윈을 위하여』는 1869년에 영어로 번역 출판되었다. 갑각류의 발전사에 관한 이 연구는 뮐러가 다윈의 자연선택 이론의 정당성을 입증하기 위해 쓴 글이다. 『변이』의 색인을 작성했던 윌리엄 스위트랜드 댈러스는 다윈의 요청에 따라 이 책을 번역했다 (『다윈을 지지하는 사실과 논증들 Facts and arguments for Darwin』).]

프리츠 뮐러에게 1869년 3월 14일

켄트 주 다운, 브롬리

1869년 3월 14일

밀러 선생께

　선생의 인내력이 바닥나지 않았을까 걱정입니다. 이제야 번역본이 나왔습니다. 번역자가 대가족을 이끌고 몇 백 마일 떨어진 곳으로 이사도 해야 했고 새로운 사무실은 연중 가장 바쁜 시기를 맞아 어쩔 도리 없이 늦어졌답니다. 오늘 북포스트(Book Post) 편으로 선생에게 책 세 권을 보냈습니다. 책 표지와 번역이 마음에 드셔야 할 텐데요. 저는 아직 읽어보지 않았지만, 댈러스는 평소 번역에 능하고 선생의 작품에 지대한 관심을 보였습니다. 미국에 있는 스펜스 베이트와 데이나, 본(Bonn)에 있는 선생의 동생 뮐러와 막스 슐츠, 그리고 그라츠(Gratz)에 있는 오스카 슈미트에게도 '저자 근정(謹呈)'으로 보냈습니다. 증정본을 어떻게 하라고 하셨는데 그 내용을 적은 종이를 찾지 못하고 있습니다. 어딘가 잘 두었겠지만 정말 죄송합니다. 그래서 뒤에 적은 두 사람은 선생의 동생에게 편지를 보내 이름을 받았습니다. 편지 주시면 지목하는 분들께도 보내고 선생에게도 물론 더 보내 드리겠습니다. 일곱 권은 과학계의 통례에 따라 논평을 맡겼습니다. 출판사에서는 판매가 잘 될지 감을 못 잡고 있는데, 내용이 너무 과학적이어서 영국에서 제대로 팔릴지 걱정이랍니다. 1,000부를 찍을 예정입니다.

　선생이 일전에 괭이밥과 파종을 거치지 않고 퍼져 나가는 종에 관한 여러 사실들을 기술해 보내신 편지는 무척 흥미로웠습니다. 우리가 함께 기르는 애기괭이밥(O. acetosella)은 수술과 암술의 길이가 다양해서 처음에는 동질이형이라고 생각했는데, 실험을 통해 그렇지 않은 것으로 확인했습니다. 이곳 보레리아(Borreria)는 반대 형태와 교배했을 때도 결실이 순조로웠지만, 자가수분을 했을 때는 씨가 잘 생기지 않았습니다. 선생이 기르는 파라미아(Faramea)의 경우는 의외입니다. 혹시 실수가 있지는 않았는지요. 꽃의 크기가 다르고 임성(稔性) 꽃가루의 크기와 구조가 놀랄 만큼 다르다는 점이 이해가 되지 않습니다.

선생이 그렇게나 많은 사항들에 신경을 쓰셨다니 놀랍고도 존경스럽습니다.

게으름을 피운 것은 아니지만 다음 책 작업이 더딥니다. 가끔 건강 때문에 늦어지기도 합니다. 자웅선택이 아주 큰 관심사가 되었습니다. 신판 수정 작업도 한몫합니다. 벌써 6주일이나 걸렸는데, 과학의 발전 속도가 기차만큼이나 빠르군요. 마침내 선생의 책이 나오게 돼서 얼마나 기쁜지 모르겠습니다. 잘 팔리든 그렇지 않든 선생의 책은 현명한 사람들에게 큰 영향을 미칠 겁니다. 비록 현명한 이들이 많지는 않더라도 말입니다.

건투를 빕니다.

찰스 다윈.

(제목에 내 이름이 선생 이름보다 눈에 띄게 나와서 난처하군요. 교정쇄를 보고 나서 출판사 측에 수정해 달라고 특별히 전했는데도 말입니다)

양묘사가 보내 준 씨앗은 금영화(Eschotzia crocea)입니다. 어쩌면 선생과 내가 별개의 종을 관찰한 모양입니다!

추신. 선생이 1월 12일에 보내신 편지를 방금 받았습니다. 금영화에 대한 얘기에 특별히 관심이 가는군요. 선생이 기르는 식물들에서 더 큰 성과가 있기를 바랍니다. 이곳보다는 브라질 기후가 자가수분하기에 더 적합한 것으로 보이는데, 이 결과는 제게 아주 중요합니다. 지금은 씨앗 여유분이 없어서 양묘사에게 사람을 보내 더 받아 오려고 합니다. 하지만 우리 연구에는 썩 도움이 못 될 것 같습니다. 가을에는 내가 받은 씨를 좀 보내 드릴 수 있을 겁니다. 두세 그루를 별도로 심었다가 손을 대지 않아도 결실을 맺는지 확인해 보시기 바랍니다. 내가 했을 때는 씨를 많이 받았습니다.

평안하시길 바랍니다.

찰스 다윈.

추신. 월리스 씨에게도 책을 한 권 보냈습니다. 그분도 분명히 좋아하실 텐데, 책을 살 여유가 없는 분이라······.

T. H. 헉슬리에게 보낸 편지 1869년 3월 19일

켄트 주 다운, 브롬리

1869년 3월 19일

헉슬리 보게

자네 연설에 우선 고마운 마음을 전하네.[12] 사람들은 부가 공평하게 분배되지 않았다고 불평지만, 자네가 근래 보여 주었듯 한 사람이 그토록 빛나는 논문들을 여러 편 써낸다는 것은 참으로 탐나고 불공평한 일이라네. 자네처럼 글을 잘 쓰는 사람도 없을 거네. 자네가 톰슨을 공격한 일은 속이 다 후련하다네. 내가 자네 입장이었다면 너무너무 떨렸을 걸세. 자네 의견에 전적으로 동의하지만 진화론자들과 균일론자들을 지나치게 뚜렷이 갈라놓았다는 생각이 든다네.

『종의 기원』에서 세계의 나이를 언급해 출판사로 보낸 몇몇 문장들은 나름 잘 쓴 것 같다네. 하지만 내가 자네 연설을 미리 들었더라면, 아마도 톰슨에 대해 그렇게 공손한 말을 쓰지 않았을 거야.[13]

일전에 자네가 보낸 메모 받았네. 스스로를 털을 곤추세운 사냥개라고 표현했더군. 정말 고맙게 생각하네.

영원한 옛 친구.

찰스 다윈.

[다윈의 격려에 힘입어 알프레드 러셀 월리스는 마침내 '오랑우탄과 극락조의 땅' 전체를 실은 자신의 여행기 『말레이 군도』(런던, 1869)를 출판했다. 이 책은 다윈의 『탐사 일지 Journal of Researches』와 마찬가지로 자연사의 위대한 여행 안내서가 되었다.]

A. R. 월리스에게 보낸 편지 1869년 3월 22일

켄트 주 다운, 브롬리

1869년 3월 22일

존경하는 월리스 선생께

선생의 책을 다 읽었답니다. 대단히 훌륭하고 아주 유쾌하기까지 하더군요. 몸도 좋지 않으신데 항해의 모든 위험을 이기고 생환하셨다니 정말 대단하십니다. 와이기오우(Waigiou)에 갔다 오신 부분은 특히 흥미로웠습니다. 선생의 책에서 받은 어떤 감동보다 과학을 향한 선생의 불굴의 의지는 실로 영웅적이라고 생각합니다. 화려한 나비들을 채집하는 부분을 읽을 때는 질투심과 함께 내 자신이 나비를 채집하던 옛날이 생생히 떠올랐답니다. 물론 저는 선생만큼 채집에 성공하지는 못했지만 말입니다. 채집만큼 신나는 일도 없을 겁니다. 선생의 책이 큰 성공을 거두지 못한다면 오히려 그게 경악할 일일 겁니다. 나는 물론 익숙합니다만, 지질학 분포에 관해 선생이 포괄적으로 설명한 부분을 읽고 대부분 독자들은 놀라운 경험을 하게 될 것입니다.

책의 많은 부분을 대단히 흥미롭게 읽었습니다. 라자브룩(Rajah Brooke)에 관해 선생이 독자적으로 어떤 판단을 하고 계신지 늘 듣고 싶었답니다. 이제 라자브룩에 대해 선생이 극찬하시니 무척 기쁩니다.

열대지방에 꽃의 개체수가 적고 화려하지 않은 까닭은 곤충들이 많아서라고 봐도 되지 않겠습니까. 곤충이 많으니 꽃들로서는 화려할 이유가 없는 것이지요. 훔볼트에 의하면 식물의 군집성은 온대지방보다 열대지방이 덜하다고 합니다. 열대지방의 꽃들은 화려할 필요가 없는 것이지요.

메모에서 어떤 것들은 우아하지 않다고 말씀하셨지만, 내가 보기에는 전혀 그렇지 않습니다. 어느 것 하나 찬란하지 않은 것이 없어요.

자연계 전반에 관해 한 가지 꼬집고 싶은 게 있습니다. 다른 지질학자들이 내 의견에 동의할지는 모르겠지만 말입니다. 선생은 화산에서 용암이 흘러나오면 인근 지역이 실제로 침강한다고 거듭 말씀하셨는데, 상반되는 운동을 겪은 지역들이 어떻게든 서로 연관되어 있다는 점은 나도 동의합니다. 하지만 화산 폭발은 반구형 융기나 화성암의 표면에서 벌어지는 단순한 우발적 사건으로 봐야 한다는 것이 내 생각이랍니다. 그러한 거대한 융기나 지표의 상승이 침강의 원인이며, 일부 지질학자들이 주장한 것처럼 그렇게 보지 못할 이유가 없어 보입니다.

선생이 관찰하신 그 많은 동물들의 서식지를 왜 나는 발견하지 못했는지 안타깝습니다.

2권 399쪽에서는 극락조의 외관에 있어서, 나중에 발생하고 선택된 변종들과 최초 또는 아주 오래전에 선택된 변종들의 관련성을 찾을 수 있기를 기대했답니다. 하지만 이 새들의 화려한 외관이 변화해 온 순서를 이해하지 못하겠더군요. 수컷과 마찬가지로 화식조(Casuarius) 암컷도 자신이 낳은 알을 품는다는 선생의 설명이 확실한지 말씀해 주세요. 내 기억이 맞다면 바틀렛(Bartlett)은 수컷만이 알을 품는다더군요. 수컷은 목 색깔이 좀 덜 화려합니다.

2권 255쪽에서 선생은 야만인 남성이 여성보다 몸을 더 많이 치장한다고 하셨는데, 나 역시 그런 얘기를 들은 적이 있습니다. 혹시 선생 생각에는 이들이 자기만족에서 그러는지, 동료 남성들로부터 존경을 받으려고 그러는지, 아니면 여자들을 기쁘게 하려고 그러는지, 그도저도 아니라면 혹시 이 세 가지 이유가 모두 해당하는지 생각해 보셨는지요.

끝으로, 온갖 주제에 대한 다양한 생각을 쏟아부어 출중한 책을 저술하신 점을 진심으로 축하합니다. 소중한 책을 보내 주신 것을 크나큰 영광으로 여기며, 다시 한 번 깊이 감사의 마음 전합니다.

존경하는 마음을 전하며.

찰스 다윈.

2권 455쪽. 뉴질랜드에 있을 때 나는 원주민들의 피부가 대체로 짙고 좀 더 곱슬거려서 혼혈이라고 생각했답니다. 이제 돌 도구들이 발견되어 고대에 사람들이 거주했다는 사실이 밝혀졌는데, 혹시 이들이 진짜 파푸아인들이 아닐까요. 여러 묘사들로 판단해 보건데 순수 파푸아인들은 선생이 말씀하시는 파푸아인들과는 달라 보인답니다.

해리슨 윌리엄 위어가 보낸 편지 1869년 3월 23일

브렌클리 켄트. 위얼리

1869년 3월 23일

다윈 선생님께

지난번 편지 드린 이후로 조류와 동물 목(目)에서 암수의 수에 관한 정보를 모으고 있습니다.

돼지의 경우.

제가 의견을 구한 사람들 대부분은 암수가 평균 7대6 정도라고 합니다. 하지만 비록 제한된 마릿수이기는 해도 제가 직접 살펴본 바로는 8대6 정도였습니다. 그리고 한 배의 새끼들에서는 열세 마리 가운데(두 마리는 제가 구입했습니다) 열두 마리가 수컷이었고 한 마리만 암컷이었습니다. 한번은 핼리팩스(Halifax)에서 암컷도 수컷도 아닌 것이 양성의 흔적이 모두 있었습니다.

비둘기의 경우.

암컷보다 수컷이 더 많습니다. 저도 수컷 두 마리는 자주 키워 봤어도 암컷만 두 마리를 기른 적은 드뭅니다. 둥지에서 약한 녀석이 주로 암컷이며, 수컷보다 훨씬 더 쉽게 죽습니다. 자주 그런 것은 아니지만 푸른색 두 마리를 길러 보면 새끼들 가운데 암컷이 은색인 경우가 많습니다. 하지만 그 반대의 경우는 보지 못했습니다. 붉은색 두 마리를 기르면, 새끼 암컷은 때로 노란색이 나오고 수컷은 붉은색입니다.

끌림과 배척.

동물을 기르는 사람들이 말하기를 암컷들은 특정한 수컷 한 마리만 좋아서 따라다니는 경우가 많으며 원래의 자기 짝을 버리는 일도 자주 있다고 합니다. 이런 일은 제가 기른 새들에서도 볼 수 있었는데, 자주 보이는 것은 아니었습니다.

꿩.

리든홀(Leadenhall) 시장의 베이커 씨는 암컷 한 마리에 네다섯 마리의 수컷이 따라붙는다고 합니다. 사냥을 나갔는데(조준 사격을 한 것이 아니라 떠오르는 놈들을 무작위로 쏘았습니다) 나중에 자루를 열어 보니 수꿩이 압도적으로 많았습니다.

비둘기.

푸른색 흑비둘기(Blue Rock Pigeon)를 기르는 맨체스터의 리드페스 씨는 이 녀석들이 노란색, 붉은색, 하얀색 할 것 없이 색이 다른 비둘기를 모조리 몰아낸다고 합니다.

집토끼.

저는 토끼를 수년간 길렀는데, 수컷의 수가 암컷보다 월등히 많습니다. 선생님을 위해 작년(1868년)에 자세히 관찰했더니 세 배의 새끼 열다섯 마리 가운데 암컷은 단 한 마리뿐이었습니다. 올해도 잘 살펴보겠습니다.

저희 토끼들은 몇 대째 내려온 놈들입니다. 작년에 이상하게 털이 긴 토끼가 태어났습니다. 이 토끼는 회색 수컷으로 털이 매우 깁니다. 그래서 저는 이 토끼가 낳는 새끼들도 털이 긴지 알아보려고 일부러 길렀답니다. 그 녀석이 한 배의 새끼를 낳은 지 6주가 지났는데, 새끼들의 털이 모두 부드럽습니다. 이 녀석을 가지고 계속 실험해 보려고 합니다. 선생님이 원하시면 기꺼이 보내 드리겠습니다. 암컷들은 수컷이 관심을 보여도 부드러운 수토끼와 같은 반응을 보이지는 않습니다. 털이 부드러운 토끼들은 제가 알고 있는 어떤 동물들과도 다르군요. 암컷들은 출산 바로 전날까지도, (비록 어리더라도) 이 수컷의 관심을 받아들입니다. 다른 수컷들은 아무리 여러 마리를 넣어줘도 반응을 보이지 않습니다. 민망한 얘기지만 이런 식으로 반응하는 동물을 본 적이 없어서 너무 신기해 말씀드리는 것입니다.

노래하는 새 기르기.

사육장에서 키우는 새들 가운데 노래를 가장 잘하는 새(수컷)가 일반적으로 가장 먼저 짝을 얻습니다.

일전에 어느 가금 사육사가[이 사람은 브라마푸트라(Bramah Poutra)와 스페인(Spanish) 종을 기릅니다] 제게 몇 년간은 스페인 종에서 주로 수컷만 나오고 브라마 종에서는 암컷만 나온다고 말했습니다. 그러더니 다음 해에는 브라마 종에서 주로 수컷이 나왔다는데, 그 양반은 아마도 계절이 어떤 식으로든 번식과 관계가 있다고 생각하는 모양입니다. 이게 사실이라면 제가 살펴본 양의 경우에도 어떤 계절에는 쌍둥이가 많이 나오고……

〈미완성〉

A. R. 월리스에게 보낸 편지 1869년 4월 14일

켄트 주 다운, 브롬리

1869년 4월 14일

월리스 선생에게

선생의 글을 아주 흥미롭게 읽었습니다. 아마 라이엘 선생님이 무척 고맙게 생각할 겁니다.[14] 내가 편집자이고 이래라저래라 할 수 있는 입장이라면 선생이 선택하신 바로 그 요점들을 토론의 주제로 뽑았을 겁니다. (내가 지질학을 1830년에 시작했기 때문에) 젊은 지질학자들을 만나 당신들은 라이엘 선생님의 업적이 얼마나 혁명적인 것인지 모른다는 말을 자주 했습니다. 하지만 선생이 퀴비에의 글에서 발췌하신 부분에 대해서는 좀 놀랐답니다. 사실 판단할 능력은 안 되지만 크롤에 대해서는 선생보다 내가 좀 더 그를 신뢰하는 편이지요.

그러나 삭박(削剝) 작용에 관한 선생의 견해 중 많은 부분은 상당히 충격적이더군요. 충적세(recent age)에 대한 톰슨의 관점이 내게는 한동안 가장 취약한 부분이었기 때문에 선생이 말씀하신 것을 읽고 나니 기쁩니다. 자연선택에 대한 설명은 비할 바 없이 좋더군요. 선생만큼 설명을 잘한 사람도 없을 겁니다. 우리 관점과 라마르크 관점의 차이도 물론 좋았답니다. 가끔 책을 읽으면서 "공정하기 위해 이렇게 말한다."는 가증스러운 표현을 접하곤 하는데, 선생은 유일하게 스스로를 지나치게 낮추면서도 공정 나부랭이를 찾지 않는 분이더군요.

선생은 인터뷰에서 〈린네 학회 저널〉에 실린 선생의 보고서들을 넌지시 언급했어야 했습니다.[15] 아마도 우리의 모든 친구들이 그렇게 생각할 겁니다. 선생의 글 곳곳에서 드러나듯이, 선생은 아무리 애써도 절대 자신을 '드러나지 않을' 수는 없답니다. 바로 며칠 전에 어떤 독일인 교수가 선생의 글을 읽고 싶다고 해서 보내 줬습니다. 〈계간 과학 저널〉에 실린 선생의 글은 우리의 주장을 옹호하는 대단한 승리였답니다. 인간을 언급한 내용은 선생이 메모에서 언급하셨던 그 부분이었다고 생각합니다.

선생이 언급하지 않았더라면 난 그 주장에 다른 사람의 주장이 보태진 거라고 생각했을 겁니다. 선생도 아시겠지만 난 선생과 몹시 다른 생각을 하고 있었고 그 점에 대해 미안하게 생각한답니다. 인간에 대해서는 또 다른 어떤 주장이나 비슷한 주장도 더 끌어들일 필요가 없다고 생각하지만, 편지에 적기에는 내용이 너무 방대하군요. 인간에 관해 많이 읽고 생각하기 때문에 이젠 뿌듯하게 선생과 토론할 준비가 되었답니다.

선생의 말레이 군도 여행기가 잘 팔리기를 바랍니다. 〈계간 과학 저널〉에 선생의 진가를 제대로 파악한 글이 실려서 아주 기뻤답니다. 아! 아마

도 선생은 그 저자가 '대나무의 사용'에 관해 한 말에 동의하실 것 같군요.[16]

〈새터데이 리뷰〉에 좋은 글이 또 하나 있다고 들었는데 자세한 내용은 듣지 못했답니다.

평안하시길 바랍니다.

찰스 다윈.

추신. 말에서 떨어졌습니다. 말이 굴러 몸이 좀 깔렸지만 빠르게 회복하고 있습니다.

[1867년 율리우스 빅토르 카루스는 하인리히 게오르그 브론의 뒤를 이어 브론이 번역한 『종의 기원』 독일어 3판을 개정했다. 카루스는 『종의 기원』 후속판과 다윈의 다른 책을 독일어로 옮겼다. 그가 번역한 『종의 기원』 영어 5판은 1872년에 출판되었다.]

율리우스 빅토르 카루스에게 보낸 편지 1869년 5월 4일

켄트 주 다운, 베켄엄(Beckenham)

1869년 5월 4일

친애하는 카루스 선생에게

『종의 기원』에 관한 소식을 듣고 기뻤습니다. 신판을 거의 마무리하고 있는데 한 달 정도면 출판할 수 있을 겁니다.¹⁷ 전체를 자세히 읽으면서 몇몇 부분은 좀더 명확하게 정리하고, 몇 가지 토론과 중요한 사실들을 추가했습니다. 앞부분에서는 아홉 쪽이 늘어난 곳도 있지만, 몇 곳은 간략하게 줄이고 몇 단락은 빼기도 했더니, 최종적으로는 구판보다 두 쪽 더 늘어났습니다. 번역이 너무 힘들지나 않을까 걱정입니다. 내용 수정과 언론에 실을 내용을 바로잡는 데 6주가 걸렸습니다. 선생도 출판사[M. 코흐(M. Koch)]와 특별히 계약해야 할 겁니다. 고친 내용이라고 해봐야 단어 몇 개 바꿨을 뿐입니다. 하지만 좀더 강력하거나 또는 좀 더 약해 보이도록 중요한 단어들을 증거에 입각해서 바꾸었습니다.

그렇게 해서 외적 조건들의 직접적이고도 제한적인 영향을 보다 강조했고, 햇수로 측정되는 시간의 경과를 고려했지만 지질학자들이 생각한 것만큼 광범위하지 않도록 했습니다. 그리고 그전에 생각했던 것과는 달리, 개체의 차이들과 비교할 때 단일 변종들이 훨씬 덜 중요하다는 결론을 끌어냈습니다. 제가 이런 사실을 언급하는 이유를 아셔야 합니다. 많은 곳에서 일부 단어들만 바꾸었기 때문에, 선생이 신판 전체를 자세히 읽어 보지 않으면 앞뒤가 서로 맞지 않는 부분이 나올 것이고, 그렇게 되면 큰 오점이 남게 되겠지요.

제가 고친 곳을 기록한 교정지를 빌려 드리겠습니다. 교정쇄에 직접 고친 부분도 있는데, 이 내용들은 교정지에 들어 있지 않습니다. 교정지가 언제 필요하신지 알려 주시고, 필요하시다면 제본한 것이 좋은지 아니면 그냥 낱장이 더 편한지도 알려 주세요.

『변이』¹⁸가 잘 팔린다니 기쁩니다. 제가 게으름을 피우는 것도 아닌데,

진행이 무척 더디군요. 인쇄에 들어가자마자 바로 연락하겠습니다.

  잘 지내시길.

  찰스 다윈.

J. D. 후커에게 보낸 편지 1869년 6월 22일

북 웨일스 바머스 케어디언

1869년 6월 22일

  후커 받아 보게

  스톡홀름에서 편지를 보내 내가 듣고 싶었던 이야기들을 들려주다니 고맙네.[19] 자네 소식이 궁금했는데, 〈가드너스 크로니클〉에서 자네가 박수갈채 속에서 학술대회 차기 의장이 되었다는 소식을 듣고 나도 마음으로 박수를 보냈네.

  자네가 가장 좋아하는 화병 외에 황제가 대체 무엇을 보낼 수 있었겠나. 나도 그 화병을 보고 싶군. 황제는 자네가 '도자기 미치광이'라는 소문을 분명 들었을 걸세![20]

  우리가 이곳에 머문 지도 벌써 열흘이 되었어. 자네가 이곳을 방문할 수 있다면 정말 좋을 텐데. 이곳은 정말 아름다운 곳이라네. 계단식 정원이 있고, 바로 맞은편으로 케이더(Cader)가 한눈에 들어온다네. 올드 케이더(Old Cader)는 정말 멋지네. 빛이 바뀔 때마다 환상적인 모습을 드러내거든. 우리는 7월 말까지 이곳에 있을 거네. 7월 말에 헨슬레이 웨지우드 가족이 오기로 했거든.

아직 건강이 말이 아닐세. 정신마저도 아마 곧 흐려지겠지. 모든 힘이 소진되는 느낌이네. 집에서 채 반 마일도 나가기 전에 극심한 피로가 밀려온다네. 이제 그만 편안하게 죽고 싶다는 생각이 들 정도야.

자네가 벤담의 강연 내용을 읽었을 거라고 생각하네.[21] 나는 아주 흥미롭게 읽었다네. 분포에 관해 식물학자들이 어떻게 동물학자들과 의견을 같이하는지 꼭 듣고 싶었다네. 벤담의 말은 언제나 대단히 현명하다는 생각이 들고 이제는 그가 넌지시 전하는 모든 내용들이 깊이 생각할 만한 가치가 있다는 직감이 든다네. 그렇지만 나는 아직 옛 형태들을 보존하는 데 고립이 더욱 중요하다고 믿는데, 그 양반은 그렇게까지는 믿지는 않는 모양일세. 이 강연 내용을 읽고 나니 어떤가? 혹시 전처럼 멋진 평론을 한번 써보고 싶지 않은가? 앤더슨과 갈라파고스에 관한 얘기도 즐거웠다네. 내 기꺼이 후원하지. 필요하다면 50파운드를 보내겠네. 그 양반, 코코스 제도를 꼭 방문해야겠어. 누가 리비야히헤고(Revillagagos)나 멕시코 연안에 그와 비슷한 이름을 가진 제도를 살펴본 사람이 있는가? 해도(海圖)에서 이 섬 무더기를 보고 있으니 지난날이 그리워지는군.

자네가 슬라브족의 턱수염과 머리칼 색을 잊어버리지나 않았을까? 부인께도 안부 전해 주게. 자네 여행을 부인께서 기꺼워했다니 참 반가운 일 아닌가.

잘 지내게 친구.

찰스 다윈.

알버트 귄터가 보낸 편지 1869년 9월 23일

대영박물관
1869년 9월 23일

존경하는 선생님께

선생님의 질문에 답하는 일이 얼마나 기쁜지 모릅니다. 이후에도 이런 질문을 계속 받고 싶군요. 포드 씨는 오늘도 선생님이 필요로 하는 그림들을 그리고 있습니다. 두 달이면 그림들을 완성할 것 같군요. 연어 머리에 관해 말씀드리면, 리카오돈(S. lycaodon) 수컷은 리처드슨에게서 베꼈지만 암컷은 저희에게 없습니다. 브리티시 샐머노이드(British Salmonoid)를 참고하시면 원하시는 완벽한 답을 얻으실 겁니다. 그리고 선생님께서는 크기가 똑같은 암수의 그림을 원하셨지만 캘리온 드라코(Callion. draco)에서 보듯이 하나의 성이 보통 다른 성에 비해 더 크다는 점을 알려 드립니다. 선생님의 지시를 기다리겠습니다.

선생님께서 일전에 좋은 아내는 남자에게 최대의 축복이라고 말씀하셨습니다. 골치 아픈 일이나 업무에 시달리다가 나를 기다리는 평화롭고 행복한 가정으로 돌아올 때면 선생님의 말씀을 얼마나 자주 떠올렸는지 모릅니다. 슬프게도, 그건 인생의 기나긴 밤에 짧은 단꿈이었습니다. 제 결혼생활의 가장 큰 축복이었던 아내가 제 곁을 떠나고 말았습니다. 지난 달 아내는 건강한 사내아이를 낳았습니다. 모든 일이 순조롭게 흘러가는 듯했습니다. 그런데 날이 지나치게 더워지더니, 고열이 찾아와 아내를 서둘러 죽음으로 몰고 갔습니다.

이런 시련은 죽음보다 더한 생각을 하게 만듭니다. 그리고 이럴 때 억지로 찾아낸 진실의 한 자락을 붙들고 만족하며 살아갈 수 있는 사람은 분명 강한 사람일 겁니다. 하지만 저는 그렇게 강하지 못하여 편안한 안식을 찾고 싶습니다. 실로 제 마음은 그러고 싶습니다.

선생님을 존경하는, 알버트 귄터.

알버트 귄터에게 보낸 편지 1869년 9월 25일

켄트 주 다운, 베켄엄

1869년 9월 25일

친애하는 귄터 박사에게

선생의 편지를 방금 받았습니다. 내용을 읽고 놀랍고 슬픈 마음 금할 길 없습니다. 진심으로 선생의 아픈 마음을 함께하고 싶습니다. 글에 너무나 힘이 없고, 절망으로 가득하여 눈물이 납니다.

지금이야 무슨 말인들 위로가 되겠습니까. 다만 가장 큰 슬픔을 이겨내실 힘을 얻기를 기원합니다.

며칠 내로 다시 편지 보내겠습니다. 그 와중에도 이렇게 친절하게 도와주셔서 진심으로 감사합니다.

애도를 표하며.

찰스 다윈.

존 브로디 이니스에게 보낸 편지 1869년 10월 18일

켄트 주 다운, 베켄엄
1869년 10월 18일

이니스 씨께

선생 소식이 궁금해서 편지를 쓸까도 생각했습니다만, 바보 같은 사람들의 바보 같은 편지를 하도 많이 받다 보니, 정작 내 친구들에게 편지 쓸 엄두를 못 냈습니다. 선생의 옛 교구에 대해서는 별로 전할 만한 소식이 없습니다. 포웰 씨가 엥겔하트 씨의 집을 빌렸어요. 이 양반이 교구와 학교를 돌볼 수 있게 되어 참으로 다행입니다. 이 양반은 활발하고 친절합니다. 하지만 분별력이 보통 수준은 될까 싶습니다. 이 친구가 에이미 듀베리에게 어떤 여자가 곧 주일학교 선생을 할 거라고 말했다더군요. 그래서 우리는 이 양반이 결혼을 하려는 모양이라고 생각합니다. 어쩌면 그 여자가 바로 러브그로브 부인인 것 같기도 하고요.

교구 목사관이 건축 중이라는 말을 듣지 못했습니다. 포웰 씨가 후원을 받겠다고 했다는데 잘 될지 모르겠습니다. 나는 20파운드를 내겠다고 했는데, 그 사람 성에 차지 않는 모양입니다. 그렇다고 더 많이 내놓고 싶지는 않습니다. 왜냐하면 16파운드든, 그가 말한 1,700파운드든, 목사관에다 그 돈을 쓸 이유가 없기 때문입니다. 엥겔하트 씨는 폐가 나빠졌습니다(내 생각에는 주머니 사정도 마찬가지지만). 의사가 이러니 우리에게는 큰일입니다. 러벅 가족은 일 년여 동안 보지도 소식을 듣지도 못했습니다. 하지만 사실은 사냥개들 소리는 종종 듣는답니다.

러벅 부인은 고링게스(Goriinges)가 너무 따분하다며 런던에 집을 구해 살면서 겨울이면 가끔 시골로 내려와 사냥이나 하자는 모양입니다. 가련한 러벅 씨는 런던 생활을 생각만 해도 목을 매고 싶을 겁니다.

리버풀(Liverpool) 학술대회에서 허튼[22]이 저에 대해 피력한 견해를 아쉽게도 듣지 못했습니다. 〈스펙테이터〉의 편집자이기도 한 허튼 씨는 매우 똑똑한 사람이고 종교에 깊은 관심을 갖고 있지만, 교회 측에서는 그 사람의 종교적 사고방식이 지나치게 자유롭다고 생각하고 있습니다. 근자에 신문들이 저를 칭찬하기도 하고 잡아 먹지 못해 안달하기도 한답니다.

프랜시스 골턴에게 보낸 편지 1869년 12월 23일

켄트 주 다운, 베켄엄
1869년 12월 23일

골턴에게(골턴과 다윈은 같은 할아버지 밑의 재종간이다—옮긴이)

자네 책을 50쪽 가량(판사들이 나온 내용) 읽었네.[23] 내 평생 이토록 흥미롭고 독창적인 글을 읽은 적이 없네. 자네는 정말 요점 하나하나를 정확하게 잘도 잡았더군. 조지가 자네 책을 다 읽고 나서, 나랑 똑같은 표현을 했는데, 나보고 뒷부분은 앞부분보다 훨씬 더 좋다더군. 뒷부분을 읽으려면 아직 한참 있어야 할 거야. 아내가 큰 소리로 내게 읽어 줘야 하거든. 아내도 흥미 있어 한다네. 어떤 의미에서는 자네가 반대파 한 명을 개종시켰어. 내가 늘 주장하듯 아주 바보가 아닌 다음에야 지적인 차이가 그리 크지 않거든. 다만 열정과 노력에서 차이가 나는 거지. 그렇지만 여전히 확연하고도 중요한 차이가 있기는 하다는 점을 인정하지 않을 수 없네.

책을 펴낸 것을 축하하고, 분명 기억에 남을 작품이 될 거네.

읽을 때마다 흥미로우리라고 기대하네. 하지만 그러다 보면 생각을 많이 하게 되고 머리가 아프겠지. 하지만 그건 내 머리가 나빠서라네. 결코 자네의 멋진 문체를 트집 잡을 일이 아니지.

또 연락하지.

찰스 다윈.

1870년

안톤 도른에게 보낸 편지 1870년 1월 4일

켄트 주 다운, 베켄엄

1870년 1월 4일

친애하는 선생께

선생의 편지를 받자마자 동물원 원장에게 편지를 보내 투구게(Limulus)에 관해 문의했습니다. 그곳에는 현재 오래되고 다 자란 수컷만 있다더군요. 하지만 암수가 있었을 때도 알을 보지는 못했다고 합니다. 아무래도 선생이 직접 미국 바닷가에 사는 어느 동물학자에게 편지를 쓰는 게 좋겠습니다. 제가 유일하게 편지를 주고받는 데이나가 지금 건강이 매우 나빠져서 도움을 드릴 수가 없군요.

선생의 계획이 잘되시길 바라는 마음을 별도의 편지에 담아 동봉했습니다. 어쨌든 선생은 제 영향력과 판단력을 지나치게 높이 평가하셨습니다.[1]

특별한 연구 조사를 위해 해안을 방문했던 자연학자들의 의견이 제 의견보다 훨씬 더 가치 있을 겁니다. 선생의 계획을 추진하다 보면 편지도 써야 하고 이런저런 조치도 취해야 해서 시간이 많이 들겠습니다. 과학도 서관 건립 같은 일은 좀 뒤로 미루시는 게 좋겠습니다. 친절하고 멋진 칭찬을 해주시고, 발생학에 관한 선생의 입장을 알게 해주셔서 감사합니다.

외람되지만 한 가지 경계하실 점은, 데모스테네스(Demosthenes)의 말처럼 웅변의 요체는 오로지 '행동, 행동, 또 행동'이듯이 과학의 요체 역시 마찬가지일 겁니다.

부당한 것이라도 자연학자가 일단 신뢰성이 없다는 평판을 얻게 되면 정확하다는 평을 회복하기까지 몇 해가 걸린다는 점을 명심하세요.

제 건강에 대해 물어보셨는데, 좋지는 않지만 이렇게 조용히 세상을 등지고 살아가면서 하루에 몇 시간씩은 일할 수 있습니다.

선생이 하시는 일이 잘되기를 진심으로 바랍니다.

찰스 다윈.

[동봉]

켄트 주 다운, 베켄엄
1870년 1월 4일

친애하는 선생께

12월 30일자로 보내신 편지에서 메시나(Messina) 정도의 괜찮은 동물원을 골라 과학적 연구 목적으로 필요한 설비를 갖춘 수족관을 건립하는 문제에 관해 제 의견을 물어보셨더군요.

저는 발생학에 의거해 해양 하등동물을 연구하는 것은 분명 가장 중요한 일이며, 선생의 계획은 이런 목적을 편리하게 달성할 수 있는 계기가 될 겁니다.

요한 뮐러가[2] 극피동물들의 유충을 바닷물이 흐르는 수족관에 넣어둘 수 있다면 상당한 간격을 두고 이들을 관찰할 수 있을 것이고, 또한 다른 자연학자들이 그를 도와 훌륭한 업적을 완성할 수 있을 것입니다. 따라서 충분한 자금을 모아 수족관을 건설하고 유지하다면, 그리고 모금에 동조한 노장파와 소장파 연구자들과 외부 인사들이 이 시설을 사용하는 방법들을 잘 조절할 수 있다면, 분명 전 유럽의 모든 자연학자들이 찬사를 보낼 것입니다. 호의를 표하는 의미로 비록 작지만 5파운드를 기꺼이 내놓으니 비용에 보태세요.

선생의 일을 진심으로 지지합니다.

찰스 다윈.

H. E. 다윈에게 보낸 편지 1870년 2월 17일 이전

1870년 봄

사랑하는 헨리에타에게

우선 손에 연필을 들지 말고 1장을 통독한 뒤 전체적으로 어떤지 판단해 주거라. 특히 쓸데없이 장황한 부분이 있는지 알아봐 주렴. 인쇄물과 달라서 읽기가 무척 힘들 거다. 장(章)의 목적은 인간과 동물의 정신을 단순히 비교해 보자는 거다. 그 다음 장에서는 도덕 따위가 생겨나는 과정을 언급했고, 어떤 문장들은 페이지 뒤에다 @ 표시를 해두었다.

사본이 없기도 하거니와 대체로 전거(典據)만 나열한 것이라서 각주는 따로 보내지 않는다. 일단 한번 통독한 다음 가능한 한 많은 시간을 들여 심도 있게 비판도 하고 문체도 손을 봐주면 고맙겠구나. 수정해야 할 부분이 길면 별도로 길쭉한 첨지를 마련해서 각각의 페이지 가장자리에 붙여 주면 내가 나중에 해당 페이지를 찾아서 읽으마. 그렇게 해주면 내일이 엄청 편해질 거다. 전체를 보고 네가 어떻게 생각할지 나는 알 길이 없단다. 이런 일을 맡아 주다니 넌 정말 좋은 딸이다.

사랑하는 아버지가.

(여기저기 어투는 손볼 곳이 많을 거다. 하지만 전반적으로는 괜찮았으면 좋겠다)

(설교 투가 있을까 봐 걱정이다. 내가 목사가 될 뻔한 것을 누가 생각이나 하겠니?)

H. E. 다윈이 보낸 편지 1870년 2월 17일

사랑하는 아빠

원고에 대해서는 아빠가 지시한 대로 빈틈없이 할게요. 저도 무척 읽어 보고 싶어요. 그러니 아빠가 고마워하실 필요 없으세요. 제 방에서 공부하면 아무런 방해도 받지 않고 훨씬 더 많이 읽을 수 있을 거예요. 아무도 방해하지 않는다 싶으면, 그날 할 일을 펼쳐놓고 매달리는 거예요. 아빠가 목사가 되었다면 큰 변화가 있었을 거예요. 설교 투를 축소할 게 아니라 살렸으면 해요. 왜냐하면 제 생각에는 인간의 정신만큼 중요하지 않은 것에 대해 서술하려면 아빠 입장에서는 변명이 필요할 테니까요.

윌리엄 프레이어에게 보낸 편지 1870년 2월 17일

켄트 주 다운, 베켄엄

1870년 2월 17일

프레이어 선생께

　너무나 친절한 편지와 선물을 보내 주시다니 깊은 감사의 마음 전합니다. 특히 어제는 영국에서 펴낸 두 가지 소책자를 읽었는데, 저에 대해 좋지 않은 말들이 그득했던 터라, 귀하의 칭찬이 과분하다는 것을 알면서도 큰 힘이 되었습니다. 저를 '더러운 몽상가'라고 표현한 대목도 있었답니다. 선생은 생리학 분야에서 대단한 성과를 이루고 계시군요. 저는 오랫동안 생리학이야말로 학문 가운데서도 가장 우아한 학문이라고 생각했습니다. 피 결정의 차이점을 말씀하신 부분은 참으로 놀랍습니다. 같은 종의 서로 다른 개체들에 미치는 청산의 상이한 효과에 관해 말씀하셨는데, 저도 많은 관심을 갖고 있는 주제입니다. 이 주제로 몇 해 전에 정보를 좀 구하려 했지만 실패했습니다. 호흡 속도 때문인지 아니면 독이 직접 반응하는 속도 때문인지는 잘 모르겠지만, 독이 퍼지는 시간이 곤충들 사이에서도 차이가 났습니다. 벌은 즉사했던 것으로 기억합니다만, 하늘소는 놀랄 정도로 긴 시간을 견뎠습니다.

로버트 워링 다윈이 제 아버지이신데, 광학에 관한 글을 쓰실 때 할아버지인 에라스무스 다윈의 도움을 많이 받았으리라 생각합니다.

저는 실로 제 자신에 대해 별 관심이 없습니다. 하지만 선생께서 원하신다니 생각나는 대로 몇 자 적습니다. 에든버러에서는 아무것도 배우지 못했습니다. 수업은 끔찍하게 지겨워서 저는 3년 내내 지질학에만 흥미를 가졌습니다. 그랜트 박사는 교수가 아니었지만 순수한 열정만으로 동물학을 하셨던 분인데, 그분의 학회는 제게 큰 용기를 주었습니다. 저는 해양 동물을 즐겨 조사했는데 그저 좋아서 했을 뿐입니다. 아마 제가 처음으로 태형동물이 가장 초기의 알 같은 상태에서 움직이는 것을 관찰했을 것입니다. 저는 그것을 그랜트 박사에게 보여 주었고, 그분이 베르너 자연사학회(Wernerian Nat. Hist. Soc.)에서 그런 사실을 언급했습니다.

이 작은 관찰이 저에게 어마어마한 용기를 심어주었지요. 저는 해부가 역겨워서 강의에 두세 차례만 출석했는데 이것이 저에게는 돌이킬 수 없는 큰 손실이었습니다. 케임브리지에서는 누구보다 열심히 딱정벌레를 모았습니다. 하지만 이번에도 역시 좋아서 했을 뿐입니다. 누가 딱정벌레의 이름만 대면, 모두 부러워할 만큼 자세한 내용을 읊어 댔습니다. 어떤 곤충의 구강 구조도 들여다본 적이 없었지만 모으는 데는 거의 푹 빠져 있었습니다.

 헨슬로 교수님이 이끌던 학회는 아주 매력적이었고 제겐 큰 도움이 되었습니다. 교수님의 식물학 강의를 무척 좋아했지요. 어리 시절 내내 광석, 조개껍질, 식물 새의 껍질 따위를 모으는 일에 차례차례 몰입했지요. 케임브리지 생활이 끝날 때쯤 교수님의 말씀을 듣고 지질학을 시작했습니다. 새들의 습성을 관찰하는 일을 언제나 좋아했고, 화이트가 쓴 『셀번의 자연사 National History of Selborne』가 제게 큰 영향을 끼쳤습니다. 하지만 모든 책 가운데 『훔볼트의 여행기 Humboldt's Travels』만큼 큰 감명을 받은 책은 없습니다. 그 책의 여러 부분을 읽고 또 읽었답니다.

 카나리제도를 가려고 했는데, 그때 마침 비글호 탐사 제안을 받고 기꺼이 받아들였습니다. 그저 단순한 수집가를 제외하고는 저만큼 준비가 덜된 상태로 시작한 사람도 없을 겁니다. 저는 해부학에 대해 아무것도 몰랐고 동물학에 대해서도 체계적인 글을 읽은 적이 없습니다. 복잡한 현미경은 건드려 보지도 않았으며, 지질학도 불과 6개월 전에 시작했던 겁니다. 하지만 가능한 한 많은 책을 섭렵하고 거의 모든 해양 하등동물들을 해부했습니다. 그러자 경험과 지식이 너무나 일천하다는 사실이 두려워지더군요. 사실 저는 비글호 위에서 공부를 시작했던 겁니다. 어려서는 형과 함께 화학 실험실에서 했던 몇 가지 실험을 제외하고는 교육이라고 부를 만한 것은 어떤 것도 받지 못했습니다. 여러 분야의 수많은 표본들을 모으다 보니 관찰하는 힘이 향상된 것은 물론입니다.

 내 평생 그토록 많은 글을 써본 적도 없습니다. 모쪼록 제 글이 선생에게 읽을 가치가 있기를 바라지만 정말 그럴지는 모르겠군요.

 감사하는 마음 전합니다.

찰스 다윈.

헨슬로 교수님이 제 편지글을 발췌해서 인쇄하셨는데 혹시 읽으실까 하여 한 부 보냅니다.[3]

H. E. 다윈에게 보낸 편지 1870년 3월-5월?

사랑하는 딸에게

2장 절반까지 마쳤단다(많이 힘들었다). 네가 아주 훌륭하게 고치고 제안했더구나. 많은 부분 네 의견을 받아들였더니 훨씬 더 좋아졌단다. 몇 곳은 아주 완벽하구나. 넌 내게 정말 큰 도움을 주었단다. 이제 원고가 완전히 새롭게 보일 정도로 내 마음에 쏙 드는 것을 보니, 네가 여간 고생한 게 아니었겠구나.

너를 사랑하고, 애써 줘서 고맙구나.

아빠 찰스 다윈.

모든 것이 아주 명확하다. 네가 수정 작업을 해줘서 큰 짐을 덜었단다. 물론 너도 그만큼 고생했을 테지만 말이다. 네가 수정 작업한 글씨가 정말 반듯하더구나.

[프랜시스 골턴은 다윈의 판게네시스를 실험하고자 토끼에 수혈하고 수혈 받은 토끼(은회색)의 새끼가 수혈한 토끼(흰 얼룩이 있는)의 색을 띠는지 알아보았다. 하지만 골턴은 이 실험으로 다윈의 가설을 입증하지 못했다.]

프랜시스 골턴이 보낸 편지 1870년 5월 12일

남서 러틀랜드 게이트(Rutland Gate) 42번지

1870년 5월 12일

다윈 형님에게

토끼에 관해 기쁜 소식이 있습니다. 최근 배에서 나온 한 마리의 앞발이 하얀색이었어요. 4월 23일에 태어났는데, 우리는 새끼를 방해하지 않으니까 그 녀석을 오늘에야 발견한 거예요. 새끼들이 한 덩어리로 뭉쳐 지내니까 까만 머리만 보이고 발은 못 본 것 같습니다. 어미는 회색과 흰색이 섞인 토끼에서 수혈했고, 수컷은 검은색과 흰색이 섞인 토끼에서 수혈했었죠. 이 녀석은 각각의 부모로부터 8분의 1의 외부 피를 수혈해서 태어난 겁니다. 실험에 여러 번 실패하고 나서 경정맥을 찾아 찌르는 방법을 사용하고 있는데 한결 나은 수혈 방법입니다. 어제 두 마리를 시술했는데 아직은 활발한 것 같아요. 이 녀석들 정맥에는 3분의 1의 외부 피가 흐르고 있는 거지요. 이번 토요일에도 더 큰 성공을 거두길 희망하면

서, 아무리 많은 토끼를 희생하더라도 적어도 2분의 1의 외부 피가 흐르는 토끼에 성공할 때까지 실험을 계속할 겁니다. 지금까지 실험 결과는 판게네시스를 뒷받침하기에 부족한 것 같아요.

어머니가 여러 차례 죽을 고비를 넘기면서 모두 힘들었는데 그럭저럭 잘 견뎌 내셔서 지금은 한시름 놓았습니다. 비록 많이 약해지고 심하게 떨기는 하지만 편안한 상태랍니다.

형을 좋아하는, 프랜시스 골턴.

토머스 헨리 퍼러에게 보낸 편지 1870년 5월 13일

켄트 주 다운, 베켄엄

1870년 5월 13일

친애하는 사돈어른께

사촌혼 가정을 조사하는 설문에 응하도록 브루스 씨를 열심히 설득하고 있습니다. 저는 이 일이 얼마나 중요한지 확신하고 있습니다. 혹시 사돈어른께서 정부 관리에게 영향력을 행사하실 수 있다면 꼭 그렇게 하시기 바랍니다. 의원들 가운데 몇 명이라도 그 질문에 응답할 겁니다. 충분한 이유를 제 책 2권의 '가축'을 다룬 장에 밝혀 두었습니다.

건강하시길 바랍니다. 찰스 다윈.

우리 부부는 안사돈께서 몹시 아프다는 소식을 듣고 몹시 슬퍼했답니다. 하지만 곧 쾌차하실 겁니다.

알버트 귄터에게 보낸 편지 1870년 5월 15일

켄트 주 다운, 브롬리

1870년 5월 15일

친애하는 귄터 박사에게

　진심으로 감사합니다. 박사의 답변은 아주 명쾌하고 완벽했습니다. 파충류 등에 관해서도 유사한 질문이 있어 수일 내로 편지 보내겠습니다. 더 이상은 귀찮게 하지 말아야 할 텐데 말입니다. 박사께서 알려 주신 책은 구해 보겠습니다. 실고기(Solenostoma)의 경우가 아주 멋지더군요. 새 중에도 아주 유사한 녀석이 있는데, 암컷이 훨씬 화려합니다. 하지만 암컷이 새끼를 돌보니까 제가 보기에 열 배는 더 좋습니다. 여러 강(綱)들을 계속해서 살피다가 '결혼 예복'에 관해 놀랍게도 모든 동물이 아주 흡사한 원칙을 갖고 있다는 점을 발견했습니다. 그 주제에 엄청난 흥미를 가지게 되었답니다. 지나치게 생각하지 않도록 애써야겠지요. 하지만 어떤 주정뱅이가 많이 마셨다는 소릴 하겠습니까? 조금 마셨다고 하지요! 물고기와, 꼬리 없는 양서류, 그리고 파충류에 관한 제 글은, 제가 썼다 뿐이지 사실 박사님의 글이나 마찬가지입니다.

　존경하는 마음 보내며, 찰스 다윈.

언제가 됐든 박사님을 이곳에서 뵐 수 있기를 희망합니다.

보내 주신 교정쇄는 잘 받았습니다. 논문이 나오면 정말 기쁘겠습니다.

[월리스는 『자연선택론에의 기여Contributions to the theory of natural selection』 (런던, 뉴욕, 1870년)에서 더 이상 자연선택이 인간의 도덕적 정신의 발달을 설명할 수 있다고 믿지 않는다고 밝혔다.]

H. W. 베이츠가 보낸 편지 1870년 5월 20일

화이트홀 플레이스(Whitehall Place) 15번지. 왕립지리학회

1870년 5월 20일

다윈 선생에게

〈아카데미〉 편집자와 함께 지난번 월리스의 책에 실린 내용이 다윈주의 이론에 역행하는 것이라는 얘기를 나눴습니다. 진리를 신봉하는 친구들이 같은 현상을 두고 조금 놀라고 당혹스러워합니다. 친구인 월리스의 이런 견해가 그럴듯해 보이지만 선생님과 저는 분명 널리 퍼진 이런 편견을 반박해야 한다고 생각합니다. 하지만 누가 과연 그들을 비판할 수 있겠습니까? 선생밖에 없습니다. 현재 그 오류를 꿰뚫어볼 줄 아는 사람은 선생뿐입니다. 다른 사람들이 그 일을 하려면 많은 공부와 정연한 논증

을 위해 더 노력해야겠지요. 제가 이 문제를 애플턴 씨에게 말했더니 그분이 선생에게 그 책을 읽은 소감을 짤막하게 써달라고 부탁할 테니, 편지로 미리 그렇게 말씀드리라더군요.

선생이 지난번 마을에 왔을 때, 제가 인간에 대해 쓴 문장 몇 줄이 서머빌 여사의 책 마지막 장에 인용되었다는 말씀을 드린 적이 있습니다.[4] 보잘것없는 제 의견에 대해 선생이 과분하게 신경 써 주셔서 몸 둘 바를 모르겠습니다.

존경하는 다윈 선생에게.

H. W. 베이츠 올림.

H. W. 베이츠에게 보낸 편지 1870년 5월 22일

케임브리지

일요일

친애하는 베이츠 선생에게

애플턴 씨로부터 소식 받았습니다. 하지만 누군가 평을 쓰는 것은 바람직하지만 저는 쓰지 못하겠다고 말씀드렸습니다. 한동안 평을 써보지 않아서 시간도 많이 걸리거니와 잘 쓸 자신도 없다고요. 하지만 가장 큰 이유는 기력이 완전히 바닥났기 때문입니다. 이곳에 와서 이삼 일 일하다 쉬다 한답니다. 제게 급한 원고 청탁이 얼마나 자주 들어오는지 못 믿으실 겁니다. 지난주에도 다급한 원고 청탁이 있었고 바로 전에도 있었습니다. 앞으로 두 번 다시 평을 쓰지 않아도 된다면 그보다 더 평안한 일이 없을 것입니다.

선생이 추천하신 일이라 너무나 미안하지만 거절할 수밖에 없었습니다.

송구한 마음 전하며.

찰스 다윈.

추신. 선생이 인간에 관해 쓴 문장들이 담긴 교정쇄를 볼 수 있다면, 꼭 읽어 보고 싶습니다.

J. D. 후커에게 보낸 편지 1870년 5월 25일

켄트 주 다운, 베켄엄

1870년 5월 25일

보고 싶은 후커에게

서로 연락을 주고받은 지도 그리 오래지 않았는데, 그새 부쩍 늙어 버렸다네. 편지를 두어 번 쓰려 했네만 듣자 하니 자네가 워낙 일에 치여 바쁘다더군. 모쪼록 '영국의 식물상'은 잘 마무리했을 거라고 생각하네. 자네가 길고 흥겨운 편지로 듣고자 했던 소식을 다 말해 주어 정말 즐거웠네. 윌리가 행실도 나빠지지 않고 건강하게 다시 돌아왔다니 정말 기쁜 일이네. 많이 걱정했는데 정말 잘된 일이야. 이제 윌리를 어떻게 대할지 걱정이 앞서겠네. 이런 경우 어떻게 해야 할지 아무도 모를 거네. 내 아들 호레이스도 마찬가지야. 녀석에게는 아빠인 내가 아무런 도움이 안 된다네. 똑똑하긴 한데 너무 자주 아파. 뭔가에 덤벼들어 집중이나 하려는지 원.

들려줄 소식이 있네. 헨리에타가 칸(Cannes)에서 넉 달 머물고 훨씬 건강한 모습으로 막 돌아왔다네. 지난 금요일에는 동창들을 만나 잠시 쉬려고 우리 모두 케임브리지에 있는 불(Bull) 호텔로 갔어. 단과대학 뒤뜰은 정말이지 천국 같았다네. 월요일에는 세즈윅 교수님을 만났는데 정말 정답게 대해 주셨지. 아침에는 건강이 몹시 안 좋아 보였는데 저녁이 되자 활기 넘치는 본래의 모습으로 돌아가시더군. 친절하고 정답게 대해 주셔서 모두들 즐거웠네.

교수님을 뵙고 안 좋았던 점도 있었다네. 오랫동안 앉아 있은 다음 나에게 박물관을 가보자고 하시는 거야. 거절할 수가 없잖나. 난 마침내 완전히 뻗어 버렸지. 그래서 다음 날 아침에야 케임브리지를 출발할 수 있었어. 아직도 기력을 회복하지 못하고 있네. 정말 부끄러운 일이지 않은가. 여든여섯 노인네가 날 거의 죽여 놓았다는 사실이 말이야. 게다가 그분은 자신이 나를 그토록 지치게 하리라고는 꿈에도 생각 못 하셨지. 그분이 이렇게 말씀하셨다네. "오, 내가 보기에 자네는 아직 어린애에 불과한데." 뉴턴을 몇 번 만났고,[5] 프랭크의[6] 친한 친구도 몇 명 만났네. 하지만 헨슬로 교수님이 없는 케임브리지는 케임브리지답지 않더군. 살던 집 두 곳을 찾아보려 했는데, 내게는 너무 먼 거리여서 포기했다네.

내 얘기도 전해야겠지. 인간에 대한 연구를 계속해서, 기대한 것보다 훨씬 더 많이 나아갔다네. 이번 가을에 출판할 수 있으면 좋겠네. 식물 계통에서는 잡종교배와 자가수분 식물들을 꾸준히 비교하고 있는데 아주 재미있는 결과들이 나왔네. 이상한 변형들이 발견되었단 말일세. 혹시 우연하게라도 더운 나라에서 성숙한 칸나 백합(Canna Warszewiczi) 씨를 본 적이 있는가? 이 씨들이 아주 중요하다네. 하지만 이탈리아에서 몇 개 받을 수 있을 것 같네.

언제 한번 오지 않겠나. 일요일이나, 아무 때라도 말이야. 우린 어느 요일이라도 괜찮네. 이를수록 좋겠지. 진심으로 환영하겠네.

그리운 친구에게.

찰스 다윈.

[제임스 크릭턴 브라운은 웨스트 라이딩 정신병원(West Riding Asylum) 원장이었다. 다윈은 이 사람으로부터 1872년에 출판한 『표정Expression』에 필요한 많은 정보를 받았다. 이 편지에서 언급된 책은 기욤 뒤셴의 『인간 생리의 기작, 혹은 정념 표현의 전기생리학적 분석Mèhanisme de la physionomie humaine, ou analyse èlectrophysiologique de l'expression des passions』(파리, 1862)이다.]

제임스 크릭턴 브라운이 보낸 편지 1870년 6월 6일

웨이크필드(Wakefield), 웨스트 라이딩 정신병원

1870년 6월 6일

다윈 선생님께

제 부주의로 선생님께서 큰 곤란을 겪으셨을 생각을 하니 죄스럽기 그지없습니다. 동봉한 것은 원래 하인에게 포장하라고 주었던 것인데, 하인이 포장한 후 찬장에 넣어두고 잊어버렸답니다.

오늘 제가 직접 요금을 미리 지급하고 열차편으로 발송된 것을 확인했습니다. 수고스럽겠지만 물건이 잘 도착했는지 간단하게 편지로 알려주시면 고맙겠습니다.

뒤센의 책(앞부분)에 표정에 관한 몇 가지 조야한 메모를 적어 두었습니다. 부주의한 저를 믿기 힘드시겠지만 빠른 시일 내에 좀더 조사해서 보내겠습니다. 제가 비록 실수를 하기는 했지만 저는 여왕 폐하의 영토에서 가장 열심히 일하는 사람 가운데 하나임을 알아주십시오. 건강이 좋지 않고 걱정이 많아도 저는 날마다 아침 8시부터 밤 11시까지 일한답니다.

덤프리스(Dumfries N.B.)의 서던 카운티 정신병원(Southern Counties asylum)에서 길크리스트 박사의 치료를 받고 있는 한 여자 환자의 사진을 보냅니다. 환자의 머리칼이 곤두선 것을 보실 겁니다. 사진을 찍을 당시에 이 여자는 그나마 평정한 상태였습니다. 이 여자는 흥분하면 감정이 극도로 고조되어 머리칼이 철사처럼 뻗치지요.

우리는 이곳에서 큰 사진을 찍기 시작했습니다. 뒤센의 삽화 크기 정도인데, 아마도 흥미로운 관찰을 하실 거라 믿습니다. 몇 장 보내 드리겠습니다. 표정에 관해 특별히 알고 싶은 점이 있으신가요?

진심으로 사과드리며 깊이 존경하는 마음 전합니다.

제임스 크릭턴 브라운.

셀리스베리 후작 로버트 세실이 보낸 편지 1870년 6월 7일

허츠 햇필드, 햇필드 하우스

1870년 6월 7일

다윈 선생님께

옥스퍼드 대학교는 자연과학 분야에서 선생님이 이룩하신 훌륭한 업적을 기리고 싶은 존경을 표하기 위해 다가오는 건학 기념일에 맞춰 선생님께 명예 학위를 수여하기로 했습니다.[7]

대학 측의 호의를 받아들인다고 해서 선생님께 해가 되지는 않으리라 생각합니다. 선생님께서 이를 위해 강당으로 직접 나와 주실 수 있으리라 믿습니다.

명예 학위는 6월 21일 화요일 아침에 수여됩니다. 학위 수여식은 1시 전에 끝날 겁니다.

선생님을 존경하는 셀리스베리.

제임스 크릭턴 브라운에게 보낸 편지 1870년 6월 8일

다운

1870년 6월 8일

브라운 선생께

뒤셴의 책이 오늘 아침 잘 도착했습니다. 책을 잃어버렸을까 걱정하기도 했지만, 그보다는 책 때문에 선생에게 너무 많은 심려를 끼쳐드린 것 같아 더 걱정했답니다. 선생이 얼마나 바쁜지 그리고 얼마나 걱정했을지 생각하면, 오히려 제가 사과해야 할 것 같군요.

선생이 적어 보내신 내용을 큰 관심을 가지고 읽었습니다. 선생은 늘 제가 알고 싶어 하는 내용들을 정확하게 알려 주십니다. 선생이 하신 말씀에 전적으로 동의합니다. 특히 코의 삼각뿔 구조와 소위 욕망의 근육에 대한 설명은 만족스러웠습니다. 아주 특별한 내용이라고 생각합니다. 확인해 보고 싶은 마음에 뒤셴 삽화 대부분을 (삽화가 무엇을 표현하는지 알 수 있는 부분은 가리고) 다양한 부류의 이삼십 명에게 보여 주고 그들의 응답을 기록했습니다. 모두가 또는 거의 모두가 똑같은 답을 한 경우에만 뒤셴을 믿기로 했습니다.

그런데 찡그린 콧등의 삼각 구조가 무엇을 의미하는지는 아무도 이해하지 못했다고 생각합니다. 욕망의 근육에 관해서는 굳이 보여 줄 필요가 없다고 생각했습니다. 머릿결이 곤두선 여자의 사진은 정말 고마웠습니다. 그 삽화는 따로 목판을 떠놓는 것이 좋겠다고 생각했습니다. 그 여자는 파푸아인처럼 보입니다. '전신마비 정신병자'의 사진을 보내 주신다고 하셨는데, 무척 기대됩니다. 런던의 어떤 사진사에게, 심하게 소리 지르거나 우는 어린아이의 사진을 찍어 달라고 부탁했는데 찍을 수 있을지 모르겠습니다. 이 상태의 아기 모습을 목판으로 뜨고 싶습니다. 끊임없이 움직이고 심하게 울부짖는 미친 사람의 사진을 찍기는 힘들 것 같습니다. 선생이 관찰기록을 좀더 많이 보내 주시면, 진심으로 고맙겠습니다.

지금 쓰고 있는 책이 자꾸만 두꺼워지는군요. 원고를 가지고 런던으로 나가 어떤 크기로 만들지 알아봐야겠어요. 어쩌면 이 책을 먼저 인쇄하고, 표정에 관해 지금 쓰고 있는 책은 별도의 에세이로 만들어야겠습니다. 이것도 나머지 원고가 완성되는 대로 바로 출판하려고 합니다.[8] 다시 사진 얘기로 돌아가서, 혹시 두려움이나 공포로 발작을 일으킨 사람의 사진을 가지고 있으신지요. 혹시 콧구멍의 익상부(翼狀部)가 돋아 있는지 아니면 팽창해 있는지 살펴본 적이 있으신지요.

선생의 도움에 심심한 감사의 말 전합니다. 찰스 다윈.

제가 쓰는 에세이가 친절한 많은 친구들에게 불편과 노고를 끼칠 만한 가치가 있는지는 하늘만이 아실 것입니다.

T. H. 헉슬리가 보낸 편지 1870년 6월 22일

잉글랜드와 웨일스의 지질 조사국

다윈 선생님께

오늘 아침에 책을 퀸 앤 가(街)로 발송했습니다. 저는 더 이상 필요 없으니 선생님이 오래 가지고 있으셔도 됩니다.

선생님께서 이번 주에 런던으로 오실 예정이라니 정말 마음이 좋지 않군요. 저희가 이번 일요일에 어딜 좀 다녀와야 해서요. 하필이면 선생님께서 찾아오는 날 저희가 멀리 가 있다니, 이런 일이 또 어디 있겠습니까.

혹시 다른 요일로 바꿀 수 없을까요?

선생님이 옥스퍼드에 가시면 좋겠어요. 선생님을 위해서가 아니라 그 사람들을 위해서 말이지요.

누구를 추천할지를 두고 헤브도(Hebdo) 메달 위원회가 큰 혼란에 빠진 모양입니다. 소문 듣기로는 퓨지가 런던으로 와서 믿을 만한 친구에게 추천된 사람들 가운데 누가 가장 이단아인지 물어봤다는군요. 그리고 그가 돌아가서 선생님에게 박사 학위를 수여하는 건에 대해 기꺼이 동의했다 합니다. 첫째보다 더 나쁜 일곱 악마들을 내몰자는 거겠지요!

영원한 악마들의 우두머리°인 선생님의 영원한 추종자.

헉슬리.

J. D. 후커가 보낸 편지 1870년 7월 10일

큐 왕립식물원

1870년 7월 10일

다윈에게

어젯밤 아가일 공작과 얘기를 나눴네. 식사도 함께 하고 인간의 기원에 대해 얘기를 나눴다네. 이 양반이 월리스의 의견에도 동조하던데, 인간에 관해서는 월리스의 말이 맞다는군. 그러면서도 월리스의 주장이 틀렸다는 점은 인정한다는 걸세!(그 양반은 월리스의 논문을 읽어 보지도 않았어)

아주 영악한 비렁뱅이 아닌가! 난 그 사람 견해를 따를 수가 없네. 이 사람이 설득하려는 요점이 보이더군. 『종의 기원』에 대해 그가 핵심적으로 주장하는 것은 자네가 충분히 인정하면서도 진화의 순서가 예정되어 있다는 점을 밝히지 않았다고 믿는다는 거네. 그래서 그건 당신이 신경 쓸 문제가 아니라고 말해 줬지. 생명의 기원에 대해 깊이 알고 있지 못하고 단지 현상만 보는 거라고 말이야. 그 양반 부인과 아이들이 함께 있어서 이 문제를 제대로 따지지는 못했네. 그래서 예정설에 관한 모든 개념들은 신학자들과 우주 창조론자들이 게을러 빠져서 더 훌륭한 물질적 증거를 내놓지 못한 것들이며, 실제로 주제 전체가 우리의 인식 경계를 넘어서는 것이라는 내 신념(자네의 신념이기도 하고)만 확실하게 말했네.

영원한 친구.
후커.

J. D. 후커에게 보낸 편지 1870년 7월 12일

켄트 주 다운, 베켄엄

1870년 7월 12일

친애하는 후커에게

나도 언제나 아가일 공작이 굉장히 영악하다고는 생각했지. 하지만 나이 드신 공작을 '영악한 비렁뱅이'라고 부르기에는 유전적이고 본능적인 내 감정들이 편치 않군.

예정설에 대한 모든 견해는 시간 낭비에 불과하다는 자네 의견은 정말 현명한 결론이네. 하지만 완전히 무시해 버리기도 쉽지 않은 문제야. 내 신학 이론은 엉망진창이라네. 우주를 바라보면 완전히 마구잡이로 만들어졌다고 생각되지는 않지만, 그렇다고 선한 의도로 구상된 것이라고 할 만한 증거도 없지 않은가. 더구나 세밀한 부분까지 그렇다고는 도저히 생각할 수 없고 말이야.

각각의 변이가 특별한 목적을 위해 예정된 형태로 발생했다는 말은, 모든 빗방울이 특별히 예정된 장소에 떨어진다는 말만큼이나 믿을 수 없네.

자연발생설(spontaneous generations)은 예정설만큼이나 혼란스러워. 바스티아 용액 속에서 같은 종류의 다수 유기체들이 결정체처럼 생겨난다는 사실을 도저히 납득하지 못하겠네. 와이먼의 단호한 주장을 언급할 필요도 없이, 내가 지금까지 본 것 때문에 무척 놀랍다네. 이 용액을 다섯 시간 동안 끓이면 유기체는 아무것도 없는 상태가 되거든. 하지만 내 기억이 맞다면 이 용액을 공기에 노출시키는 순간, 즉시 생명체가 생겨난다는 거네. 모든 증거가 명확한데도 나는 유기입자(하등생물의 분리된 세포에서 추출한 싹, 즉 제뮬)가 살아남아서 나중에 적절한 조건 아래 다시 번식한다는 점을 여전히 믿지 못한다네. 정말 흥미로운 문제 아닌가!

친구.

다윈.

프랜시스 다윈에게 보낸 편지 1870년 10월 18일

턴브리지, 더모트(Tunbridge, The Moat)

10월 18일

사랑하는 아들 프랭크에게

수표로 115파운드 동봉했단다. 네가 케임브리지에서 다른 경우보다 훨씬 더 오래 있었으니 당연히 너를 도와줘야지. 내 생각한 것보다 이상하게 오래 걸리는구나. 게다가 네가 어떻게 46.5.0. 파운드만 가지고 견딜 수 있는지 이해할 수 없구나.

하지만 무슨 일이 있어도 절대 아빠에게는 빚을 감추지는 말거라. 혹시라도 빚이 더 있다면 지금 얘기해. 네가 쓴 수표를 승인하려고 목요일 아침 다운에 갔다 오면서 깊이 생각한 것이 있단다.

네가 지출장을 기록하지 않았기 때문에 수입보다 지출을 얼마나 더 했는지 모르는 거란다. 지출장을 기록하는 일은 (의무라고 너를 다그치기보다는) 양심의 문제라고 말하고 싶구나(그래야 제대로 기록을 할 테고). 기록을 남기지 않으면 빚을 갚는 문제도 확실치 않고, 네 수입을 알뜰하고 현명하게 썼는지도 알 수 없지 않겠니. 자신의 일이나 지출에 대해 기록하지 않은 사람 중에 문제에 빠지지 않은 이를 본 적이 없단다. 습관적으로 돈 문제에 빠지는 사람이 존경받거나 명예를 유지하는 경우는 정말 드물단다. 제발 하느님이 도우셔서 네가 그런 운명에 빠지지 않기를 바란다. 네가 돈에 신경을 좀 쓰고 일단 지출장을 지속적으로 기록하는 습관을 들이면 별로 귀찮은 일이 아닐 게다. 내가 아는 사람 가운데 가장 현명한 분이신 네 할아버지는 젊든 나이 들었든 누구나 자신의 돈을 관리해야 한다고 믿으셨다. 사실 나도 할아버지 말씀을 마지못해 따랐단다. 너도 그렇게 생각했겠지만 아빠가 노상 잔소리나 하는 늙은이는 아니지 않느냐.

리스 힐에 가서 즐거운 시간을 보내고 어제 돌아왔단다. 하지만 네 어머니는 오늘까지 몸이 좋지 않구나. 이곳은 아주 신비롭고 아름다운 장소란다.

널 사랑하는 아빠가.

W. D. 폭스에게 보낸 편지 1870년 11월 15일

켄트 주 다운, 베켄엄

1870년 11월 15일

폭스 형에게

와이트 섬에서 겨울을 날 채비를 마쳤겠군(오늘 이곳에 아주 혹독한 겨울이 찾아왔어). 건강한지 어떤지는 한마디도 않다니, 형은 정말 쓸모없는 친구야. 나는 책 두 권을 교정보느라 아주 지칠 대로 지쳤어. 연말까지는 계속 작업해야 하는데 큰일이야. 새의 성 차이에 관해서는 형에게 신세를 많이 졌어. 책이 출판될 때마다 기꺼이 형에게 보내 주겠지만, 가끔은 괜한 짓을 하는가 싶기도 해. 왜냐하면 인간의 기원에 대한 내 결론을 형이 인정하지 않을 것 같아서야. 하지만 진심으로 말하거니와 나는 항상 깊이 생각하고, 내가 얻을 수 있는 모든 지식을 습득한 후에 비로소 쓴 거야. 그래도 형은 인정 많은 친구니 책을 보내 주겠어. 제발 충분한 증거도 없는 남의 글을 함부로 믿진 말아. 내 오랜 친구인 형이 나의 다른 책들을 좋아한다는 말을 들으니 기분이 아주 날아갈 것 같아. 형은 초창기에 내게 자연사를 가르쳐 준 스승 가운데 한 사람이야.

내게 힘이 조금만 더 남아 있으면 좋겠어. 한 가지 작업을 마칠 때마다 그게 마지막인 것 같다는 생각이 들어.

잘 지내.

찰스 다윈.

주

1860년

1. 이 편지의 원본은 발견되지 않았다. 다윈은 분명히 이 편지를 지질학자인 찰스 라이엘에게 보냈고 라이엘은 '1860. 1. 4 레너드 제닝스 목사가 다윈에게 보낸 편지'라는 제목을 달아서 자신의 일기에 복사해 두었다.
2. 『종의 기원』, p.484에 있는 질문.
3. 『종의 기원』, p.488.
4. 다윈은 자연선택에 대한 방대한 책의 계획의 첫 부분인 『가축/재배화 과정에서 발생하는 동물과 식물의 변이Variation of animals and plants under domestication』 집필에 들어갔다.
5. 아사 그레이가 쓴 "다윈의 이론에 관한 논평Review of Darwin's theory on the origin of species by means of natural selection"은 「미국 과학저널American Journal of Science and Arts」 2d ser: 29(1860): p.153~184에 실렸다.
6. 『기원』과 다른 책에 대한 리처드 오언의 논평은 「에든버러 리뷰Edinburgh Review」 111: pp. 487~532에 실렸으며, 『기원』에 덧붙여 "종과 인종 그리고 그들의 기원On species and races, and their origin"에 관한 헉슬리의 강연에 대해서도 공격을 했다. 이 논평은 왕립협회에 전달되었다. 그리고 후커는 자신의 논문 "테즈메니아의 식물상에 관한 소개 논문Introductory essay to the Flora of Tasmania"에서 다윈의 이론에 공감한다고 처음으로 발표했다.
7. 에라스무스 얼베이 다윈(Erasmus Alvey Darwin)은 다윈의 형이다.
8. 월리스의 편지는 발견되지 않았다.
9. 조지프 돌턴 후커(Joseph Dalton Hooker), 『테즈메니아의 식물상Flora of Tasmania』(런던, 1860)
10. 이 무렵 다윈은 『기원』에 실은 이론에 충분한 증거를 제공하기 위해서 세 권의 책을 더 출판할 계획을 했다. 결국 계획했던 책 가운데 단 하나, 『변이Variation』만이 출판되었다.
11. 섹션 D는 영국 과학발전협회의 식물학과 동물학 분과를 말함.
12. '(주교를 미워하기 때문인~)' 이하의 문장은 잉크가 뭉개졌고 편지의 뒷부분은 유실되었다.
13. 헉슬리의 답장은 발견되지 않았다. 윌버포스에 대한 헉슬리의 대답의 명확한 표현 자체는 입증된 바가 없다. 그 논쟁의 후일담으로 전해지는 바로는, 주교는 헉슬리에게 할아버지나 할머니 쪽에 원숭이가 있어서 그로부터 내려온 후손이라면 좋겠느냐는 질문을 했다. 헉슬리는 약 두 달 후에 친구에게 보내는 편지에서 자신의 입장을 설명했다. "그때 만약 열등한 원숭이를 내 할아버지로 삼을 것인가, 아니면 위대한 도구와 영향력을 가지고 태생적으로 고매하게 태어나서 그 능력을 훌륭한 과학적 논쟁에 조롱거리나 만들어 낼 요량으로 사용하는 인간을 할아버지로 삼을 것인가를 물었다면, 난 주저 없이 원숭이를 택했을 거네."(J. V. 얀센, "윌버포스와 헉슬리의 논쟁으로 돌아가서Return to the Wilberforce-Huxley debate", 「영국 자연사 저널British Journal for the History of Science」 21(1988): p.168)
14. 조지 헨리 루이스(George Henry Lewis), "동물의 삶에 관한 연구 Studies of animal life", 「콘힐 매거진Cornhill Magazine」 1(1860) : pp.61~74, 198~207, 283~295, 598~607.

1861년

1. 헨리에타 엠마 다윈(Henrietta Emma Darwin), 다윈의 장녀.
2. 조지 하워드 다윈(George Howard Darwin), 다윈의 둘째 아들.
3. 일반적인 끈끈이주걱, 식충식물.
4. 윌리엄 헨슬로 후커(William Henslow Hooker), 후커의 장남.
5. 다윈은 「애틀랜틱 먼슬리Atlantic Monthly」에 "자연선택은 자연이론과 조화를 이룬다Natural Selection not inconsistent with natural theology"라는 제목으로 실린 『기원』에 대한 아사 그레이의 세 편의 논평을 증판하기로 결정했다.
6. H. W. 베이츠, "아마존 계곡의 곤충에 관한 기고문: 주행성 인시목Contributions to an insect fauna of the Amazon valley: Diurnal Lepidoptera", 「런던곤충학회보Transaction of Entomological Society of London」 n. s. 5(1858~1861): pp.223~228, 335~361.
7. 논문에서 베이츠는 아마존 유역에서 독특하게 자생하는 파필리오 종은 기니아와 같은 인접 지역의 종이 변형된 것이라는 견해를 내놓았다. 베이츠는 다윈이 주장한 것처럼 적도 지방에도 빙하기가 퍼졌다면 그 결과 이 지방 고유의 유기체들의 대다수가 멸종했을지도 모른다는 주장을 했다.
8. 에드워드 블라이스(Edward Blyth), "야생 당나귀로 알려진 다른 동물에 관하여On the different animals known as wild ass", 「벵갈아시아학회지Journal of Asiatic Society of Bengal」 28(1859): pp.229~253. (증판, 「자연사 연보 및 잡지Annals and Magazine of Natural History」 3d ser. 6(1860): pp.233~254.)
9. 다윈은 『변이』의 가금류 부분을 쓰기 시작했다.
10. 다윈의 계좌에는 원고료로 테게트마이어에게 5파운드 5실링을 지불한 기록이 있다.
11. 1861년 4월 13일 「아테니움」에 실린 헉슬리의 편지는 오언과 주고받은 편지의 일부이다. 그 편지에서 헉슬리는 "해부학과 관련하여 오언이 중대한 실수를 했다"고 밝혔다.
12. J. E. W. 허셜, "자연 지리학Physical Geography"(에든버러, 1861), 『브리태니카 백과사전 Encyclopedia Britannica』 제8판(에든버러, 1853~1860)에 실린 논문의 증보판이다.
13. 다윈은 자연선택을 일컬어 허셜이 '난잡한 것들의 법칙'이라고 언급한 사실을 들었다. 참고: 『서간집』 7권, 찰스 라이엘에게 보내는 편지(1859년 12월 10일자).
14. 「이사야서」 26장 3절.
15. 다윈은 이 편지의 말미에 '신의 축복이 당신께. 찰스 다윈 1861년 6월'이라고 적었다.
16. 불임성과 혼종 교배는 다윈의 논문 "앵초의 이형 조건Dimorphic condition in Primula"의 끝 부분에서 논의 되었다.

이체동형 교배로 수분된 같은 종의 두 개체들이 이종 교배를 시킨 대다수의 별개의 종과 마찬가지로 씨앗을 맺지 못한다는 단순한 사실은 불임성을 창조된 종을 구별 짓기 위한 특별한 성질로 보려는 사람들을 놀라게 할 것이다. 혼종을 연구하는 사람들은 같은 종 안에 있는 개별 식물들이 수분 능력에서 차이가 난다는 것을 보여주었다. 지금까지는 하나의 개체가 같은 종의 다른 개체와 수분을 하는 것보다 별개의 종에 속한 개체와의 수분이 쉽게 이루어질 것이라고 생각했다. 이와 같이 수분 능력에서 가변성의 원칙이 있다는 점과 독특한 종류의 불임성은 이화수정을 즐겨하는 프리뮬라(Primula, 앵초) 속의 종이 습득한 성질이라는 점을 염두에 두면, 특별한 형태의 완만한 변화를 믿는 사람들은 스스로에게 마땅히 다음과 같은 질문을 던져

봐야 할 것이다. 불임성이 뚜렷한 목적을 위해서 습득된 것이 아닌지, 즉 두 가지 형태를 만들어내지 않기 위해 생존에 수반되는 별개의 방식에 적응하는 동안 수분을 통해서 융합이 되고 그래서 새로운 생존 습성에 적응력을 낮추려는 것인지 말이다.

1862년

1. 1860년 1월 11일자 헉슬리에게 보내는 편지 참고.
2. 스코틀랜드의 복음주의 프리 처치(Free Church)의 기관지인 「위트니스*Witness*」지는 헉슬리가 한 1862년 1월 14일의 강연에 대해 공격을 했다.
3. 헉슬리의 답변 편지는 1862년 1월 24일자 「스코틀랜드인*Scotsman*」지 2쪽에 실렸다. (참고: 『서간집』 10권, 부록 5권).
4. 1861년 11월에 북군의 군함 산 야신토(San Jacinto)의 선장인 찰스 윌크스(Charles Wilkes)는 영국의 우편선 트렌트(Trent)에 타고 있는 남부의 외교관들을 체포하라는 명령을 내렸다. 윌크스를 치하하는 만찬이 11월 26일 보스턴에서 열렸으며 자세한 내용은 1861년 12월 10일자 「더 타임스*The Times*」에 보도되었다. 윌크스의 공적을 치하하는 몇 사람의 연설이 있었다. 그 사건의 해결과 전쟁을 피하게 된 소식은 1월 초에 영국에 알려졌다.
5. 알렉산더 휴 배링(Alexander Hugh Baring)으로 추정된다. 그의 부친은 노포크의 버크넘 홀(Bukenham Hall)에 살았다. 알렉산더는 애쉬버튼 경인 윌리엄 빙험 배링(William Bingham Baring)의 조카였다.
6. 다윈은 열두 살 난 자신의 아들 레너드 다윈(Leonard Darwin)을 말하고 있다.
7. 벤자민 실리맨(Benjamin Silliman)이 편집을 맡은 후에 실리맨의 저널(Silliman's Journal)이라고 알려진 「미국 과학저널*American Journal of Science and Arts*」를 말함.
8. 르와예(C. A. Royer)가 번역한 『종의 기원*De L'origine des espèses ou des lois du progrès chez les êtres organisèes*』 불어판(파리, 1862년).
9. 캉돌은 『기원』 2쪽에서 다윈이 말한 것을 언급하고 있다. "이 책은 요약이며 참고나 근거를 제시하지 않았다." 다윈은 말하기를 "내 결론의 기반이 되었던 모든 사실들과 참고 자료들을 자세하게 다룰 책의 필요성을 나보다 더 절감하는 사람은 없을 것이다. 앞으로는 그런 책을 쓰고 싶다"고 했다. 계획했던 세 편의 책 가운데 단 한 편만이 다윈이 살아 있는 동안 출판되었으며 그것이 『변이』(1861)이다.
10. 알퐁스 드 캉돌, 『식물지리학*Géographie botanique raisonnée ou exposition des faits principaux et des lois concernant la distribution géographique des plantes de l'époque actuelle*』(파리, 제네바, 1855).
11. 곤충에 의한 난초의 구조와 수분작용 사이의 분명치 않은 관계는 자연상태에서 계획된 것이라는 주장을 오히려 뒷받침해 주었다.
12. 러벅은 다윈에게 헤엄치는 막시류(hymenopterous) 곤충에 대해 이야기해 주었다.
13. 다윈은 편지에 날짜를 11. 20. 이라고 썼지만 이 편지는 후커가 1862년 11월 26일에 보낸 편지에 대한 답장이 분명하다.
14. 1862년 12월 1일 런던에 있는 왕립협회의 위원회는 테게트마이어에게 '비둘기의 이종교배에 관한 실험'을 위해 10파운드를 수여하기로 결정했다. (왕립협회, 『위원회 의사록』, 1862. 12. 1).
15. 토머스 헨리 헉슬리, 『유기체 현상의 원인에 대한 우리의 지식에 대하여*On our knowledge of cause of the phenomena of organic nature*』 (런던, 1862).

1863년

1. 리처드 오언(Richard Owen), "시조새에 관하여On the Archaeopteryx of von Meyer, with a description of the fossil remains of a long-tailed species, from the lithographic stone of Solenhofen", 「런던 왕립협회 학술회보Philosophical transaction of the Royal Society of London」 153(1863): pp.33~47.
2. 찰스 라이엘, 『인간의 고대에 관한 지질학적 증거The geological evidences of the antiquity of man with remarks on theories of the origin of species by variation』 (런던, 1863).
3. 제임스 드와이트 데이나, 『지질학 안내서Manual of geology: treating of the principles of the science with special reference to American geological history, for the use of colleges, academies, and schools of science』(필라델피아, 런던, 1863).
4. 다윈은 1859년 11월, 『기원』을 데이나에게 선물로 보냈다.
5. 다윈은 테게트마이어가 스페인산 수탉과 흰색 오골계를 가지고 하려고 했던 실험을 이전에 해봤다. 1862년 12월 27일자 테게트마이어에게 보낸 편지 참고.
6. J. D. 데이나, 『지질학 안내서』(필라델피아, 1863); "포유류의 분류에 있어서 고등한 하위분류에 대하여On the higher subdivisions in the classification of mammals", 「미국 과학저널」 2권 시리즈 35(1863): pp.65~71.
7. 토머스 헨리 헉슬리, 『자연에서의 인간의 지위에 관한 증거Evidence as to man's place in nature』(런던, 1863). 다윈은 라이엘의 책도 언급했다.
8. 찰스 라이엘, 『인간의 고대에 관한 지질학적 증거』(런던, 1863).
9. 캠벨(G. D. Campbell, 아가일의 8대 공작), "초자연적인 것The supernatural", 「에든버러 리뷰Edinburgh Review」 116(1862): pp.378~397.
10. 아사 그레이, "종의 기원에 관한 다윈의 견해Darwin on the origin of species", 「애틀랜틱 먼슬리Atlantic Monthly」 6(1860): pp.109~116, 229~239 ; "다윈과 그의 논평자들Darwin and his reviewers", 같은 책 pp.406~425.
11. 1863년 3월 29일자 후커에게 보낸 편지에서 (『서간집』 11권) 다윈은 이렇게 썼다. "시대에 뒤떨어지고 한심하기 짝이 없는 아테니움이 오언 방식으로 쓴 오켄 같은 사람의 초월적인 사고방식을 실을 거라고 대체 누가 생각했단 말인가! '진창인지 콧물인지 하는 원형질'에서 (우아한 작가 아닌가!) 새로운 생명이 출현하는 것을 보려면 시간이 꽤 걸릴 걸세. 하지만 공공연한 의견에 맹종을 했던 일이나 모세 오경에 나오는 창조에 관한 용어를 사용한 일을 깊이 후회한다네. 난 정말이지 미지의 과정을 통해 '출현' 한다는 의미로 쓴 말이네."
12. 카펜터(W. B. Carpenter), "생명력과 물리력의 상호관계에 대하여On the mutual relations of the vital and physical forces", 「왕립협회 철학회보Philosophical Transactions of the Royal Society」(1850): pp.727~757.
13. 프랜시스 드베이(Francis Devay), 『위생적 관점에서 본 근친혼의 위험성에 대하여Du danger des mariages consanguins sous le rapport sanitaire』 2판(파리, 1862).
14. 1862년 9월 3~4일에 그레이에게 보낸 편지(『서간집』 10권)에서 다윈은 아래와 같이 썼다.

교육의 과정. 내 아들 호레이스가 내게 말하기를 "살무사들이 엄청 많은데, 만약에 사람들이 살무사들을 다 죽이면 사람들을 덜 괴롭히겠죠"라더군요. 그래서 난 "물론 그렇겠지, 살무사들이 엄청 줄어들 테니 말이다"라고 했소. 호레이스는 "제 말은 그게 아니고요, 겁이 난 살무사들은 모두 도망을 가버리고, 사람을 물지 않으면 살 수 있으니까 시간이 지나면 살무사들은 사람을 물지 않을 거예요." 자연선택 아니겠소!

15. 도셋(Dorset), 스완지(Swanage) 부근의 딜스톤 베이(Durstone Bay)에 있는 퍼벡 지층(Purbeck beds)에서 발견된 초기 포유류 화석 뼈는 1850년대에 발굴된 것으로 초기 조사는 리처드 오언이 했다. 1857년 찰스 라이엘은 새뮤얼 허스번드 베클스(Samuel Husband Beckles)에게 추가적인 발굴을 하도록 격려했다. 베클스는 화석을 라이엘에게 직접 보냈고, 라이엘은 그것을 다시 휴 팔코너에게 보냈고, 팔코너가 최초로 측정을 했다. 전시가 마무리되면 화석들은 오언에게 보내져서 그에 대한 설명을 하고 출판을 할 예정이었다. 라이엘은 계획보다 앞서서 그 일을 했다. 오언은 화석에 대한 설명을 1871년이 되어서야 출판했다.
16. 링컨 대통령의 노예해방 선언은 1863년 1월 1일에 효력이 발생했다. 하지만 북군에 반기를 든 주에서는 노예에게 자유를 허락하지 않았다. 메릴랜드가 북군 연합에서 탈퇴했기 때문에 그 주에서는 노예해방이 이루어지지 않았다.
17. 1863년 7월에 아일랜드 이주민들은 북군에 징병되는 것에 대항해서 뉴욕에서 일어난 폭동에 주동자 역할을 했다. 폭동은 최소 105명이 목숨을 잃는 것으로 끝이 났다.
18. 1860년 4월 13일자 「가드너스 크로니컬」 기고문 참조.

1864년

1. 새뮤얼 호튼(Samuel Haughton)은 꿀벌의 작은 공동(空洞)은 자연선택의 근거가 된다는 다윈의 주장을 공격했다. 알프레드 러셀 월리스의 비평은 "호튼의 논문에 대한 논평Remarks on the Rev. S. Haughton's paper on bee's cells, and on the origin of species"이라는 제목으로 「자연사 연보 및 잡지」(12호(1863): pp.303~309)에 실렸다.
2. 루이 아가시(Louis Agassize), 「애틀랜틱 먼슬리」(12호 1863. pp.568~576)에 실린 "빙하의 형성The formation of glaciers"과 『자연사 연구방법Methods of study in natural history』(보스턴, 매사추세츠, 1863)이 있다.
3. 칭찬받는 사람에게 칭찬받기(To be praised by one who is himself praised,-최고의 칭찬을 일컬음).
4. H. W. 베이츠, 『아마존강의 자연주의자The naturalist on the River Amazons. A record of adventures, habits of animals, sketches of Brazilian and Indian life, and aspects of nature under the equator, during eleven years of travel』(런던, 1863). 월리스는 드디어 『말레이 군도The Malay Archipelago: the land of the orang-utan, and the bird of paradise』(런던, 1869)를 공개했다.
5. 허먼 크루거(Hermann Cruger)는 "카타세툼 트리덴타툼(Catasetum tridentatum)의 세 가지 형태의 생식"에 대한 다윈의 관찰을 뒷받침했다.
6. 에라스무스 다윈(Erasmus Darwin), 『주노미아Zoonomia; or the laws of organic life』(런던, 1794~1796)의 저자, 라마르크(Jean Baptiste de Lamarck)의 이론에 앞서 진화론적인 개념을 출판했다. 허버트 스펜서는 『생물학 원리Principles of biology』(런던, 1864~1867)를 저술하고 있었다. 그는 에라스무스 다윈과 라마르크를 1864년 10월에 연속물로 다루면서 논의했고 그 두 사람이 진화이론을 보급시켰다는 데 신빙성을 두었다.
7. 남북전쟁 동안 1864년 5월 5일과 12일 사이에 북군은 32,000명이 사망하거나 부상하고 실종

되었다고 기록했다. 남군은 버지니아 주의 스파츨베니아(Spotsylvania) 황무지 전투에서 약 18,000명이 사망했다고 추정했다.
8. 다윈은 날짜를 잘못 적었다.
9. "털부처꽃의 세 가지 형태Three forms of Lythrum salicaria"
10. A. R. 월리스, "자연선택 이론으로부터 연역된 인간 종족의 기원과 인간의 고대The origin of human races and antiquity of man deduced from the theory of natural selection", 「인류학 리뷰Anthropological Review」 2(1864): pp.158~170.
11. 다윈은 「리더Reader」에 실린 월리스의 논문 "변이 현상과 지리적 분포On the phenomena of variation and geographical distribution as illustrated by Papilioidae of the Malayan region", 「런던 린네학회 회보Transactions of the Linnean Society of london」 25 (1865~1866): pp.1~71에서 발췌한 요약문을 언급했다.
12. 조지 그레이(George Grey), 『호주 탐사의 기록Journals of two expeditions of discovery in north-west and western Australia, during the years 1837, 38, and 39』(런던, 1841).
13. 월리스의 원작은 "자연선택 이론으로부터 연역된 인간 종족의 기원과 인간의 고대The origin of human races and antiquity of man deduced from the theory of natural selection"이며 「인류학 리뷰」 2(1864): pp.158~170에 실렸다. 그의 요약본은 「자연사 리뷰」(n.s. 4(1864): pp.328~336)에 수록되었다.
14. 『살아 있는 만각류Living Cirripedia』(1854) 또는 『만각류 화석Fossil Cirripedia』(1854).
15. "손대는 것마다 돋보였다"는 오래된 찬사의 경구이다.
16. 다윈은 『우리의 지식에 관하여On our knowledge of the cause of the phenomena of organic nature』(런던, 1862) 시리즈 중 강의록 하나를 언급했다.
17. T. H. 헉슬리, 『비교해부학 원리에 관한 강의Lectures on the elements of comparative anatomy. On the classification of animals and on the vertebrate skull』(런던, 1864).
18. 카펜터(W. B. Carpenter), 『동물학Zoology; being a systematic account of the general structure, habits, instincts, and uses of the principal families of the animal kingdom; as well as of the chief forms of fossil remains』(런던, 1864).
19. 다윈은 알프레드 테니슨(Alfred Tennyson)의 "바다의 꿈 Sea dream"을 인용했다. 『이녹 아든』에 나온 시다.
20. '내 모든 삶이 차분해지고 완벽해지길'. 호라티우스(Horace)의 "풍자Satires"(2.7.86.)에서 인용한 문구.
21. 자발적으로.
22. 사빈의 연설문은 결국 왕립협회 의사록 안에 수록되어 출판되었다. 『기원』과 관련해서 논쟁이 된 문구는 "메달 심사 기준에서 완전히 배제했다"에서 "심사 기준에 포함시키지 않았다"로 바뀌었다. 다른 판과 비교하기 위해서는 『서간집』 12권 부록 4를 참고하면 된다.

1865년

1. 토머스 헨리 헉슬리가 쓴 익명의 기사 "과학과 교회정책Science and Church policy"은 1864년 12월 31일 발행된 「리더」 821쪽에 실렸다. '정치 지도자'와 '고위 성직자'가 과학을 전혀 고려하지 않은 점을 비평하고, 당시 교회 방침에 관한 연설에서 벤자민 디즈레일리(Benjamin Disraeli)가 과학에 대해 특별히 비평한 것을 지적했다.

2. 찰스 라이엘, 『지질학의 원리』, 6판(런던, 1865).
3. 캠벨(G. D. Campbell, 아가일의 8대 공작), "1864~1865년 회기 기조연설", 「에든버러 왕립협회 의사록」 5(1862~1866): pp.264~292.
4. 찰스 라이엘, 『인간의 고대에 관한 지질학적 증거』, 3판(런던, 1863).
5. 기조(François Guizot)는 인간이 재능이나 힘이 완전히 발달하지 않은 상태로는 생존할 수 없었다고 주장했다.
6. 빅토리아 애들레이드 메리 루이즈(Victoria Adelaide Mary Louise), 빅토리아 여왕과 앨버트(Albert) 왕자의 장녀로 프러시아 황태자와 결혼했다.
7. 헉슬리, 『자연에서의 인간의 지위에 관한 증거Evidence as to man's place in nature』(런던, 1863년).
8. 찰스 라이엘, 『지질학의 원리』 9판(런던, 1853).
10. 나는 죄를 지었다
11. 이 편지는 엠마 다윈이 받아썼다.
12. 지볼트(K. T. E. Siebold), 『나방과 벌의 참된 단성생식에 관하여On a true parthenogenesis in moths and bees: a contribution to the history of reproduction in animals』 달라스(W. S. Dallas) 번역(런던, 1857).
13. 헉슬리의 편지는 발견되지 않았다.
14. 『영웅과 영웅숭배On heroes, hero-worship』(런던, 1841) 173쪽에 토머스 칼라일(Thomas Carlyle)은 천성을 이해하는 데 고결한 사람의 능력과 부도덕한 사람의 능력을 비교했다. 부도덕한 사람을 여우에 견주어서 말하기를 "그러한 사람들의 천성은 비열하고 천박하다는 것을 알 수 있다"고 했다.
15. 실리맨 저널(Silliman's Journal)은 「미국 과학저널」을 말한다.
16. 프랜시스 웨지우드(Frances Wedgwood).
17. 로링(Charles Greely Loring)은 그레이의 장인이다.
18. 알렉산더 폰 훔볼트(Alexander von Humboldt), 『개인적 기록Personal Narrative of travels to equinoctial regions of the New Continent, during the years 1799~1804』, 윌리엄스(H. M. Williams)가 영어로 번역, 7권(런던, 1814~1829). 훔볼트에 대한 다윈의 애정은 프레드릭 부르크하르트(Fredrick Burkhardt)가 편집한 『찰스 다윈의 서간집Charles Darwin's letters: a selection 1825~1859』(케임브리지, 1996 『다윈의 기원』편)를 참고하면 된다.
19. 월리스, "변이와 지리적 분포에 관하여 On the phenomena of variation and geographical distribution as illustrated by the Papilionidae of the Malayan region", 「런던 린네학회 회보」 25(1865~1866): pp.1~71.
20. 타일러(E. B. Tlyor), 『인류의 초기 역사에 대한 연구Researches into the early history of mankind』(런던, 1865). 렉키(W. E. H. Lecky), 『유럽에서의 합리주의 정신의 발흥과 영향의 역사History of the rise and influence of the spirit of rationalism in Europe』(런던, 1865).
21. 존 러벅(John Lubbock), 『선사시대Pre-historic times, as illustrated by ancient remains, and the manners and customs of modern savages』(런던, 에든버러, 1865).
22. 프리츠 뮐러(Fritz Müller), 『다윈을 위하여Für Darwin』(라이프치히, 1864).

1866년

1. 이 편지는 초안만 남아 있다.
2. 사라 엘리자베스 웨지우드(Sarah Elizabeth Wedgwood), 엘리자베스로 알려졌으며 엠마 다윈의 자매이자 캐서린의 사촌.
3. 수전 엘리자베스 다윈(Sudan Elizabeth Darwin), 다윈의 누이이며 캐서린의 언니.
4. 월리스, "말레이 군도의 비둘기 On the pigeons of the Malay Archipelago", 「아이비스Ibis」 n. s. 1(1865): pp.365~400.
5. 월리스, "변이와 지리적 분포에 관하여On the phenomena of variation and geographical distribution as illustrated by the Papilionidae of the Malayan region", 「런던 린네학회 회보」 25(1865~1866): pp.1~71.
6. 군도 내의 다른 섬들과 비교했을 때, 셀레베스 섬은 파필리오니데(Papilionidae, 호랑나비) 속의 종이 더 많이 있었다. 그것은 매우 이례적인 경우이며 또한 포유류 3종, 조류 5종, 막시류 190종(개미, 말벌, 벌 등)의 독특한 종들이 있었다. 월리스는 셀레베스 섬의 파필리오니데의 수를 조사했으며, 특정한 공통의 특성들을 제시했다. 그리고 다른 섬들에서 그것들과 대응할 만한 것들을 추려 차이점을 분명히 구별했다. 월리스는 이 자료를 종의 가변성을 주장하는 데 활용했으며 모든 종은 발견된 그 장소에서 창조된 것이라는 견해를 반박하는 데 이를 이용했다.
7. 1867년까지 월리스는 일지에는 손대지 않고 있었다. 월리스의 가장 대표적인 책, 『말레이 군도 The Malay Archipelego』는 1869년이 되어서야 출판되었다.
8. 다윈은 익명의 기사 "식민지의 새로운 식물상New colonial floras", 「자연사 리뷰」 5권(1864) pp.46~63을 언급했다.
9. 다윈은 「기원」 제4판을 내려는 머레이의 계획을 언급했다.
10. 다윈은 1860년 1월 이후로 변이에 대한 책을 간헐적으로 쓰고 있었다.
11. 런던 하이 스트릿에 있는 낙스 헤드브로사의 직원으로, 조지 스노(George Snow)는 런던에서 다운까지 우편배달 서비스를 관리했다.
12. 존 스미스(John Smith, 1821~1888), 큐 왕립식물원의 관장과 그의 전임자 존 스미스(John Smith, 1798~1888)를 말함.
13. 다윈이 날짜를 잘못 기록한 것이 분명하다. 봉투 소인이 찍힌 날짜는 1866년 4월 19일이다.
14. 「필라델피아 곤충학회 회보Proceeding of the Entomological Society of Philadelphia」 3(1864): pp.403~430, 5(1865): pp.194~216에 실린 그의 논문 "초식의 다양함과 초식종에 대하여On phytophagic varieties and phytophagic species"의 후기에서 월시는 『기원』의 한 단락을 인용해서 새뮤얼 허버드 스커더(Samuel Hubbard Scudder)가 당시에 발표한 논문을 비평했다.
15. 폴 자네(Paul Janet), 『최근의 유물론The materialism of the present day』(런던, 1866).
16. 허버트 스펜서(Herbert Spenser)는 『생물학의 원리』(런던, 1864~1867, vol 1: pp.444~445)에서 '적자생존'이라는 표현을 처음 사용했다. "적자생존은 기제적인 용어를 표현하기 위해서 찾은 용어이다. 다윈 씨는 이를 '자연선택 또는 생존을 위한 경쟁에서 적합한 품종의 보존'이라고 불렀다."
17. 다윈은 '적자생존'이라는 표현을 『변이』에서 여섯 차례 사용했다.(1권: p.6, 2권: p.89, 192, 224, 413, 432 참고) 그러나 다윈은 『변이』1: p.6에서 '자연선택'이라는 용어의 사용에 대한 정

당성을 주장했다. "'자연선택'이라는 용어는 어떤 면에서 보면 적절치 못할 수도 있다. 왜냐하면 의식적인 선택의 의미를 내포하는 것처럼 보일 수도 있기 때문이다. 그러나 조금이라도 정확히 알고 나면 이러한 의미는 무시될 것이다."

18. 로버트 알퍼드 클로이네 고드윈 오스틴(Robert Alferd Cloyne Godwin-Austen).
19. 후커는 노팅험에서 열린 영국 과학발전협회 모임에서 식물의 지리학적 분포에 관한 강연을 했다. ("섬의 식물상에 관하여On insular floras: a lecture", 『식물학 저널Journal of Botany』 5(1876): pp.23~31참고).
20. 베어드(S. F. Baird), "북미 새들의 분포와 이동The distribution and migrations of North American birds", 『미국 과학저널』 41(1866): pp.344~345.
21. 폭스는 열여섯 명의 아이와 다섯 명의 손자를 두었다.
22. 조지 하워드 다윈(George Howard Darwin)과 프랜시스 다윈(Francis Darwin).
23. 다윈의 누이, 수전 엘리자베스 다윈(Susan Elizabeth Darwin)은 1866년 10월 3일 사망했다.
24. "남브라질 데스테로 근처의 일부 덩굴식물에 관한 기록Notes on some of the climbing-plants near Desterro, in south Brazil. By Fritz Müller, in a letter to C. Darwin", 『식물학 린네 저널』 9(1866): pp.344~349.
25. 다윈이 언급한 것은 라이엘의 저서 『지질학 원리』의 10판의 1권 교정쇄였다.
26. 『지질학 원리』의 9장에서는 유기체의 진보적인 발달을 다루고 있으며 이는 완전히 정정되었다.
27. 다윈은 "덩굴식물Climbing plants"과 "털부처꽃의 세 가지 형태Three forms of Lythrum salicaria"를 보냈다. 1867년 2월 6일 베커가 보낸 편지 참고.
28. 『변이』.
29. 후커, 『오스트레일리아 식물상 입문서On the flora of Australia its origin, affinities, and distribution; being an introductory essay th the flora of Tasmania』(런던, 1859).
30. 다윈이 언급한 목록은 카터 상점의 더넷(Dunnett)이 만든 씨앗 목록이다. 이 목록은 1837년 이래로 매년 출판되고 있다.
31. 카리에르(E. A. Carriere), "아리에의 변형Transformation de l'Aria vestita par la greffe", 『레뷰 오르티콜Revue Horticole』 37(1866): pp.457~458.

1867년
1. 다윈이 언급한 책은 『변이』이다.
2. 'coute que coute': 비용이 얼마가 들더라도, 기어코, 반드시.
3. "덩굴식물Climbing plants"과 "털부처꽃의 세 가지 형태Three forms of Lythrum salicaria"
4. 다윈의 큰 누이, 마리앤(Marianne)은 헨리 파커(Henry Parker)(1788~1856)와 결혼했다. 파커의 부모 사망 후에 성인이 된 자녀들은 슈루즈버리에 있을 때엔 더마운트(The Mount)에 머물렀다.
5. 결국 후커는 1868년도 영국 과학발전협회(British Association for the Advancement of Science)의 의장직을 수락했다.
6. 캠벨(G. D. Campbell, 아가일의 8대 공작), 『법의 지배The reign of law』(런던, 1867).
7. 다윈의 조카, 헨리 파커(Henry Parker, 1827~1892), 다윈의 난초에 관한 논문에 대해 캠벨이

「새터데이 리뷰Saturday Review」(1862년 11월 15일자 589~590쪽)에 실은 논문을 익명으로 논평했다.
8. 익명, "과학을 대중화하기Popularizing science", 「네이션Nation」 5(1867): pp.32~34. 작가는 대중화의 위험성에 대해 설명하기 위해서 아가시의 강연과 출판물에 상당한 역점을 두었다.
9. 1866년 12월 13일자, 12월 17일자 마리 불리가 보낸 편지와 1866년 12월 14일자 다윈이 보낸 편지 참고.
10. 다윈은 결국 『인간의 계보Descent』와 『인간과 동물의 감정 표현Expression』을 쓰는데 그 자료들을 활용했다.
11. 파라(F. W. Farrar), "공립 교육의 문제점On some defects in public school education", 「왕립연구소 회보Proceedings of the Royal Institution of Great Britain」 5(1866~1869): pp.26~44.
12. 포코큐란테(Pococurante): 습관적으로 냉담한 사람.
13. 후커는 영국 과학발전협회의 1868년도 의장직을 수락했다.
14. 다윈은 섬의 식물상에 관한 후커의 강연 기록의 발췌본을 언급했다. 「식물학 저널Journal of Botany」 5(1867): pp.23~31 참고.
15. 헨리에타 엠마 다윈(Henrietta Emma Darwin), 다윈의 맏딸.
16. 벤자민 클라크(Benjamin Clarke), 『현화식물의 새로운 배열A new arrangement of phanerogamous plants』(런던, 1866).
17. 헤켈은 1866년 11월부터 1867년 3월까지 카나리 제도에 있는 테너리프(Tenerife)와 란사로테(Lanzarote)를 여행하면서 조사했다.
18. 헤켈, 『유기체의 일반 형태Generelle Morphologie der Organismen. Allgemeine Grundzüge der organichen Formen-Wissenschaft, mechanisch begründet durch die von Charles Darwin reformirte Descendenz-Theorie』(베를린, 1866).
19. Dysteleology: 동물과 식물의 흔적 기관 기능에 관한 연구.
20. 월리스는 새들의 색조가 부분적으로 둥지 습성에 의해 좌우된다고 보았다. 암컷(드물게 수컷에서도)은 위험에 노출된 둥지에 있을 때 자기들의 둥지 동료보다 더 단조로운 색을 띠므로써 스스로를 보호하려는 경향이 있다. 반면 덮여 있거나 감춰진 둥지에서는 자웅선택의 작용에 아무런 방해를 받지 않으므로 자웅이 모두 화려한 색을 띠게 된다.
21. 월리스, "새 둥지의 원리The philosophy of birds' nest", 「인털렉추얼 옵서버Intellectual Observer」 11(1867): pp.413~420, "모방 및 기타 동물의 의태 보호Mimicry and other protective resemblances among animals", 「웨스트민스터 리뷰Westminster Review」 n.s. 32(1867): pp.1~43.
22. 캠벨(G. D. Campbell, 아가일의 8대 공작), 『법의 지배The reign of law』(런던, 1867); 젠킨(H. C. F. Jenkin), "종의 기원The origin of species", 「노스 브리티시 리뷰North British Review」 46(1867): pp.277~318.
23. 다윈이 언급한 사람은 로버트(Robert) 혹은 찰스 콜링(Charles Colling)이다.
24. 1868년 2월 18일자 「가드너스 크로니클」 145~146쪽에서 윌리엄 헨리 하비(William Henry Harvey)는 베고니아 프리지다(Begonia frigida)의 비정상적인 진화를 통해 새로운 종이 뚜렷하게 발생한다고 보고했다.
25. 킹슬리는 한 기관이 성적 기능과 배뇨 기능을 수행하는 것 때문에 오랫동안 여러 종교에서

성기가 멸시의 대상이 되어왔다고 주장했다.

1868년

1. 조지 하워드 다윈은 어린 시절 문장학(紋章學)에 관심이 깊었다.
2. 뮐러가 다윈의 표정에 관한 질문에 대해 보낸 답장은 발견되지 않았다. 질문은 1867년 2월 22일 뮐러에게 보내는 편지 참고.
3. 에른스트 헤켈이 편집한 블레크(W. H. Bleek)의 『언어 기원론Über den Ursprung der Sprache』(On the origin of language』(바이마르, 1868).
4. 웹(P. B. Webb)과 사뱅 베르텔로(Sabin Berthelot)의 『카나리 제도의 자연사Histoire naturelle des Iles Canaries』(파리, 1836~1850).
5. 아그네스 헤켈(Agnes Haeckel).
6. 존 러벅(John Lubbock).
7. 『변이』에 대한 논평은 1868년 2월 15일자 「아테니움」 234~243쪽에 실렸으며 존 로버트슨(John Robertson)이 썼다.
8. 엘리자베스 에반스 롬(Elizabeth Evans-Lombe).
9. 후커는 『변이』와 찰스 라이엘의 『지질학 원리』를 가리키고 있다.
10. 앤드류 머레이의 책 『여행 일지와 자연의 역사Journal of Travel and Natural History』 제1권의 2편은 알프레드 러셀 월리스가 쓴 『새들의 둥지』에 관한 글을 싣고 있다.
11. 캠벨(G. D. Campbell, 아가일의 8대 공작), 『법의 지배The reign of law』(런던, 1867).
12. 후커는 1868년 8월 노리지에서 열린 영국 과학발전협회 연례 학술대회에서 의장을 맡기로 되어 있었다.
13. 이 풀은 남아프리카에서 다윈에게 보낸 메뚜기 똥에서 찾아낸 씨에서 자라난 것이다.
14. 다윈은 자신이 받은 훈장, 프러시안 오더 오브 메리트(Prussian Order of Merit)를 가리키고 있다.
15. 리처드 오언, 『척추동물의 해부Anatomy of vertebrates』(런던, 1868).
16. 루이스와 엘리자베스 아가시즈, 『브라질 여행기A journey in Brazil』(보스턴, 1868).
17. 찰스 라이엘, 『지질학 원리』 10판(런던, 1867~1868).
18. 월리스, "모방 및 기타 동물의 의태 보호", 「웨스트민스터 리뷰」 n.s. 32(1867): pp.1~43. 다윈이 언급한 이는 에드워드 포브스(Edward Forbes)이다.
19. 비글호 항해 기간에 세즈윅이 다윈에게 보낸 편지는 발견되지 않았다. 하지만 다윈의 누나 수전이 다윈에게 보낸 편지에는 세즈윅이 사무엘 버틀러에게 보낸 내용이 발췌되어 적혀 있다. "그가 남아메리카에서 놀라우리만치 잘하고 있습니다. 벌써 수집품을 보내 왔는데 보통 칭찬할 정도가 아니에요. 다윈이 탐사를 위해 항해를 떠난 것은 그를 위해서 가장 잘된 일입니다. 나태한 인간으로 돌아올 위험도 없진 않았지만, 그의 성격은 이제 다 고쳐졌을 겁니다. 신께서 다윈의 목숨을 살려 놓으신다면, 유럽에 그 이름을 크게 떨치는 자연학자가 될 겁니다."
20. 헤켈, 『일반 형태론』(베를린, 1866)은 영어로 번역되지 못했다.
21. 헤켈, 『창조의 자연사Natürliche Schöpfungsgeschichte』(베를린, 1868)
22. 프랜시스 다윈은 허벅지를 깊이 베었다.

23. 윌리엄 톰슨과 테이트(William Thomson and P. G. Tait), 『자연철학 강의Treatise on natural philosophy』(옥스퍼드, 1867).
24. 제임스 크롤(James Croll), "지질학적 시간으로 본, 빙하기와 전기 미오세의 연도 추정On geological time, and the probable date of the glacial and the upper miocene period", 「필로소피컬 매거진Philosophical Magazine」 4권 ser. 35(1868): 363~384; 36: 141~154, 362~386.
25. 찰스 라이엘, 『지질학 원리』, 10판(런던, 1867~1868).
26. 리처드 오언, 『척추동물의 해부에 관하여』(런던, 1866~1868).

1869년

1. 월리스, 『말레이 군도: 오랑우탄과 극락조의 땅. 인간과 자연을 연구한 여행기The Malay Archipelago: the land of orang-utan, and the bird of paradise. A narrative of travel, with studies of man and nature』(런던, 1869).
2. "자연선택은 인간을 설명하지 못한다는 주장에 대하여The alleged failure of natural selection in the case of man", 「계간 과학저널Quarterly Journal of Science」 6(1869): pp.152~153. 저자는 「프레이저 매거진Fraser's Magazine」에 실린 글을 비판하면서 인간 세계에서도 다른 사회적 동물 세계에서와 마찬가지로 경쟁의 주체는 개체가 아니라 그룹이라고 주장했다.
3. 리처드 스프루스(Richard Spruce), "아마존의 종려나무Palmae Amazonicae, sive enumeratio palmarum in itinere suo per regiones Americae aequatoriales lectarum", 「식물학 린네 학회지」 11(1871): pp.65~183.
4. 조지 버클(Geroge Buckle)은 찰스 라이엘이 쓴 『지질학의 원리』(런던, 1867~1868) 10판에 대한 평을 1868년 12월 30일 「가디언」지에 익명으로 실었다.
5. 『쿼털리 리뷰Quarterly Review』 125(1868): pp.188~217, and 126(1869): pp.359~394.
6. 플레밍 젠킨(Henry Charles Fleeming Jenkin), "종의 기원", 「노스 브리티시 리뷰」 46 (1867): pp.277~318과, 찰스 킹슬리(Charles Kingsley)에게 보내는 1867년 6월 10일자 편지 참고.
7. 크롤은 빙하기와 지구의 기온에 대한 자신의 견해를 요약한 원고 및 그때까지 출판한 자신의 모든 보고서를 일부 미발표 원고와 함께 다윈에게 보냈다.
8. 헨리 모슬리(Henry Moseley), "자체 무게만으로 빙하가 하강했을 역학적 가능성에 관하여On the mechanical possibility of the descent of glaciers by their weight only", 「과학적 견해Scientific Opinion」 1(1869): pp.191~192.
9. 찰스 라이엘, 『지질학의 원리』 10판(런던, 1867~1868).
10. "지구의 영속적 냉각On the secular cooling of the earth", 「에든버러 왕립학회지Transactions of the Royal Society of Edinburgh」 23(1864): pp.157~170)에서 윌리엄 톰슨은 지구의 응고 기간을 2천만 년보다는 길고 4억 년보다는 짧게 잡았다. 다윈은 종의 기원을 설명하기 위해서는 이 기간이 충분히 길지 못하다고 생각했다.
11. 스테빙(T. R. R. Stebbing), "다윈주의Darwinism; a lecture delivered before", 「토키 자연사학회Torquay Natural History Society」(런던, 1869).
12. 런던 지질학회 회장이었던 헉슬리는 1869년에 기념 연설을 했다. 이 연설에서 헉슬리는 지상에 생명이 존재했을 시간은 '일억 년 정도'를 넘을 수 없다는 윌리엄 톰슨의 주장을 비판했다.

찰스 다윈은 톰슨의 주장이 종의 기원에 대한 자신의 이론을 위협한다고 생각했다.

13. 「기원」 5판 354쪽에서 다윈은 이렇게 썼다. "표준적인 연도에 따르자면 하나의 종이 변화하는데 필요한 시간의 길이를 측정할 방법이 없습니다. 크롤 씨는 태양의 열에너지 양과 그가 마지막 빙하기라고 생각한 시점을 감안하여 제1캄브리아기가 형성된 이래로 단지 6천만 년이 지났을 뿐이라고 추정합니다. 이 기간은 이미 발생했던 수많은 생명의 엄청난 변이를 설명하기엔 터무니없이 짧아 보입니다. 계산에 포함된 많은 요인들이 다소 확실치 않다는 사실은 잘 알고 있습니다. 그래서 톰슨 경은 거주 가능한 세계의 나이를 언급하면서 폭넓은 가능성을 열어놓았습니다. 하지만 우리가 이미 목도하였듯이 우리는 60,000,000이라는 숫자가 진정 무엇을 의미하는지 파악할 수 없습니다. 그리고 이 기간 동안, 아니 어쩌면 무수히 더 오랜 세월 동안, 땅과 물에는 생명체들이 그득했으며, 이 생명들은 모두 생을 위한 투쟁과 변화에 노출되었던 것입니다."

14. 월리스, "지질학적 기후와 종의 기원에 관한 찰스 라이엘 경의 견해Sir Charles Lyell on geological climates and the origin of species", (라이엘의 『지질학 원리』 제10판(1867~1868)과 『지질학의 요소Elements of geology』 제6판(1865)에 대한 리뷰), 「쿼털리 리뷰Quarterly Review」 126(1869): pp.359~394.

15. 다윈이 언급한 논문들은 월리스와 함께 "변종을 형성하려는 종의 경향성에 관하여, 그리고 자연선택에 의한 종과 변종의 영속성에 관하여On the tendency of species to form varieties; and on the perpetuation of varieties and species by natural means of selection"이다. 「동물학 린네학회 저널」 3(1859): pp.45~62. 이 논문의 역사에 관해서는 『다윈 서간집: 발췌 1825~1859』(케임브리지, 1996 『다윈의 기원』), pp.19~20, pp.188~198 참고. 월리스는 영국 린네학회의 다른 잡지(「회보Proceedings and the Transactions」)에도 다른 논문을 발표했다.

16. 「계간 과학저널」 6(1869): p.172: "페일리(Paley)가 하얗게 질린 부분인데요, 만약 우리가 설계(design)에 유리한 대량의 증거를 원한다면 우리는 대나무와 그 용도에 대해 작가가 언급한 부분을 읽어보기만 하면 됩니다. 그는 대나무가 원주민들에게 필수불가결이라는 점을 보여줍니다. 그들의 정신 상태를 들여다보면, 그들에게 대나무는 신이 내린 혜택과 같아서 대나무가 없었다면 그들은 존재하지도 못했을 거라고 말합니다."

17. 카루스는 다윈에게 편지를 보내 『기원』의 독일어판 출판사들이 신판을 원한다고 알려주었다.

18. 『변이』

19. 후커는 페테르부르크에서 열린 국제회의에 참가했다.

20. 차르 알렉산드르 2세는 후커가 변형한 장식을 가진 청옥 꽃병 두 개를 후커에게 보내주었다. 후커는 웻지우드 도자기의 열렬한 수집가였다.

21. 조지 벤담, "연례연설: 지리적 생물학에 관하여Anniversary address: on geographical biology", 「런던 린네학회지」 10(1869): lxv-c.

22. 리처드 홀트 허튼(Richard Holt Hutton).

23. 프랜시스 골턴, 『천재의 유전Hereditary genius: an inquiry into its laws and consequences』(런던, 1869). 여기서 '판사들'은 아마도 엠마와 헨리에타 다윈을 의미하는 것 같다(인터넷에 올라온 또 다른 설명에는, 이 책의 55쪽에 해당하는 부분이 바로 "The Judges of England between 1660 and 1865"라는 제목을 달고 있다고 한다—역주).

1870년

1. 도른(Dohrn)은 이태리에 동물원을 설치할 계획이었다. 그는 지원을 얻어 1873년에 동물원을 설립했고 자신이 원장이 되었다.
2. 요하네스 페터 뮐러(Johannes Peter Müller).
3. 비글호에서 존 스티븐스 헨슬로(John Stevens Henslow) 교수에게 보낸 열 통의 편지에서 발췌한 내용이 1835년 11월 16일 케임브리지 철학회(Cambridge Philosophical Society)에서 회원들에게 낭독되었다.
4. 메리 서머빌(Mary Somerville), 『자연지리학Physical geography』 6판(베이츠가 개정함)(런던, 1870).
5. 알프레드 뉴턴(Alfred Newton)
6. 프랜시스 다윈(Francis Darwin)
7. 다윈은 건강상의 이유로 명예 학위를 거절했다(당시 명예 학위는 보통 본인이 직접 받아야 했다). 본인이 참석하지 않아도 학위를 수여할 것인지에 대한 투표가 옥스퍼드에서 있었으나 찬반이 동일하게 나와, 학위는 수여되지 못했다.
8. 『인간의 유래』는 1871년에, 『감정 표현』은 1872년에 각각 출판되었다.
9. Coryphaeus: 그리스 연극의 합창단 우두머리

인명 찾기

이 인명찾기에는 편지를 주고받은 모든 인물과 편지에 언급된 대부분의 인물을 실었다. 인명찾기 뒤에는 책 편찬 과정에서 사용된 전기의 중요 출처들을 실었다.

개르트너, 칼 프레데릭 Gärtner, Karl Friedrich von, 1772~1850
독일 내과의, 식물학자. 1796년부터 독일 칼브에서 개업의로 지냈으나, 식물학으로 진로를 바꾸기 위해 개업의를 포기했다. 식물의 혼종교배를 연구했다. (ADB, DSB).

게겐바우르, 칼 Gegenbaur, Carl (or Karl), 1826~1903
독일 비교해부학자, 동물학자. 찰스 다윈의 지지자로서, 진화론적 재건이라는 관점에서 비교해부학의 중요성을 강조했다. 예나 대학 교수(1856~1873), 1873년부터는 하이델베르크 대학 교수. (DSB).

고드리, 알베르-장 Gaudry, Albert-Jean, 1827~1908
프랑스 고생물학자. 1855년과 1860년에 아티카Attica 피케르미Pikermi에서 발굴 작업을 하고, 아티카의 화석 동물군에 관한 저술(『아티카의 동물화석과 지질학Animauxfossiles et geologie de l'Attique, 1862~1867』)을 남겼다. 소르본 대학에서 고생물학 강의(1868~1871), 자연사 박물관 고생물학 교수, 1872. (DBF, DSB).

고드윈-오스틴, 로버트 알프레드 클로인 Godwin-Austen, Robert Alfred Cloyne, 1808~1884
지질학자. 잉글랜드 남부의 단층에 대한 연구로 유명. 남동부 석탄층의 존재를 예측. 런던 지질학회 여러 요직 역임. (ODNB).

골턴, 프랜시스 Galton, Francis, 1822~1911
통계학자 과학 저술가. 찰스 다윈의 4촌. 유전에 관한 다양한 연구를 수행했다. 우생학 운동의 창시자. (ODNB).

권터 로베르타 Günther, Roberta, d. 1869
자연사 화가. 옛 성(姓)은 매킨토시McIntosh. 1868년에 알베르트 권터Albert Günther와 결혼. 아들을 낳은 직후 사망. (ODNB s.v. Günther, Albert).

권터, 알베르트 찰스 레비스 고티프 Günther, Albert Charles Lewis Gotthilf, 1830~1914
독일 태생의 동물학자. 1857년부터 대영박물관에서 근무, 박물관에 있던 양서류, 파충류, 어류 표본들의 목록을 만들었다. 동물분과 책임자, 1875~1895. 『동물학 문헌에 관한 기록Record of Zoological Literature』을 편집했다, 1864~1869. (ODNB).

그라시올레, 루이 피에르 Gratiolet, Louis Pierre, 1815~1865
프랑스 해부학자, 인류학자. 자연사 박물관과 파리과학 대학의 여러 직책 역임. (DSB.)

그랜트, 로버트 에드몬드 Grant, Robert Edmond, 1793~1874
스코틀랜드 동물학자, 비교 해부학자. 일찍이 종의 돌연변이 이론을 지지했다. 에든버러에서 찰스 다윈의 친구가 되었다. 런던 유니버시티 칼리지 교수, 1827~1874. (ODNB.)

그레이, 아사 Gray, Asa, 1810~1888
미국 식물학자. 하버드 대학 자연사 교수, 1842~1888. 북미의 식물에 관해 많은 교재와 저서를 남겼다. 미국 내에서 찰스 다윈의 지지를 이끌었으며, 자연선택과 프로테스탄트 신학이 서로 양립한다고 믿었다. (ANB.)

그레이, 제인 로링 Gray, Jane Loring, 1821~1909
보스턴 학회 회원. 1848년 아사 그레이와 결혼. (ANB s.v. Gray, Asa.)

그리스바크, 알렉산더 윌리엄 Griesbach, Alexander William, b. 1806/7
국교회 목사. 트리니티 칼리지 연구원, 1827~1832. (Alum. Cantab.)

기조, 프랑수아 피에르 기욤 Guizot, François Pierre Guillaume, 1787~1874
프랑스 역사학자, 정치인. 소르본 대학 현대사 교수, 1812~1830. 정치적 글을 썼다는 이유로 정직 당했다. 1822~1828. 내무부 여러 요직 역임, 1814~1848. (DBF.)

기키 아치볼드 Geikie, Archibald, 1835~1924
스코틀랜드 지질학자. 1855년에 지질조사단 스코틀랜드 분과에 참가해서 1867년에 디렉터가 되었다. 영국 지질조사단의 수석 디렉터, 1882~1901. (ODNB.)

길크리스트, 제임스 Gilchrist, James, 1813~1885
내과의, 식물학자. 덤프리스의 크라이튼 왕립연구소 의료 보조원, 1850~1853; 몬트로즈 왕립정신병원 의료 책임자, 1853~1857; 크라이튼 왕립연구소 의료 책임자, 1857~1879. 「에든버러 식물학회 의사록Transactions of the Botanical Society of Edinburgh」17(1886~1889): 2~11.)

내겔리, 칼 빌헬름 Nägeli, Carl Wilhelm von, 1817~1891
스위스 식물학자. 진화에 관해 목적론적 관점을 주장했다. 제네바에서 알퐁스 드 캉돌Alphonse de Candolle 아래서 식물학 연구. 프라이부르크 대학 및 뮌헨 대학 식물학 교수. (DSB s.v. Naegeli, Carl Wilhelm von.)

노턴, 수전 리들리 Norton, Susan Ridley, 1838~1872
사라 애쉬버너와 미국 법률 이론가인 테오도르 세즈윅의 딸. 뉴욕과 매사추세츠에서 성장. 1862

년에 찰스 엘리엇 노턴과 결혼. (Turner [999.)

노턴, 찰스 엘리엇 Norton, Charles Eliot, 1827~1908
미국 편집자, 문학 비평가, 미술사 교수. 스스로 동인도 무역을 익히고, 인도와 유럽을 널리 여행했다. 「노스 아메리칸 리뷰*North American Review*」 동시 출판(1863~1868), 「네이션*Nation*」을 공동 설립하고 글을 썼다. 잉글랜드와 유럽 대륙을 여행하고 거주했다, 1868~1873. (ANB.)

뉴턴, 아이작 Newton, Isaac, 1642~1727
수학자, 자연철학자. (ODNB.)

뉴턴, 알프레드 Newton, Alfred, 1829~1907
동물학자, 조류학자. 북유럽과 북아메리카를 광범위하게 여행하면서 조류를 탐사했다, 1855~1865. 영국 조류학자연맹의 기관지인 「아이비스*Ibis*」의 편집자, 1865~1870. 케임브리지 대학 동물학, 비교해부학 교수, 1866~1907. (ODNB.)

다윈, 레너드 Darwin, Leonard, 1850~1943
찰스 다윈의 아들. 공병. 왕립 육군사관학교에 들어갔으며(1868), 영국군 공병대에 배치되었다(1871). 공병학교와 육군성의 여러 직책을 거쳤다, 1885~1890. (ODNB.)

다윈, 로버트 웨링 Darwin, Robert Waring, 1766~1848
찰스 다윈의 아버지. 내과의. 슈루즈버리에서 개업의로 크게 활동했으며, 더 마운트에 살았다. 에라스무스 다윈과 그의 첫 부인 메리 하워드의 아들. 조슈아 웨지우드 1세의 딸인 수잔나와 1796년에 결혼했다. (Freeman 1978.)

다윈, 수전 엘리자베스 Darwin, Susan Elizabeth, 1803~1866
다윈의 누나. 죽을 때까지 더 마운트의 부모님 집에서 살았다. (Freeman 1978.)

다윈, 에라스무스 앨비 Darwin, Erasmus Alvey, 1804~1881
찰스 다윈의 형. 의사 자격이 있었으나 개업한 적은 없다. 런던에서 살았다. (Freeman 1978.)

다윈, 에라스무스 Darwin, Erasmus, 1731~1802
찰스 다윈의 할아버지. 내과의, 식물학자, 시인. 돌연변이 이론을 발전시켰으며 나중에 라마르크가 이 이론과 비슷한 이론을 내놓는다. (ODNB.)

다윈, 엠마 Darwin, Emma, 1808~1896
조시아 웨지우드 2세Josiah Wedgwood II의 막내딸. 1839년에 사촌인 찰스 다윈과 결혼. (Emma Darwin 1915.)

다윈, 윌리엄 에라스무스 Darwin, William Erasmus, 1839~1914

찰스 다윈의 큰 형. 은행가. 크라이스트 칼리지 학사, 1862. 사우스햄튼과 햄프셔 은행 파트너, 1861. (Alum. Cantab., Correspondence.)

다윈, 조지 하워드 Darwin, George Howard, 1845~1912
찰스 다윈의 아들. 수학자. 트리니티 칼리지 학사, 1868; 명예 교우, 1868~1878. 런던에서 법을 공부했지만(1869~1872) 개업하지는 않았다. 케임브리지 대학 천문학, 경험철학 교수, 1883~1912. (ODNB.)

다윈, 프랜시스 사체버렐 Darwin, Francis Sacheverel, 1786~1859
에라스무스 다윈과 그의 두 번째 부인 엘리자베스 콜리어 폴 사이에서 얻은 아들. 더비셔의 치안판사, 부지사. 1820년에 기사 작위를 받음. (Alum. Cantab.)

다윈, 프랜시스 Darwin, Francis, 1848~1925
찰스 다윈의 아들. 트리니티 칼리지 학사, 1870. 몇몇 식물 연구에 찰스 다윈과 함께 했다, 1874~1882. 케임브리지 대학교 식물학 강사, 1884. (ODNB.)

다윈, 헨리에타 엠마 Darwin, Henrietta Emma, 1843~1927
찰스 다윈의 딸. 찰스 다윈의 글을 교정해 주었다. 1871년에 리처드 벅클리 리치필드Richard Buckley Litchfield와 결혼했다. (Freeman 1978.)

다윈, 호레이스 Darwin, Horace, 1851~1928
찰스 다윈의 아들. 토목기사. 트리니티 대학 학사, 1874. 켄트의 한 토목 회사에서 수습으로 일했다. 케임브리지 과학기기 회사를 설립하고 사장이 되었다. (ODNB.)

달라스, 윌리엄 스위트랜드 Dallas, William Sweetland, 1824~1890
곤충학자, 작가, 번역가. 프리츠 뮐러의 『다윈을 위하여*Für Darwin*』(1869)를 번역. 『기원』 6판의 용어 해설과 『변이』의 색인을 준비했다. (Freeman 1978.)

더베리, 에이미 Duberry, Amy, b. 1834/5
양재사, 다운의 주일교사. (Census returns 1871 (Public Record Office RG/10/875); Correspondence vol. 16, letter from J. B. Innes, 18 June 1868; Correspondence vol. 17, letter to J. B. Innes, 18 October 1869.)

데모스테네스 Demosthenes, 384~322 BCE
아테네 웅변가. (Oxford classical dictionary.)

데이나, 제임스 드와이트 Dana, James Dwight, 1813~1895
미국 지질학자, 동물학자. 1846년부터 미국 과학기술저널 편집위원. 예일 대학교 자연사, 지질학,

광물학 교수, 1855~1890. 종교적 신념이 강한 사람으로, 과학이 종교에 이론적인 도움을 주어야 한다고 주장했다. (ANB.)

데이먼, 조지프 Dayman, Joseph
영국 해군사령관. (Navy list 1860.)

데이비드슨, 토머스 Davidson, Thomas, 1817~1885
화가, 고생물학자. 런던 지질학회 평의원. 완족류brachiopods 화석 전문가. (ODNB.)

데이비스, 제퍼슨 Davis, Jefferson, 1808~1889
미국 정치인. 남부 연방대통령. (ANB.)

도른, 펠릭스 안톤 Dohrn, Felix Anton, 1840~1909
독일 동물학자. 독일 여러 대학에서 연구했으며, 에른스트 헤켈과 연구하기도 했다. 나폴리에 동물원을 설립하여 1874년에 개장했다. 이곳은 세계 최초의 해양 연구소로서 다른 유사한 기관들의 모범이 되었다. (DSB.)

뒤셴, 기욤 벵자맹 아망 Duchenne, Guillaume Benjamin Amand 1806~1875
프랑스 내과의. 치료 목적의 전기 사용에 관해 실험. 신경학 창설자 가운데 한 사람. (DBF.)

드레이퍼, 존 윌리엄 Draper, John William, 1811~1882
영국 태생의 미국인 화학자. 1832년에 미국으로 이민. 뉴욕대 화학과 교수. 1860년에 열린 영국 과학발전협회 모임에서 긴 연설을 통해 사회도 유기체와 마찬가지로 발전 법칙을 따른다고 주장했다. 나중에 『과학과 종교의 충돌사History of the conflict between science and religion』를 출판했다. (ANB, Correspondence vol. 8.)

드베이, 프란시스 마리 앙트완 Devay, Francis Marie Antoine, 1813~1863
프랑스 개업의. 리옹 의대 임상의학과 교수, 1854. (DBF.)

라마르크 장 밥티스트 피에르 앙트완 드 모네 Lamarck, Jean Baptiste Pierre Antoine de Monet, 1744~1829
프랑스 자연과학자. 왕의 정원에서 식물학에 관련한 여러 직책을 맡았다, 1788~1793. 자연사 박물관 동물학 교수, 1793. 동물의 유형들이 임의 생성하며 점진적으로 발달한다고 믿었으며, 돌연변이 이론을 주창했다. (DSB.)

라이엘, 마리 엘리자베스 Lyell, Mary Elizabeth, 1808~1873
레너드 호너의 장녀. 찰스 라이엘과 1832년에 결혼. (Freeman 1978.)

라이엘, 찰스 Lyell, Charles, 1대 준남작, 1797~1875

스코틀랜드 지질학자. 균일론을 주장한 지질학자. 그의 『지질학 원리Principles of geology』 (1830~1833), 『지질학 요소Elements of geology』(1838), 『고대의 인간Antiquity of man』(1863)은 여러 판으로 출판되었다. 킹스 칼리지 지질학 교수로 임명, 1831. 찰스 다윈의 과학적 지도자이자 친구. (ODNB.)

라이트, 찰스 Wright, Charles, 1811~1885
미국 식물 채집가. 미국 북태평양탐사단 식물학자, 1853~1856. 쿠바의 식물을 조사했다, 1856~1867. (ANB.)

라이프니츠, 고트프리트 빌헬름 Leibniz, Gottfried Wilhelm, 1646~1716
독일 수학자, 형이상학자, 철학자. (ADB, DSB, NDB.)

램지, 앤드류 크롬비 Ramsay, Andrew Crombie, 1814~1891
지질학자. 영국 지질조사단에 임명(1841), 디렉터(1872~1881). 왕립광산학교 지질학 강사, 1851~1872. (ODNB.)

랭턴, 에밀리 캐서린 Langton, Emily Catherine, 1810~1866
찰스 다윈의 여동생. 1863년에 찰스 랭턴과 결혼했다. (Darwin pedigree.)

랭턴, 찰스 Langton, Charles, 1801~1886
슈롭셔 오니버리 교구목사. 1841년에 성공회를 떠났다. 엠마 다윈의 누이인 샬롯 웨지우드와 1832년에 결혼했으나 아내가 사망한 후 찰스 다윈의 여동생 에밀리 캐서린 다윈과 1863년에 재혼했다. (Alum. Oxon., Emma Darwin(1915), Freeman 1978.)

러벅, 엘렌 프란세스 Lubbock, Ellen Frances, 1834/5~1879
옛 성은 호던. 랭커서 성공회 목사의 딸. 존 러벅과 1856년에 결혼. (Census returns 1861 (Public Record Office RG9/462: 75), ODNB, s.v. Lubbock,John.)

러벅, 존 Lubbock, John, 에이브버리의 4대 준남작, 1대 남작, 1834~1913
은행가. 자연학자. 켄트의 치슬허스트에 살았던 1861년부터 1865년까지를 제외하면 줄곧 다윈의 이웃으로 지냈다. 곤충학과 인류학 연구. 1849년부터 가족이 운영하던 은행에서 근무. 1865년에는 이 은행의 은행장이 되면서 남작 직을 승계했다. (ODNB.)

러벅, 프란세스 마리 Lubbock, Frances Mary, b. 1844/5
스탠포드셔 비틀리의 목사 헨리 터튼의 딸. 헨리 제임스 러벅의 부인. (Census returns 1871 (Public Record Office RG10/875/43), WWW s.v. Lubbock, Henry James.)

러벅, 헨리 제임스 Lubbock, Henry James, 1838~1910

은행가. 존 윌리엄 러벅의 둘째 아들. 런던 주 장관, 1897. (WWW.)

러브그로브, 헨리에타 Lovegrove, Henrietta, b. 1832/3
다운 세인트메리의 교구위원이며 런던의 상인이었던 찰스 러브그로브의 부인. (Census returns 1861 (Public Record Office RG9/462: 73), Freeman 1978.)

레슬리, 피터 Lesley, J. Peter, 1819~1903
미국 지질학자. 매사추세츠 밀턴 조합교회 목사, 1847~1852. 지질 탐사팀에서 일했다. 펜실베이니아 대학 광산학 교수, 1859년부터 미국 철학학회 비서관 및 사서. (ANB.)

레키, 윌리엄 에드워드 하트폴 Lecky, William Edward Hartpole, 1838~1903
아일랜드 역사가. 그가 쓴 『유럽 합리주의 정신의 부흥과 영향의 역사*History of the rise and influence of the spirit of rationalism in Europe*』(1863)는 이성에 직면한 미신의 몰락을 살펴보는 계기가 되었다. (ODNB.)

로드웰, 존 매도즈 Rodwell, John Medows, 1808~1900
국교회 목사, 동양학자. 케임브리지에서 찰스 다윈과 친구로 지냄. 비숍게이트 세인트 에델부르가의 교구목사. 1861년에 코란 영문판 출판. (ODNB.)

로링, 찰스 그릴리 Loring, Charles Greely, 1794~1867
미국 법률가, 작가. 아사 그레이의 장인. (Dupree 1959.)

로버트슨, 존 Robertson, John, 1811/12~1875
스코틀랜드 작가, 편집자. 「모닝 크로니클*Morning Chronicle*」 리포터, 「런던 웨스트민스터 리뷰*London and Westminster Review*」 편집자. 1837~1840. (Modern English biography, Records of Lincoln's Inn.)

롤스톤, 조지 Rolleston, George, 1829~1881
내과의, 해부학자. 옥스퍼드 래드클리프 진료소 내과의, 1857년부터 옥스퍼드 예수교회에서 해부학 리스 리더. 옥스퍼드 대학 해부학, 생리학 교수, 1860~1881. (ODNB.)

루이스, 조지 헨리 Lewis, George Henry, 1817~1878
작가, 괴테 전기(1855)의 저자. 여러 정기간행물에 문학과 철학적 주제로 기고. 「포트나이틀리 리뷰*Fortnightly Review*」 편집자, 1865~1866. 1860년대와 1870년대에는 생리학과 신경계에 관해 출판했다. 1854년부터 메리 앤 에반스와 살았다. (ODNB.)

르클레르, 조르주 루이 콩트 드 뷔퐁 Leclerc, Georges Louis, comte de Buffon, 1707~1788
프랑스 자연학자, 철학자, 수학자. 왕의 정원 관리인, 1739~1788. 돌연변이에 관한 그의 이론은

1749년 출판된 『자연사*Histoire naturelle*』에 개괄적으로 나타나 있다. (DSB.)

르와예, 클레망스 오귀스트 Royer, Clemence Auguste, 1830~1902
프랑스 작가, 경제학자. 스위스에서 자연과학과 철학을 공부했다. 1859년, 로잔에서 여성을 위한 논리학 과정을 만들었다. 1862년, 『기원』을 불어로 번역. (Harvey 1997.)

리, 로버트 에드워드 Lee, Robert Edward, 1807~1870
미 육군 병사, 나중에 남군의 장군이 된다. 버지니아 군사령관, 1861. 남군 총사령관, 1865. 반역죄로 기소되지만 법정까지 가진 않는다. (ANB.)

리드, 윌리엄 윈우드 Reade, William Winwood, 1838~1875
여행가, 소설가, 신문인. 서아프리카 여행, 1861~1863, 1868~1870. 1873년에는 타임스지 특파원으로서 다시 이 지역 여행. 소설과 여행기를 썼다. (Letter from W. W. Reade, 4 June 1870 (Calendar no. 7216), ODNB.)

린세쿰, 기디언 Lincecum, Gideon, 1793~1874
미국 내과의, 자연학자. 촉토족, 치카소족과 거래하면서 촉토 전설과 전통을 기록했다. 약초를 이용한 톰슨 의술을 펼쳤다, 1830~1848. 1848년에는 텍사스에 정착하여 자연사를 주제로 글을 썼으며, 동부와 유럽의 자연학자들과 서신을 주고받았다. 특히 농군 개미agricultural ants에 관한 연구로 유명하다. (ANB.)

링컨, 에이브러햄 Lincoln, Abraham, 1809~1865
미국 법률가, 정치인. 1861년부터 1865년 암살당할 때까지의 남북전쟁 기간에 미국 공화당 대통령. (ANB.)

마이어스, 존 Miers, John, 1789~1879
식물학자, 토목기사. 남아메리카를 여행하고 그곳에서 일하기도 했다, 1819~1838. 남미 식물을 묘사한 많은 보고서를 썼다. 종의 불변성을 신봉했다. (ODNB.)

매스터스, 맥스웰 틸든 Masters, Maxwell Tylden, 1833~1907
식물학자, 편집자. 성 조지 의과대학 강사, 1855~1868. 1856년부터 펙햄에서 개업함. 「가드너스 크로니클」 편집자, 1865~1907. 왕립원예학회 정회원, 국제원예학회대회 사무관, 1866. (ODNB.)

매튜 패트릭 Matthew, Patrick, 1790~1874
스코틀랜드 호농(豪農). 농업과 정치에 관한 저술. 1830년대에 자연선택 이론을 발전시켰다. (Desmond 1994.)

맥넙, 제임스 McNab, James, 1810~1878
스코틀랜드 식물학자. 북미에서 식물 채집, 1834. 칼레도니아 원예학회 관리자, 1835. 1849년부터 에든버러 왕립식물원 학예사. (Desmond 1994.)

맬서스, 토머스 로버트 Malthus, Thomas Robert, 1766~1834
국교회 목사, 정치경제학자.『인구론*An essay on the principle of population*』(1798)에서 인구증가와 식량 공급의 관계를 계량화했다. 헤일리베리 동인도회사 대학의 역사 및 정치경제학 제1교수, 1805~1834. (ODNB.)

머레이, 앤드류 디킨스 Murray, Andrew Dickson, 1812~1878
법률가, 곤충학자. 1861년부터 왕립원예학회에서 다양한 직책을 역임했다. 작물에 해를 끼치는 곤충에 관한 전문가. (ODNB.)

머레이, 존 Murray, John, 1808~1892
출판업자, 여행안내 책자의 저자. 1845년부터 찰스 다윈의 책을 출판했다. (ODNB s.v. Murray family, publishers.)

모슬리, 헨리 Moseley, Henry, 1801~1872
수학자, 역학 작가. 런던 킹스 칼리지 자연철학 및 경험철학 교수, 1831~1844. 1855년부터 여왕의 예배당 상임목사. FRS 1839. (ODNB.)

몰, 후고 Mohl, Hugo von, 1805~1872
독일 생물학자. 튀빙겐 대학 식물학 교수, 1835~1872. 식물에 대한 미시 해부와 식물 세포에 대한 연구로 유명.「식물 신문*Botanische Zeitung*」공동 창간, 1843. (DSB.)

뮐러, 요하네스 페터 Müller, Johannes Peter, 1801~1858
독일 비교해부학자, 생리학자, 동물학자. 1833년 베를린 대학 해부학, 생리학 교수. 왕립학회 외국인 회원, 1840. (ADB, DSB.)

뮐러, 요한 프리드리히 테오도르 Müller, Johann Friedrich Theodor, 1822~1897
독일 자연학자. 1852년에 브라질의 블루메나우로 이주했다. 데스테호(지금의 플로리아노폴리스)에 있는 학교에서 수학을 가르쳤다, 1856~1867. 무척추동물에 관한 해부학적 연구와 의태에 관한 연구가, 찰스 다윈의 이론에 중요한 역할을 했다. (DSB.)

미클루코-마클라이, 니콜라이 니콜라이예비치 Miklucho-Maclay, Nikolai Nikolaievich, 1846~1888
러시아 동물학자, 인류학자, 탐험가. 상트 페테르부르크대학에서 정치적 이유로 1864년 축출된 후, 하이델베르크, 라이프치히, 예나 대학에서 공부했다. 다양한 해양 생물을 비교하여 해부학적으로 연구했다. (GSE.)

밀, 존 스튜어트 Mill, John Stuart, 1806~1873
철학자, 정치경제학자. (DSB, ODNB.)

밀른, 데이비드 Milne, David, 1805~1890
스코틀랜드 변호사, 지질학자. 지진과 글렌 로이 지방의 평행도로를 연구했다. 스코틀랜드 기상학회 창설. (ODNB, s.v. Holm, David Milne.)

바틀렛, 에이브러햄 디 Bartlett, Abraham Dee, 1812~1897
동물학회 동물원 원장, 1859~1897. (ODNB.)

배링, 알렉산더 휴 Baring, Alexander Hugh, 애쉬버튼의 4대 남작, 1835~1889
정치인. 테트포드 의원, 1857~1867. 1868년에 귀족이 되었다. (Modern English biography.)

배링, 윌리엄 빙험 Baring, William Bingham, 애쉬버튼의 2대 남작, 1799~1864
정치가. 1848년 귀족이 되기 전까지 의회의원 역임. (ODNB.)

배빙턴, 찰스 카데일 Babington, Charles Cardale, 1808~1895
식물학자, 곤충학자, 고고학자. 식물 분류학 전문가. 존 스티븐스 헨슬로 교수의 조수였으며, 1861년에 헨슬로 교수에게서 케임브리지 대학 식물학 교수직을 승계했다. (ODNB.)

밸포어, 존 휴톤 Balfour, John Hutton, 1808~1884
스코틀랜드 식물학자. 에든버러 대학 식물학 교수, 왕립식물원 흠정 관리자, 1845~1879. (ODNB.)

버스크, 조지 Busk, George, 1807~1886
러시아 출신 군의관, 자연학자. 병원선을 타고 그리니치에서 근무, 1832~1855. 자연사 공부에 헌신하기 위해 1855년 의사를 그만둠. 인간 화석 전문가. (ODNB.)

버클, 조지 Buckle, George, 1820~1900
국교회 목사. 서머셋 트워튼 교구목사, 1852~1876. 웰즈 수급 목사, 1868. 웨스턴 교구목사, 1876~1888. (Alum. Oxon., The Times, 4 January 1900, p.8.)

버틀러, 새뮤얼 Butler, Samuel, 1774~1839
교육전문가, 국교회 목사. 슈루즈버리 학교 교장, 1798~1836. 리치필드 주교, 1836~1839. (ODNB.)

번버리, 찰스 제임스 폭스 Bunbury, Charles James Fox, 8대 준남작, 1809~1886
식물학자. 남아메리카(1833~1834); 남아프리카(1838~1839), 마데이라와 테너리프(1853)에서 식물 채집. (Desmond 1994, ODNB.)

베돔, 리처드 헨리 Beddome, Richard Henry, 1830~1911
육군 장교, 식물학자. 마드라스 삼림 관리인, 1860~1882. 인도와 실론에서 식물 채집. (Desmond 1994.)

베어드, 스펜서 풀러톤 Baird, Spencer Fullerton, 1823~1887
미국 동물학자, 과학 행정관. 스미소니언협회 부사무관, 관장, 1850; 사무관, 1878~1887. 새와 물고기에 특별히 관심을 가졌다. (ANB.)

베이츠, 헨리 월터 Bates, Henry Walter, 1825~1892
곤충학자. 월러스와 함께 아마존 탐사, 1848~1849; 월러스가 영국으로 돌아간 후에도 1859년까지 이 지역을 계속 탐사했다. 포괄적이고 과학적인 설명을 동원하여 나중에 베이츠 의태 Batesian mimicry로 알려지는 현상을 처음 제시했다. 1863년에 자신의 여행기 『아마존 강의 자연학자The naturalist on the River Amazons)』를 출판했다. (ODNB.)

베이커, 새뮤얼과 찰스 Baker, Samuel C. and Charles N.
여러 곳에(3 Halfmoon Passage, Gracechurch Street, 15A Beaufort Street, Chelsea, London, the Rue de la Faisanderie, avenue de l'Impératrice, Paris 등) 건물과 토지를 보유하고 조류와 살아 있는 동물들을 거래한 사람. (Post Office London directory 1861.)

베이크웰, 로버트 Bakewell, Robert, 1725~1795
레이체스터셔 디쉴리의 목축업자, 농부. 양과 소의 품종을 개량했다. (ODNB.)

베이트, 찰스 스펜스 Bate, Charles Spence, 1819~1889
치과 의원, 갑각류 전문가. (ODNB.)

베일리, 존 Baily, John
가금상(家禽商), 런던 마운트 가(113 Mount Street, Berkeley Square, London)에서 살아 있는 조류를 거래. (Freeman 1978, Post Office London directory 1868.)

베커, 리디아 어니스틴 Becker, Lydia Ernestine, 1827~1890
여성 참정권론자, 식물학자. 『초보자를 위한 식물학Botany for novices』(1864) 출판; 원예학회 금메달 수상, 1865. 맨체스터 여성자유협회 창립자, 의장, 1867. 1867년부터 여성 참정권을 위한 맨체스터 전국협회 비서관 역임. (ODNB.)

베클스, 새뮤얼 허스번드 Beckles, Samuel Husband, 1814~1890
법정 변호사, 고생물학자. 현존하는 가장 오래된 포유동물의 화석을 함유한 퍼벡 지반Purbeck beds을 발견했다. (Modern English biography.)

벤담, 조지 Bentham, George, 1800~1884
식물학자. 1854년에 자신의 식물학 서적과 수집품 일체를 왕립 식물원에 기증하고 1861년부터 그곳에서 연구에 필요한 편의를 제공받았다. 린네학회 의장 역임, 1861~1874. 조셉 돌턴 후커와 함께 『식물의 속 Genera plantarum』 출판 (1862~1883). (ODNB.)

벨, 토머스 Bell, Thomas, 1792~1880
파충류, 양서류, 갑각류 전문가. 치과의사. 린네학회 의장, 1853~1861. 비글호 항해에서 발견한 파충류 묘사. 찰스 다윈과는 친구지만, 변이에 관해서는 다윈의 이론에 반대했다. (ODNB.)

보넷, 찰스 Bonnet, Charles, 1720~1793
스위스 자연학자, 철학자. 1747년 진딧물에서 단성생식 발견. 무척추 동물의 재생, 곤충학, 식물 생리학 연구. (DSB.)

보언, 프랜시스 Bowen, Francis, 1811~1890
철학자. 하버드 칼리지의 자연 종교, 도덕 철학, 시민 정체(正體) 교수, 1853~1889. (ANB.)

부셰 드 크레브쾨르 드 페르트, 자크 Boucher de Crèvecoeur de Perthes, Jacques, 자크 부셰 드 페르트 Jacques Boucher de Perthes, 1788~1868
프랑스 세관 직원, 고고학자. 솜 강 계곡 자갈밭에서 초기 인간의 증거를 발견했으나 증거를 두고 논란이 일었다. (DSB.)

부트, 프랜시스 Boott, Francis, 1792~1863
미국 출생의 의사, 식물학자. 1816년부터 영국 거주. 청정 공기의 치유 효과를 믿은 초기 신봉자. 사초속을 연구했다. (ODNB.)

불, 마리 에버리스트 Boole, Mary Everest, 1832~1916
작가, 교육자. 조지 불와 미적분을 공부했으며 1855년 그와 결혼했다. 퀸스 칼리지 사서, 1865~1873. 수학과 철학에 관한 인기 작가. 불의 끈 꿰기판Boole's Sewing Cards 창작자, 기하학 보조 교사. (ODNB.)

뷔퐁, 콩트 Buffon, Comte de 르클레르 조르주 루이 참고.

브라운 세카르, 샤를 에두아르 Brown-Sequard, Charles Edouard, 1817~1894
프랑스 생리학자. 프랑스, 미국, 영국에서 교수직 역임. 신경학과 내분비학에서 선구적 연구 수행.

(DSB.)

브레이스, 찰스 로링 Brace, Charles Loring, 1826~1890
미국 박애주의자, 사회개혁가. (ANB.)

브루스, 헨리 오스틴 Bruce, Henry Austin, 에버데어의 남작, 1815~1895
정치인, 내무장관, 1868~1873. (ODNB.)

브루스터, 제인 크릭 Brewster, Jane Kirk, b. 1827
데이비드 브루스터의 둘째 부인, 1859년부터 에든버러 대학의 학장, 부총장 역임. (ODNB S.V. Brewster, David.)

브룩, 제임스 Brooke, James, 1803~1868
육군 장교. 사라와크에서 부르나이에 반대하는 반란을 제압한 후 1841년 사라와크의 귀족이 되었다. (ODNB.)

브론, 하인리히 게오르그 Bronn, Heinrich Georg, 1800~1862
독일 고생물학자. 하이델베르크 대학 자연과학 교수, 1833. 『기원』(1860)과 『난초』(1862)의 독일어 초판 번역, 지휘. (DSB, NDB.)

브륄레, 가스파르 오귀스트 Brullé, Gaspard Auguste, 1809~1873
프랑스 곤충학자. 디종 대학 곤충학, 비교해부학 교수, 1839~1873. (DBF.)

블라이스, 에드워드 Blyth, Edward, 1810~1873
동물학자. 인도 캘커타의 벵골 아시아학회 박물관 관장, 1841~1862. (ODNB.)

블레크, 빌헬름 하인리히 임마누엘 Bleek, Wilhelm Heinrich Immanuel, 1827~1875
독일 문헌학자, 민족지학자. 1853년 콜렌소 주교와 함께 줄루 문법을 편찬하기 위하여 나탈로 갔다; 케이프 식민지 총독 조지 그레이 지정 통역관, 1855. 1862년부터 남아프리카 공립 도서관 관장 역임. (DSAB, NDB.)

비튼, 도널드 Beaton, Donald, 1802~1863
스코틀랜드 원예가. 교잡 전문가, 「가드너스 매거진」과 「카티지 가드너 Cottage Gardener」 고정 기고가. (Desmond 1994.)

빅토리아 아들레이드 메리 루이자 Victoria Adelaide Mary Louisa, 영국의 공주, 독일 황비, 1840~1901
빅토리아 여왕과 앨버트 공의 장녀. 프러시아의 프레더릭 윌리엄 왕자와 결혼, 1858. (ODNB.)

사빈, 에드워드 Sabine, Edward, 1788~1883

천문학자, 지구물리학자, 육군 장교. 영국 과학발전협회 사무총장, 1839~1852, 1853~1859. 왕립 협회 의장, 1861~1871. (ODNB.)

사포르타, 루이 샤를 조셉 가스통 Saporta, Louis Charles Joseph Gaston de, 1823~1896

프랑스 고식물학자. 제3기와 주라기 식물 전문가. 기후 변화와 고식물 간의 상간관계에 대해 광범 위한 저술. (DSB.)

생틸레르, 오귀스탱 프랑수아 세자르 프루벵살 Saint-Hilaire, Augustin Francois César Prouvençal de, 1779~1853

프랑스 자연학자. 브라질 동식물 조사, 1816~1822. 파리과학 대학 교수로 임명, 1830. (DSB.)

생틸레르, 에티엔 조프루와 Saint-Hilaire, Étienne Geoffroy, 1772~1844

프랑스 동물학자. 자연사 박물관 동물학 교수, 1793. 발생학과 기형학에 많은 정성을 쏟았다. (DSB.)

샤피, 윌리엄 Sharpey, William, 1802~1880

스코틀랜드 생리학자. 유니버시티 칼리지 해부학, 생리학 교수, 1836~1874. 왕립학회 비서관, 1853~1872. (ODNB.)

세실, 로버트 아서 탤보트 개스코인 Cecil, Robert Arthur Talbot Gascoyne 셀리스버리 3대 후작, 1830~1903

정치인, 총리. 1869년부터 옥스퍼드 대학 명예총장. (ODNB.)

세즈윅, 애덤 Sedgwick, Adam, 1785~1873

지질학자, 국교회 목사. 케임브리지 대학 지질학 교수, 1818~1873. 노리지 성당 수급(受給) 목사, 1834~1873. 1831년에 찰스 다윈과 함께 북 웨일스 지방으로 지질 탐사를 떠났다. (ODNB.)

소어비, 조지 브레팅엄 Sowerby, George Brettingham Jr., 1812~1884

패류학자, 삽화가. 아버지 조지 브레팅엄 소어비(1788~1854)를 도와 자연사 표본들을 판매했으 며 1854년에 사업을 물려받았다. 조개류에 관한 수많은 삽화를 그렸다. (ODNB s.v. Sowerby, George Brettingham the elder.)

슈미트, 에두아르트 오스카 Schmidt, Eduard Oskar, 1823~1886

독일 동물학자. 1857년부터 그랏츠에서 동물학, 비교해부학 교수. 1865년에 행한 취임 강연에서 다윈주의를 지지하여 오스트리아 가톨릭교회와 충돌을 야기했으며, 대학 내의 독일 국가주의 와 가톨릭 모임 사이에 폭넓은 논쟁을 야기했다. (DBE, OBL.)

슐츠, 막스 요한 지기스문트 Schultze, Max Johann Sigismund, 1825~1874
독일 해부학자. 1859년부터 독일 해부학회 회장. 학회지 「미시적 해부를 위한 기록Archiv für mikroskopische Anatomie」창간, 편집자, 1865~1874. 현미경 사용, 세포이론의 개혁, 근족충류와 해면의 서술 및 분류학적 연구로 유명. (DSB.)

스노, 조지 Snow, George, 1820/1~1885
켄트주 다운의 석탄 상인. 다운과 런던을 주 1회 오가는 배달 업무 시행. (Census returns 1861 (Public Record Office RG9/462: 72); gravestone inscription, Down churchyard; Post Office directory of the six home counties 1862.)

스미스, 존 Smith, John, 1798~1888
스코틀랜드 원예가, 양치(羊齒)학자. 에든버러 왕립식물원(1818), 큐 왕립식물원(1822) 원예가. 큐 왕립식물원 학예사, 1842~1864. (Desmond 1994.)

스미스, 존 Smith, John, 1821~1888
스코틀랜드 원예가. 록스버로 공작, 미들에섹스 시온 하우스 노섬벌랜드 공작의 정원사, 1859~1864. 큐 왕립식물원 큐레이터, 1864~1886. (Desmond 1994.)

스커더, 새뮤얼 허버드 Scudder, Samuel Hubbard, 1837~1911
미국 곤충학자. 하버드대학 로렌스 과학부 졸업(1862), 루이 아가시 보좌, 1862~1864. 보스턴 자연사학회 사서 및 수집품 관리인, 1864~1870. (ANB.)

스콧, 존 Scott, John, 1836~1880
스코틀랜드 식물학자. 왕립식물원 홍보 책임자, 1859~1864. 찰스 다윈의 후원으로 1864년 인도로 이주하여 1865년에는 캘커타 식물원 학예사가 되었다. 아편부를 지지했다, 1872~1878. 찰스 다윈을 위하여 수많은 식물 연구와 관찰을 수행했다. (ODNB.)

스테빙, 토머스 로스코 리드 Stebbing, Thomas Roscoe Rede, 1835~1926
국교회 목사, 해양 생물학자. 워체스터 칼리지, 1860~1868. 토키로 옮겨가 개별지도교수, 교장으로 일했다, 1867. 『기원』의 논증을 확신했으며, 나중에 다윈주의를 토대로 교회의 교의(敎義)를 비판했다. 단각 갑각류amphipod crustaceans의 전문가. (ODNB.)

스테인튼, 헨리 티베츠 Stainton, Henry Tibbats, 1822~1892
곤충학자. 「곤충학 연보Entomologist's Annual」(1855), 「주간 곤충학 정보Entomologist's Weekly Intelligencer」(1856) 창간. 레이 소사이어티, 1861~1872. 「월간 곤충학Entomologist's Monthly Magazine」공동 창간, 1864. 미소나방류microlepidoptera와 곡식좀나방 Tineidae(옷좀나방) 전문가. (ODNB.)

스튜어트, 로버트 Stewart, Robert, 자작, 2대 후작, 1769~1822

정치인. 아일랜드 수석차관, 1798~1801. 동인도 통제부 책임자, 1802~1805. 국방부 장관, 1807~1809. 외무장관, 1812~1822. 로버트 피츠로이의 삼촌. 자살했다. (ODNB.)

스펜서, 허버트 Spencer, Herbert, 1820~1903
철학자. 1852년부터 돌연변이 이론, 철학, 사회과학 등에 관한 책들을 저술. (ODNB.)

스프루스, 리처드 Spruce, Richard, 1817~1893
식물학자, 교사. 피레네 산맥(1845~1846), 남아메리카(1849~1867)의 식물 표본 수집. 건강 때문에 요크셔 코니스토프로 은퇴하여 수집한 식물을 연구했다. (ODNB.)

슬레이터, 필립 러틀리 Sclater, Philip Lutley, 1829~1913
법률가, 조류학자. 영국 조류학회지인 「아이비스*Ibis*」 창립멤버(1858), 편집자(1858~1868), (1878~1912). 런던 동물학회 사무관, 1860~1903. (DSB.)

실리맨, 벤저민 Silliman, Benjamin, 1779~1864
미국 화학자, 지질학자, 광물학자. 예일대학 화학과, 자연사학과 교수, 1802~1853. 「미국 과학기술 저널」 창간, 첫 번째 편집자, 1818 (ANB, DSB.)

아가시, 알렉산더 Agassiz, Alexander, 1835~1910
스위스 동물학자, 해양학자, 광산 토목기사. 루이 아가시의 아들. 1860년에 비교 동물학 하버드 박물관의 행정을 맡기 시작하여 1874년에 관장이 되었다. (ANB.)

아가시, 엘리자베스 캐봇 캐리 Agassiz, Elizabeth Cabot Cary, 1822~1907
교육자. 여성들을 위한 교육기관을 설립했으며, 이 기관이 나중에 래드클리프 대학이 된다. 래드클리프 대학 총장, 1894~1899. 루이 아가시와 결혼, 1850. (ANB.)

아가시, 장 루이 로돌프 Agassiz, Jean Louis Rodolphe, 1807~1873
스위스 동물학자, 지질학자. 1846년 미국으로 이민. 하버드대학 동물학, 지질학 교수, 1847~1873. 하버드에 비교동물학 박물관 설립, 1859. 특정하고 개별적인 종의 창조를 신봉. (ANB, DSB.)

아가일의 8대 공작, 캠벨 조지 더글러스 참고.

안데르손 닐스 요한 Anderson, Nils Johan, 1821~1880 스위스 식물학자. 유지니 원정대에 합류하여 미주 대륙 탐사. (Barnhart 1965.)

애쉬버튼의 2대 남작, 베링 윌리엄 빙햄 참고.

애인즐리, 로버트 Ainslie, Robert

비국교도 목사, 종교 작가. 1858년까지 다운 트로머 로지에 거주. 브라이튼 예수교회 목사, 1860~1874. 다운에서는 '야수'로 알려짐. (Correspondence vol. 7; G. E. Evans 1897.)

애플톤, 토머스 골드 Appleton, Thomas Gold, 1812~1884
미국인 수필가, 시인, 화가. 보스턴의 성장과 발전에 기여했다; 아테니움과 퍼블릭 도서관 평의원; 보스턴 미술관 설립자이자 기증자. (ANB.)

앤더슨, 토머스 Anderson, Thomas, 1832~1870
스코틀랜드 내과의사, 식물학자. 캘커타 식물원 원장, 1861~1868; 벵갈 삼림 관리원, 1864~1866; 건강 때문에 은퇴. 실험을 통해 인도에서 기나 나무 재배에 성공. (Lightman ed. 2004.)

야렐, 윌리엄 Yarrell, William, 1784~1856
동물학자. 런던에서 신문과 서적 판매. 영국의 새와 물고기에 관한 표준 연구서들을 저술. (ODNB.)

에반스 부인 Evans, Mrs.
다운 하우스의 하녀.

에반스, 존 Evans, John, 1823~1908
고고학자, 화폐 수집가, 종이 제조업자. 1859년에는 솜 강 계곡에서 발견한 얇은 부싯돌에 대한 그의 연구 덕분에 서유럽에 고대 인류가 있었다는 견해가 확립되는데 도움이 되었다. 시조새 화석에 관한 중요한 논문을 1865년에 출판했다. (ODNB.)

에반스-롬, 엘리자베스 Evans-Lombe, Elizabeth, 1820~1898
조지프 돌턴 후커의 여동생. 토머스 로버트 에반스-롬과 1853년 결혼. (Allan 1967.)

엥겔만, 조지 Engelmann, Georg(e), 1809~1884
독일 태생의 내과의, 식물학자. 1832년 미국으로 건너갔다. 많은 식물과들을 연구했으며, 특히 포도, 선인장, 유카 등의 분류와 분류법에 크게 공헌했다. (ANB, DAB.)

엥겔하트, 스티븐 폴 Engleheart, 스티븐 Paul, 1831/2~1885
다운의 외과의사, 1861~1870. 노포크 셸턴(1870~1881), 나이지리아 올드 칼라바(1882~1885)에 거주. (Medical directory 1861~1886.)

오언, 리처드 Owen, Richard, 1804~1892
비교해부학자. 왕립외과대학 비교해부학, 생리학 교수, 1836~1856. 대영박물관 자연사 분과 책임자, 1856~1884. 비글호의 화석 포유류 표본을 묘사했다. (ODNB.)

오켄, 로렌츠 Oken, Lorenz, 1779~1851
독일 자연학자, 자연철학의 대표자. 취리히 대학 자연사 교수, 총장, 1832~1851. (DSB, NDB.)

오켈러한, 패트릭 O'Callaghan, Patrick
트리니티 칼리지 학사, 1822; 법학사, 법학 박사, 1864. 옥스퍼드 대학에 특별연구원으로 들어갔다. 1865. (Alum. Dublin., Alum. Oxon.)

올리버, 대니얼 Oliver, Daniel, 1830~1916
식물학자. 왕립식물원 석엽집 분과 보좌관(1858), 사서(1860), 관리자(1864~1890). 유니버시티 칼리지 식물학 교수, 1861~1888. (Desmond 1994, List of the Linnean Society of London, 1859~1891.)

와이먼, 제프리스 Wyman, Jeffries, 1814~1874
미국 비교해부학자, 곤충학자. 하버드 칼리지 해부학 교수, 1847~1874. 하버드 피바디 고고학 인종학 박물관 큐레이터, 1866~1874. (ANB.)

와이트, 길버트 White, Gilbert, 1720~1793
자연학자, 국교회 목사. 『셀본의 자연사와 고대 유물들The natural history and antiquities of Selborne』(1789)의 저자. (ODNB.)

우드워드, 새뮤얼 픽워스 Woodward, Samuel Pickworth, 1821~1865
자연학자. 대영박물관 지질학, 광물학 분과 1등 보좌관, 1848~1865. 『연체동물 입문서A manual of mollusca』 출판 (1851~1856). (ODNB.)

우드하우스, 알프레드 Woodhouse, Alfred J.
런던 하노버 광장 1번지 치과의사. 다윈 가족의 치과의. (CD's Account book (Down House MS), Post Office London directory.)

월리스, 바이올렛 Wallace, Violet, b. 1869
애니와 알프레드 러셀 월러스의 딸, 교사. (Raby 2001.)

월리스, 알프레드 러셀 Wallace, Alfred Russel, 1823~1913
자연학자. 아마존 유역(1848~1852), 말레이 제도(1854~1862)에서 채집 활동. 독립적 연구를 토대로 1858년에 자연선택의 진화론을 공식화했다. 보호색, 의태, 동물 지리학에 관한 저술과 강연. (ODNB.)

월시, 벤저민 댄 Walsh, Benjamin Dann, 1808~1869
곤충학자, 농업가, 목재상. 트리니티 칼리지 연구원, 1827~1831. 미국으로 이주해 일리노이 헨리 카운티에서 농사를 지었으며, 나중에 록 아일랜드에서 1857년까지 목재상을 했다. 그 후 곤충학에 매진하여 농업곤충학에 기여했다. 「실용 곤충학*Practical Entomologist*」 편집자 (1866~1868), 라일리와 「미국의 곤충학자*American Entomologist*」 공동 편집, 1868~1869. 일리노이 주 곤충학자 대리, 1867. (Alum. Cantab., ANB.)

웨스트우드, 존 오베디아 Westwood, John Obadiah, 1805~1893
곤충학자, 고문자 연구가. 런던 곤충학회 창립 멤버, 1833. 옥스퍼드 대학 동물학 교수, 1861~1893. (ODNB, Transactions of the Entomological Society of London 1 (1833~1836): xxxiv.)

웨지우드, 루시 캐롤라인 Wedgwood, Lucy Caroline, 1846~1919
캐롤라인 사라 웨지우드와 조시아 웨지우드 3세의 딸. 찰스 다윈의 조카딸. (B. Wedgwood and Wedgwood 1980.)

웨지우드, 마가렛 수전 Wedgwood, Margaret Susan, 1843~1937
캐롤라인 웨지우드와 조시아 웨지우드 3세의 딸. 찰스 다윈의 조카딸. 아더 찰스 보건 윌리엄스Arthur Charles Vaughan Williams와 결혼(1869). 랄프 보건 윌리엄스의 엄마. (Darwin pedigree.)

웨지우드, 사라 엘리자베스 Wedgwood, Sarah Elizabeth, 1793~1880
엠마 다윈의 언니. 1847년까지 스태포드셔 메어 홀에 거주. 이후 1862년까지 서섹스 하트필드 리지에 거주. 1868년 다운에 정착하기 전까지 런던으로 옮겨 가 있었다. (Emma Dar 1915, Freeman 1978.)

웨지우드, 캐롤라인 사라 Wedgwood, Caroline Sarah, 1800~1888
찰스 다윈의 누나. 4촌인 조시아 웨지우드 3세와 결혼, 1837. (Freeman 1978.)

웨지우드, 캐서린 엘리자베스 소피 Wedgwood, Katherine Elizabeth Sophy, 1842~1911
캐롤라인 사라 웨지우드와 조시아 웨지우드 3세의 딸. 찰스 다윈의 조카딸. (Freeman 1978.)

웨지우드, 프란세스 Wedgwood, Frances, d. 1874
옛 성은 모슬리. 스태포드셔 롤스톤 교구목사의 딸. 프랜시스 웨지우드와 결혼, 1832. (Freeman 1978.)

웨지우드, 헨슬레이 Wedgwood, Hensleigh, 1803~1891
문헌학자. 엠마 다윈의 오빠. 문헌학회, 1842. 『영어 어원사전*A dictionary of English etymology*』 출판, 1859~1865. (ODNB.)

웰즈, 윌리엄 찰스 Wells, William Charles, 1757~1817

미국 태생 내과의. 세인트 토머스 병원의 부(副) 내과의로 선출(1795), 내과의(1800~1817). "이슬에 관한 소론Essay on dew"으로 왕립학회의 럼포드 메달을 받았다, 1814. 『피부 일부가 흑인의 피부를 닮은 백인 여성에 관한 고찰An account of a female of the white race of mankind, part of whose skin resembles that of a negro』(1818)을 썼으며, 이 글이 찰스 다윈의 자연선택 이론을 미리 예측한 것으로 여겨졌다. (ODNB.)

위어, 존 제너 Weir, John Jenner, 1822~1894

자연학자, 회계사. 간접세무국에서 회계관으로 근무, 1839~1885. 곤충학, 특히 미소나방류 microlepidoptera를 연구하고, 곤충과 곤충을 잡아먹는 새들의 관계에 대해 실험했다. (Science Gossip n.s. 1(1894): 49~50.)

위어, 해리슨 윌리엄(Weir, Harrison William) (1824~1906). 화가, 삽화가. 자연사에 관한 주제와 풍경을 주로 그렸다. 제너 위어(John Jenner Weir)의 동생. (ODNB.)

윌버포스, 새뮤얼 Wilberforce, Samuel, 1805~1873

국교회 목사. 옥스퍼드(1845~1869), 윈체스터(1869~1873) 주교. (ODNB.)

윌키스, 찰스 Wilkes, Charles, 1798~1877

미국 해군 장교, 탐험가. 1861년 두 명의 남군 외교 행정관을 영국 배에서 강제로 끌어내려 트렌트호 사건을 촉발했다. (ANB.)

이니스, 존 브로디 Innes, John Brodie, 1817~1894

국교회 목사. 다운의 영구직 목사(1846~1868), 교구목사(1868~1869). 스코틀랜드 포레스 근처의 밀턴 브로디에 있는 사유지를 물려받아 1862년에 다운을 떠났다. (Crockford's clerical directory, Moore 1985.)

자네, 폴 알렉상드르 르네 Janet, Paul Alexandre René, 1823~1899

프랑스 철학가. 리세 루이 르 그랑 대학 논리학 교수, 1857~1864. 1864년부터 소르본 대학 철학사 교수. 『현대 독일의 유물론: 뷔흐너 박사의 시스템 관찰Le matérialisme contemporain en Allemagne: examen du système du docteur L. Büchner』(1864)을 출판하였으며, 이 책에서 찰스 다윈의 자연선택 이론을 비판했다. (Tort 1996.)

제너, 윌리엄 Jenner, William, 1대 준남작, 1815~1898

내과의. 유니버시티 칼리지 병원 내과의로서 여러 교수직 역임. 빅토리아 여왕 내과의. (ODNB.)

제닝스, 레너드 Jenyns, Leonard, 1800~1893

자연학자, 국교회 목사. 존 스티븐스 헨슬로의 처남. 1853년까지 케임브리지셔 스웨프햄 불벡의 교구목사. 비글호를 타고 남아메리카로 항해하자는 피츠로이 선장의 제안을 거절했다, 1831.

비글호의 물고기 표본들을 묘사했다. 베스 자연사 및 골동품 동호회를 만들고 초대 회장이 되었다, 1855. (ODNB, s.v. Blomefield, Leonard.)

제이미슨, 토머스 프랜시스 Jamieson, Thomas Francis, 1829~1913
스코틀랜드 농학자, 지질학자. 애버딘 대학 농업연구소 포다이스 강사, 1862. 스코틀랜드 신생대 제4기에 관한 지질학과 지형학 연구 수행. (Geological Magazine 50(1913): 332~333.)

젠킨, 헨리 찰스 플리밍 Jenkin, Henry Charles Fleeming, 1833~1885
공학자, 대학 강사. 런던 유니버시티 칼리지 토목공학과 교수, 1866. 에든버러 대학 토목공학과 교수, 1868. 문학, 과학, 정치경제학 분야에서 다양한 저술 활동. (ODNB.)

존스, 헨리 벤스 Jones, Henry Bence, 1814~1873
내과의, 화학자. 세인트 조지 병원 내과의, 1846~1862. 왕립연구소 사무관, 1860~1872. (ODNB.)

주크스, 조지프 비트 Jukes, Joseph Beete, 1811~1869
지질학자. 아일랜드 지질조사단의 지역 책임자(1850~1867), 단장(1867~1869). 1854년부터 왕립 과학대학 지질학 강사. (ODNB.)

지볼트, 칼 테오도르 에른스트 폰 Siebold, Karl Theodor Ernst von, 1804~1885
독일 동물학자, 의사. 브레스라우 생리학 교수(1850), 뮌헨 생리학, 비교해부학 교수(1853). 「동물학 학회지Zeitschrift für wissenschaftliche Zoologie」 공동 창간, 편집자, 1848. 다윈의 돌연변이 이론 지지자로서 생성, 특히 단성생식에 관해 연구함. (DSB.)

카르트파즈 드 브로, 장 루이 아르망 Quatrefages de Breau, Jean Louis Armand de(Armand de Quatrefages), 1810~1892
프랑스 동물학자, 인류학자. 자연사 박물관 인류학 교수, 1855. (DSB.)

카리에르, 엘리 아벨 Carriere, Elie Abel, 1818~1896
프랑스 식물학자, 원예가. 1869년까지 프랑스 자연사 박물관에서 일했으며, 1860년대 초반에는 가끔씩 스페인의 자라고사 식물원 수장으로 근무하기도 했다. 1862년부터 「원예 리뷰Revue Horticole」의 편집자로 근무했다. 복숭아 나무, 동질이상dimorphism, 잡종성hybridity 등을 연구했다. (Barnhart compo 1965, Revue Horticole(1896): 389~397, Tort 1996.)

카루스, 율리우스 빅토르 Carus, Julius Victor, 1823~1903
독일 비교해부학자. 옥스퍼드 대학 비교해부학 박물관 관리인, 1849~1851. 라이프치히 대학 동물 박물관 관장, 비교해부학 비정규 교수, 1853. 『기원』의 독일어 3판을 번역했으며(1867), 이후 12권에 이르는 다윈의 후속 저서들을 번역했다. (DSB.)

카메론, 줄리아 마가렛 Cameron, Julia Margaret, 1815~1879
사진사. 1840년대 인도 총독의 사교계에서 중요한 역할을 했다. 1860년에 와이트 섬 프레시워터로 이사하여 주택 두 채를 구입, 한 채로 합한 후 친구들에게 임대했다. 1863년에 사진을 시작하여 문학계와 과학계의 많은 유명 인사들의 사진을 찍었다. (ODNB.)

카펜터, 윌리엄 벤저민 Carpenter, William Benjamin, 1813~1885
자연학자, 대학 행정관. '기원'에 관해 일찍이 긍정적 견해를 출판했다. 현미경을 사용하여 유공충 Foraminifera을 연구했으며, 캐나다에서 발견되어 에오조온 카나덴세Eozoon canadense로 알려졌던 것에 관한 토론에서 핵심 역할을 수행했다. (ODNB.)

캉돌, 알퐁스 드 Candolle, Alphonse de, 1806~1893
스위스 식물학자, 법률가, 정치인. 1835년부터 제네바 식물원 식물학 교수, 원장. 1850년 이후에는 자신의 연구에 매진. (DSB.)

캉돌, 안느 카시미르 피라뮈스 Candolle, Anne Casimir Pyramus, 1836~1918
스위스 식물학자. 알퐁스 드 캉돌의 아들이며, 조수이자 동료였다. 몇몇 식물 과(科)들에 대한 논문을 출판했다. (Proceedings if the Linnean Society of London(1918~1919): 51~52.)

캐슬레이 경 Castlereagh, Lord.
스튜어트 로베르토 참고

캠벨, 조지 더글라스 Campbell, George Douglas, 아가일의 8대 공작, 1823~1900
스코틀랜드 정치인. 과학, 종교, 정치에 관한 저술. 자연의 지적설계 옹호자. (ODNB.)

코흐, 에두아르트 프리드리히 Koch, Eduard Friedrich, 1838~1897
독일 출판업자. 1867년에 슈바이처바르체 출판사를 인수하여 이후 주로 과학 분야를 다루었다. 빅토르 카루스가 번역한 찰스 다윈의 책들을 전질로 엮어 출판했다. (Biographisches Jahrbuch und deutscher Nekrolog 2(1898): 227.)

콜렌소, 존 윌리엄 Colenso, John William, 1814~1883
성직자. 남아프리카 나탈의 주교, 1853~1883. 『비판적으로 살펴본 모세 5경과 여호수아서The Pentateuch and Book of Joshua critically examined』(1862~1879) 출판. 그는 자신의 저서에서 이들 성서들의 몇몇 곳이 원래 쓰였다고 추정하는 연대보다 수백 년 뒤에 조작되었다고 주장했다. 1863년에 그를 주교직에서 몰아내려는 시도가 있었지만, 법정 판결에 따라 그는 주교직을 유지했다. (ODNB.)

콜링, 로버트 Colling, Robert, 1749~1820
목축업자. 뿔 짧은 개량종 소의 종우(種牛)를 동생인 찰스 콜링에게 팔았다. (ODNB.)

콜링, 찰스 Colling, Charles, 1751~1836
목축업자. 뿔이 짧은 소를 가장 성공적으로 처음 개량한 사람들 가운데 한 사람. (ODNB.)

퀴비에, 장 레오폴드 니콜라 프레데릭(조르주) Cuvier, Jean Léopold Nicolas Frédéric(Georges), 1769~1832
프랑스 비교해부학자, 고생물학자. 콜레주 드 프랑스 자연사 교수, 1800~1832; 자연사 박물관 비교해부학 교수, 1802~1832. (DSB.)

크레그혼, 휴 프랜시스 클라크 Cleghorn, Hugh Francis Clarke, 1820~1895
내과의, 삼림학 전문가. 마드라스 의료센터에 임명, 1842. 1852년부터 마드라스에서 식물학 교수 역임, 1856년부터 마드라스 삼림관리인, 1867년에 감찰감에 임명. (Desmond 1994.)

크로퍼드, 존 Crawfurd, John, 1783~1868
스코틀랜드 외교관, 동양학자. 자바, 인도, 시암, 코친차이나, 싱가포르, 미얀마 등지에서 공·사직을 두루 역임했다(1803~1827). 1861년부터 런던 인종학회 회장 역임. 자연선택 이론은 탐구 의욕을 고취할 수는 있어도 인종학에 아무런 가치가 없다고 주장했다. (ODNB.)

크롤, 제임스 Croll, James, 1821~1890
스코틀랜드 지질학자. 스코틀랜드 지질조사단 사무관, 1867~1880. 우주론, 대양의 순환 패턴, 빙하기의 기후 변화와 원인에 대해 글을 썼다. (ODNB.)

크뤼거, 헤르만 Crüger, Hermann, 1818~1864
독일 식물학자. 1857년부터 트리니다드 식물원 정부 식물학자이자 원장 역임. (Desmond 1994.)

크릭턴-브라운, 제임스 Crichton-Browne, James, 1840~1938
스코틀랜드 내과의, 정신의학자. 웨이크필드의 웨스트 라이딩 정신병원 의료 책임자, 1866~1876. (ODNB.)

클라우스, 윌리엄 앤 선스 Clowes, William & Sons
존 머레이의 책을 출판한 인쇄업자. (ODNB.)

클라우스, 칼 프리드리히 Claus, Carl Friedrich, 1835~1899
독일 동물학자. 마르부르크(1863), 괴팅겐(1870), 빈(1873) 등에서 동물학 교수 역임. 특히 갑각류를 중심으로 환경이 변종에 미치는 영향 연구. 찰스 다윈의 글과 강연 모두를 강하게 지지한 인물. (DBE, NDB.)

클라크, 벤저민 Clarke, Benjamin, 1813~1890
분류 식물학자. 자신의 고유한 분류 체계 고안. (Desmond 1994.)

킹레이크, 알렉산더 윌리엄 Kinglake, Alexander William, 1809~1891
역사학자, 여행작가. 『이오센*Eothen*』(1844)과 『크림침공*The invasion of the Crimea*』 (1863~1887) 저술. 브릿지워터 자유당원, 1857~1869. (ODNB.)

킹슬리, 찰스 Kingsley, Charles, 1819~1875
작가, 국교회 목사. 퀸스 여대 영문학 교수, 1848. 케임브리지 대학 현대사 흠정교수, 1860~1869. 햄프셔 에버슬리의 교구목사, 1844~1875. 여왕의 예배당 목사, 1859~1875. (ODNB.)

타일러, 에드워드 버넛 Tylor, Edward Burnett, 1832~1917
인류학자. 1856년 미국 여행 중 헨리 크리스티를 만나고 나서 인류학에 매료. 인간의 문화와 그 발달의 기원에 관심. 『원시문화*Primitive culture*』 출판, 1871. 옥스퍼드 대학 박물관 관리인 (1883), 옥스퍼드 대학 인류학 강사, 1884. (ODNB.)

테게트마이어, 윌리엄 베른하르트 Tegetmeier, William Bernhard, 1816~1912
언론인, 자연학자. 「필드*Field*」지의 비둘기, 가금류 편집자, 1864~1907. 양봉협회 사무관. (Field, 23 November 1912, p.1070.)

테니슨, 알프레드 Tennyson, Alfred, 1대 남작, 1809~1892
시인. 1850년부터 계관(桂冠)시인. (ODNB.)

토머슨, 윌리엄 Thomson, William, 남작, 1824~1907
과학자, 발명가. 글래스고 자연철학 교수, 1846~1899. 전신 체계의 선구자로서, 대서양 횡단 케이블 설치에 조력했다. 지구의 나이와 냉각에 관해 저술함. (ODNB.)

팀즈, 존 Timbs, John, 1801~1875
작가, 편집자. 「문학의 거울*Mirror of literature*」(1827~1838), 「문학세계*Literary world*」 (1839~1840) 편집. 자신이 1839년에 시작한 「과학과 기술 연감*Year book of facts in science and art*」 편집. 여러 통속문학 작품 저술. (ODNB.)

파러, 토머스 헨리 Farrer, Thomas Henry, 1819~1899
공무원. 상공회의소 해양 분과 사무관(1850)이었으며, 승진하여 상임 사무관이 되었다 (1867~1886). (ODNB.)

파러, 프란세스 Farrer, Frances, d. 1870
윌리엄과 메이트랜드 어스킨의 딸. 1854년에 토머스 헨리 파러와 결혼했다. (ODNB s.v. Farrer, Thomas Henry.)

파러, 프레데릭 윌리엄 Farrar, Frederic William, 1831~1903

국교회 목사, 교장. 아이들에게 도덕을 함양시키려는 목적으로 소설 『에릭Eric, or little by little』 (1858)을 썼다. 문헌학과 신학에 관해서도 글을 썼다. 찰스 다윈이 웨스트민스터성당에 묻히도록 힘썼다. (ODNB.)

파스퇴르, 루이 Pasteur, Louis, 1822~1895
프랑스 화학자, 미생물학자. 파리 에콜 노르말 과학부 행정관, 책임자(1857~1867), 생리화학연구소 소장(1867~1888), 소르본 대학 화학과 교수, 1867~1874. 발효에 관한 연구로 유명했으며, 실험을 통해 자연발생 이론에 상반되는 증거를 내놓은 것으로도 유명하다. (DSB.)

파월, 헨리 Powell, Henry, 1839/40~1872
다우니 교구목사, 1869~1872. (Alum. Cantab.)

파커, 메리앤 Parker, Marianne, 1798~1858
찰스 다윈의 큰 누나. 1824년에 헨리 파커와 결혼. (Darwin pedigree.)

파커, 헨리 Parker, Henry, 1788~1856
슈롭셔의 내과의, 1847~1850. 1824년에 찰스 다윈의 누나인 메리앤 다윈과 결혼. (Darwin pedigree, Medical directory.)

파커, 헨리 Parker, Henry, 1827~1892
미술 전문가. 옥스퍼드 오리얼 칼리지 특대생(1846~1851), 연구원(1851~1885). 찰스 다윈 누나, 마리안 파커의 아들. (Alum. Oxon., Darwin pedigree.)

팔코너, 휴 Falconer, Hugh, 1808~1865
스코틀랜드 고생물 학자, 식물학자. 캘커타 식물원 관리인, 캘커타 의대 식물학 교수, 1848~1855. 건강이 나빠서 은퇴한 후 영국으로 돌아와 남부 유럽을 여행하면서 고생물학 연구에 매진했다. (ODNB.)

패러데이, 마이클 Faraday, Michael, 1791~1867
자연철학자. 왕립연구소 화학 교수, 1833~1865. 인기 있는 강의와 전기화학, 자기학, 전기학에서 보여준 폭 넓은 연구로 유명했다. (ODNB.)

퍼거슨, 제임스 Fergusson, James, 1808~1886
스코틀랜드 작가. 인도의 상인과 건축에 관해 저술. 인도를 널리 여행하고 인도의 건축에 대한 많은 책을 출판했다. (ODNB.)

펭글리, 윌리엄 Pengelly, William, 1812~1894
고고학자, 지질학자. 데번의 지질에 대한 전문가로서, 보비 트레이시, 브릭섬 동굴, 켄트의 동굴, 토키 등에서 발굴 작업. 1862년에 문학, 과학, 미술 발전을 위한 데븐셔 협회 창립. (ODNB.)

포드, 조지 헨리 Ford, George Henry, 1809~1876
남아프리카 미술가. 1837년에 영국으로 건너가 대영박물관 소속의 미술가가 되었다. 앨버트 귄터의 친구로서, 『유래Desecent』 2권의 삽화를 그렸다. (Gunther 1972.)

포브스, 에드워드 Forbes, Edward, 1815~1854
동물학자, 식물학자, 고생물학자. 자연학자로서 비콘호에 승선, 1841~1842. 킹스 칼리지 식물학 교수, 1842. 영국 지질조사단의 고생물학자, 1844~1854. (ODNB.)

포크트, 칼 Vogt, Carl, 1817~1895
독일 자연학자. 스위스에서 루이 아가시와 함께 민물고기에 관한 논문을 공저. 기센 동물학 교수, 1846. 정치적 이유로 독일연방을 떠나야만 했다, 1849. 제네바 지질학 교수, 1852. (DSB, Judel 2004.)

폭스, 윌리엄 다윈 Fox, William Darwin, 1805~1880. 성직자. 찰스 다윈의 육촌. 케임브리지에서는 찰스 다윈의 친구로 지내며 다윈에게 곤충학을 알게 해주었다. 체셔 들라미어 교구목사, 1838~1873. (Free1978.)

푸셰, 펠릭스 아르키미드 Pouchet, Felix Archimede, 1800~1872
프랑스 생물학자, 자연학자. 루앙 자연사 박물관 관장. 작가, 과학 보급자. 임의 발생에 관한 토론에서 루이스 파스퇴르에 대항. (DSB.)

퓨지, 에드워드 부버리 Pusey, Edward Bouverie, 1800~1882
국교회 목사, 신학자. 1828년부터 옥스퍼드 대학 헤브라이어과 흠정 교수. 영국 성공회를 가톨릭이 다스려야 한다고 주장한 옥스퍼드 운동에 관여. (ODNB.)

프레스콧, 윌리엄 히클링 Prescott, William Hickling, 1796~1859
스페인, 멕시코, 페루 역사를 연구한 미국 역사학자. (ANB.)

프레스티치, 조지프 Prestwich, Joseph, 1812~1896
지질학자, 사업가. 1930년에 런던에서 가업인 와인 사업에 뛰어들었다. 옥스퍼드 대학 지질학 교수, 1874~1888. 선사시대 인간과 유럽 제3기 지질학에 관한 전문가. (ODNB.)

프레이어, 티에리 윌리엄 Preyer, Thierry William, 1841~1897
독일 생리학자, 다윈주의 옹호자. 영국 태생이며, 아버지는 상인이었다. 1855년에 가족과 함께 독일로 이주. 예나 대학 생리학 교수, 1869~1888. (ODNB.)

피츠로이, 로버트 FitzRoy, Robert, 1805~1865
해군장교, 수로학자, 기상학자. 비글호 선장으로서 1831년에서 1836년까지 남아메리카 해안선 조사를 지휘했다. 찰스 다윈은 피츠로이의 동료로서 함께 항해했다. 뉴질랜드 총독, 1843~1845. 1854년부터 상공회의소 기상분과에서 일하면서 기상 예보와 폭풍 경보 시스템을 선도하여 해외에서 칭송을 받았으나, 자신을 고용한 사람들을 만족시키지는 못했다. (ODNB.)

픽테, 드 라 리브 프랑스아 줄 Pictet de la Rive, François Jules, 1809~1872
스위스 동물학자, 고생물학자. 제네바 대학 동물학 교수, 1835. (Gilbert 1977, Sarjeant 1980~1996.)

하비, 윌리엄 헨리 Harvey, William Henry, 1811~1866
아일랜드 식물학자. 남아프리카에서 식물 채집. 1844년부터 트리니티 칼리지 더블린 식물표본집 관리자, 더블린 왕립협회 식물학 교수(1848~1866), 트리니티 칼리지 더블린식물학 교수(1856~1866). 해조(海藻) 전문가. (ODNB.)

허셜, 존 프레데릭 윌리엄 Herschel, John Frederick William, 1대 준남작, 1792~1871
천문학자, 수학자. 희망봉에서 천문 관측 수행, 1834~1838. 당대의 최고 과학자로 존경받았다. (ODNB.)

허튼, 리처드 홀트 Hutton, Richard Holt, 1826~1897
언론인, 신학자. 원래는 단일교회주의자였으나 모리스의 가르침에 의해 신앙이 흔들려 1862년에 영국성공회로 개종했다. 「스펙터*Spectator*」의 소유주이자 공동 편집인, 1861~1897. (ODNB.)

허튼, 프레드릭 월라스톤 Hutton, Frederick Wollaston, 1836~1905
지질학자, 육군장교. 보병연대 소속으로 크리미아 반도와 인도 근무, 1855~1858. 1866년에 군을 떠나 뉴질랜드로 이주했다. 「지질학자*Geologist*」 4호(1861)에 『기원』을 좋게 평한 내용을 출판했다: 132~136, 183~188. (DNZB.)

헉슬리, 토머스 헨리 Huxley, Thomas Henry, 1825~1895
동물학자. 래틀스네이크호의 부 외과의(1846~1850)를 지내며 히드로충류Hydrozoa와 기타 해양 무척추동물을 조사했다. 잉글랜드 왕립외과대학 탐색 교수, 1862~1869. 대영제국 왕립연구소 생리학 교수, 1855~1858, 1866~1869. (ODNB.)

헉슬리, 헨리에타 앤 Huxley, Henrietta Anne, 1825~1915
옛 성(姓)은 히돈Heathorn. 1847년 호주 시드니에서 토머스 헨리 헉슬리를 만나 1855년에 결혼했다. (ODNB s.v. Huxley, Thomas Henry.)

헤들, 찰스 윌리엄 맥스웰 Heddle, Charles William Maxwell, 1811/12~1899

세네갈 태생의 상인. 서아프리카 부호 무역상. (ODNB.)

헤켈, 아그네스 Haeckel, Agnes. 1842~1915
에밀 후쉬케의 딸. 1867년 에른스트 헤켈과 결혼하여 둘째 부인이 되었다. (KrauBe 1987.)

헤켈, 안나 Haeckel, Anna, 1835~1864
옛 성(姓)은 제테Sethe. 사촌인 에른스트 헤켈과 1862년 결혼. (DSB s.v. Haeckel, Ernst; Uschmann 1984, p.317.)

헤켈, 에른스트 필립 아우구스트 Haeckel, Ernst Philip August, 1834~1919
독일 동물학자. 예나 대학 동물학 교수(1862~1865), 동물연구소 동물학 교수 및 소장, 1865~1909. 무척추 해양생물 전문가. 진화이론의 대중화에 앞장섰다. (DSB.)

헨슬로, 조지 Henslow, George, 1835~1925
국교회 목사, 교사, 식물학자. 성 바르톨로뮤 병원 식물학 강사, 1866~1880. 『성경의 식물들Plants of the Bible』(1907)과 자연사에 관한 어린이용 책들을 포함한 다수의 종교 서적 저작. 존 스티븐스 헨슬로의 작은 아들. (Alum. Cantab., Desmond 1994.)

헨슬로, 존 스티븐스 Henslow, John Stevens, 1796~1861
국교회 목사, 식물학자, 광물학자. 찰스 다윈의 선생이자 친구. 케임브리지 대학 식물학 교수, 1825~1861. 케임브리지 식물원을 확장하고 개조했다. 서포크 히참 교구목사, 1837~1861. (ODNB.)

호너, 레너드 Horner, Leonard, 1785~1864
스코틀랜드 지질학자. 교육학자. 모든 사회계층에서 과학에 기반을 둔 교육 역설. 런던 지질학회 의장, 1845~1846, 1860~1861. 찰스 라이엘의 장인. (ODNB.)

호튼, 새뮤얼 Haughton, Samuel, 1821~1897
아일랜드 지질학자, 생리학자. 더블린 대학 지질학 교수, 1851~1881. 나중에 정정하긴 했으나 지구의 나이를 20억 년으로 계산하였다. (ODNB.)

홀랜드, 헨리 Holland, Henry, 1대 준남작, 1788~1873
내과의. 조시아 웨지우드 1세의 친척. 알버트 공(1840)과 빅토리아 여왕(1852)의 주치의. 왕립연구소 소장, 1865~1873. (DNB, ODNB.)

홀름, 데이비드 밀른 Holm, David Milne
밀른, 데이비드 참고.

홉킨스, 윌리엄 Hopkins, William, 1793~1866
수학자, 지질학자. 케임브리지 대학 수학과 개별 지도교수. 런던 지질학회 의장, 1851. 지질학과 지구물리학적 의문에 관한 계량 연구에 주력했다. (ODNB.)

후커, 윌리엄 헨슬로 Hooker, William Henslow, 1853~1942
해리어트와 조지프 돌턴 후커의 장남. 인도성India Office 공무원, 1877~1904. (Allan 1967; India list 1904~1905.)

후커, 조지프 돌턴 Hooker, Joseph Dalton, 1817~1911
식물학자. 윌리엄 잭슨 후커의 아들. 찰스 다윈의 막역한 친구. 주로 분류학과 지질학 연구. 제임스 클라크 로스의 남극 원정에 동행(1839~1843)하고, 항해에서 얻은 식물학적 성과를 출판했다. 히말라야 지역 여행, 1847~1849. 큐의 왕립식물원 부원장(1855~1865), 원장(1865~1885). (ODNB.)

후커, 찰스 패짓 Hooker, Charles Paget, 1855~1933
프란세스 해리엇과 조지프 돌턴 후커의 3남. 내과의가 되었다. (Allan 1967.)

후커, 프란세스 헤리어트 Hooker, Frances Harriet, 1825~1874
존 스티븐스 헨슬로의 딸. 조지프 돌턴 후커와 결혼, 1851. 남편의 출판물에 큰 도움을 주었다. (Allan 1967.)

훔볼트, 프리드리히 빌헬름 하인리히 알렉산더 폰 Humboldt, Friedrich Wilhelm Heinrich Alexander von, 1769~1859
프로이센 자연학자, 지리학자, 여행가. 남아메리카 북부, 쿠바, 멕시코를 탐사하고, 미국을 방문했다, 1799~1804. 시베리아 여행, 1829. (DSB.)

힐데브란트, 프리디리히 헤르만 구스타프 Hildebrand, Friedrich Hermann Gustav , 1835~1915
독일 식물학자. 프라이부르크 식물학 교수, 1868~1907. 잡종성, 이형성, 발생 등에 관해 주로 연구했다. (Correns 1916, Tort 1996.)

전기 출처 목록 Bibliography of Biographical Sources

ADB: *Allgemeine deutsche Biographie*, Under the auspices of the Historical Commission of the Royal Academy of Sciences. 56 vols. Leipzig: Duncker & Humblot, 1875~1912.

Allan, Mea., 1967, *The Hookers of Kew, 1785~1911*. London: Michael Joseph.

Alum. Cantab.: *Alumni Cantabrigienses. A biographical list if all known students, graduates and holders of office at the University of Cambridge, from the earliest times to 1900*. Compiled by John Venn & J. A. Venn. 10 vols. Cambridge: Cambridge University Press, 1922~1954.

Alum. Dublin.: *Alumni Dublinenses. A register of the students, graduates, professors and provosts of Trinity College in the University of Dublin, 1593~1860*. New edition with supplement. Edited by George Dames Burtchaell & Thomas Ulick Sadleir. Dublin: Alex. Thom & Co., 1935.

Alum. Oxon.: *Alumni Oxonienses. the members of the University of oxford, 1500~1886: ... with a record if their degrees. Being the matriculation register of the university.* Alphabetically arranged, revised and annotated bv Joseph Foster. 8 vols. London & Oxford: Parker & Co., 1887~1891.

ANB: *American national biography*. Edited by John A. Garraty & Mark C. Carnes. 24 vols. and supplement. New York and Oxford: Oxford University Press. 1999~2002.

Barnhart, John Hendley, comp. 1965. *Biographical notes upon botanists... maintained in New York Botanical Garden Library*. 3 vols. Boston, Mass.: G. K. Hall.

Calendar: *A calendar of the correspondence of Charles Darwin, 1821~1882. with supplement*. 2nd edition. Edited by Frederick Burkhardt et al. Cambridge: Cambridge University Press, 1994.

Correns, C. 1916. Friedrich Hildebrand. *Berichte der deutschen botanishen Gesellschaft* 34 (pt 2): 28~49.

Correspondence: *The correspondence of Charles Darwin*. Edited by Frederick Burkhardt et al. 15 vols to date. Cambridge: Cambridge University Press, 1985~.

Crockford's clerical directory: *The clerical directory, a biographical and statistical book of reference for facts relating to the clergy and the church. Crockford's clerical directory etc.* London: John Crockford[and others], 1858~1900.

Darwin pedigree: *Pedigree of the family of Darwin.* Compiled by H. Farnham Burke. N.p: privately printed, 1888. [Reprinted in facsimile in Darwin pedigree, by Richard Broke Freeman. London: printed for the author, 1984.]

DBE: *Deutsche biographische Enzyklopädie.* Edited by Walter Killy et al.12 vols. in 14. Munich: K. G. Saur. 1995~2000.

DBF: *Dictionnaire de biographie Française.* Under the direction of J. Balteau et al. 20 vols. and 2 fasciles(A-Lecompte-Boinet) to date. Paris: Librairie Letouzey & Ané. 1933~.

Desmond, Ray. 1994. *Dictionary of British and Irish botanists and horticulturists including plant collectors, flower painters and garden designers.* New edition, revised with the assistance of Christine Ellwood. London: Taylor & Francis and the Natural History Museum. Bristol, Pa.: Taylor & Francis.

DNB: *Dictionary of national biography.* Edited by Leslie Stephen & Sidney Lee. 63 vols, and 2 supplements(6 vols). London: Smith, Elder & Co. 1885~1912. *Dictionary of national biography 1912~1990.* Edited by H. W. C. Davis et al. 9 vols. London: Oxford University Press. 1927~1996.

DNZB: *A dictionary of New Zealand biography.* Edited by G. H. Scholefield. 2 vols. Wellington, New Zealand: Department of Internal Affairs. 1940. *The dictionary of New Zealand biography.* Edited by W. H. Oliver et al. 5 vols. Auckland and Wellington, New Zealand: Department of Internal Affairs[and others]. 1990~2000.

DSAB: *Dictionary of South African biography.* Edited by W. J. de Kock et al. 4 vols. Pretoria, Cape Town: Nasionale Boekhandel Beperk[and others. 1968~1981.

DSB: *Dictionary of scientific biography.* Edited by Charles Coulston Gillispie & Frederic L. Holmes. 18 vols. including index and supplements. New York: Charles Scribner's Sons. 1970~1990.

Dupree, Anderson Hunter. 1959. *Asa Gray, 1810~1888.* Cambridge, Mass.: Belknap Press of Harvard University.

Emma Darwin(1915): *Emma Darwin: a century of family letters, 1792~1896*. Edited by Henrietta Litchfield. 2 vols. London: John Murray. 1915.

Evans, George Eyre. 1897. *Vestiges of Protestant dissent: being lists of ministers ... included in the National Conference of Unitarian*, Liberal Christian, Free Christian, Presbyterian, and other ... congregations. Liverpool: F & E. Gibbons.

Freeman, Richard Broke. 1978. *Charles Darwin: a companion*. Folkestone, Kent: William Dawson & Sons. Hamden, Conn.: Archon Books, Shoe String Press.

Gilbert, Pamela. 1977. *A compendium of the biographical literature on deceased entomologists*. London: British Museum (Natural History).

GSE: *Great Soviet encyclopedia*. Edited by Jean Paradise et al. 31 vols. New York: Macmillan. London: Collier Macmillan. 1973~1983. [Translation of the 3rd edition of *Bol' shaia Sovetskaia entsiklopediia*. edited by A. M. Prokhorov.]

Gunther, Albert E. 1972. The original drawings of George Henry Ford. *Journal of the Society for the Bibliography of Natural History* 6 (1971~1974): 139~142.

Harvey, Joy. 1997. *'Almost a man of genius': Clemence Royer, feminism, and nineteenth-century science*. New Brunswick, N. J., and London: Rutgers University Press

India list: *The East-India register and directory*. 1803~1844. *The East-India register and army list*. 1845~1860. *The Indian Army and civil service list*. 1861~1876. *The India list, civil and military*. 1877~1895. *The India list and India Office list*. 1896~1917. London: Wm. H. Allen[and others].

Judel, Claus Günther. 2004. *Der Liebigschüler Carl Vogt als Wissenshaftlicher Philosoph und Politiker*. Giessener Universitätsblatter 37: 51~56.

Krauβ e, Erika. 1987. *Ernst Haeckel*. 2nd edition. Leipzig: B. G. Teubner.

Lightman, Bernard, ed. 2004.. *Dictionary of nineteenth-century British scientists*. 4 vols. Bristol: Thoemmes Press.

List of the Linnean Society of London. London: [Linnean Society of London]. 1805~1939.

Medical directory: *The London medical directory ... every physician, surgeon and general* practitioner resident in London. 1845. *The London and provincial medical directory.* London: John Churchill. 1848~1860. *The London & provincial medical directory, inclusive of the medical directory for Scotland, and the medical directory for Ireland, and general medical register.* London: John Churchill. 1861~1869. *The medical directory ... including the London and provincial medical directory, the medical directory for Scotland, the medical directory for Ireland.* London: J. & A. Churchill. 1870~1905.

Modern English biography: *Modern English biography, containing many thousand concise memoirs of persons who have died since the year 1850.* Edited by Frederick Boase. 3 vols. and supplement(3 vols.). Truro, Cornwall: printed for the author. 1892~1921.

Moore, James Richard. 1985. Darwin of Down: the evolutionist as sqarson-naturalist. In *Darwinian heritage*, Edited by David Kohn. Princeton, N.J.: Princeton University Press in association with Nova Pacifica.

Navy list: *The navy list.* London: John Murray; Her Majesty's Stationery Office. 1815~1900.

NDB: *Neue deutsche Biographie.* Under the auspices of the Historical Commission of the Bavarian Academy of Sciences. 22 vols. (A-Schinkel) to date. Berlin: Duncker & Humblot. 1953~.

OBL: *Österreichisches biographisches Lexiikon 1815~1950.* Edited by Leo Santifaller et al. 11 vols. and 3 fascicles of vol. 12 (A-Slavik Ernst) Vienna: Osterreichischen Akademie der Wissenschaften. 1957~.

ODNB: *Oxford dictionary of national biography: from the earliest times to the year 2000.* [Revised edition] Edited by H. C. G. Matthew & Brian Harrison. 60 vols. and index. Oxford: Oxford University Press. 2004.

Oxford classical dictionary. 3rd edition. Edited by Simon Hornblower & Anthony Spawforth. Oxford: Oxford University Press. 1996.

Post Office directory of the six home counties: *Post Office directory of the six home counties, viz., Essex, Herts, Kent, Middlesex, Surrey and Sussex.* London: W Kelly & Co. 1845~1878.

Post Office London directory: *Post-Office annual directory ... A list of the principal merchants, traders of eminence, &c. in the cities of London and Westminster, the borough of Southwark, and parts adjacent ... general and special information relating to the Post Office. Post Office London directory.* London: His Majesty's Postmaster-

General etc. 1802~1967.

Raby, Peter. 2001. *Alfred Russel Wallace: a life*. London: Chatto & Windus.

Records of Lincoln's Inn: *The records of the honorable society of Lincoln's Inn: admissions*. Edited by William Paley Baildon. 2 vols. London: Lincoln's Inn. 1896.

Sarjeant, William A. S. 1980~1996. *Geologists and the history of geology: an international bibliography*. 10 vols. including supplements. London: Macmillan. Malabar, Fla.: Robert E. Krieger Publishing.

Tort, Patrick. 1996. *Dictionnaire du Darwinisme et de l'evolution*. 3 vols Paris: Presses Universitaires de France.

Turner, James. 1999. *The liberal education of Charles Eliot Norton*. Baltimore and London: The Johns Hopkins University Press.

Uschmann, Georg. 1984. *Ernst Haeckel. Biographie in Briefen*. Gütersloh: Prisma Verlag.

Wedgwood, Barbara and Wedgwood, Hensleigh. 1980. *The Wedgewood circle, 1730~1897: four generations of a family and their friends*. London: Studio Vista.

WWW: *Who was who: a companion to Who's who, containing the biographies of those who died during the period (1897~1995)* 9 vols. and cumulated index (1897~1990). London: Adam & Charles Black. 1920~1996.

참고 문헌

다음 도서목록은 편지와 메모에 언급된 다윈의 작품 목록이다.

자서전: 『찰스 다윈의 자서전The autobiography of Charles Darwin 1809~1882』. 원본 누락본 복원. 부록 및 주해 편집 노라 발로(Nora Barlow). 런던: 콜린스, 1958.

산호초: 찰스 다윈, 『산호초의 구조와 분포. 1832년부터 1836년까지 피츠로이 선장이 이끈 비글호 항해에서 얻은 지질학과 관련한 첫 번째 분야The structure and distribution of coral reefs. Being the first part of the geology of the voyage of the Beagle, under the command of Capt. FitzRoy RN, during the years 1832 to 1836』 런던: 스미스 앤 엘더, 1842.

서간집: 『찰스 다윈 서간집The correspondence of Charles Darwin』 프레데릭 버크하르트 외 날짜별로 15권으로 편집. 케임브리지: 케임브리지 대학 출판부, 1985~.

유래Descent: 찰스 다윈, 『인간의 유래, 그리고 성 선택The descent of man, and selection in relation to sex』. 런던: 존 머레이, 1871.

"프리뮬라의 이형질 조건Dimorphic condition in Primula": 찰스 다윈 , "두 가지 형태 또는 프리뮬라 종에서 이형질 조건과 이들의 특이한 암수 관계에 관하여On the two forms, or dimorphic condition, in the species of Primula, and on their remarkable sexual relations". [1861년 11월 21일 구두발표]. 「린네 학회지(식물학)Journal of the Proceedings of the Linnean Society(Botany)」 6(1862): pp.77~96. [『논문집Collected papers』 2: pp.45~63.]

표현Expression: 찰스 다윈, 『인간과 동물의 감정 표현The expression of the emotions in man and animals』. 런던: 존 머레이, 1872.

"난초의 수분Fertilization of orchids": 찰스 다윈, "난초의 수분에 관한 기록Notes on the fertilization of orchids". 「자연사 연보Annals and Magazine of Natural History」 4th series. 4(1869): pp.141~159. [『논문집Collected papers』 2: pp.138~156.]

만각류 화석Fossil Cirripedia(1851): 찰스 다윈, 『영국의 조개삿갓과 화석과 육경이 있는 만각류에 관한 보고서A monograph on the fossil Lepadidae, or, pedunculated cirripedes of Great Britain』. 런던: 고생물학협회, 1851.

만각류 화석Fossil Cirripedia(1854): 찰스 다윈, 『영국의 따개비과 화석에 관한 보고서A monograph of the fossil Balanidae and Verrucidae of Great Britain』. 런던: 고생물학협회,

1854.

살아 있는 만각류Living Cirripedia(1851): 찰스 다윈,『만각 아강에 관한 보고서, 모든 종별 그림 수록. 조개삿갓과 또는 육경이 있는 만각류A monograph of the sub-class Cirripedia, with figure of all the species. The Lepadidae; or, pedunculated cirripedes』런던: 레이협회, 1851.

살아 있는 만각류Living Cirripedia(1854): 찰스 다윈,『만각 아강에 관한 보고서, 모든 종별 그림 수록. 따개비과 또는 고착 만각 아강 A monograph of the sub-class Cirripedia with figures of all the species. The Balanidae(or sessile cirripedes); the Verrucidre』. 런던: 레이협회, 1854.

난초Orchids: 찰스 다윈,『영국 및 외국 난초에서 곤충에 의해 수분이 되는 다양한 방법에 관하여, 이화수정의 효과에 관하여On the various contrivances by which British and foreign orchids are fertilized by insects and on the good effects of intercrossing』. 런던: 존 머레이, 1862.

기원Origine: 찰스 다윈,『자연선택 또는 생존을 위한 싸움에 유리한 품종의 보존을 통한 종의 기원에 관하여On the origin of species by means of natural selection or the preservation of favoured races in the struggle for life』. 런던: 존 머레이, 1859.

기원 2판: 찰스 다윈,『자연선택 또는 생존을 위한 싸움에 유리한 품종의 보존을 통한 종의 기원에 관하여On the origin of species by means of natural selection or the preservation of favoured races in the struggle for life』. 런던: 존 머레이, 1860.

기원 3판: 찰스 다윈,『자연선택 또는 생존을 위한 싸움에 유리한 품종의 보존을 통한 종의 기원에 관하여On the origin of species by means of natural selection or the preservation of favoured races in the struggle for life』. 첨부와 수정. 런던: 존 머레이, 1861.

기원 4판: 찰스 다윈,『자연선택 또는 생존을 위한 싸움에 유리한 품종의 보존을 통한 종의 기원에 관하여On the origin of species by means of natural selection or the preservation of favoured races in the struggle for life』. 첨부와 수정. 런던: 존 머레이, 1866.

기원 5판: 찰스 다윈,『자연선택 또는 생존을 위한 싸움에 유리한 품종의 보존을 통한 종의 기원에 관하여On the origin of species by means of natural selection or the preservation of favoured races in the struggle for life』. 첨부와 수정. 런던: 존 머레이, 1869.

"글렌 로이의 나란한 길Parallel roads of Glen Roy": 찰스 다윈, "글렌 로이의 나란한 길에 관한 관찰 기록 및 스코틀랜드 로카버 지방의 관찰 기록, 그 지역이 해양에 기원을 두고 있다는 사실을 입증하기 위한 시도Observations on the parallel roads of Glen Roy, and of other parts of Lochaber in Scotland, with an attempt to prove that they are of marine origin". [1839년 2월 7일 구두발표]「런던 왕립협회 철학 회보*Philosophical Transactions of royal Society of London*」(1839), 1부: pp.39~81. [『논문집*Collected papers*』I: pp.89~137.]

"의태 나비에 관한 베이츠의 견해에 대한 논평Review of Bates on mimetic butterflies": 찰스 다윈, "헨리 월터 베이츠의 논문「아마존 계곡의 곤충 파우나에 관한 기고문Contributions to an insect fauna of the Amazon valley」에 관해 쓴 논평".「자연사 리뷰*Natural History Review*」n.s. 3(1863): p.4. [『논문집*Collected papers*』2: pp.87~92]

"리스럼 살리카리아의 세 가지 형태Three forms of Lythrum salicaria": 찰스 다윈, "리스럼 살리카리아의 형태의 생식에 관하여On the sexual relations of the forms of Lythrum salicaria". [1864년 6월 16일 구두 발표]「린네학회 저널(식물학)*Journal of the Linnean Society (botany)*」8(1865): pp.169~196. [『논문집*Collected papers*』2: pp.106~131.]

"카타세툼 트리덴타툼의 세 가지 형태Three sexual forms of Catasetum tridentatum": 찰스 다윈, "카타세툼 트리덴타툼의 두드러진 암수 형태에 관하여, 린네학회 소유의 난초On the three remarkable sexual forms of Catasetum tridentatum, an orchid in the possession of the Linnean Society". [1862년 4월 3일 구두발표]「린네학회 저널(식물학)*Journal of the Proceedings of the Linnean Society(Botany)*」,6(1862): pp.151~157. [『논문집*Collected papers*』2: pp.63~70.]

"아마 속의 종에서 보이는 두 가지 형태Two forms in species of Linum": 찰스 다윈, "두 가지 형태의 존재에 관하여, 그리고 아마 속의 몇 가지 종에서 보이는 상호 간의 암수 관계에 관하여On the existence of two forms, and on their reciprocal sexual relation, in several species of the genus Linum". [1863년 2월 5일 구두발표].「린네학회 저널(식물학)*Journal of the Proceedings of the Linnean Society(Botany)*」7(1864): pp.69~83. [『논문집*Collected papers*』2: pp.93~105.]

변이: 찰스 다윈, 『가축화(재배화) 과정에서 일어나는 동물과 식물의 변이*The variation of animals and plants under domestication*』. 2권. 런던: 존 머레이, 1868.

동물학: 『1832년부터 1836년까지 피츠로이 선장이 이끈 비글호 항해의 동물학*The zoology of the voyage of HMS Beagle, under the command of Captain FitzRoy RN, during the years 1832 to 1836*』. 편집 및 감독 찰스 다윈. 5부. 런던: 스미스 앤 엘더, 1838~1843.

찾아보기

가금류(poultry): 이종교배에 관하여, 60, 145, 146-147; 새끼의 암수 비율에 관하여, 374, 405

「가드너스 크로니클Gardeners' Chronicle」 189, 382, 409; 패트릭 매튜(Patrick Matthew)의 논문에서 자연선택 이론이 예견됨, 33, 34, 173, 주448; 윌리엄 헨리 하비(William Henry Harvey)는 베고니아의 새로운 종의 탄생에 관한 보고서를 기고함, 331, 주454; 까리에(Carriere)가 쓴 아리에(Aria)의 접붙이기에 관한 기고문, 295; 『변이』에 관한 호의적인 논평, 351

「가디언Guardian」 386

가축화 동물(domestic animals): 새의 경우 암수의 비율, 374; 다윈, 찰스 로버트(Darwin, Charles Robert), 저서(PUBLICATIONS), 『변이』 참고

갈매기(gull)에 관하여: 갈매기의 여름 깃털에 관하여, 315

개(dog)에 관하여: 암수 새끼의 비율에 관하여, 376

개르트너, 칼 프레드리히(Gärtner, Karl Friedrich von) 33

개미(ant)에 관하여: 199; 주변을 경작하듯 정리하며 집을 짓는 개미 포미카(Formica), 52-53

개혁법안(Reform Act), 388

게겐바우어, 칼(Gegenbaur, Carl (Karl)) 207, 348

「계간 과학 저널Quarterly Journal of Science」 269, 387, 409, 주459, 주460

고드리, 알버트(Gaudry, Albert) 371

고드윈-오스틴, 로버트 알프레드 클로인(Godwin-Austen, Robert Alfred Cloyne) 277, 주456

고식물학(palaeontological botany) 371

고양이(cat)에 관하여: 푸른 눈을 가진 흰 고양이들이 청각장애를 가진 것에 관하여, 50

곤충학(Orthoptera): 자웅 선택에 관하여, 321, 351

골드 핀치(goldfinch): 부리의 길이에 관하여, 354

골턴, 프랜시스(Galton, Francis):『천재의 유전Hereditary genius』 출판을 축하하는 다윈, 417; 범생설을 확인하기 위해 토끼를 가지고 실험을 함, 430

공작(peacock)에 관하여: 자웅 선택에 관하여, 331

괭이밥(Oxalis): 화분관의 돌출에 관하여, 123; 다윈은 실험을 통해 괭이밥이 동질이형이 아님을 증명함, 401

귀족정치(aristocracy): 귀족정치와 자연선택에 관하여, 99, 101, 200

귄터, 로베르타(Gunther, Roberta) 416

귄터, 알베르트(Gunther, Albert):『기원』의 삽화 작업을 함, 416, 432; 부인의 죽음에 관하여, 416

그라시올레, 루이 피에르(Gratiolet, Louis Pierre) 314

그랜트, 로버트 에드몬드(Grant, Robert Edmond), 427

그레이, 아사(Gray, Asa) 156;『기원』에서 드러난 다윈의 뛰어난 지식과 유능함을 칭찬함, 33-35; 에버글레이즈(Everglades)의 검은 돼지에 관한 보고서를 다윈에게 보냄, 36; 신의 섭리에 관

하여 다윈과 논쟁을 함, 40, 43-44, 58-59, 80, 113, 158-159, 308; 아가시(Agassiz)에 대항해서 다윈을 옹호함, 42, 59, 61, 286, 308, 164, 주458; 다윈은 『기원』에 관한 그레이의 논평을 재출판하기로 결정을 함, 60, 주450; 프리뮬라(Primula)의 이형질에 관해서 그레이와 의견을 나눔, 87-89, 99; 남북 전쟁에 대하여, 121; 윌크스(Wilkes) 사건으로 인해 영국과 전쟁을 벌일 우려가 있음을 걱정하는 다윈, 100, 북부의 승리에 대한 다윈의 관심, 176; 북군의 승리는 곧 노예제도 폐지를 의미함, 237, 245-246; 다윈의 난초에 관한 책에 대해 인정을 함, 110-11, 116-117; 시프리페디움(Cypripedium)에 관한 노트를 출판할 것을 권유하는 다윈 110; 끈끈이주걱(Drosera)과 베르바스쿰(Verbascum)에 관한 연구를 보고하는 다윈, 120; 이종교배에 관해서 다윈과 견해를 같이함, 129; 초자연적인 것에 관한 아가일(Argyle)의 공작의 논문에 관해서, 158-159; 카펜터의 유공충에 관한 글에 대해 논평을 기고했다는 사실을 그레이에게 알림, 165-166; 벌집은 자연선택의 증거를 보여주는 것이라고 생각함, 181; 다윈이 식물학에 관한 질문을 함, 185-186, 195-197; 다윈이 쓴 "덩굴 식물(Climbing plants)"에 대해 칭찬을 함, 238; 『기원』의 5판에서 다윈은 그레이의 글을 인용함, 384

그레이, 제인 로링(Gray, Jane Loring): 다윈은 그레이 부인의 북부적인 정서에 경의를 표함, 99-100, 121; 시골에서의 휴식이 필요하다고 생각함, 246

그레이, 조지(Grey, George): 오스트레일리아 미개인들의 싸움에 관하여, 198

그리스바크, 알렉산더 윌리엄(Griesbach, Alexander William), 190

근친혼(intermarriage)에 관하여: 잉카족 사이에서의 근친혼, 159, 165; 오하이오(Ohio)에서는 근친혼을 법으로 금함, 165

글렌로이(Glen Roy)의 '나란한 길': 토마스 프랜시스 제이미슨(Thomas Francis Jamieson)의 관찰을 통해 다윈은 1839년 자신이 쓴 논문의 견해를 접음, 83-85, 90, 119

기조, 프랑수아(Guizot, François), 230, 주456

기키, 아치볼드(Geikie, Archibald) 77

길크리스트(Gilchrist) 박사 438

꿩(pheasant)에 관하여: 새끼의 암수 비율에 관하여, 406

끈끈이주걱(Drosera): 끈끈이주걱의 움직임을 관찰한 다윈, 58, 61, 89, 120

나방(moth)에 관하여: 야행성 나방의 색에 관하여, 68, 72

나비(butterfly)에 관하여: 아마존 유역의 나비에 관하여, 62-63; 카타그라마(Catagramma)에 관하여, 71; 칼리시아(Callithea)에 관하여, 72; 헬리코니아(Heliconia)에 관하여, 69; 메기스타니스(Megistanis)에 관하여, 72; 의태성에 관하여, 70-72, 101, 124; 파필리오(Papilio)에 관하여, 62, 68, 71; 새들로부터 스스로를 보호하는 것에 관하여, 318, 355; 자웅 선택에 관하여, 68, 70-72, 317, 320, 355. 인시류(Lepidoptera) 참고

난초(orchids)에 관하여: 아시네타(Acineta), 284; 아크로페라(Acropera), 122, 123, 277, 279, 280;284; 카타세툼(Catasetum), 122, 186; 시프리페디움(Cypripedium), 110; 수분능력에 관하여, 284-286; 벌에 의한 수분, 166, 186; 스콧에게서 난초에 관한 정보를 구하는 다윈, 122-123; 난초의 번식에 관하여, 196; 저온에서 열대성 종의 생존에 관하여, 263; 뮐러를 '관찰의 대가'라고 부름, 283; 『난초』 89, 232, 264; 외형적인 차이가 유용하게 작용하는 것에 관하여, 232; 반데에이(Vandeae), 난초의 열매에 관하여, 123; 종의 변형에 많은 부분이 공동으로 작용한다는 월리스의 노트에 관하여, 390. 다윈, 찰스(Darwin, Charles) 편의 저서 (PUBLICATIONS)중『난초』참고

내겔리, 칼 빌헬름(Nägeli, Carl Wilhelm von): 다윈은 『기원』의 신판에서 네겔리에게 보내는 답변을 실을 계획을 함, 383

너도밤나무 속(Fagus): 고대의 너도밤나무에 관하여, 371

네세아(Nesaea): 그레이에게서 받은 네세아 씨앗을 기르는 다윈, 195

「네이션Nation」: 과학의 대중적인 비평지, 308, 주457

노예제도(slavery)에 관하여: 남북 전쟁에 관하여, 100, 121, 176, 197; 북군의 승리가 곧 노예제 폐지를 의미한다고 생각하는 그레이, 236-237, 246-247

노턴, 수잔 리들리(Norton, Susan Ridley) 379

노턴, 찰스 엘리엇(Norton, Charles Eliot) 379

노틸리아(Notylia): 뮐러가 발견했으며 다윈에게는 새로운 종, 284

뇌조(ptarmigan)에 관하여: 여름 깃털, 315

뉴질랜드(New Zealand): 원주민의 기원에 관하여, 405

뉴턴, 아이작(Newton, Isaac): 자연선택 이론이 인정받기 어려운 것이 뉴턴의 물리 이론이 인정받지 못 했던 것과 유사하다는 내용, 367

뉴턴, 알프레드(Newton, Alfred) 436; 씨앗이 엉겨 붙어 있는 자고새의 다리를 다윈에게 보냄, 191

니코티아나(Nicotiana): 부분적으로 불임성을 띠는 다양성에 관하여, 96

다운 하우스(Down House): 은색 전나무를 베어버림, 58; 후커와 헉슬리의 방문, 36; 라이엘(Lyell)의 방문, 391; 캐롤라인 웨지우드(Caroline Wedgwood)와 그의 딸들의 방문, 282

다운, 켄트 주(Down, Kent): 엥겔하트(Engleheart), 마을의 의사, 378, 416; 조지 스노우(George, Snow), 마을의 집배원, 264, 주455

다윈, 레너드(Darwin, Leonard): 우표 수집, 110, 116; 심하게 병을 앓음, 116; 울리치(Woolwich) 아카데미에 들어감, 375

다윈, 로버트 워링(Darwin, Robert Waring): 광학에 관한 연구를 할 때 에라스무스 다윈(Erasmus Darwin)의 도움을 받음, 427

다윈, 수전 엘리자베스(Darwin, Susan Elizabeth): 캐서린의 죽음으로 슬픔에 잠김(1866년), 256; 가망이 없는 병, 282, 주455; 사망 후 슈루즈베리(Shrewsbury)의 집이 팔림, 306

다윈, 에라스무스 얼베이(Darwin, Erasmus Alvey) 38, 142, 306, 370

다윈, 에라스무스(Darwin, Erasmus) 192, 427

다윈, 엠마(Darwin, Emma) 118, 227, 307, 349, 390, 446; 다윈에게 물 치료를 권함, 61, 154; 동정어린 마음에서 다윈에게 쓴 편지, 82-83; 헨슬로우 교수의 명복을 비는 엠마, 79; 대가를 치르더라도 미국의 평화를 원하는 엠마, 117; 팔코너(Falconer)로부터 다윈의 코플리 메달 수여에 대한 축하를 함께 받음, 211; 헉슬리의 강연록을 호레이스에게 읽어줌, 110; 다윈을 위하여 편지를 씀, 177-178; 다윈이 불러주는 것을 받아서 편지를 써줌, 234; 다윈의 동생 캐서린(Catherine)이 다윈 가족에게 작별인사를 고함, 255; 프랜시스 골턴(Francis Galton)의 『천재의 유전』을 다윈에게 읽어줌, 417

다윈, 윌리엄 에라스무스(Darwin, William Erasmus) 177, 295, 343

다윈, 조지 하워드(Darwin, George Howard) 57, 282, 378-379, 418; 다윈이 잎의 각도를 측정하는 일을 도와줌, 168; 캠브리지에서의 우수한 성적, 269, 342-343, 344; 트리니티(Trinity)의

학생이 됨, 372, 374
다윈, 찰스 로버트(Darwin, Charles Robert)
개인적인 일들(PERSONAL CONDUCT): 논쟁을 피함, 39, 268; 존 스콧(John Scott)이 캘커타(Calcutta)로 가는 것을 도와줌, 191-192, 192-193, 204-205; 지역의 지주에게 병든 말을 관리할 것을 권유함, 253; 아들 프랭크에게 돈 관리를 잘 할 것을 훈계함, 445
건강(HEALTH): 일이 지체될 정도로 건강이 안 좋음(1860년), 42; 영국 과학발전 협회 옥스퍼드 모임에 못 나감, 48; 방대한 책을 쓰는 일이 지연됨, 49; 일을 할 때만큼은 안정을 찾음, 57; 완전히 녹초가 되어 물 치료를 받음(1861년), 61; 린네 학회(Linnean Society) 연설 후에 심하게 구토를 함, 74; 헨슬로(Henslow) 교수의 임종에 참석을 못함, 74, 76, 79; 감기로 인해 난초에 관한 책이 지연됨(1862년), 96, 99; 방대한 책을 쓰는 일이 지연됨, 116; 해마다 건강이 나빠짐, 133; 글씨를 잘 쓸 기운조차 없음, 135; 런던에 가지 못함(1862년, 1863년), 142; 린네 학회 모임에 참석 못함, 149, 151; 맬버른(Malvern)에서 물 치료를 받기로 함 (1863년), 154; 관찰하고 연구하는 두 시간 가량은 편안함, 168; 구토와 두통으로 일을 하기 힘듦, 170; 편지를 받아 적게 함, 177, 181; 6개월 후에 저술을 재개함, 185; 끊임 없는 구토증 때문에 후커를 다운으로 초대하지 못함(1864년), 184; 하찮은 소설을 읽으며 즐거움을 찾음, 186, 197; '말 열 필에 버금가는 기억'을 되찾음, 195, 197; 리스럼(Lythrum) 논문을 완성했으나 여전히 기억이 없음, 198; 가까스로 매일 조금씩 일을 함(1865년), 228, 234; 10일에서 12일 정도 앓던 병이 갑자기 나음, 235; 다시 쇠약해짐, 242, 243; 벤스, 존스(Bence Jones)의 식이 요법(1866년), 254-255; 매일 몇 시간 정도 일을 할 수 있음, 258, 265, 268, 276; 승마로 건강이 좋아짐, 282; 집 밖으로 나서지도 못함(1867년), 316; 건강이 악화됨, 317; 과학이 다윈에게 '지독한 위통'을 잊게 해줌(1868년), 362; 와이트 섬에 머물러야 했음, 375; 다시는 캠브리지에 갈 수 없을 것 같아서 걱정을 함, 374; 일이 자주 중단됨(1869), 400; 말에서 떨어짐, 410; 기력이 약해져서 논평 요청을 거절함(1870년), 434; 노년에 이른 세즈윅(Sedgwick) 교수와 캠브리지 박물관을 둘러보고 완전히 지침, 436; '한 가지 작업을 마칠 때마다 그게 마지막인 것 같다는 생각이 든다네.' 폭스에게 보낸 편지 중에서, 447
견해(VIEWS): 앵글로 색슨(Anglo-Saxon) 종족의 분산에 관한 견해, 107; 아름다움의 기능에 관한 견해, 233; 하나의 원시적인 형태로부터 모든 것이 유래했을 가능성에 관한 견해, 30; 신의 섭리의 증거를 찾아 볼 수 없다는 견해, 43-44, 60, 80, 308, 410, 445; 구세계에서 만큼 남아메리카에서도 빙하기가 있었을 것이라는 견해, 67; 글렌로이(Glen Roy)의 '나란한 길'과 빙하에 관한 1839년의 논문에 관한 견해, 84, 119; 신은 인간이 변이를 선택할 수 있도록 흑비둘기를 계획해서 만들지 않았다는 견해, 60; 부모 세대의 자웅동체에 관하여, 335; 반드시 무신론적일 필요는 없는 자연의 법칙에 대한 신념에 관해서, 43; 인간의 무지를 인정하는 일이 어렵다는 견해, 171; 무기체에서 생명이 출현하지 않았을 것이라는 견해, 160-164; 인간의 유래에 관한 논문을 계획, 309, 311, 321, 437; 노예제도에 관한 견해, 100, 121, 176, 197; 학교에서 이루어지는 과학 교육에 관한 견해, 322; 예정설에 관한 생각은 시간 낭비일 뿐이라는 견해, 444. 자연선택(natural selection); 범생설(pangenesis); 자웅 선택(sexual selection) 참고
과학적 연구(SCIENTIFIC INVESTIGATIONS): 테게트마이어(Tegetmeier)와의 교류, 64, 132, 136, 149, 150; 해리슨 윌리엄 위어(H. W. Weir)와의 교류, 406; 존 제너 위어(J. J. Weir)와의 교류, 319, 354-355; 식충 식물에 관하여, 58, 61, 89, 120; 덩굴 식물에 관하여 61, 185, 186, 195-197, 219; 코플리 메달 후보가 될 수 있는 연구 배경 요약, 208-211; 인구조사에 사촌혼에 관한 항목을 넣기를 원함, 432; 식물의 이종교배와 자가 수분에 관하여, 285, 345-346, 399-400, 436; 이형질에 관하여, 87, 112, 114, 142, 285, 401; 동물과 새에서 암수의 분포에 관하

여, 405-407; 오르소프테라(Orthoptera, 직시류)에 관하여, 321; 끈끈이주걱(Drosera)의 움직임에 관하여, 58, 61, 89, 120; 에스콜치아(Eschscholtzia), 자가 수분에 관하여, 284, 401; 실험 노트, 133; 얼굴 표정에 관하여, 311-313, 321, 440-441; 변종의 번식력에 관하여, 32, 주449; 골드 코스트(Gold Coast)의 동물 파우나와 결혼 풍습에 관하여, 385-386; 혼종과 불임성에 관하여, 132, 134, 146; 잎이 나는 각도에 관하여, 165, 168; 인시류(Lepidoptera)에 관하여, 355; 리넘(Linum)에 관하여, 88, 209, 225, 285; 리스럼(Lythrum)에 관하여, 195, 260; 난초의 수분능력에 관하여, 110, 114, 122-123, 166, 284; 고식물에 관하여, 371; 새들을 유인할 만한 모란의 씨앗에 관하여, 285; 비둘기의 번식에 관하여, 64, 133, 134, 136, 149, 318, 354-356, 407; 가금류의 이종교배에 관하여, 133-134, 149, 150-151; 프리뮬라(Primula)에 관하여, 87-89, 112-113, 143; 청산의 효과에 관하여, 427; 토끼에 관하여, 늙은 흰색 앙고라 토끼의 뼈대를 구하려함, 65; 인종과 구조적인 차이에 관하여, 198-199, 201; 60년 묵은 나무의 뿌리 아래 흙덩어리에서 찾은 씨앗의 발아에 관하여, 58, 자고새 다리에 엉겨 붙은 물질에 관하여, 188-189; 베르바스쿰(Verbascum)의 혼종에 관하여, 120, 146. 자웅 분포(sexual distribution); 자웅 선택(sexual selection) 참고

다윈의 견해를 인정한 사람들(VIEWS, ACCEPTANCE OF): 논리에 익숙한 지질학자들이 더 많이 다윈의 견해를 인정함, 41; 궁극적으로 자신의 이론의 성공을 확신하는 다윈, 80-81; 독일의 저명한 사람과 프랑스의 젊은이들, 222; 다윈주의자가 된 후작부인, 336; 다위니즘의 중심지가 된 예나(Jena), 348-349; 세계적으로 인정받은 진화이론(1868년), 366-367; 기독교인들 사이에서도 받아들여지는 견해, 388, 397-398

미국 남북전쟁(AMERICAN CIVIL WAR)에 관하여: 윌크스(Wilkes) 사건으로 드러난 반영국 감정에 대해 불쾌하게 여김, 100; 남북이 분할되는 것은 바람직하다고 생각하나 노예 소유주들의 거만함에 대해서는 불만을 표현함, 100; 다윈과 엠마는 희생을 치르더라도 평화가 찾아와야 한다고 생각함, 117; 남부를 병합할 수 있다고 믿는 북부를 납득하기 어려운 다윈, 121; 영국과 전쟁을 벌일 수도 있다는 두려움을 느낌, 165; 메릴랜드(Maryland)의 노예를 해방하는데 실패한 북군에 대한 실망감, 176; 노예제도를 폐지하기 위해 들인 노력이 헛되지 않을까 걱정함, 197

사진(PHOTOGRAPHS): 아들 윌리엄이 찍어준 사진, 177; 턱수염이 난 사진, 197; 과학을 연구하는 친구들에 관한 책에 필요한 사진을 헉슬리에게 부탁함, 213. 사진(photography) 참고

수상 경력(AWARDS): 왕립 학회 코플리 메달을 수여 했으나 『기원』은 심사 대상에서 배제됨, 208, 208-210, 211, 212-213, 218, 220; 프러시안 오더 오브 메리트(Prussian Order of Merit) 훈장, 362, 주458; 옥스퍼드 대학(Oxford University)의 명예 박사학위, 439, 442

여가 생활(RECREATIONS): 건강이 안 좋을 때 하찮은 소설을 읽음, 186, 197; 승마, 282; 메시아(Messiah) 공연, 362

일반인들과 주고받은 편지(CORRESPONDENCE WITH THE PUBLIC): (1860년) 도처에서 쇄도하는 편지들, 42; (1868년) 쌓여만 가는 중구난방의 편지들, 360; 리디아 벡커(Lydia Becker)에게 정중하게 답장을 함, 304-305; 불(M. E. Boole)에게 자연선택과 종교적 신념에 관한 답변을 함, 290-291, 309

자녀(CHILDREN): 아들 레너드(Leonard)를 위해 아사 그레이에게 우표를 구해 줄 것을 부탁함, 110, 116; 호레이스(Horace)를 '자연선택의 주인공'이라고 칭함, 118, 168; 조지(George)가 식물의 잎이 나는 각도를 측정함, 165, 168; 『변이』의 교정을 도와준 헨리에타(Henrietta)를 칭찬함, 334; 캠브리지 대학에 다니는 조지의 성적에 대해 기뻐함, 342, 344; 레너드의 병을 걱

정함, 116; '아이들이야말로 가장 큰 기쁨이죠. 하지만 늘 애물단지이기도 하고 말입니다' 아사 그레이에게 보낸 편지 중에서, 116; 프랭크(Frank)의 빚을 갚아주고 금전 관리를 잘 하라고 당부함, 445. 다윈, 조지(Darwin, George); 다윈, 헨리에타(Darwin, Henrietta); 다윈, 호레이스(Darwin, Horace); 다윈, 레너드(Darwin, Leonard); 다윈, 윌리엄(Darwin, William) 참고

자연선택 이론을 예견한 사람에 관하여(ANTICIPATION OF THEORIES): 1831년 패트릭 매튜(Patrick Mattew)가 쓴 책에서 자연선택 이론이 거론된 것을 알게 된 다윈, 37, 38

회상(RECOLLECTIONS): 자연학자로서의 발전, 428-429; 비글호 항해 중 피츠로이(FitzRoy)의 친절함에 대하여, 235; 캠브리지 대학 시절 헨슬로우 교수의 친절함에 대하여, 75; 훔볼트의 『여행기Travels』의 영향, 249; 학창 시절, 322; 티에라델푸에고(Tierra del Fuego)의 야만인을 대했을 때의 전율, 106

저서(PUBLICATIONS):
- "리스럼 살리카리아의 세 가지 형태Three forms of Lythrum salicana" 193, 195, 198, 239, 293; 코플리 메달 후보가 된 배경, 209; 코플리 메달의 심사 대상에서 이 논문이 배제 된 데 대해 분노하는 후커, 225
- "프리뮬라의 이형질 조건Dimorphic condition in Primula" 89, 96, 99, 53; 헉슬리의 확신을 이끌어 냄, 114; 캉돌(Candolle)이 이 논문에 대해 논평을 함, 112-113
- "덩굴 식물(Climbing plants)" 295, 주456; 후커는 이 논문을 출판 할 것을 권유함, 193; 그레이와 월리스의 반응, 238, 245, 247
- 『난초』 99, 114; 그레이의 동의, 109, 116; 코플리 메달의 후보가 된 학문적 배경에 관한 내용, 209; 존 머레이(John Murray)에게 이 책의 판매에 관해 물음, 264; 아크로페라(Acropera)의 수분능력에 관해서 실수를 저지름, 284
- 『변이』; 『기원』의 증보판으로써 세 권을 더 출판, 33; 가금류에 관한 장을 쓰기 시작함(1861년), 64; 가축화에 따른 변이에 관한 연구(1861년/1862년), 78, 120; 범생설, 변이 이론, 239-243, 266-267, 343, 353, 360, 367; '적자생존'이라는 용어를 사용함, 274-275; 꾸준히 쓰지 못하고 간헐적으로 집필을 함(1866년), 260, 268, 282; 존 머레이는 이 책의 판매를 750부 정도를 예상함, 303; 이 책의 분량, 302, 306, 309; 변이가 유리한 명령을 따른 것인지를 묻는 질문을 그레이에게 던짐, 308; 인간에 관한 장을 쓰는 동안 이 책의 원고를 넘김, 295; 마지막 장을 별도의 책으로 출판할 계획을 함, 309; 헨리에타가 원고의 교정을 도와줌, 334; 인덱스 작업을 맡은 사람의 불평, 341; 출판과 선물로 지인들에게 책을 보냄, 343, 345; 논평들과 반응, 350, 357, 361; 14일 만에 재 출판됨, 350, 352; 스테인톤(Stainton)에게 질문을 함, 355; 이 책의 외국어 판, 361, 367; 독일에서의 판매, 411
- 『살아있는 만각류Living Cirripedia)』(1854) 37
- 『살아있는 만각류, 만각류 화석Living Cirnpedia, Fossil Cirripedia』(1854) 207
- 『살아있는 만각류, 만각류 화석(Living Cirripedia, Fossil Cirripedia』(1851, 1854) 209
- 『유래Descent』 441, 446
- 『종의 기원Origin qf species』. 종의 기원(Origin of species) 참고

휴가와 여행(HOLIDAYS AND EXCURSIONS): 본머스(Bournemouth) (1862년), 120; 와이트 섬(Isle of Wight) (1868년), 363, 365, 366; 바머스(Barmouth) (1869년), 412; 캠브리지(Cambridge) (1870년), 436; 턴브리지(Tonbridge) (1870년), 445

다윈, 프랜시스 사체버렐(Darwin, Francis Sacheveral): 다윈 프랜시스 사체버렐의 두 딸에 관한

내용, 375

다윈, 프랜시스(프랭크)(Darwin, Francis (Frank)) 282, 362, 378, 436; 프랭크가 대학에서 진 빚을 갚아주고 금전 관리에 대해 훈계하는 다윈, 445

다윈, 헨리에타 엠마(Darwin, Henrietta Emma) 349; 건강이 좋지 않음(1861년), 57; 섬의 식물상에 관한 후커의 강연에서 오류가 있다고 생각함, 324;『변이』의 교정 작업을 도와준 것에 대해 다윈이 고마워함, 334; 스위스와 프랑스를 여행함, 375, 436;『유래』의 원고를 읽음, 425-426, 429

다윈, 호레이스(Darwin, Horace) 212, 437; '자연선택의 주인공', 118, 168

댈러스, 윌리엄 스위트랜드(Dallas, William Sweetland):『변이』의 인덱스 작업에 대한 불평, 341;『다윈을 위하여Für Darwin』번역, 398

데모스테네스(Demosthenes) 423

데이나, 제임스 드와이트(Dana, James Dwight):『기원』을 끝까지 읽지는 않았지만 부분적으로 비평을 함, 147-149; 대너가 다윈의 견해에 동의하기를 바라는 다윈, 153; 오랜 투병으로 대너의 정신력이 약해졌다고 생각하는 다윈, 222;『다윈을 위하여』의 번역서를 데이나에게 보내준 다윈, 399

데이먼, 조지프(Dayman, Joseph) 45

데이비드슨, 토마스(Davidson, Thomas) 77-79

데이비스, 제퍼슨(Davis, Jefferson) 246

도른, 안톤(Dohrn, Anton) 348; 동물에 관한 안톤의 계획에 도움을 주는 다윈, 422-423

동시류(Homoptera): 월시(Walsh)에게 동시류(매미목)에 관한 정보를 구하는 다윈, 351

돼지(pig)에 관하여: 에버글레이즈의 검은 돼지에 관하여, 36, 50; 선택 이론을 입증할 만한 번식에 관하여, 62; 새끼의 암수 비율에 관하여, 376, 405

두꺼비(toad)에 관하여: 두꺼비의 뒷다리를 해부한 다윈, 207

뒤샹, 기욤(Duchenne, Guillaume) 437, 438, 440

듀베리, 에이미(Duberry, Amy) 416

드레이퍼, 존 윌리엄(Draper, John William) 46

드베이, 프란시스(Devay, Francis) 165

디아포라 멘디카(Diaphora mendica): 암컷이 흰색이고 수가 적은데 새들의 눈에 잘 띠기 때문일 가능성이 있음, 319

라마르크, 장 밥티스트(Lamarck, Jean Baptiste de) 192, 371;『고대 인간』에서 드러난 라마르크와는 다른 라이엘의 방식에 관하여, 154, 156; 진보주의적인 학설에 대한 다윈의 이견, 162; 다윈과 자신의 의견이 라마르크와는 다르다고 생각하는 월리스, 409

라멜리콘(Lamellicorn) 351

라이엘, 마리 엘리자베스(Lyell, Mary Elizabeth) 155

라이엘, 찰스(Lyell, Charles) 1대 준남작: 지질학적 기록의 미흡함에 대하여 다윈과 의견을 같이함, 30, 77; 다윈은 라이엘에게『기원』에 대한 논평들을 전해줌, 36-37; 오언의 논평에 대해 응대를 할 필요가 없다고 다윈에게 충고함, 39; 자연선택을 설명한 월리스의 논문을 다윈과 공동으로 출판하도록 하는 데 일익을 담당함, 41; 자연선택으로 전향함, 42; 프랑스에서 켈트족의 유물이 있는 지층을 조사함, 76; 제이미슨이 발견한 글렌로이의 '나란한 길'에 관해 다윈과 의견을 나눔, 86, 90, 119; 자연선택이 가속화될 수 있으나 탄생의 분기라고 볼 수는 없다는 의견, 128-131; 다윈은 논쟁을 피하라는 라이엘의 충고를 동료들에게 전함, 268; 코플리 메달 수상식 만찬에서 연설함, 229; 자신의 책 『지질학의 요소』의 신판이 『기원』과 충돌하지 않는다고 생각함, 231; 빙하 시대에 모든 생물이 멸종했다는 아가시의 주장을 동료들과 함께 반박함, 261-263; 아가시의 빙하 이론을 잊기로 함, 286; 후커의 영국 과학발전 협회 연설, 370; 빙하기 동안 남반구의 기온이 올라갔다는 이론을 기꺼이 받아들임, 391; 다운을 방문함, 391

- 『고대 인간의 지질학적 증거Geological evidence of the antiquity of man』 142; 라이엘이 자신의 주장을 분명하게 밝히지 못한 것에 실망한 다윈, 154; 온건함이 다윈의 견해로 많은 사람들을 돌아서게 할 것이라고 믿음, 155-156; 자연선택을 인정해 줄 것을 간청하는 다윈, 163, 이 책에서 드러난 라이엘의 소심함을 나무라는 다윈, 159, 167, 169; 후커는 "마음은 내키지 않고 이성적으로만 몰두한다."며 설명을 함, 169
- 『지질학 원리(Principles of geology』 10판; 다윈에게 교정쇄를 보냄, 각 장마다 좋아하는 사람들에 관하여, 40, 287; 후커의 칭찬, 357; 진화에 관한 사고를 촉진시키는 영향을 드러낼 것이라고 예견, 367; 다윈은 아들 조지에게 캠브리지 대학에서 이 책을 가져다 달라고 부탁함, 379; 버클(Buckle) 목사의 논쟁에 관하여, 388, 389; 윌리스도 이 책에 대한 논평을 쓰기로함, 388, 389; 크롤(Croll)이 설명을 함, 392; 윌리스의 논평, 408

라이트, 찰스(Wright, Charles) 195

라이프니츠, 고트프리드 빌헬름(Leibniz, Gottfried Wilhelm) 367

라플레시아(Rafflesia): 충영 곤충, 235

램지, 앤드류 크롬비(Ramsay, Andrew Crombie) 77

랭턴, 찰스(Langton, Charles) 256

랭턴, 캐서린(Langton, Catherine): 다윈과 엠마에게 죽음을 앞두고 작별인사를 함, 255-256; 다윈도 가망이 없다고 생각함, 306

러벅, 엘렌 프란세스(Lubbock, Ellen Frances) 118

러벅, 존(Lubbock, John), 에이브버리(Avebury)의 4대 준남작, 1대 남작, 118, 250, 350, 353, 주 455

러벅, 프란세스 마리(Lubbock, Frances Mary) (헨리 부인) 417

러벅, 헨리 제임스(Lubbock, Henry James) 417

러브그로브, 헨리에타(Lovegrove, Henrietta) 416

「레뷰 오르티콜Revue Horticole」 297

레슬리, 피터(Lesley, J. Peter) 190

레키, 윌리엄 에드워드 하트폴(Lecky, William Edward Hartpole) 250, 주454

로드웰, 존 매도우즈(Rodwell, John Medows) 49-51

로링, 찰스 그릴리(Loring, Charles Greely) 246

로버트슨, 존(Robertson, John) 353, 주458

롤스톤, 조지(Rolleston, George) 75

루스커스 안드로지너스(Ruscus androgynus): 후커의 관찰에 관하여, 219

루이스, 조지 헨리(Lewis, George Henry) 50, 주 449

르와예, 클레망스 오귀스트(Royer, Clemence Auguste) 111

르클레르, 조지 루이 콩트 뷔퐁(Leclerc, George Louis, comte de Buffon) 243
리, 로버트 에드워드(Lee, Robert Edward) 236
리고디엄 스칸덴스(Lygodium scandens); 기어올라가는 습성, 305
리넘(Linum): 코플리 메달 심사대상, 209, 225; 이형질, 285; 리디아 벡커(Lydia Becker)가 리넘에 관심을 가짐, 293
「리더(Reader)」 198, 225, 250, 270
리드, 윌리엄 윈우드(Reade, William Winwood) 384-387
리스럼(lythrum): 다윈은 리스럼에 대한 연구를 함(1864년), 186, 193, 195; 이형질, 260, 304
리어시아(Leersia): 다윈은 리어시아의 불임성을 확인하려고 함, 196
리크니스 디우르나(Lychnis diurna): 벡커가 다윈에게 이 식물을 보냄, 293
리드페스 씨(Ridpeth, Mr) 407
린네 저널(Linnean Journal): 다윈은 프리뮬라(Primula)와 리스럼(Lythrum)에 관한 논문을 기고함, 209; 뮐러의 편지를 다윈의 글과 대조하여 실음, 283
린네 클럽(Linnean Club): 클럽에서 저녁 식사를 한 다윈, 75
린네 학회(Linnean Society) 384, 388, 409; 다윈은 린세쿰의 논문의 개요를 출판할 것을 권유함, 51; 학회에서 연설을 한 다윈(1861년), 74; 프리뮬라(Primula)에 관한 논문을 제출한 다윈, 87; 학회에서 오언을 비난한 후커, 101; 건강으로 인해 학회 모임에 참석하지 못한 다윈, 149, 151
린세쿰, 기드온(Lincecum, Gideon): 다윈의 이론을 지지하기 위하여 경작을 하는 개미를 관찰함, 51-53
릴리오페(Liriope): 뮐러는 릴리오페를 관찰한 헤켈의 주장을 확증함, 286
링컨, 에이브러햄(Lincoln, Abraham): 노예제 반대(1862년), 121; 다윈은 조건적인 노예 해방선언에 다소 실망을 함, 176, 주452; 암살 당함, 237
마데이라(Madeira): 새에 의해서 씨앗의 분산이 이루어지는 것에 관하여, 278, 281
마이어스, 존(Miers, John) 75
말(horse)에 관하여: 선택 이론을 입증하기 위한 육종에 관하여, 62; 당나귀와 이종교배를 했을 때 새끼를 덜 낳음, 146; 상처 입은 말을 잘 관리할 것을 지역 지주에게 강권하는 다윈, 253
매미(cicada)에 관하여: 자웅 선택에 관하여, 321
매스터스, 맥스웰 틸든(Masters, Maxwell Tylden) 384
매튜, 패트릭(Matthew, Patrick): 자연선택을 예견함, 37, 38, 39, 177
맥냅, 제임스(McNab, James) 144, 187
맬서스, 토마스 로버트(Malthus, Thomas Robert): 다윈에게 영향을 미침, 207; 불합리한 오해를 받고 있는 맬서스, 275
맵시벌(Ichneumonidae): 애벌레의 몸 안에 기생하면서 숙주를 먹으며 자라도록 신이 맵시벌을 설계했다고 믿지 않는 다윈, 43
머레이, 앤드류 딕슨(Murray, Andrew Dickson) 357; 머레이를 비난하는 다윈, 361
머레이, 존(Murray, John): 영국에서 재출간하는 그레이의 소책자가 잘 팔릴지 확신을 못함, 60; 『기원』4판에 대해 다윈과 계약을 맺음, 263-265; 『변이』의 출판 계약, (1867년) 303, 봄이나 가을에만 출판을 함, 303, 『변이』의 분량과 내용에 대해 걱정을 함, 309, 다원과 면식이 있는 달라스에게 색인 작업을 해 달라고 설득함, 341, 판매 보고와 재인쇄 주문, 350

메기스타니스(Megistanis): 암컷이 아직 발견되지 않고 있음, 72

메두사(Medusa), 메두사의 번식에 관하여; 235

메뚜기 풀(Locust Grass): 이 풀을 큐의 식물원으로 보내는 다윈, 360

모란(peony)에 관하여: 새들을 유인하는 색에 관하여, 285

모슬리, 헨리(Moseley, Henry): 중력으로는 빙하의 이동을 설명하기 어렵다고 여김, 392, 397

목련(Magnolia): 고대의 목련, 371

목서초(mignonette): 자가수분으로는 불임성을 띰, 360

몰, 후고(Mohl, Hugo von), 196

물랭-퀴뇽(Moulin-Quignon)의 화석에 관하여, 173-174

물떼새(plover)에 관하여: 여름 깃털에 관하여, 315

뮐러, 요한(Müller, Johann) 425

뮐러, 프리츠(Müller, Fritz): 『다윈을 위하여』의 출판을 반기는 다윈 250, 283; 번역본의 제목과 겉표지에 관하여, 399-400; 하루에 여섯 가지의 이형질 속을 발견함, 297; 얼굴 표정과 자가수분에 관한 뮐러의 견해를 묻는 다윈, 310-314, 344-346; 브라질의 난초에 관해서 다윈과 편지를 왕래함, 283-286, 296

미국 과학 기술 저널(American Journal of Science and Arts): 실리맨의 저널, 110

미국 남북 전쟁(American Civil War): 남북 전쟁에 대한 다윈의 견해, 110, 117, 121, 165, 176, 197; 북군을 승리와 노예제도 폐지를 기뻐하는 그레이(Gray), 236-237, 246-247; 미국이 귀족정치를 하지 않는 것에 대한 후커(Hooker)의 비난, 126-127

미물루스(Mimulus): 미물루스에 관한 그레이의 논문, 384

미첼라(Mitchella): 그레이에게서 받은 씨앗을 키우는 다윈, 195

미카니아(Mikania): 덩굴손 모양의 잎, 286

미클루코, 마클레이 니콜라이 니콜라이예비치(Miklucho-Maclay, Nikolai Nikolaievich) 348

밀, 존 스튜어트(Mill, John Stuart) 330

밀른, 데이비드(Milne, David) 84, 90

바틀렛, 에이브러햄 디(Bartlett, Abraham Dee) 404

박각시 나방(sphinx month)에 관하여: 애벌레의 색, 317; 혼종에 관하여, 282

반다 족(Vandeae): 반다 족의 열매에 관하여, 123

배링, 알렉산더 휴(Baring, Alexander Hugh) 애쉬버튼의 4대 남작, 103

배링, 윌리엄 빙험(Baring, William Bingham) 애쉬버튼의 2대 남작, 102

배빙턴, 찰스 카달(Babington, Charles Cardale) 79

밸포어, 존 휴톤(Balfour, John Hutton) 144, 187

버스크, 조지(Busk, George): 다윈을 코플리 메달(Copley Medal) 후보로 추천함, 208; 메달의 심사에서 『기원』이 배제 된 것을 보고함, 218, 220

버클, 조지(Buckle, George) 388

버틀러, 새뮤얼(Butler, Samuel) 322

번식력(fertility)에 관하여, 불임성(sterility) 참고

벌(bee)에 관하여: 꿀벌의 공동이 자연선택의 증거라는 점에 관하여, 181 주452; 벌에 의한 난초의 수분에 관하여, 186; 청산(prussic acid)이 벌을 즉사시키는 것에 관하여, 427

벌새(humming bird)에 관하여: 깃털의 기능에 관하여, 230, 232; 다윈은 아가일의 공작의 책에서 벌새의 기능에 관한 설명이 취약하다고 생각함, 330

범생설(pangenesis): 범생설에 대해서 헉슬리의 의견을 구함, 240-244, 343; 후커에게 범생설을 설명함, 266-267; 뮐러의 의견을 구함, 345; 다윈은 장차 범생설이 인정받을 것이라고 생각함, 353, 365; 다윈은 후커가 인정을 하지 않으면 임종할 때까지 시달릴 것이라고 함, 360; 골턴은 범생설을 증명하기 위해 토끼에게 수혈 실험을 함, 431; 자연적으로 발생하고 존속하는 제뮬(gemmules)에 관하여, 444

베고니아(Begonia): 베고니아에 날아드는 곤충들에 관하여, 195; 존 스콧(John Scott)에게 베고니아 프리기다(B. frigida)를 구해달라고 하는 다윈, 143; 윌리엄 헨리 하비(William Henry Harvey)가 비정상적인 진화를 통해 새로운 종이 탄생하는 것에 관해 설명함, 333, 주458

베돔, 리처드 헨리(Beddome, Richard Henry) 192

베르바스쿰(Verbascum): 혼종의 번식에 관하여, 146; 변종의 번식은 색의 영향을 받는 것에 관하여, 33; 자연적인 혼종의 불임성에 관하여, 120; 변종들 사이에서도 일부는 불임성을 띠는 것에 관하여, 96

베어드, 스펜서 풀러톤(Baird, Spencer Fullerton) 281

베이츠, 헨리 월터(Bates, Henry Walter) 101, 317; 남아메리카의 나비에 관하여, 62-64, 66-68, 69-73; 베이츠의 연구를 치하하는 다윈, 124-125, 222; 『아마존 강의 자연학자Naturalist on the River Amazons』, 183; 범생설(판게네시스, pangenesis)을 이해하기 어렵다고 생각함, 353; 자연선택에 대한 월리스의 반론을 반박할 것을 다윈에게 권유함, 433-434

베이커, 새뮤얼과 찰스(Baker, Samuel C. and Charles N.) 406

베이크웰, 로버트(Bakewell, Robert) 331, 주458

베이트, 찰스 스펜스(Bate, Charles Spence) 399

베일리, 존(Baily, John) 66

베커, 리디아 어니스틴(Becker, Lydia Ernestine) 292-295, 304-305

베클스, 새뮤얼 허스번드(Beckles, Samuel Husband) 주452

벤담, 조지(Bentham, George), 413; 다윈의 난초에 관한 책에 대해 호의적임, 109, 114; 벤담에게 존경을 표하는 다윈, 171; 다윈주의로 전향함, 357, 360; 범생설에 대해 의구심을 가짐, 365

벤스 존스, 헨리(Bence Jones, Henry), 존스, 헨리 벤스(Jones, Henry Bence) 참고

벨, 토마스(Bell, Thomas) 75, 76

변이(variation): 변이가 자연선택에 의해 가속화되는 분기를 결정한다(후커)는 내용, 127-128; 인간은 자연적으로 발생하는 변이를 축적한다는 내용, 59-60; 미세한 변이의 축적으로 인해 새로운 종이 발생한다는 내용, 232; 이종교배와 물리적 조건의 결과로 변이가 일어난다는 내용, 129-131; 아마존 유역의 파필리오의 정착에 관하여, 62-63, 69-70; 가축화 과정에서 일어나는 변이는 자연선택 이론을 뒷받침한다는 내용, 172. 다윈, 찰스 로버트(Darwin, Charles Robert), 저서(PUBLICATIONS): 『변이』참고

변종의 불임성(varieties, sterility of)에 관하여: 이에 관한 다윈과 헉슬리의 논쟁, 32-33, 36

볏이 달린 검은 새(blackbird, crested)에 관하여 248
보나테아(Bonatea): 후커가 다윈에게 보나테아를 보냄, 266
보네트, 찰스(Bonnet, Charles) 241
보레리아(Borreria): 자가 수분을 할 경우 비교적 생식력이 없는 보레리아에 관하여, 401
보르네오(Borneo): 빙하기 동안 온대성 식물이 자생했던 점에 관하여 296
보언, 프랜시스(Bowen, Francis) 59, 61
보안제이어(Voandzeia): 이 꽃의 완벽한 불임성에 관하여, 196
봄부스(Bombus): 짝짓기의 방법에 관하여, 222; 벌(bee) 참고
부셰 드 페르트, 쟈크(Boucher de Perthes, Jaeques) 173-175
부트, 프랜시스(Boott, Francis) 99
불, 메리 에버리스트(Boole, Mary Everest): 자연선택과 종교적인 신념에 관하여, 287-289, 309
불임성(sterility)에 관하여: 변이가 일어난 유기체의 불임성에 관하여, 32-33, 96, 97-98, 136, 146, 346; 인간의 불임에 관하여, 135
뷔퐁, 콩트 드(Buffon, comte de). 르클레르, 조르주 루이(Leclerc, George Louis) 참고
브라운-세카르, 샤를 에두아르(Brown-Sequard, Charles Edouard) 96
브레이스, 찰스 로링(Brace, Charles Loring) 245
브론, 하인리히 게오르크(Bronn, Heinrich Georg) 161, 172; 『기원』을 독일어로 번역함, 107-108
브루스, 헨리 오스틴(Bruce, Henry Austin) 에버데어(Aberdare)의 남작, 432
브루스터, 제인 커크(Brewster, Jane Kirk) 46
브룩, 제임스(Brooke, James) '라자 브룩', 403
브륄, 가스파 어거스뜨(Brulle, Gaspard Auguste) 212
블라이스, 에드워드(Blyth, Edward) 63; 자웅 선택에 관한 정보를 구하는 다윈, 314-316
블레크, 빌헬름(Bleek, Wilhelm) 348, 주459
비그노니아 카프레올라타(Bignonia capreolata): 기어오르며 자라는 습성에 관하여, 195
비글호(Beagle): 비글호의 항해, 27; 다윈의 회상, 206, 235, 429
비둘기(pigeon)에 관하여 97, 407; 흑비둘기(blue rocks)는 자연선택의 예로써 집비둘기와 유사성을 가짐, 103-104, 106; 변이의 원칙을 설명하는 데 비둘기를 예로 든 다윈, 40, 60, 80, 129, 233; 비둘기의 선호 색에 관하여, 407; 테게트마이어로부터 이종교배 실험 요청을 받음, 149-151; 혼종교배와 불임성에 관하여, 134; 말레이 군도의 비둘기에 관하여, 257; 신은 사육사들의 목적을 위해 비둘기를 창조하지 않았다는 견해, 40, 60, 80, 233; 자웅 선택에 관하여, 331
비튼, 도널드(Beaton, Donald) 96
빅토리아, 영국의 공녀(Victoria, Princess Royal) 230, 231, 주454
빙하 시대(Ice Age). 빙하기(glacial period) 참고
빙하기(glacial period): 헨리 월터 베이츠(Henry Walter Bates)는 빙하기 동안에 아마존 유역의 파우나가 멸종했을 것이라고 추측함, 63; 다윈은 남아메리카의 식물이 구세계보다 멸종을 덜 겪었을 것이라고 확신함, 67; 빙하기 동안에 식물이 멸종했다는 후커의 의견에 다윈은 동의하지 않음, 261-263, 277, 296; 다윈은 글렌로이(Glen Roy)의 '나란한 길'이 빙하의 흔적이라고 생각함, 83, 83-85; 빙하기의 지속에 관하여; 332, 379, 391, 403; 빙하기 동안 영국이 대륙과

연결되어 있었다는 점에 관하여, 277; 라이엘은 빙하기 동안 남반구가 더 온화했다는 점을 인정하려 하지 않음, 391; 빙하기 동안 뉴질랜드에 남극 대륙의 식물이 유입되었다는 점에 관하여, 296

사빈, 에드워드(Sabine, Edward) 218-220, 225

사슴(deer)에 관하여: 자웅 선택, 329

사이닙스(Cynips): 월시가 세 가지 성을 발견함, 191

사이브델리스(Cybdelis): 암수 분포에 관하여, 72

사진(photography): 줄리아 마가렛 카메론(Julia Margaret Cameron)에게서 사진을 구하는 다윈, 370; 친구들의 사진을 담은 다윈의 책, 213; 엄숙하고 근엄해 보이는 헉슬리의 사진을 받은 다윈, 228; 아들 윌리엄이 찍어준 사진을 매튜에게 보내는 다윈, 177; 턱수염이 난 모습을 찍은 사진을 그레이에게 보냄, 197; 헤켈은 부인의 사진을 다윈에게 보냄, 206; 월시는 다윈에게 사진을 보내달라고 부탁함, 217; 웨스트 라이딩(West Riding) 정신병원의 환자들의 사진, 438, 440-441

사포나리아(Saponaria): 마스터즈(Masters)의 논문, 384

사포르타, 가스통(Saporta, Gaston, comte de) 370-371

사향초(Thymus): 일부는 암수한그루, 일부는 암그루인지에 관하여, 197

샤피, 윌리엄(Sharpey, William) 왕립 학회의 비서관, 208-211

살리스버리아(Salisburia): 위스타리아(Wisteria)가 감아 올라가는 것을 관찰한 후커, 219

살무사(adder): 다윈의 아들 호레이스 다윈(Horace Darwin)은 살무사의 멸종에 관해 생각함, 118, 주452

새(bird)에 관하여: 극락조(birds-of-paradise)에 관하여, 405; 볏이 달린 검은 새에 관하여, 248; 새의 혈통에 관하여, 78; 골드 핀치(goldfinch, 황금방울새)에 관하여 354-355; 갈매기에 관하여, 315; 벌새에 관하여, 230, 233, 330; 자연선택과 새에 관하여, 129, 333; 새들의 결혼 예복(화려한 깃털)에 관하여, 405; 자고새에 관하여, 188-189; 물떼새와 뇌조에 관하여, 315; 새들에 의한 씨앗의 분산에 관하여, 188-189, 278, 281; 자웅 선택에 관하여, 328, 375, 403-405, 446; 깃털에 관하여, 230, 232, 316, 331, 432. 비둘기(pigeon), 가금류(poultry) 참고

생틸레르, 오귀스탱(Saint-Hilaire, Augustin de) 383

서머빌, 메리(Somerville, Mary) 434, 주461

섬의 플로라(식물상)(island flora)에 관하여: 식물이 섬에 자생하게 된 방법에 대해 후커와 다윈의 의견이 다름, 170; 우연한 수단에 의해 무성해짐, 277, 280; 후커에게 섬의 식물상에 관해 책을 쓰라고 권함, 296; 섬의 식물에 관한 후커의 설명에서 오류를 찾은 다윈, 324; 시간적인 여유가 있을 때로 돌아가고 싶은 후커의 심정, 358

세로페기아 가드네리(Ceropegia gardeneri): 희귀한 모양의 꽃에 관하여, 184

세부스(Cebus): 꼬리말이 원숭이의 표정에 관하여, 345

세실, 로버트(Cecil, Robert), 솔즈베리(Salisbury)의 3대 후작, 439

세즈윅, 아담(Sedgwick, Adam) 156; 다윈의 아들 조지가 트리니티의 학생이 된 것을 축하함, 372-373; 세즈윅 교수의 친절함과 웨일즈 탐사를 회상하는 다윈, 374; 캠브리지를 방문한 다윈, 437

셀레베스(Celebes): 파필리오니데(Papilionidae)의 분포에 관하여, 257, 주455

셀리스버리의 3대 후작(Salisbury, 3d marquess of). 세실, 로버트(Cecil, Robert) 참고
소(cattle)에 관하여: 자연선택 이론을 입증할 만한 소의 번식에 관하여, 62; 소에서 나타나는 불임성에 관하여, 136; 태어나는 새끼의 암수에 관하여, 376
소어비, 조지 브레팅엄(Sowerby, George Brettingham, jr) 264-265
수련(water-lilies): 수련의 이종교배에 관하여, 266
슈미트, 오스카(Schmidt, Oskar) 399
슐츠, 막스(Schultze, Max) 399
스노우, 조지(Snow, George) 264, 주455
스미스, 존(Smith, John) (1798-1888) 266, 주455
스미스, 존(Smith, John) (1821-1888) 323
스커더, 새뮤얼 허버드(Scudder, Samuel Hubbard) 268
스콧, 존(Scott, John): 난초의 수분에 관하여 다윈에게 정보를 줌, 122-123; 개인적인 성장 배경에 관하여, 144; 인도에서 일할 직장을 구함, 192-193; 캘커타에 직장을 마련해준 후커, 192-193, 193-194; 재정적인 도움을 준 다윈, 194, 204-205; 유럽 식물이 캘커타에 적응하는 것에 관하여, 324
스탄호페아(Stanhopea): 스탄호페아의 수분에 관하여, 284
스테빙, 토마스 로스커 리드(Stebbing, Thomas Roscoe Rede) 397-399
스테인튼, 헨리 티베츠(Stainton, Henry Tibbats) 318, 355
스튜어트, 로버트(Stewart, Robert) 캐슬레이(Castlereagh)의 지작, 런던데리(Londonderry)의 2대 후작, 235
스페쿨라리아 퍼포리아타(Specularia perfoliata): 그레이는 이 식물의 씨앗을 다윈에게 보냄, 245
「스펙테이터(Spectator)」 308, 368, 369
스펜서, 허버트(Spencer, Herbert): 『주노미아Zoonomia』를 칭송함, 192; '적자생존'이라는 용어를 만듦, 270, 274; 후커는 스펜서를 '생각 펌프'로 비유함, 296; 자신의 견해와 범생설을 구분함, 353
스프루스, 리차드(Spruce, Richard) 388
스필로소마 멘사트리(Spilosoma menthastri) (흰색 나방)에 관하여, 319
슬레이터, 필립 러틀리(Sclater, Philip Lutlcy) 201
시벨룰레이(Sibellulae): 성별에 따른 색의 차이에 관하여, 352
시조새(Archaeopteryx): 시조새 화석의 발견, 141-142
시프리페디움(Cypripedium): 아사 그레이(Asa Gray)에게 시프리페디움에 관한 논문을 출판할 것을 권유하는 다윈, 110; 벌을 가지고 수분을 시켜본 다윈, 166; 시프리페디움. 허스티시뭄(C. hirsutissimum) 이 기어다니는 곤충에 의해 수분되는 것에 관하여, 110
신화적인 존재(mythological beings)에 관하여: 킹슬리(Kingsley)는 인간과 원숭이의 중간 단계라고 추측함, 104-105, 107
실고기(Solenostoma): 자웅 선택에 관하여, 431
실레이키아(Selachiae, 연골어류)에 관하여: 미클루코는 실레이키아의 부레의 흔적을 발견함,

실리맨, 벤저민(Silliman, Benjamin) 110, 주450
아가시, 루이(Agassiz, Louis) 308, 주456; 『기원』에 대한 반대의견, 42, 286, 367; 그리스 라틴어와 산스크리트어의 관계를 부정하는 내용, 59, 61; 빙하 호수 이론을 주장함, 83-85, 183; 월리스가 자연사 이론을 비난함, 183; 다윈이 쓴 정중한 편지를 오용함, 190, 215, 221; 월시는 아가시에 대한 비판 거리를 찾음, 214-215, 221-222; 다윈은 빙하기가 식물을 멸종시켰다는 주장을 취소함, 261-262
아가시, 알렉산더(Agassiz, Alexander) 214
아가시, 엘리자베스 캐봇 캐리(Agassiz, Elizabeth Cabot Carey) 367
아가일의 공작(Argyll, eighth duke of). 캠벨, 조지 더글라스(Campbell, George Douglas), 아가일의 8대 공작 참고
아데난테라(Adenanthera): 새들을 유인할 만큼 화려한 빛깔의 열매, 296
아리에(Aria): 카리에르(Carriere)가 설명한 아리에의 접붙이기에 관하여, 297
아시네타(Acineta): 아시네타의 수분에 실패한 다윈, 284
아조레스(Azores): 아조레스의 유기체에 관하여 후커와 의견이 다른 다윈, 281, 296, 324
「아카데미(Academy)」: 건강 악화로 인해 다윈은 논평 요청을 거절함, 434
아크로페라(Acropera): 암수한그루로 봄, 122-123, 152; 후커가 다윈에게 아크로페라를 보냄, 277-280; 아크로페라의 수분에 관하여, 284
아테니움(Athenaeum) 76, 166; 유공충(Foraminifera)에 관한 카펜터(Carpenter)의 논평에 대한 다윈의 답변, 159, 160-164; 『변이』에 대한 혹평, 352, 357; 진화에 대한 전 세계적인 믿음을 더 이상 부정할 수 없게 됨, 366; 영국 과학발전 협회에서 한 후커의 연설에 관한 보고, 366-370
안데르손, 닐스 요한(Andersson, Nils Johann) 413
암수의 성비(sexes, ratio of males to females)에 관하여: 칼리시아(Callithea)에 관하여, 72; 카타그라마(Catagramma), 72; 메기스타니스(Megistanis)의 암컷은 발견되지 않음, 72; 아마존 유역의 나비에 관하여, 70-72; 곤충의 성비에 관하여 월시에게 정보를 구하는 다윈, 351; 가축의 성비에 관하여, 376
애들러미아(Adlumia) 245
애벌레(caterpillar)에 관하여: 착색에 관하여, 317-319
애쉬버튼 경(Ashburton, 2d Baron). 배링, 윌리엄 빙험(Baring, William Bingham) 참고
「애틀랜틱 먼슬리(Atlantic Monthly)」 181
애플턴, 토마스 골드(Appleton, Thomas Gold) 434
앤더슨, 토마스(Anderson, Thomas) 192
앰펠롭시스(Ampelopsis): 화반을 뚫고 부착되는 덩굴손, 196
앰피카르피아(Amphicarpea): 일반적으로 불임성을 띠는 야생 식물, 196
야렐, 윌리엄(Yarrell, William) 316
야만인(savage)에 관하여: 티에라델푸에고의 야만인에 대한 다윈의 혐오감, 106; 야만인들의 몸치장과 성 선택에 관하여, 404

야생 당나귀(wild ass)에 관하여: 야생 당나귀에 관한 연구가 미흡함에 대하여, 63

양(sheep)에 관하여: 골드 코스트의 양에 관하여, 385

언어(language)에 관하여: 로드웰(Rodwell)에게 '언어로 풀어보는 동물 삶에 관한 연구(struggle for life with words)'에 관하여 출판을 할 것을 권유, 50; 아가시는 그리스 라틴어나 산스크리트 어가 유사성이 없다고 주장함, 59

얼굴 표정(facial expression)에 관하여: 다윈의 연구, 311, 321; 뮐러(Mäller)의 견해를 묻는 다윈, 345; 원숭이의 표정에 관하여, 345; 정신병원 환자들에 관한 정보를 구하는 다윈, 437; 기욤 뒤셴(Guillaume Duchenne)의 책을 보고 공부함, 437; 골드 코스트 종족에 관하여, 385

에두사(Edusa) 355

「에든버러 리뷰Edinburgh Review」: 리차드 오언(Richard Owen)이 쓴 『기원』에 관한 논평, 37, 76

에든버러 왕립 식물원(Royal Botanic Gardens, Edinburgh): 스콧의 직장, 143-145, 187-188

에든버러 왕립 학회(Royal Society, Edinburgh): 아가일의 공작의 연설, 1865년, 229-231

에로디엄(Erodium): 교대의 수술들의 불임성에 관하여, 304

에반스 부인(Evans, Mrs) 378

에반스, 존(Evans, John) 173

에반스-롬 엘리자베스(Evans-Lornbe, Elizabeth) 357, 주458

에스콜치아(Eschscholtzia, 금영화): 자가수분에 관하여, 284, 345, 400

에스키모(Eskimo): 유전적인 기술에 관하여, 198

에이브버리의 4대 준남작, 1대 남작(Avebury, 4th baronet and 1st Baron Avebury) 러벅, 존(Lubbock, John)참고

에인슬리, 로버트(Ainslie, Robert) 253

에크레모카르푸스 스카버(Eccremocarpus scaber): 덩굴손에 관하여, 196

에피칼리아(Epicalia): 자웅 선택에 관하여, 71

엥겔만, 조지(Engelmann, Georg (George)) 245

엥겔하트, 스티븐 폴(Engleheart, Stephen Paul) 378, 416

영국 과학발전 협회(BAAS). 영국 과학 진흥 협회(British Association for the Advancement of Science) 참고

영국 과학발전 협회(British Association for the Advancement of Science) 250; 1860년 옥스퍼드(Oxford) 모임, 45-49; 1866년 노팅엄(Nottingham) 모임, 278; 후커가 협회장이 됨(1868), 307, 323; 1868년 노리치(Norwich) 모임, 358, 368-370

오랑우탄(orang-utan): 제닝스는 오랑우탄이 인간의 선조라는 사실을 조롱함, 29; 오랑우탄에 관한 월리스의 논문(1865년), 249; 블라이스(Blyth)는 말레이에 서식하는 생물과 오랑우탄의 유사성을 관찰함, 314; 말레이 군도에 관한 월리스의 책의 부제에 등장, 402

오르간 산(Organ mountains): 오르간 산의 식물상에 관하여, 262

오스트레일리아(Australia): 미개인들 간의 끊임없는 전쟁에 관한 내용, 198; 종의 안정성에 관하여, 172

오언, 리차드(Owen, Richard): 적대적이며 부정확한 『기원』에 관한 논평, 37, 39; 헉슬리의 강연

을 비평함, 37; 윌버포스 주교의 옥스퍼드 논쟁을 주도함, 45; 헉슬리가 맞섬, 46; 오언에 대한 다윈의 분노, 76, 101, 117; 오언을 향한 후커의 경멸, 101, 357; 시조새(Archaeopteryx) 화석에 관한 미흡한 보고서, 141; 시조새 보고서에 관해 라이엘이 오류를 지적함, 153; '모세 오경'의 용어를 사용한 다윈을 비웃음, 161; 카펜터의 유공충에 관한 논문에 대한 논평(오언이 썼다고 생각함)에 냉담하게 반응하는 다윈, 160-162; 헉슬리의 부인은 다윈을 '오언 같은 사람'이라고 속단함, 226, 228; 다윈은 『기원』신판의 '역사적 개요'에서 반론을 폄, 268; 다윈은 「아테니움Athenaeum」에 실린 『변이』에 관한 적대적인 논평을 오언이 쓴 것으로 짐작함, 352; 다윈은 종의 유전을 인정한다고 밝힘, 366; 척추동물에 관한 부분에 대해서 다윈을 헐뜯음, 379

오켄, 로렌츠(Oken, Lorenz): 오언(Owen)의 지지를 받음, 160; 오켄의 초월적인 사고방식을 비난하는 다윈, 주451

오켈러헨, 패트릭(O'Callaghan, Patrick): 볏이 달린 검은 새를 관찰해서 보고함, 248

옥수수(Zea): 옥수수의 혼종의 번식력에 관한 다윈의 실험, 146

옥스퍼드 대학(Oxford University): 다윈에게 명예 박사학위 수여, 439, 442

올리버, 대니얼(Oliver, Daniel): 다윈의 난초에 관한 책에 호의적임, 109

와이먼, 제프리스(Wyman, Jeffries), 445; 에버글레이즈의 검은 돼지에 관하여, 36, 50; 잉카족의 근친혼에 관하여, 159, 165

왕립 연구소(Royal Institution): 다윈의 업적을 치하하는 헉슬리의 연설(1860년), 32. 37

왕립 학회(Royal Society): 테게트마이어에게 자금 지원, 133; 시조새(Archaeopteryx)에 관한 오언의 미흡한 보고서, 141; 『기원』을 배제한 채 다윈에게 코플리 메달 수여, 208-211, 211-212, 218-219, 219-220

우드워드, 새뮤얼 픽워스(Woodward, Samuel Pickworth) 157

우드하우스, 알프레드(Woodhouse, Alfred J.) 58

원숭이(monkey)에 관하여: 얼굴 표정에 관하여, 345

월리스, 바이올렛(Wallace, Violet) 390

월리스, 알프레드 러셀(Wallace, Alfred Russel) 126, 154; 『기원』을 칭송함, 41; 벌의 공동이 자연선택의 증거라는 견해, 181; 『말레이 군도The Malay Archipelago』목(目)에 따른 분류 노트, 183; 월리스의 책이 완성되기를 바라는 다윈, 250, 257-258, 261, 276; 책의 출판, 257-258, 402; 책을 다윈에게 선물함, 387, 389; 월리스의 책에 대해 칭찬과 관심을 보이는 다윈, 403-404, 408; 자연선택과 인간에 관하여, 198-199, 200-203; 볏이 달린 검은 새에 관하여, 248; '적자생존'이라는 용어를 사용할 것을 다윈에게 권함, 269-273; 보호기제로 작용하는 나비의 색에 관하여, 259-260, 316-317, 317-320, 331, 355; 월리스의 원고를 돌려주고 출판할 것을 권하는 다윈, 328; 후커의 존경심, 357, 370; 월리스의 지혜로움을 칭찬하는 다윈, 361; '동물에서 의태와 그 밖의 보호의 유사성(Mimicry and other protective resemblances among animals)', 366-367; 종의 변형에 있어서 변이의 역할에 관하여, 388; 딸의 출생에 관하여, 390; 가난해서 책을 많이 살수 없는 형편에 관하여, 401; 지질학적인 변화에 관한 라이엘의 견해에 대하여, 408-410; 다윈은 입으로만 월리스를 정의를 외치는 사람이라고 보지 않음, 409; 계간과학 저널에 실린 글은 다윈과 월리스의 '승리를 옹호하는 대단한 승리'라고 생각하는 다윈, 409; 자연선택으로 인간의 도덕적인 감정의 발달을 설명하지 못한다고 생각하는 월리스, 432

월시, 벤저민 댄(Walsh, Benjamin Dann): 『기원』에 대한 월시의 칭송, 190-191; 미국에서의 삶과

일에 관하여, 216-217; 아가시에 대항하는 다윈을 지지함, 221; 『기원』의 4판의 출판에 공헌한 월시에게 감사하는 다윈, 268-269; 곤충의 성별 간의 차이에 관한 정보를 구하는 다윈, 351-352

웨스트민스터 리뷰(Westminster Review), 368

웨스트우드, 존 오베디아(Westwood, John Obadiah): 월시는 다윈에게 웨스트우드 교수의 사진을 보내달라고 부탁함, 217

웨지우드, 루시 캐롤라인(Wedgwood, Lucy Caroline) 282

웨지우드, 마가렛 수잔(Wedgwood, Margaret Susan) 282

웨지우드, 소피(Wedgwood, Sophy) 282

웨지우드, 엘리자베스(Wedgwood, Elizabeth) 255

웨지우드, 캐롤라인(Wedgwood, Caroline) 282, 306

웨지우드, 프란세스(Wedgwood, Frances) 246

웨지우드, 헨슬레이(Wedgwood, Hensleigh) 309, 413

웰즈, 윌리엄 찰스(Wells, William Charles) 209

웹, P. B.(Webb, P. B.)과 사뱅 베르텔로(Sabin Berthelot) 349

위스타리아(Wisteria): 위스타리아가 감아 올라가는 식물에 관하여, 219

위어, 존 제너(Weir, John Jenner) 318-319, 354-356

위어, 해리슨 윌리엄(Weir, Harrison William) 405-408

「위트니스(Witness)」: 1862년 헉슬리의 강연을 공격함, 97, 주450

윌버포스, 새뮤얼(Wilberforce, Samuel) 옥스퍼드의 주교; 헉슬리와의 격론, 44-47, 48-49; 윌버포스의 무지와 잘못에 관하여, 102, 227

윌크스, 찰스(Wilkes, Charles) 100

유공충(Foraminifera)에 관하여: 유공충에 관한 카펜터의 연구를 지지하는 다윈, 159-164

은색 전나무(silver fir): 전나무 아래에서 발견된 씨앗을 발아시켜 보는 다윈, 58

의태(mimesis)에 관하여: 의태의 나비에 관하여, 69-73, 124-126, 318-319; 나방의 의태에 관하여, 319

이니스, 존 브로디(Innes, John Brodie) 416-417

이포모메아(Ipomoea): 이포모메아의 발아에 관하여, 323

이형질(dimorphism) 87; 혼종에 관한 다윈의 의견을 수정하게 된 실험에 관하여, 133; 홀리(holly, 서양감탕나무)와 사향초, 197; 리넘(Linum), 88, 285; 리스럼(Lythrum), 195, 260, 304; 괭이밥(Oxalis), 동질 이형이 아니라고 판명됨, 400; 파필리오(Papilionidae) 속의 식물, 257-259; 플란타고(Plantago, 질경이). 237; 플럼바고(Plumbago, 갯질경이과), 297; 프리뮬라(Primula), 87, 96, 98

인간의 기원(man, origins of)에 관하여: 아가일의 공작은 인간과 사수류가 하나의 단일 무리에서 유래했다는 사실을 인정하지 못함, 230-231; 유기체의 독자적인 발생은 가능성도 없으며 그럴 필요도 없다고 생각함, 30-31; 다윈은 야만인보다 원숭이에서 유래했다는 것이 더 흥미분하다고 여김, 106; 인간의 기원에 관한 에세이를 쓰기로 함, 309, 167, 173, 242; '엄숙하고도 외경심을 일으키는 질문', 106; 제닝스는 『기원』이 인간의 유래를 잘 설명하지 못한다고 봄, 28; 인간의 고대 유물이 있을 것이라고 추측되는 프랑스에서 조사를 벌임, 76; 「인류학 리뷰

Anthropological Review』, 367

인시류(Lepidoptera): 아마존 유역의 인시류에 관한 베이츠의 논문을 칭찬하는 다윈, 124-125; 선호하는 것이 다름, 319; 열대지방에는 화려한 색을 띤 인시류가 없음, 72; 나비(butterfly) 참고

인종(race): 앵글로 색슨(Anglo-Saxon) 족의 분산을 예측하는 다윈, 107; 군의관에게 인종의 관계와 구조에 관해 질문을 하는 다윈, 199; 인종과 얼굴 표정에 관하여, 311, 321; 킹슬리는 우세한 백인종이 원숭이와 인간 사이의 중간 피조물보다 더 널리 퍼진 것이라고 생각함, 107; 자웅 선택과 인종에 관하여, 199, 201

자가 수분(self-fertilisation)에 관하여: 보레리아(Borreria)는 자가 수분을 하면 비교적 불임성을 띰, 401; 에스콜치아(Eschscholtzia)에 관하여, 284, 345, 400; 자가 수분에 관해 뮐러의 견해를 묻는 다윈, 344-346; 이종교배의 번식력에 관해 끊임 없이 연구하는 다윈, 436

자고새(partridge)에 관하여: 자고새의 다리에서 발견한 씨앗에서 82포기의 식물이 싹이 남, 189

자네, 폴(Janet, Paul): 자연선택에 대한 반대 견해, 270, 272, 273, 275

자연 법칙(natural laws): 다윈은 세밀한 부분까지 자연의 예정된 법칙으로부터 얻어졌다고 여김, 44

자연선택(natural selection): 우연한 변이는 생존 경쟁에 유리하기 때문에 보존된다는 내용, 59-60; 패트릭 매튜의 예견, 38, 39, 177; 자연선택과 귀족정치, 99, 126, 200; 인간의 지성을 뛰어넘는 자연선택에 관하여, 40; 자연 선택을 뚜렷하게 입증할 수 없음, 32, 76, 78, 112; 자연선택을 '데우스 엑스 마키나(Deus ex machina, 초자연적인 힘을 빌려 문제를 해결한다는 의미)로 만들어버린 다윈의 책임을 묻는 후커에게 답변을 함, 129-131; 월리스에게 '자연선택'이라는 용어를 사용한 것을 설명함, 275-276; 다윈은 '자연선택'을 건축가가 좋은 돌을 사용하는 것에 비유함, 177; 뉴턴의 물리 이론이 받아들여지지 않았던 점에 자연선택 이론을 비유함, 367; 꿀벌의 공동을 자연선택의 증거로 봄, 181; 후커는 베이츠에게 자연선택에 관한 의문을 풀어줌, 101; 후커는 다윈이 자연선택이 종의 탄생을 내포하지 않는다는 주장을 한다고 생각함, 126-128; 다윈은 후커가 한 영국 과학발전 협회에서의 연설을 칭찬함, 368-370; 자연선택을 받아들이는 사람이 들어남, 103; 자연선택에 관한 자네(Janet)의 비평에 관하여, 270, 272, 273, 275; 제닝스(Jenyns)는 인간의 도덕적인 감성이 자연선택의 산물이라는 데 의심을 가짐, 29; 반인반수의 신화적 존재는 자연선택에 의해 멸종되었을 것이라는 견해에 관하여, 105; 자연선택을 조건부로 인정하는 라이엘, 36, 156-157, 163, 164; 자연선택과 인간에 관하여, 105, 106, 198-199, 200-203, 230-231, 387; 자연선택과 종교적인 신념, 287-292, 309; 종의 형성에 걸리는 시간의 규모는 가변적이라는 내용, 160-161, 171-172, 332; 월리스는 자연선택 이론을 출판함, 41; 자연선택 이론이 다윈의 것이며 독자적이라는 월리스의 의견, 203; 월리스의 책이 출판된 것을 환영하는 다윈, 257, 403; 다윈에게 자연선택을 '적자생존'이라는 용어로 대체할 것을 제안하는 월리스, 269-273; 월리스는 자연선택이 인간의 도덕적 감성의 발달을 더 이상 설명하지 못한다고 생각함, 432

자웅 선택(sexual selection)에 관하여: 새들의 경우, 375-376, 445; 골드 핀치의 경우, 354-355; 벌새의 경우, 232, 233; 짝짓기 깃털(결혼 예복)에 관하여, 431; 성별 깃털에 관하여, 316, 331; 월리스의 통찰력에 관하여, 328; 나비의 경우, 68, 268, 317, 355; 자웅 선택에 대해 끊임 없이 연구하는 다윈(1868년), 360, 375, (1869년) 400; 킹슬리와 자웅 선택에 관해 의견을 주고받음, 330-333; 매미의 경우, 321; 가축화된 동물의 경우, 189; 잠자리의 경우, 69, 321; 골드 코스트(Gold Coast) 종족의 경우, 385; 곤충의 경우, 216, 222, 310-311, 351; 포유류의 경우,

310, 315; 자웅 선택과 인간에 관하여, 321, 404; 나방의 경우, 355; 직시류의 경우, 311; 비둘기의 경우, 406; 자웅 선택과 관련된 색의 보호기제에 관하여, 328-329; 실고기(Solenostoma)의 경우, 431

잠수하는 곤충(insects, swimming)에 관하여 118

잠자리(dragonfly)에 관하여: 화려한 색에 잘 유인됨, 321

제너, 윌리엄(Jenner, William) 1대 준남작, 235

제닝스, 레너드(Jenyns, Leonard): 『기원』이 인간의 기원을 설명할 수 없을 것이라 믿음, 27-29; 다윈은 독자적인 창조의 가능성뿐만 아니라 그 창조의 필요성도 없다고 봄, 30-31

제라늄(Geranium): 교대의 수술이 더 작음, 304

제뮬(gemmule)에 관하여: 제뮬의 수명에 관하여longevity of, 443

제비꽃(Viola): 화분관의 돌출에 관하여, 123

제스네리아 펜둘리나(Gesneria pendulina): 확실하게 이형질이 아님, 345

제이미슨, 토마스 프랜시스(Jamieson, Thomas Francis): 글렌로이의 '나란한 길'에 관한 연구, 83-85, 86, 90, 119

젠킨, 헨리 찰스 플리밍(Jenkin, Henry Charles Fleeming): 아가일 공작이 쓴 『법의 통치(Reign of law)』에 관한 논평을 씀, 330-332; 단일 변이에 관한 논쟁을 통해 확신을 가지는 다윈 389

조프루아 생틸레르, 에티엔느(Geoffroy Saint-Hilaire, Etienne) 371

존스, 헨리 벤스(Jones, Henry Bence): 자신의 건강에 관해 보고하는 다윈, 254-255; 다윈의 식단을 정해줌, 282; 병들고 회복함, (1867년) 307

종려나무(palms)에 관해서 388

「종의 기원(Origin qf species)」: 아가시의 공격, 10, 286, 367; 인정을 보류하는 아가일의 공작, 229-231; 인정은 하나 증거를 요구하는 캉돌, 113; 다윈은 이 책이 더 방대한 책의 서곡에 불과하다고 생각함, 32, 42, 113, 114; 다윈이 코플리 메달의 후보가 된 것을 기뻐하는 팔코너, 208-212; 외국어 판, 366; 논리에 익숙한 지질학자들에게 더 많이 인정받음, 41; 이 책의 기원에 관하여, 206; 프랑스에서 책의 영향력이 커짐, 212, 371; 독일에서 이 책에 관한 논평이 꾸준히 나옴(1868년), 367; 그레이는 다윈의 박식함과 솔직함을 칭찬함, 34, 책에 쏟아지는 비난으로 더욱 확신을 가지게 되는 다윈, 41, 그레이의 논평을 영국에서 재출간하게 됨, 60; '역사적 개요'에 관하여, 38, 268, 269-270; 후커와 라이엘은 다윈이 자연선택이 종의 탄생을 내포하지 않는다는 의견을 가지고 있다고 생각함, 127-128; 이 책의 주장을 인정하는 사람이 늘어남, 152, 367; 제닝스는 이 책이 인간의 기원을 설명하지 못한다고 말함, 27-29; 뮐러의 인정, 250; 이 책의 주장을 인정하는 자연학자들이 늘어남(1863년), 152; 옥스퍼드의 논쟁에 관하여, 45-47; 오언의 공격, 37, 39, 46, 101, 153, 379; 진화에 대한 전 세계적인 믿음에 관하여(1868년), 367; 논평들, 36; 카펜터의 의견, 37; 그레이의 의견, 34, 61; 허튼의 견해, 75, 헉슬리의 견해, 37, 오언의 견해, 37, 39; 여러 과학계의 반응에 관하여, 77-78; 월리스의 인정과 동의, 42; 이 책으로 인해 확신을 가지게 된 윌시, 191; 미국 판, 268

- 제3판(3d edition) 68; 준비, 58; 인쇄가 늦어짐, 61; 그레이가 쓴 소책자에 이 책을 옹호하는 단평을 실음, 61

- 제4판(4th edition): 수정 작업으로 『변이』의 작업이 늦어짐, 264, 268, 282; 열매의 색이 하는 기능에 관한 언급, 285; 삽화에 관하여, 265; 월시의 공헌에 감사하는 다윈, 268-269; 출판을 주저하는 머레이, 279; 미(美)에 관한 부분, 330-331

- 제5판(5th edition): 5판을 계획함, 379; 후커의 의견을 듣고자 초고를 보냄, 383; 단일 변이의 역할에 중점을 둠, 389; 교정 작업을 하는 다윈, 400, 411; 삽화, 414-415; 크롤(Croll)에게 한 부를 보내주기로 함, 392, 396; 톰슨(Thomson)의 견해에 관하여, 402
- 프랑스어 판(French editions): 브라운세카르(Brown-Sequard)가 논평을 씀, 96; 로와예(Royer)의 강력한 의견, 111; 프랑스어 2판에 관하여, 250
- 독일어 판(German editions): 논평들, 103; 독일어 3판에 관하여, 410

쥬크스, 조셉 비트(Jukes, Joseph Beete), 77

지볼트, 칼 테오도르 에른스트(Siebold, Karl Theodor Ernst von) 235

지질학적 기록(geological record): 프랑스의 켈트족 유물이 묻힌 지층에서 인간의 뼈가 발견되지 않음, 107; 지질학적 기록에 관한 헤켈(Haeckel)의 견해를 환영하는 다윈, 377; 데이나(Dana)가 다윈의 이론에 이의를 제기하기 위해서 변론을 함, 147; 중간 형태의 지층이 없기 때문에 불완전한 지질학적 기록에 관하여, 30; 월러스는 『기원』의 취약한 점을 지적하면서 지질학적 기록에 관해 언급함, 41; 라이엘은 다윈이 과장하지 않았다는 것을 인정함, 76; 20년에 걸쳐서 지질학적인 기록에 관한 견해가 급속히 바뀌어감에 대하여, 377; 윌리엄 톰슨(William Thomson)은 지구의 나이에 대해 의문을 가짐, 391-396

집비둘기(stock dove)에 관하여: 흑비둘기와의 유사성에 관하여, 103, 106

충영 곤충(gall-insects)에 관하여 235

칠면조(turkey)에 관하여: 흰 나방을 먹지 않는 것에 관하여, 319

침팬지(chimpanzee)에 관하여: 침팬지의 표정에 관하여, 345; 윌리엄 윈우드 리드(W. Reade)가 서아프리카에서 침팬지를 관찰할 것을 다윈에게 약속함, 386

카루스, 율리우스 빅토르(Carus, Julius Victor) 365, 228, 229

카리에르, 엘리 아벨(Carriere, Elie Abel) 297

카메론, 줄리아 마가렛(Cameron, Julia Margaret): 와이트(Wight) 섬을 찾아온 다윈 가족을 환영함, 364; 카메론에게서 사진을 구입하는 다윈, 370

카타그라마(Catagramma): 단조로운 색의 암컷보다 화려한 색의 수컷의 수가 많은 것에 관하여, 72

카타세툼(Catasetum); 수분에 관하여, 122; 크뢰거(Cräger)가 다윈의 관찰을 확증함, 186

카터, 듀넷앤빌(Carter, Dunnett & Beale) 297

카트르파즈, 아르망(Quatrefages, Armand de) 173

카펜터, 윌리엄 벤저민(Carpenter, William Benjamin) 213; 『기원』에 관한 논평, 36; 『기원』을 조건부로 받아들임, 78; 「아테니움Athenaeum」지에 스스로를 옹호하는 글을 기고함, 159, 160-164

칸나 백합(Canna warszewiczi): 큐(Kew)에 있는 식물원으로부터 잘 여문 씨앗을 구하는 다윈, 436

칼라일, 토마스(Carlyle, Thomas) 232

칼리시아(Callithea): 칼리시아의 암컷이 수컷처럼 화려한 색을 띠며 수적으로도 비슷한 것에 관하여, 72

캉돌, 알퐁스(Candolle, Alphonse de): 자연선택의 증거가 될 만한 것을 찾음, 112-113; 식물의 지리학적인 분포에 관하여, 115; 빙하기 동안 나무의 생존에 관하여, 277; 범생설을 인정하지

않는 캉돌, 365
캉돌, 캐서미어(Candolle, Casimir de): 알퐁드 캉돌의 아들, 112
캐슬레이 경(Castlcreagh, Lord). 스튜어트, 로베르토(Stewart, Robert) 참고
캠벨, 조지 더글라스(Campbell, George Douglas) 아가일의 8대 공작, 102, 363; 과학적인 성공에 관하여, 106; 초자연적인 것에 관하여, 158, 165; 에든버러 왕립 학회(Edinburgh Royal Society) 연설에 관하여, 229-231; 『법의 통치Reign of law』 논평에 대하여, 307, 330-333, 369; 『법의 통치』에 대한 다윈의 의견(글은 잘 썼지만 오만하다고 평함), 330-333; 캠벨을 경멸하는 후커, 195, 196, 441-442
커글란 제도의 나방(Kerguelen moth)에 관하여 355
코리달리스 카바(Corydalis cava): 자가 수분으로는 열매가 열리지 않지만 다른 개체와의 수분 능력은 있는 점에 관하여, 285
코호, 에드와르드(Koch, Eduard) 411
콘힐 매거진(Cornhill Magazine) 50
콜렌소, 존 윌리엄(Colenso, John William) 주교, 349
콜링, 찰스(Colling, Charles) (로버트(Robert)) 331
퀴비에, 장 레오파드 니콜라 프레드릭(Cuvier, Jean Leopold Nicolas Frederic) (조르주(Georges)) 408
크로퍼드, 존(Crawford, John) 156
크롤, 제임스(Croll, James), 379; 자력에 대해서 다윈에게 정보를 줌, 391-392, 393-396; 크롤을 신뢰하는 다윈, 408
크뤼거, 헤르만(Cräger, Hermann) 186, 195
크리턴-브라운, 제임스(Crichton-Browne, James): 다윈에게 정신병원 환자들의 사진을 보내줌, 436-437, 438-439
크림 전쟁(Crimean war) 175, 176
클라우스, 윌리엄 앤 선즈(Clowes, William & Sons) 출판사 264, 350
클라우스, 칼 프리드리히(Claus, Carl Friedrich) 280
클라크, 벤저민(Clarke, Benjamin) 324
클레그혼, 휴 프랜시스 클라크(Cleghorn, Hugh Francis Clarke) 192
킹레이크, 알렉산더 윌리엄(Kinglake, Alexander William): 『크림 침공The invasion of the Crimea』, 175
킹슬리, 찰스(Kingsley, Charles): 흑비둘기에 관해 깊이 생각함, 102-104; 신화적인 존재들이 잃어버린 고리라고 생각함, 104-105; 다윈과 자웅 선택에 관해 토론을 함, 330-333; 성과 종교에 관하여 편지를 주고받음, 335-336; 다윈의 이론을 믿는 후작부인을 만남, 336
타일러, 에드워드 버닛(Tylor, Edward Burnett) 250
「타임The Times」: 타임지의 논전은 많은 사람들이 읽음, 102; 남북 전쟁에 관한 소식을 접함, 111
타히티인(Tahitians)에 관하여: 뉴질랜드 원주민의 인종 구성에서, 404
테게트마이어, 윌리엄 버나드(Tegetmeier, William Bernhard): 죽은 앙고라를 보내줄 것을 부탁하는 다윈, 65; 왕립 학회의 자금을 지원받음, 133; 다윈을 대신하여 이종교배 실험을 함, 133-

136, 149

테니슨, 알프레드(Tennyson, Alfred): 헉슬리 부인에게 보내는 편지에서 다윈은 테니슨의 시를 잘못 인용함, 213, 227; 와이트 섬에서 다윈과 만남, 370

토끼(rabbit)에 관하여: 늙은 앙고라 토끼의 뼈대를 구하는 다윈, 65; 골턴은 토끼의 수혈 실험을 함, 429; 새끼의 암수 비율에 관하여, 407

「토요 리뷰(Saturday Review)」 155, 165; 아가일의 공작이 쓴 『법의 통치』에 관한 논평 308

톰슨, 윌리엄(Thomson, William) 켈빈의 영주, 332; 그가 어림한 지구의 나이로 다윈의 주장, 391-393, 409; 톰슨의 주장에 대해 크롤이 설명을 함, 393-396; 톰슨의 주장을 비평하는 헉슬리, (1869년), 401.; 『기원』의 5판에서 다윈은 톰슨에게 경의를 표함, 402

톰슨, 윌리엄(Thomson, William)과 테이트(P. G. Tait), 『자연철학 강의Treatise on natural philosophy』, 379

투구게(Limulus): 동물원에도 투구게의 알이 없음, 421

트뤼브너(Trübner) 출판사 60

티에라델푸에고(Tierra del Fuego): 티에라델푸에고의 원주민에 대한 전율을 회상하는 다윈, 106

틸란디지어(Tillandsia): 비그노니아 카프레올라타(Bignonia capreolata)가 감아 올라간 나무들이 틸란디지어로 덮여있는지에 관하여, 196

팀즈, 존(Timbs, John), 155

파라, 프레드릭 윌리엄(Farrar, Frederic William) 322

파러, 토마스 헨리(Farrer, Thomas Henry) 430

파러, 프란세스(Farrer, Frances) 430

파리지옥(Dionaea): 파리지옥 관찰의 즐거움에 빠진 다윈, 89

파보니아(Pavonia): 뮐러에게서 받은 씨앗에서 싹이 남, 345

파스퇴르, 루이(Pasteur, Louis): 파스퇴르를 존경하는 다윈, 172

파커, 마리안(Parker, Marianne) 306

파커, 헨리(Parker, Henry) (1788-1858) 306

파커, 헨리(Parker, Henry) (1827/8-1892) 306

파필리오 속(Papilionidae): 이형질에 관하여, 259-261

파필리오(Papilio) 62; 파필리오 변종의 불임성에 관하여, 62-64, 70; 화려한 색의 유인성에 관하여, 71-72

팔코너, 휴(Falconer, Hugh), 141, 153, 157. 173; 시조새(Archaeopteryx) 화석의 발견에 관하여; 141-142; 팔코너와 라이엘, 166, 169; 다윈을 코플리 메달 후보로 추천함, 208-212, 『기원』이 코플리 메달의 심사대상에서 제외된 것에 반발함, 211

퍼거슨, 제임스(Fergusson, james) 358

페루의 잉카(Incas of Peru): 근친교배의 증거, 159, 165

페일리, 윌리엄(Paley, William) 410

펭글리, 윌리엄(Pengelly, William) 357

포드, 조지 헨리(Ford, George Henry) 414

포미카(Formica): 포미카 종의 개미들의 집짓기에 관하여, 52

포브스, 에드워드(Forbes, Edward) 279, 368

포웰, 헨리(Powell, Henry) 416

포크트, 칼(Vogt, Carl) 314

폭스, 윌리엄 다윈(Fox, William Darwin) 281, 306, 374, 445

폴 몰 (Pall Mall Gazette); 『변이』에 관한 우호적인 논평이 실림, 350

푸셰, 펠릭스 아르키미드(Pouchet, Felix Archimede) 352

퓨지, 에드워드 보버리(Pusey, Edward Bouverie) 441

프레스콧, 윌리엄 히클링(Prescott, William Hickling) 159

프레스티치, 조셉(Prestwich, Joseph) 173

프레이어, 윌리엄(Preyer, William): 에든버러 시절을 회상하는 다윈, 2425427

「프레이저 저널Fraser's Journal」 388, 389

프리뮬라(Primula): 이형질에 관하여, 87-89, 96, 99, 294; 동질 이상인 개체의 수분능력에 관하여, 112-114; 캉돌이 프리뮬라에 관하여 설명을 함, 112-114; 에든버러에서 스콧이 프리뮬라 표본을 다윈에게 보냄, 143

플란타고(Plantago): 이형질에 관하여, 237

플럼바고(Plumbago): 이형질에 관하여, 297; 다윈은 플럼바고. 제일라니카(P. zeylanica)를 확인함, 345

피스타시오(Pistacia): 꽃가루의 직접적인 활동에 관하여, 371

피츠로이, 로버트(FitzRoy, Robert) 234, 236

픽테 드 라 리브, 프랑스와 줄(Pictet de la Rive, Francois jules) 161, 215, 221

하비, 윌리엄 헨리(Harvey, William Henry) 323, 주458

허셜, 존 프레드릭 윌리엄(Herschel, John Frederick William) 1대 준남작; 자신의 견해를 납득시키는 다윈, 80-81

허튼, 리처드 홀트(Hutton, Richard Holt) 417

허튼, 프레드릭 월라스톤(Hutton, Fredrick Wollaston) 75

헉슬리, 토마스 헨리(Huxley, Thomas Henry) 286; 자연선택의 증거를 요구함, 32-33; 변형된 유기체의 불임성에 관하여, 32-33, 95-98, 136, 146; 다운을 방문함, 36; 『기원』에 관한 논평, 37; 『기원』을 인정하기 위해서 헉슬리가 왕립 연구소에서 한 강연에 대한 오언의 비평, 37; 사실을 왜곡한 오언을 힐난함, 39, 76; 옥스퍼드 논쟁에서 다윈을 옹호함, 45-47, 48-49; 에든버러 철학협회에서의 강연과 「스코츠맨Scotsman」, 95-96, 97-98; 『자연에서 인간이 차지하는 지위에 관한 증거(Evidence of man's place in nature)』, 153, 230; 『유기체 세상에서 일어나는 현상의 원인에 대한 우리의 지식Causes of phenomena of organic nature』에 대한 다윈의 칭찬, 135, 145-146; 라이엘과 자연선택에 관한 견해를 공유할 수 없다는 다윈의 생각, 156; 거리낌 없음과 열정에 관하여, 159, 228; 동물계에서 인간이 차지하는 지위에 관하여, 203; 코플리 메달 심사에서 다윈의 책이 배제된 것에 대한 항의, 219-220; 동물에 관한 대중적인 책을 쓰라고 권하는 다윈, 213, 228; 과학을 등한시 하는 것에 대한 다윈의 질책, 228; 어둡고 근엄한 표정으로 찍은 사진, 228; 범생설에 관한 헉슬리의 의견을 구하는 다윈, 240-242, 343; 약삭빠르고 총명한 사람과 진짜 천재의 구별에 관하여, 242; 헉슬리가 온건하게 비판을 했으면 영향력이 컸을 것이라는 다윈의 의견, 326; 후커와 웨일즈를 방문함(1868년), 356; 새의 분포에 관하여, 360; 헤켈의 책의 번역에 관한 이야기, 377; 지질학적 기록에 관해서 다윈과 의견을 같이함, 377; 스스로를 털을 곤두세운 사냥개라고 표현함, 402; 지질학 학회 연설, 1869년, 401-402; 다윈이 옥스퍼드 명예 학위를 거절한 것을 유감으로 여김, 441

헉슬리, 헨리에타 앤(Huxley, Henrietta Anne) 96; 다윈은 테니슨(Tennyson)의 시를 인용해서 편지를 함, 213; 다윈에게 '오언 같은' 오류를 범했다고 나무람, 226-229; 아기가 울 때의 표정에 대해 예를 들어 줌, 344

헤들, 찰스(Heddle, Charles) 385

헤켈, 아그네스(Haeckel, Agnes) 349

헤켈, 안나(Haeckel, Anna) 206

헤켈, 에른스트(Haeckel, Ernst): 다윈은 『기원』이 나오게 된 배경에 관해 설명함, 206-208; 첫 번째 부인의 죽음에 관하여, 206; 재혼, 349; 예나(Jena)가 다위니즘의 중심이 된 것 같다는 믿음, 348; 릴리오페(Liriope)에 관한 연구, 286; 메두사(Medusa)의 번식에 관하여, 235; 형태학(Morphology)에 관한 내용, 325-327, 377; 하등한 해양 생물에서 나타나는 보호기제에 관하여, 329; 갓난아이가 원숭이를 닮은 것을 즐거워하는 초보 아빠 헤켈에 관하여, 376

헨델, 조지 프레드릭(Handel, George Frideric): 메시아(Messiah), 362

헨슬로, 조지(Henslow, George) 266

헨슬로, 존 스티븐스(Henslow, John Stevens): 『기원』에 관한 논쟁이 있을 당시 영국 과학발전 협회의 의장직을 맡고 있었음, 46; 마지막 투병과 죽음, 73-74, 75-76, 79; 다윈의 회상, 75, 428, 429; 헨슬로우 교수가 캠브리지 대학에 재직하던 시절을 그리워하는 다윈, 436

헬리코니아(Heliconia): 의태성에 관하여, 69

호너, 레너드(Horner, Leonard) 59-60

호우누만(Hounuman) (인도의 원숭이 신): 킹슬리는 이 존재를 잃어버린 고리라고 생각함, 104

호튼, 새뮤얼(Haughton, Samuel) 182, 332, 379, 주452

혼종(잡종)(hybrids)에 관하여: 혼종의 번식에 관하여, 헉슬리의 견해와 다른 다윈, 32-33, 136, 146; 『기원』에서 다윈이 다룬 혼종에 관한 부분을 칭찬하는 그레이, 35; 가축화 상태에서 더 번식력이 좋은 것에 관하여, 146; 리스럼(Lythrum)의 이종교배에 관해서 연구하는 다윈, 193; 베르바스쿰(Verbascum)에서 혼종이 불임성을 띤다는 사실을 알아낸 다윈, 96

홀랜드, 헨리(Holland, Henry) 1대 준남작: 범생설이 언젠가는 받아들여질 것이라고 생각함, 353

홀름, 데이비드(Holm, David) 밀른, 데이비드(Milne, David) 참고

홀리(holly, 호랑가시나무): 홀리의 번식에 관하여, 197

홉킨스, 윌리엄(Hopkins, William) 332

화산(volcanoes)에 관하여: 단순한 재난일 뿐, 침강의 결과가 아니라는 내용, 404

화식조(casuary): 암컷이 알을 품는지 궁금해 하는 다윈, 404

화이트, 길버트(White, Gilbert): 다윈에게 영향을 미침, 428

후커, 윌리엄 헨슬로우(Hooker, William Henslow) 59, 435, 주449

후커, 조지프 돌턴(Hooker, Joseph Dalton): 다운을 방문(1860년), 36; 후커에 대한 오언의 비판, 7, 주449; 오언의 오류에 관하여, 39; "테즈메니아의 식물상에 관한 소개 논문 Introductory essay to the Flora of Tasmania", 37, 295, 주449, 주457; 『테즈메니아의 식물상Flora

Tasmaniae』, 42, 주449; 다윈에게 윌버포스(Wilberforce) 주교와의 논쟁을 보고함, 45-47; 후커에게 가족사와 진행 중인 연구에 관해 설명하는 다윈, 57-59; 헨슬로우 교수의 임종을 지킴, 73-74, 75; 후커에게 조의를 표하는 다윈, 79-80; 그레이에게 받은 편지를 후커에게 보내는 다윈, 99, 126; 자연선택과 귀족정치에 관하여, 99, 101; 다윈의 고립된 생활로 인해 오언을 더욱 증오하는 것이라 여김, 101; 베르바스쿰(Verbascum)에서 발견한 혼종을 후커에게 전한 다윈, 120; 귀족정치를 표방하지 않는 한 미국은 안정을 찾기 어려울 것이라고 생각함, 127; 변이가 자연선택의 기회를 제공하는 것이라고 여김, 127-128; 라이엘의 책의 10판에서의 언급, 154; 라이엘은 "마음은 내키지 않고, 이성적으로만 몰입한다."고 여기는 다윈의 견해에 관하여, 169; 큐에서 다윈에게 표본을 보냄, 184, 266, 277, 279, 280, 297; 1864년과 1865년 사이에 다윈이 병치레를 하는 시기 동안 유일하게 편지를 왕래함, 186, 250; 존 스콧(John Scott)이 캘커타에서 새 출발을 할 수 있도록 도움, 188, 192-193, 193-194; 덩굴식물에 관한 책을 출판하라고 다윈에게 권유함, 193; 『기원』이 코플리 메달 심사 대상에서 배제된 것에 대한 분노, 218-219, 225-226; 다윈의 건강에 대해 그레이에게 알려줌, 245; 영국 과학발전 협회의 의장직을 맡게 됨(1867년), 307, 주458, 323; 의장 연설 준비로 걱정하는 후커, 358, 359, 366; 연설이 성공적이었다는 소식에 기뻐하는 다윈, 369-370; 아가시의 주장을 여럿이 함께 반박함, 261-263; 저온에서 열대성 식물이 자랄 수 있는지에 대해 다윈과 의견이 다름, 262; 섬의 식물에 관하여, 262; 식물의 이동에 관해 다윈과 의견이 다름, 170, 277-279; 섬에 관한 논문을 보내 달라고 부탁하는 다윈, 309; 후커의 논문에서 실수를 발견한 다윈, 324; 일에 치여 사는 것을 안타까워함, 359; 후커에게 범생설을 설명하는 다윈, 266-267; 『오스트레일리아 식물상 입문서On the flora of Australia』를 재미있게 읽은 다윈, 296; 범생설이 실패한 것일지 모른다는 다윈의 생각, 352-353; 커글란 제도의 나방을 수집했으나 표본을 잃어버림, 355; 헉슬리와 함께 웨일즈(Wales)를 방문함(1868년), 356; 자녀들, 309, 362, 365, 366-367; 후커에게 『기원』 신판의 원고를 보낸 다윈, 383; 상트페테르부르크(St Petersburg)와 스톡홀름(Stockholm)을 방문, 412; 도자기 수집, 412; 『기원』에 대한 아가일의 공작의 반대에 관하여, 441-442

후커, 찰스 패짓(Hooker, Charles Paget) 357

후커, 프란세스 해리엇(Hooker, Frances Harriet) 79, 414; 자녀 출산, 309, 365, 366

훔볼트, 알렉산더(Humboldt, Alexander von) 403; 다윈에게 영향을 줌, 249, 428, 주454

힐데브란트, 프리드리히(Hildebrand, Friedrich 284-285

찰스 다윈 서간집 진화

| 펴낸날 | 초판 1쇄 2011년 8월 1일 |

지은이	찰스 다윈
옮긴이	김학영
감 수	최재천
펴낸이	심만수
펴낸곳	(주)살림출판사
출판등록	1989년 11월 1일 제9-210호

경기도 파주시 교하읍 문발리 파주출판도시 522-1
전화 031)955-1350   팩스 031)955-1355
기획·편집 031)955-1396
http://www.sallimbooks.com
book@sallimbooks.com

ISBN 978-89-522-1153-8   03470
ISBN 978-89-522-1605-2   03470(세트)

※ 값은 뒤표지에 있습니다.
※ 잘못 만들어진 책은 구입하신 서점에서 바꾸어 드립니다.

책임편집 **김원기**